Horst Bayrhuber
Ute Harms
Angela Kroß
(Hg.)

Handbuch der praktischen Mikrobiologie und Biotechnik

Band 4
Unterrichtsmaterialien
zu Gentechnik und Ethik

Metzler

Handbuch der praktischen Mikrobiologie
und Biotechnik Band 4

Bd. 4 Unterrichtsmaterialien zu
Gentechnik und Ethik

Institut für die Pädagogik der
Naturwissenschaften an der
Universität Kiel

herausgegeben von: Horst Bayrhuber,
Ute Harms, Angela Kroß

bearbeitet von: Jan Birth, Michael Bruhn,
Ute Harms, Corinna Hößle, Susan Jendrsczok,
Annette Klimant, Angela Kroß, Regina Rojek,
Christa Runtenberg und Elle-Kari Schalow

Die Deutsche Bibliothek –
CIP - Einheitsaufnahme
ISBN 3-507-03352-6

Druck: 5 4 3 /Jahr 2005 2004
Die letzte Zahl bezeichnet das Jahr dieses Druckes

Umschlagentwurf: Willy Löffelhardt
Typoskript: Gisela Thomsen
Foto: Helga Mahnke (IPN)
Satz, Grafik und Illustration:
Birgitt Biermann-Schickling, Hannover

Druck: klr mediapartner GmbH & Co. KG,
Lengerich

Dieser Band des Handbuches wurde mit Mitteln des BMBF gefördert.
Projektträger: BEO, KFA Jülich GmbH
(Förderkennzeichen 0310753).
Herausgeber und Autoren bedanken sich für diese Unterstützung.

Vorwort

Am 26. Juni 2000 gaben Wissenschaftler des „Human Genom Projects" und des amerikanischen Unternehmens „Celera Genomics" aus Maryland auf einer Pressekonferenz in Washington die weitgehende Entschlüsselung des Genoms des Menschen bekannt. Der amerikanische Präsident Clinton, der an der Zeremonie im Weißen Haus teilnahm, verglich die neue Karte des Genoms mit einer Landkarte Nordamerikas, die zweihundert Jahre vorher am gleichen Ort Präsident Jefferson vorgelegt wurde und die eine unverzichtbare Grundlage für die weitere Besiedlung dieses Kontinents darstellte. Nach seiner Auffassung sei die Karte des Genoms des Menschen jedoch die wichtigste und wundervollste, die je gezeichnet wurde.

Zum Zeitpunkt dieser Pressekonferenz lagen – bildlich gesprochen – 90 % der Buchstaben und Satzzeichen des Buches „Erbinformation des Menschen" in ihrer genauen Abfolge vor. Was darin jedoch im einzelnen geschrieben steht, ist allerdings nur zum Teil bekannt: Die Identifizierung der großen Masse der mehr oder weniger 100000 Gene des Menschen oder gar die Aufklärung ihrer Funktion und Regulation ist bisher erst in Ansätzen geleistet. Für die jetzt anstehenden Arbeiten zur Lösung dieses Problems („Postgenomics") hat die Aufklärung der DNA-Sequenz jedoch die entscheidende Voraussetzung geschaffen.

Die umfangreichen Kosten des Projektes, die unterschiedliche Priorität, die ihm von der Wissenschaftspolitik in den verschiedenen Ländern gegeben wurde, die Umsetzung der Technologien der Sequenzaufklärung durch private Unternehmen und die künftige wirtschaftliche Nutzung der Ergebnisse z. B. in Medizin, Landwirtschaft und Umweltschutz, der Patentschutz von Sequenz-Funktionsbeziehungen aber auch die Möglichkeit des Missbrauchs machen deutlich, dass entsprechende wissenschaftliche Arbeiten auch eine normative Dimension haben. Ethische Fragen, die sich in diesem Zusammenhang stellen, werden in Amerika offenbar anders beantwortet als auf dem europäischen Kontinent. Denn die genannten Grundlagen der künftigen Interpretation der Information des Genoms des Menschen und anderer Organismen wurden vor allem in Amerika gelegt und die zu erwartende Auseinandersetzung um Patente auf diesem Gebiet wird, wie es scheint, auch dort ausgetragen werden. Offenbar wird der Beitrag der Gentechnik zum allgemeinen Wohl hier und dort unterschiedlich eingeschätzt.

Der vierte Band des Handbuches der praktischen Mikrobiologie und Biotechnik ist dem Zusammenhang von Gentechnik und Ethik gewidmet. Dabei wird die Gentechnik bei Pflanzen, Tieren und beim Menschen gleichermaßen in den Blick genommen. Alle Unterrichtsvorschläge wurden in der Schule erprobt. Sie sind für den Biologieunterricht der gymnasialen Oberstufe bzw. die Realschule gedacht. In jedem Unterrichtsmodul sind deskriptiv-explikative Aussagen der Biologie mit normativ-ethischen Aussagen verknüpft. Dabei wird besonders darauf geachtet, dass sich normative Aussagen nicht in der Darlegung einer bestimmten Position erschöpfen, sondern eine ethische Begründung einschließen und unterschiedliche Auffassungen berücksichtigen.

Die Arbeiten an diesem Buch wurden vom Bundesministerium für Bildung und Forschung gefördert. Es entstand im Rahmen eines Projektes, das am Institut für die Pädagogik der Naturwissenschaften (IPN) an der Universität Kiel durchgeführt wurde.

Horst Bayrhuber

Inhalt

1 Einführung in die didaktische Konzeption der Materialien

Ute Harms und Christa Runtenberg

Bei der Behandlung des Themas Gentechnik im Biologieunterricht geht es neben biologischem Grundlagenwissen und dem Verständnis molekularbiologischer Methoden um ethische, soziale und juristische Fragen. Gerade diese beschäftigen die Schüler im Zusammenhang mit der Gentechnik ganz besonders. Für den Unterricht über dieses Thema bedeutet das, dass der Unterricht fächerübergreifend angelegt werden muss. Hiervon ausgehend erscheint bei der Strukturierung des Unterrichts eine Berücksichtigung der folgenden zwei Dimensionen sinnvoll: Zum einen der deskriptiven Dimension, also des naturwissenschaftlichen Faktenwissens, das als wissenschaftlich richtig oder falsch beurteilt werden kann, und zum anderen der normativen Dimension, der Bewertung menschlicher Handlungen als moralisch gut oder schlecht. Mit der deskriptiven Dimension ist das übergeordnete Lernziel verbunden, die Schüler sachlich fundiert über Methoden und Anwendungen der Gentechnik aufzuklären, mit der normativen die Fähigkeit der Schüler zu fördern, ein begründetes moralisches Urteil zu fällen. Der Begriff „moralisches Urteilsvermögen" bedeutet in diesem Zusammenhang die Fähigkeit, sich in einer Entscheidungs- bzw. Dilemmasituation begründet zwischen zwei Werten entscheiden zu können (s. hierzu auch Hößle 1999).

Zum Aufbau der Materialien

Entsprechend dieser Konzeption wird in allen Modulen sowohl die deskriptive als auch die normative Dimension behandelt. Jedes Modul enthält einen Abschnitt Sachinformation. Darin werden die naturwissenschaftlichen Grundlagen des Unterrichtsthemas sowie die ethischen Aspekte des jeweiligen Themas beschrieben. Es folgen dann fachdidaktische Informationen einschließlich der Formulierung der notwendigen Lernvoraussetzungen, der Lernziele und der Verweise auf weitere, in diesem Zusammenhang einsetzbare Medien. Ein Vorschlag für einen möglichen Unterrichtsverlauf auf der Basis der dann folgenden Unterrichtsmaterialien wird für jedes Modul skizziert.

Anhand dieser Materialien soll eine fundierte ethische Beurteilung einzelner Anwendungsmöglichkeiten der Gentechnik ermöglicht werden. Um dem Unterrichtenden, insbesondere dem naturwissenschaftlich ausgebildeten Lehrer, hierfür Hilfen an die Hand zu geben, wird im Folgenden zunächst auf das aus philosophischer Sicht notwendige grundlegende „Handwerkszeug" zur ethischen Beurteilung der Gentechnik eingegangen. Anschließend wird eine Form der „ethischen Analyse" erläutert, die in mehreren Modulen zur Behandlung der normativen Aspekte des jeweiligen Gentechnik-Themas genutzt wird.

Grundlegendes „Handwerkszeug" zur ethischen Beurteilung der Gentechnik

1. Die Grundform ethischer Argumente – der praktische Syllogismus (griech.: „Zusammenschluss"; von Aristoteles begründetes logisches Schlussverfahren)

Ethische Argumente enthalten immer (mindestens) eine normative Prämisse (eine Wertung) und eine deskriptive Prämisse (eine empirische Beobachtung). Aus diesen beiden Prämissen wird eine Schlussfolgerung gezogen, die die zur Diskussion stehende Handlungsoption bewertet und Anleitung für das als moralisch richtig erkannte Handeln gibt.
Die Grundform ethischen Argumentierens enthält also folgende Bestandteile:
a) normative Prämisse,
b) deskriptive Prämisse,
c) Schlussfolgerung.
Aus einer normativen Prämisse (z. B.: „das, was die Gesundheit fördert, ist gut") und einer deskriptiven Prämisse (z. B.: „die Gentherapie kann bisher unbehandelbare Krankheiten behandeln und fördert so die Gesundheit") wird eine Schlussfolgerung gezogen („die Gentherapie ist ein gesundheitsförderndes und somit moralisch gutes Verfahren, das wir nutzen sollten".)

Bei einem logisch gültigen ethischen Schlussverfahren muss also mindestens eine der Prämissen eine normative Prämisse sein, deren Voraussetzungen eigens begründet werden müssen („Warum ist gut, was der Gesundheit dient?“)

Die normative Prämisse entspricht einem Wert oder einer Norm, die der Argumentierende für grundlegend hält. Zwischen den Begriffen Wert bzw. Norm ist folgendermaßen zu unterscheiden: Der Begriff des Werts zielt auf die Fähigkeit des Menschen zu werten und Objekte als wertvoll zu erachten. Der Begriff des Werts beschreibt keine Eigenschaft irgendeiner Sache, sondern steht für eine Zielorientierung, das als wertvoll erachtete Gut des Menschen. So gilt z. B. die Gesundheit als ein hoher Wert.

Der Begriff der Norm, der soviel wie Richtschnur, Vorschrift oder auch Maßstab der Beurteilung und Bewertung bedeutet, steht dagegen für das handlungsbestimmende Prinzip, das die Realisierung des angestrebten Werts ermöglicht. So wird z. B. durch die Norm „Du sollst nicht töten“ der Wert des Lebens umgesetzt (Schischkoff 1982).

2. Der naturalistische Fehlschluss

Bei Diskussionen über ethische Probleme besteht die Gefahr, aus bestimmten Tatbeständen wie z. B. biologischen Tatsachen direkt ethische Normen abzuleiten. Was als „natürlich“ gilt, wird z. B. häufig unmittelbar auch als ethisch gerechtfertigt angesehen. Demgegenüber können aus Naturprozessen, aber auch aus anderen empirischen Beobachtungen niemals unmittelbar verbindliche Normen für menschliches Verhalten abgeleitet werden; denn von einem Sein („so ist etwas“) unmittelbar auf ein Sollen („so soll etwas sein"“) zu schließen, ist ein logisch unzulässiger Schluss, ein sogenannter naturalistischer Fehlschluss.

Wie oben dargestellt, kann eine ethische Schlussfolgerung immer nur aus einer normativen und einer deskriptiven Prämisse gezogen werden. Bei einem naturalistischen Fehlschluss fehlt die normative Prämisse, oder diese wird implizit vorausgesetzt:

Wer z. B. sagt: „Wir haben die Erde schon immer manipuliert, die Gentechnik ist nur eine weitere Form der Manipulation und darum ganz legitim“, leitet seine ethische Schlussfolgerung nur aus deskriptiven Beobachtungen ab („wir haben schon immer manipuliert“ und „die Gentechnik ist nur eine weitere Form der Manipulation“). Dabei unterstellt er aber implizit, dass das, was wir immer schon getan haben, auch gut ist und unser Handeln heute rechtfertigen könnte.

Wenn man den ethischen Schluss logisch analysiert, sagt der Argumentierende:

a) „Wir haben immer schon manipuliert; was wir immer schon getan haben, ist gut. “
b) „Die Gentechnik ist nur eine weitere Form der Manipulation.“
c) „Die Gentechnik ist gut und sollte eingeführt werden.“

Ethische Argumentationen, die zur Beurteilung konkreter praktischer Probleme angeführt werden, enthalten also neben einer deskriptiven Prämisse zumindest implizit auch eine normative Prämisse, die offen gelegt und eigens begründet werden muss. So muss der Argumentierende in dem oben genannten Beispiel begründen, warum das, was wir immer schon getan haben, gut und handlungsleitend sein soll. Ein naturalistischer Fehlschluss liegt dann vor, wenn man davon ausgeht, ausschließlich aus Beobachtungstatsachen direkt eine wertende Schlussfolgerung ziehen zu können, ohne sich klar zu machen, dass man eine Wertung damit verbunden hat. Beliebte naturalistische Fehlschlüsse im Kontext der Diskussion um die Gentechnik sind die Berufung auf die Natur („alles, was die Natur macht, ist gut“) oder Sätze wie: „In England ist die Embryonenforschung erlaubt, sie sollte daher auch in Deutschland erlaubt werden.“ Wer so argumentiert, müsste, um einen naturalistischen Fehlschluss zu vermeiden, begründen, warum das gut und handlungsbestimmend sein soll, was in der Natur bzw. in England passiert.

3. Argumentationstypen der Gentechnik-Debatte

Die Argumente, die innerhalb der Debatte

über die ethische Beurteilung der gentechnischen Verfahren angeführt werden, lassen sich in zwei grundlegende Typen gliedern: sie sind entweder konsequenzialistische oder deontologische Argumente.

3.1 Konsequenzialistische und deontologische Argumentation

Aus konsequenzialistischer Sicht wird eine Norm durch die Güter, die durch Befolgung der Norm erreicht werden, begründet. Das Kriterium für die Beurteilung sind die Konsequenzen, die die Befolgung der Norm hervorruft. Dabei gilt diejenige Norm als moralisch gut, deren Anwendung ein Übergewicht guter Konsequenzen gegenüber schlechten Konsequenzen zur Folge hat. Eine Norm wird also mittels einer Folgenabwägung beurteilt. Wenn z. B. das Leiden von Tieren verhindert werden soll, kann die Herstellung transgener Tiere dadurch auf ihren moralischen Gehalt hin geprüft werden, dass ihr Ausmaß für das Leiden der Tiere empirisch geprüft wird. Eine prominente Variante einer konsequenzialistischen Ethik ist der Utilitarismus, der vor allem von Bentham, Mill und Sidgwick begründet wurde. Der Wert oder Unwert einer Handlung hängt aus der Sicht des Utilitarismus von der Nützlichkeit ihrer Folgen ab. Welche Folgen für die moralische Bewertung maßgeblich sind (Glück, Interessen-Befriedigung, Schmerz-Vermeidung) wird unterschiedlich begründet. Eine Norm ist dann gültig, wenn ihre Befolgung das größtmögliche Wohl der größtmöglichen Anzahl Betroffener erbringt. In der Folgenbewertung konsequenzialistischer Argumente werden in der Regel Konsequenzen betrachtet, die sich direkt oder indirekt auf den Menschen auswirken. Eine Ausnahme bildet der Pathozentrismus, der die Folgen für alle leidensfähigen Wesen in die Beurteilung mit aufnimmt.

Aus deontologischer Sicht ergibt sich die Gültigkeit einer Norm unabhängig von den Konsequenzen, die ihre allgemeine Befolgung mit sich bringt. Die Norm wird aus sich selbst heraus begründet und danach beurteilt, ob sie „pflichtgemäß" ist, unabhängig von den Folgen, die durch Umsetzung der Norm bewirkt werden. Kriterium für das moralisch Richtige in deontologischen Argumenten sind also nicht die Folgen der Handlung, sondern moralische Qualitäten der Handlung selbst. D. h., eine Handlung kann moralisch richtig sein, auch wenn sie nicht das größtmögliche Übergewicht an wünschenswerten Folgen mit sich bringt. Sie kann moralisch verwerflich sein, auch wenn sie wünschenswerte Folgen gewährleisten würde. Deontologen verwenden zwar ebenfalls konsequenzialistische Argumente; sie halten aber daran fest, dass auch andere Gesichtspunkte als die Konsequenzen eine Handlung zu einer richtigen oder falschen machen können. Aus ihrer Sicht gibt es unverfügbare Werte, die vor jeder Güterabwägung und Folgenbewertung gültig sind. Der moralische Gehalt von Handlungen kann aus dieser Sicht nicht anhand einer Folgenbewertung empirisch geprüft werden, sondern ergibt sich aus der Handlungsweise selbst. So gilt zum Beispiel das Töten von Menschen als grundsätzlich moralisch verwerflich, nicht aber deshalb, weil es zu unerwünschten Folgen führt.

Ein prominenter Vertreter einer deontologischen Ethik ist Immanuel Kant, der eine Handlungsmaxime nur dann als moralisch gut bestimmt, wenn sie allein dem guten Willen, der Vernunft, entspringt. Mit dem guten Willen wird das Vermögen des Menschen beschrieben, aufgrund seiner Autonomie Handlungsmaximen frei zu wählen, unabhängig von subjektiven Bedürfnissen oder nützlichen Folgen (s. auch Siep/Ach 1996).

Dieses Unterscheidungskriterium der Normbegründung, konsequenzialistisch versus deontologisch, teilt also alle Argumente zunächst einmal in die zwei grundlegenden Typen von Argumenten. Diese beiden Typen von Argumenten stehen sich jedoch nicht, wie die Klassifizierung vielleicht suggeriert, in der konkreten Diskussion immer diametral gegenüber. Vielmehr fließen sogar bei der Diskussion praktischer Fragen fast immer Komponenten beider Begründungsweisen in die Beurteilung ein. Bei einem komplexen moralischen Urteil, das aus mehreren Argumenten besteht, werden in der Regel sowohl die Handlung selbst als auch ihre Folgen berücksichtigt. Bsp: „Die Gentherapie ist nützlich für die Gesundheit des Menschen. Sie darf aber nur durchgeführt werden, wenn der Patient zugestimmt hat.“ Hier bindet die konsequenzialistische Argumentation, die den Nutzen der Gentherapie für die Gesundheit des Menschen hervorhebt, ihre Legitimität an die Zustimmung des Patienten, dessen Autonomie gewahrt werden muss. Sie verknüpft also Nützlichkeitserwägungen mit einem deontologischen Argument, die Achtung der Autonomie.

Zur weiteren Differenzierung der Argumente aus der Gentechnik-Debatte werden daher weitere Kriterien herangezogen, anhand derer Strategien komplexer Argumentationen auseinander gehalten werden.

3.2 Strategien der Argumentation

In diesem Zusammenhang werden Argumentationsstrategien, die sich auf Verträglichkeitsreflexionen wie z. B. Güterabwägung oder Folgenbewertung gründen, von solchen unterschieden, die auf kategorischen (unbedingt gültigen) Standpunkten beruhen.

Zunächst sind also sich auf Verträglichkeitsreflexionen einlassende Argumentationen von solchen zu unterscheiden, anhand derer die Gentechnik unabhängig von Folgen, allein aufgrund einer kategorischen Pflicht, beurteilt wird.

Zum zweiten sind die Güter zu unterscheiden, die anhand der beiden basalen Argumentationsstrategien geschützt werden sollen (Focus der Argumentationsstrategie).

3.2.1 Verträglichkeitsreflexion

Werden auf der Basis einer Abwägung von Verträglichkeiten die Folgen der Gentechnik reflektiert, so gelten erfahrungsgemäß u.a. vier verschiedene Güter als relevant für die ethische Abwägung:

- Wirtschaft/demokratische Strukturen,
- äußere Natur einschließlich Lebewesen,
- körperliche/seelische Gesundheit des Menschen,
- soziale Gerechtigkeit/kulturelles Klima.

Dem Schutz dieser vier Güter entsprechen vier Argumentationsstrategien, die in der Regel für die Abschätzung der Verträglichkeit einer neuen Technik relevant sind. Aufgrund der vier unterschiedlichen Güter ergaben sich die folgenden vier Argumentationsstrategien:

- die politisch-ökonomische Argumentationsstrategie; sie ist vor allem auf die wirtschaftlichen und politisch-strukturellen Folgen der Gentechnik bezogen;
- die ökoethische Argumentationsstrategie; sie stellt die Auswirkungen der Gentechnik für die Um- und Mitwelt des Menschen in den Vordergrund;
- die medizinethische Argumentationsstrategie; sie stellt den Nutzen der Gentechnik für den individuellen Patienten, sein Leiden und Wohlergehen in den Mittelpunkt der Betrachtung;
- die sozialethische Argumentationsstrategie; sie setzt sich mit den gesellschaftlich-kulturellen Anschlussproblemen der Gentechnik auseinander.

3.2.2 Bezugnahme auf eine kategorische Pflicht

Für die Argumentationsstrategie, die auf eine kategorische Pflicht Bezug nimmt, sind zwei unterschiedliche Güter schützenswert:

- Integrität der äußeren Natur;
- Integrität des Menschen, der Person.

Aus den beiden Gütern ergeben sich die folgenden Argumentationsstrategien:

- die biozentrisch-kategorische Argumentationsstrategie richtet ihre Aufmerksamkeit u. a. auf die Integrität der äußeren Natur und ihrer Lebewesen. Dies gilt als achtenswert, wertvoll und um ihrer selbst willen schützenswert.Gentechnische Veränderungen gelten nur dann als bedenkenswert, wenn sie diese Integrität nicht verletzen.
- Die personalistische Argumentationsstrategie richtet ihre Aufmerksamkeit auf die Integrität des Menschen. Diese gilt als unbedingt achtenswert und absolut wertvoll („Würde des Menschen“). Das Leben als wesentlicher Bestandteil der Integrität gilt als unantastbar. Aus der Unantastbarkeit der menschlichen Natur werden dann ethische Normen abgeleitet, die kategorischen

Charakter haben.

Bei der Urteilsbildung in bezug auf die verschiedenen ethischen Probleme der Gentechnik sollen im folgenden die jeweils relevanten Argumentationstypen berücksichtigt und in ihren Stärken und Schwächen überprüft werden.

Es ist also zu fragen, ob nur dem Menschen oder auch den anderen Lebewesen und sogar unbelebten Naturgegenständen ein moralischer Status und damit ein Schutzanspruch zugesprochen werden muss. In der moralphilosophischen Diskussion unterscheidet man in diesem Zusammenhang zwischen anthropozentrischen, pathozentrischen, biozentrischen und holistischen Konzeptionen. Anthropozentrische Modelle schreiben dem Menschen, pathozentrische den empfindungsfähigen Lebewesen, biozentrische dem belebten Teil der Natur, also auch Pflanzen einen Schutzanspruch zu. Holistische weiten diesen auf die unbelebte Natur (s. Birnbacher 1994) aus.

Ethische Analyse

Das Verfahren der ethischen Analyse soll dem Lehrer als eine Strukturierungshilfe für die Behandlung ethischer Fragen im Bereich der Gentechnik im Biologieunterricht dienen, so dass die Schüler zu einer individuellen, begründeten Meinung geleitet werden. Darüber hinaus sollen die Schüler erkennen, dass es im Bereich normativer Fragestellungen keine eindeutigen Antworten gibt.

Die ethische Analyse lässt sich in die folgenden Gedankenschritte einteilen (s. Hößle 1999, Bayrhuber 1992):

1. Formulierung der Entscheidungssituation oder des Dilemmas;
2. Benennung der verschiedenen möglichen Handlungsoptionen in dieser Situation;
3. Zuordnung der verschiedenen Handlungen zu Werten, die hiervon berührt werden;
4. Treffen einer begründeten Entscheidung für eine der Handlungsoptionen und Reflexion der aus diesen Handlungen folgenden Konsequenzen;
5. Zuordnung der Gründe für diese Entscheidung zu übergeordneten Argumentationskategorien;
6. Beschreibung der Konsequenzen der individuellen Entscheidung;

1. Formulierung der Entscheidungssituation oder des Dilemmas

Zu Beginn des Meinungsbildungsprozesses muss das zur Diskussion stehende Dilemma, die zur Diskussion stehende Entscheidungssituation, von den Schülern eindeutig formuliert werden. Dies geschieht unterrichtsmethodisch vorzugsweise auf der Grundlage eines Fallbeispiels zum Thema.

2. Benennung der verschiedenen möglichen Handlungsoptionen in dieser Situation

In diesem Schritt werden von den Schülern die verschiedenen Handlungsmöglichkeiten, die als Reaktion auf die zur Debatte stehende Situation denkbar sind, benannt und erläutert.

3. Zuordnung der verschiedenen Handlungen zu Werten, die hiervon berührt werden

Anhand des Ergebnisses aus Schritt 2 wird den Schülern deutlich gemacht, dass es offenbar verschiedene, miteinander konkurrierende Möglichkeiten für die Auflösung des Dilemmas gibt und dass keine eindeutige Entscheidung für oder gegen eine „richtige“ oder „falsche“ Handlung möglich ist. In diesem Zusammenhang kann der Unterschied zwischen deskriptiven und normativen Fragen thematisiert werden. Dann werden die der jeweiligen Handlungsmöglichkeit zu Grunde liegenden Werte benannt, wie zum Beispiel Gesundheit, soziale Gerechtigkeit, wirtschaftlicher Profit usw..

4. Treffen einer begründeten Entscheidung für eine der Handlungsoptionen und Reflexion der aus diesen Handlungen folgenden Konsequenzen

Die Schüler entscheiden sich für eine der vorhandenen Handlungsmöglichkeiten und damit für einen bestimmten Wert, der für sie jeweils der bedeutsamste ist (s. Schritt 3). Die Konsequenzen dieser Entscheidung für den Einzelnen und die diese Entscheidung begründenden Argumente werden überdacht und formuliert.

5. Zuordnung der Gründe für diese Entscheidung zu übergeordneten Argumentationskategorien

Die möglichen Argumente können auf zwei Arten der Begründungen zurückgeführt werden, d. h. die Argumente können zwei unterschiedlichen Argumentationstypen zugeordnet werden (deontologische bzw. konsequenzialistische Argumentation). So ist eine mögliche Begründung die Bezugnahme auf die Würde des Menschen als dem höchsten Gut. Ziel des Handelns ist es, dem Menschen als Person gerecht zu werden, die als Vernunftswesen Träger von Sittlichkeit ist, d. h. Freiheit und Verantwortung besitzt. In diesen Zusammenhang gehören zum Beispiel Entscheidungen, in denen auf die Selbstbestimmung des Menschen oder seine Integrität Bezug genommen wird. Eine andere mögliche Begründung ist der Verweis auf das Wohlergehen des Menschen. Hierunter fallen zum Beispiel solche Entscheidungen, die sich auf die Gesundheit oder den finanziellen Profit stützen. Durch die Rückführung der von den Schülern in Schritt 3 herausgearbeiteten Werte, die von der jeweiligen Handlung berührt werden, auf diese Letztbegründungen soll die Möglichkeit zur Klassifizierung der individuellen Begründungen für die ausgewählte Handlung bewusst gemacht werden (s. hierzu Bd. 1, S. 6 ff.).

6. Beschreibung der Konsequenzen der individuellen Entscheidung

In diesem Schritt werden die Konsequenzen der jeweiligen Entscheidung für die einzelne Person sowie für die gesamte Gesellschaft überdacht und formuliert.

Materialien für die gymnasiale Oberstufe

2 Materialien für die gymnasiale Oberstufe

2.1 Gentechnik und Nutzpflanzen

2.1.1 Gentransfer an Pflanzen – oder – Tu, was du kannst ?!

Angela Kroß

Seit Jahrtausenden beeinflusst der Mensch durch Züchtung die Genome von Pflanzen. Mit Hilfe klassischer Verfahren der Auslese-, Kombinations- oder Mutationszüchtung benötigt man heute 8 bis 15 Jahre, um eine Pflanzensorte mit neuen Eigenschaften auf den Markt zu bringen. Die Nutzung gentechnischer Methoden in der Pflanzenzüchtung trägt dazu bei, neue Sorten in kürzerer Zeit gezielter entwickeln zu können.

Gentechnik ermöglicht dabei die Einführung einzelner, im Labor isolierter Gene in das Genom von Pflanzen. Gentechnische Verfahren lassen die Überschreitung der Artgrenzen beim Gentransfer zu: Gene können nicht nur zwischen nicht kreuzbaren Pflanzenarten ausgetauscht sondern auch von Bakterien, Viren oder Tieren auf Pflanzen übertragen werden (s. Tab. 1).

Veränderte Pflanze	Neue Eigenschaft	Produkt des Fremdgens	Herkunft des Gens
Ackerschmalwand	Abbaubarer Kunststoff (PHB)	Polyhydroxy-Buttersäure	*Alcaligenes eutrophus* (Bakterium)
Kartoffel	Virusresistenz	Hüllprotein	X-, Y-, Blattroll-Virus
Kartoffel	Bakterienresistenz	T4-Lysozym	T4-Phage
Raps	Pilzresistenz	Stilbensynthase	Erdnuss
Zuckerrübe	Rhizomaniaresistenz	Hüllprotein	BN-Y-Virus

Tab. 1: Beispiele für Gentransfer an Nutzpflanzen (gekürzt und verändert nach Wenzel 1997, S. 32)

Anliegen dieser Unterrichtseinheit ist es, die biologischen und methodischen Grundlagen des Gentransfers an Nutzpflanzen zu veranschaulichen, um auf dieser Basis die Frage zu erörtern, ob es ethisch gerechtfertigt ist, fremde Gene in das Genom von Pflanzen zu integrieren. Mit dieser Schwerpunktsetzung werden durch die Unterrichtseinheit grundlegende Sachverhalte vermittelt, die auch bei der unterrichtlichen Behandlung spezieller Anwendungsbereiche der Gentechnik an Nutzpflanzen wie z. B. der Raps-, Kartoffel- oder Resistenzzüchtung von Bedeutung sind. Die hier vorgeschlagenen Materialien sind leicht mit den stärker anwendungsbezogeneren Unterrichtsvorschlägen zur Gentechnik an Nutzpflanzen kombinierbar (s. Kap. 2.1.2 bis 2.1.5).

1. Sachinformationen

Pflanzen besitzen Eigenschaften, die für die Anwendung klassischer und biotechnischer Züchtungsverfahren von Vorteil sind. Dazu gehören:

- die hohe Anzahl an Nachkommen und die gute Regenerationsfähigkeit,
- die Fähigkeit einiger Arten zur Selbstbefruchtung (Bildung von Homozygoten),
- das Vorhandensein einer Vielzahl von Sorten mit genetisch charakterisierten Mutanten.

Als nachteilig erweisen sich die Polyploidie einiger Nutzpflanzen (s. Kap. 2.1.3) und das gehäufte Auftreten spontaner Mutationen in pflanzlichen Zellkulturen (Entstehung von somaklonalen Variationen). Regenerierte Pflanzen sind deshalb oft genetisch nicht homogen bzw. instabil.

Methoden des Gentransfers an Pflanzen

Zur gentechnischen Veränderung von Pflanzen werden Methoden des indirekten und des direkten Gentransfers angewandt. Die Methodenauswahl wird hauptsächlich durch die spezifischen Eigenschaften der Empfängerpflanze bestimmt. Generell sind Transferverfahren umso geeigneter, je weniger die genetische Integrität der Empfängerpflanze beeinträchtigt wird und je geringer der Aufwand zur Pflanzenregeneration ist.

a) Indirekter Gentransfer an Pflanzen mittels Agrobakterien als Genfähre

Die Nutzung des Ti-Plasmids (tumorinduzierendes Plasmid) von *Agrobacterium tumefaciens* als Genfähre ist die derzeit am häufigsten verwendete Transfermethode. Die Grundlage dafür ist der natürliche Mechanismus der Übertragung der bakteriellen T-DNA (Transfer-DNA) des Ti-Plasmids auf Pflanzenzellen durch Agrobakterien (s. AB 1). Voraussetzung für den Einsatz des Ti-Plasmids ist das relativ breite Wirtsspektrum des Bakteriums. 60 % aller Gymnospermen, dikotyle Angiospermen und einige monokotyle Pflanzen (z. B. *Liliales, Arales, Asparagales*) können durch Agrobakterien infiziert und somit auch gentechnisch verändert werden. Die meisten wirtschaftlich interessanten Getreidearten sind bisher jedoch nicht durch Agrobakterien transformierbar, eine Ausnahme stellt Reis dar (s. Steinbiß 1995).

Der **Mechanismus der natürlichen DNA-Übertragung von Agrobakterien auf Pflanzenzellen** ist noch nicht vollständig geklärt. Im Folgenden werden die Schritte im Überblick dargestellt, die als experimentell gesichert gelten (s. Steinbiß 1995 und AB 1). Für weitere Erläuterungen sei auf Bd. 2, S. 43 ff. verwiesen.

1. Bei einer Infektion treten Agrobakterien mit den Wundrandzellen einer verletzten Pflanze in Kontakt.
2. Die Bakterien reagieren auf die chemischen Reize der geschädigten Zellen und aktivieren Virulenzgene, sog. vir-Gene. Diese codieren für verschiedene, am DNA- Transfer mitwirkende vir-Proteine.
3. Die T-DNA des Ti-Plasmids wird durch besondere vir-Proteine (Endonucleasen, die Einzelstrangbrüche hervorrufen) als Einzelstrang freigesetzt. Diese und weitere andere vir-Proteine umlagern die T-DNA und schützen sie vor enzymatischem Abbau. Es entsteht ein T-DNA-Komplex.
4. Durch Konjugation wird der T-DNA-Komplex vom Agrobakterium in die Pflanzenzelle übertragen und mit Hilfe weiterer vir-Proteine in das Genom integriert.

Die Integration der T-DNA in das Genom von Pflanzenzellen bewirkt eine Veränderung ihres Stoffwechsels. Die Pflanzenzellen synthetisieren daraufhin die in der T-DNA codierten Wachstumshormone (Cytokinine und Auxine) sowie ein Opin (Oktopin oder Nopalin). Die Wachstumshormone bedingen die unkontrollierte Zellteilung und damit die Entstehung von Pflanzentumoren, der Wurzelhalsgallen. Das jeweilige Opin wird von Agrobakterien als Kohlenstoff- und Stickstoffquelle genutzt, es ist nicht an der Tumorbildung beteiligt. (Weitere Informationen über *Agrobakterium tumefaciens* s. Bd. 3, S. 30 ff.)

Für den **Einsatz des Ti-Plasmids zur Genübertragung auf Pflanzen** liegt eines der wenigen deutschen Patente gentechnischer Grundlagenforschung vor (s. Wenzel 1997). Natürlicherweise enthalten die ca. 200 Kilobasen (kb) umfassenden Ti-Plasmide der verschiedenen *Agrobakterium*-Arten zwei funktionell wichtige Bereiche für die Genübertragung (s. AB 1): die 20 kb lange T-DNA, auf der die Gene für die Bildung eines Opins und der Wachstumshormone lokalisiert sind und die vir-Region, bestehend aus verschiedenen Virulenzgenen, die wiederum für unterschiedliche vir-Proteine codieren.

Um Ti-Plasmide als Genfähre nutzen zu können, sind Veränderungen in der Basensequenz erforderlich. Die tumorauslösenden DNA-Sequenzen im Bereich der T-DNA (für Wachstumshormone codierende Gene) und die Opin codierenden Sequenzen werden für den experimentellen Einsatz entfernt. Zusätzliche Gensequenzen sind für die Klonierung und Selektion notwendig. Heute verwendete Plasmidvektoren enthalten im Wesentlichen die folgenden Komponenten (s. Glick/Pasternak 1991, Seyffert 1998, Gassen/Minol 1996):

- verschiedene Markergene (z. B. ein β-Galaktosidasegen, Kanamycin- und/oder Neomycinresistenzgene) für die Selektion von Bakterien und Pflanzenzellen,
- die Grenzsequenzen der T-DNA von je 25 Basenpaaren, die für die Integration in das Genom von Pflanzen notwendig sind,
- eine DNA-Sequenz, die Schnittstellen für mehrere Restriktionsenzyme bietet.

Da Ti-Plasmide für eine Klonierung in Bakterien zu groß sind, findet die **Neukombination und Vermehrung von Fremd-DNA** mit Hilfe von ca. 10 Kilobasen großen Plasmidvektoren in *E. coli* statt (s. Folie 2). Dazu wird mit Hilfe eines Restriktionsenzyms einerseits das Fremdgen aus der Spender-DNA freigesetzt und andererseits die ringförmige Plasmid-DNA an der Restriktionsschnittstelle der T-DNA gespalten. Eine DNA-Ligase fügt die Bruchstücke anschließend so zusammen, dass ein Plasmidvektor entsteht, der das Fremdgen enthält (s. Bayrhuber/Kull 1998, S. 351 ff.). Mit Hilfe eines Resistenzgens werden dann die Bakterienklone identifiziert, die ein Plasmid aufgenommen haben.

Im Anschluss daran muss geklärt werden, welche dieser Plasmide die Fremd-DNA integriert haben. Zu diesem Zweck fügt man die Fremd-DNA so in die T-DNA ein, dass die Funktionsfähigkeit eines Markergens beeinflusst wird. Häufig wird dazu das β-Galaktosidasegen in Plasmidvektoren integriert (s. Folie 2). β-Galaktosidase (Laktase; s. Bd. 2, S. 4 und 29 ff.) beschleunigt die Spaltung von Milchzucker (β-Laktose) in β- D-Galaktose und β-D-Glukose. Bakterien mit diesem Gen können die modifizierte Galaktose (X-Gal) des speziellen Indikatornährbodens abbauen. Durch eine an die Galaktose gebundene chromophore funktionelle Gruppe werden das Abbauprodukt und infolge dessen die Bakterienklone blau gefärbt. Ist das Gen durch die Integration der Fremd-DNA defekt, kann keine Galaktose abgebaut werden und die Bakterienklone mit Fremd-DNA erscheinen weiß.

Zur **Integration der rekombinanten T-DNA in das Pflanzengenom** werden die Plasmidvektoren mit der Fremd-DNA durch Konjugation auf Agrobakterien übertragen (s. Folie 3), die ein sog. „entwaffnetes" (Helfer-) Ti-Plasmid ohne tumorinduzierende Gene besitzen. Dieses Ti-Plasmid stellt für den Gentransfer lediglich die Virulenzgene zur Verfügung. Diese codieren u. a. für eine Endonuclease, die an den Grenzsequenzen der T-DNA auch dann Einzelstrangbrüche hervorruft und die Fremd-DNA freisetzt, wenn diese nicht auf dem gleichen Plasmid lokalisiert sind. Agrobakterien, die beide Plasmide enthalten, sind deshalb in der Lage, die T-DNA mit der Fremd-DNA auf Pflanzenzellen zu übertragen.

Bei einer anderen gebräuchlichen Transferstrategie wird die im Plasmidvektor klonierte Fremd-DNA in „entwaffnete" Ti-Plasmide eingefügt und in das Pflanzengenom integriert.

Für den Gentransfer mit Hilfe von Agrobakterien sind verschiedene Pflanzenteile geeignet. Transformanten konnten aus Protoplasten, aus Suspensionskulturzellen, Gewebestücken, Samen, Jungpflanzen und Pollen entwickelt werden.

b) Methoden des direkten Gentransfers auf Pflanzen

Methoden des direkten Gentransfers gestatten es, Fremdgene auf Gräser wie Mais, Gerste und Weizen zu übertragen.

Die **Transformation mit Polyethylenglycol** (PEG) kann bei allen Pflanzen angewandt werden, die aus Protoplasten regenerierbar sind. Diese werden dabei mit der Fremd-DNA unter Zusatz von PEG und Kalzium- oder Magnesium-Ionen inkubiert. Die positiv geladenen Metallionen vermitteln den Kontakt zwischen den negativ geladenen Nukleinsäuren und dem negativ geladenen Plasmalemma der Pflanzenzelle (s. Steinbiß 1995). Durch PEG wird das Plasmalemma dazu angeregt, die an der Oberfläche konzentrierten Nukleinsäuren durch Einstülpung und Vesikelbildung in die Protoplasten aufzunehmen (Endozytose).

Auch für die **Elektroporation** werden Protoplasten eingesetzt. Diese Transfermethode ist nur bedingt bei ganzen Pflanzenzellen wirksam. Deshalb wird zu einer Protoplastensuspension Plasmid-DNA in hoher Konzentration hinzugefügt und die Suspension einem elektrischen Feld von 200 bis 600 Volt/cm ausgesetzt. Nach ca. zwei Wochen der Zellkultivierung können die transformierten Zellen selektiert werden. Während dieses relativ langen Kultivierungszeitraumes treten gehäuft somaklonale Variationen auf. Der Erfolg des Gentransfers ist von verschiedenen Parametern abhängig, z. B. von der Anzahl der elektrischen Impulse, der verwendeten Kapazität des Kondensators und der Feldstärke (s.

Brand 1995). Transformationen an Mais und Reis waren bisher mit einer Ausbeute von 0,1 und 1 % erfolgreich (s. Watson et al. 1993).

Da die Protoplastenregeneration bei Getreidearten Probleme bereitet, sind Methoden entwickelt worden, die eine Transformation direkt in Pflanzenzellen ermöglichen. Bei der **Partikelbeschuss-Technik** (DNA-Kanonen) werden Wolfram- oder Goldkügelchen mit DNA beschichtet und durch eine Gasentladung (z. B. unter Verwendung von Helium) auf Pflanzenzellen geschossen. Die Partikel werden in einer evakuierten Kammer durch ein Netz oder einen Spalt geleitet und treffen auf die Empfängerzellen. Das Vakuum ist notwendig, um ein Abbremsen der Partikel durch den Luftwiderstand zu verhindern. Pflanzliche Zellen überleben das Vakuum ca. 2 Minuten unbeschadet. Die transformierten Zellen werden dann auf Kulturplatten überführt und zu vollständigen Pflanzen regeneriert. Die Partikelbeschuss-Technik ist bei den meisten Kulturpflanzen auf größere Meristemstücke des Sprosses und auf Embryonen in vitro anwendbar, so dass Gewebekulturverfahren in geringerem Umfang notwendig sind. Der Nachteil dieser Methode liegt in den hohen Anschaffungs- und Betriebskosten.

Die **Mikroinjektion** ist eine Gentransfermethode, die vor allem zur Transformation von Tierzellen genutzt wird. Die Anwendung der Methode ist sehr wirksam, sie setzt keine komplizierten Vektoren voraus und ermöglicht die genaue Dosierung der eingesetzten DNA-Mengen. Trotz dieser Vorteile konnte sie aber bisher kaum effizient auf Pflanzenzellen angewandt werden. Probleme bereiten insbesondere das „Hindernis" Zentralvakuole sowie die Form und Oberfläche von Pflanzenzellen, die die Fixierung der Zellen auf Glas erschweren. Infolgedessen entsteht ein deutlich höherer experimenteller Zeitaufwand im Vergleich zur Anwendung auf Tierzellen. Zur Optimierung der Methode wird derzeit an der computergestützten Steuerung gearbeitet.

Methode	Wirkungsweise	Pflanzenmaterial
Indirekter Gentransfer		
1. Durch *Agrobacterium tumefaciens* vermittelter Gentransfer	Übertragung von Genen mit Hilfe des Ti-Plasmids	Protoplasten, Hypokotyle, Blattscheiben, Meristeme
Direkter Gentransfer		
2. Aufnahme freier DNA mit Hilfe von PEG (Polyethylenglycol)	Perforation der Membran durch PEG, Auslösen einer Endozytose	Protoplasten, Pollen
3. Elektroporation	Perforation der Membran durch elektrische Impulse	Protoplasten
4. Partikelbeschuss-Technik	Beschuss mit DNA-beschichteten Wolfram- oder Goldpartikeln	Zellen, somatische und zygotische Embryonen, Kotyledonen u. a. Gewebe
5. Mikroinjektion	Injektion von DNA in das Cytoplasma von Zellen mit einer Glaskanüle	Protoplasten

Tab. 2: Übersicht zu Methoden des Gentransfers auf Nutzpflanzen (verändert nach Odenbach 1997)

Ethische Fragen zum Gentransfer an Nutzpflanzen

Mit dem Einsatz der Gentechnik an Nutzpflanzen ergeben sich ethische Fragestellungen aus anthropozentrischer, pathozentrischer und biozentrischer Sicht, auf die im Folgenden eingegangen wird.

Grundsätzlich werden mit dem Einsatz der Gentechnik in der Pflanzenzüchtung die gleichen Ziele verfolgt, wie mit traditioneller Pflanzenzüchtung auch: die Steigerung des Ertrages und der Produktqualität sowie die Verbesserung der Anpassung der Pflanzen an Standort- und Verarbeitungsbedingungen. Die Umsetzung dieser Züchtungsziele mit Hilfe gentechnischer Methoden kann positive wie negative gesundheitliche, ökologische, ökonomische und soziale Auswirkungen haben (s. dazu im einzelnen Kap. 2.1.2 bis 2.1.5 sowie Bd. 2, S. 48 ff.). Folgende **Vorteile** können sich ergeben:

- Die Zusammensetzung pflanzlicher Inhalts - stoffe (z.B. die Proteinzusammensetzung bei Mais und Reis) wird stärker an die Bedürfnisse des Menschen angepasst, so dass gesündere Lebensmittel (z. B. kalorienarm) produziert werden können.
- Durch die Modifizierungen der Zusammensetzung von Kartoffelstärke bzw. Rapsöl (s. Kap. 2.1.2 bzw. 2.1.3) können diese Pflanzen gezielter und effektiver als nachwachsende Rohstoffe in verschiedenen Industriezweigen genutzt werden. Für die einheimische Landwirtschaft eröffnen sich dadurch neue Absatzmärkte.
- Die Verbesserung der Nährstoffversorgung und die Optimierung der Energiegewinnung von Nutzpflanzen auf gentechnischem Wege ermöglicht eine weitere Ertragssteigerung.
- Durch die Züchtung herbizidresistenter Pflanzen werden kostenintensive und umweltbelastende Mehrfach- sowie vorbeugende Spritzungen in der konventionellen Landwirtschaft unnötig (s. Kap. 2.1.4).

Es können jedoch auch **Nachteile** bzw. Risiken entstehen:

- Die Integration von Fremdgenen in Pflanzengenome kann unvorhergesehene Stoffwechselreaktionen auslösen, die in Nahrungsmitteln möglicherweise toxische oder allergieinduzierende Wirkungen hervorrufen (s. Kap. 2.1.5; Bd. 2, S. 78 ff.).
- Die Produktion von nachwachsenden Rohstoffen in Europa (wie z. B. Laurinsäure, s. Kap. 2.1.2) kann in naher Zukunft möglicherweise einschneidende Folgen für die Wirtschaft der bisherigen Lieferländer wie Malaysia, Indonesien oder Singapur haben.
- Der Anbau herbizidresistenter Pflanzen geht mit dem vermehrten Einsatz von Breitbandherbiziden einher, die toxisch auf alle nicht-herbizidresistenten Pflanzen wirken. Dies würde die Reduzierung der Artenvielfalt ackerbegleitender Unkräuter sowie die Entwicklung herbizidresistenter Unkräuter beschleunigen, woraus sich neue Probleme der Unkrautbekämpfung ergeben können.
- Das herbizidresistente Saatgut wird im Doppelpack mit dem Breitbandherbizid vornehmlich von Großkonzernen verkauft, so dass es zu marktbeherrschenden Positionen einzelner Firmen und zur Abhängigkeit der Bauern von einigen wenigen Saatgutherstellern kommen kann. Darüber hinaus schränkt eine solche Entwicklung die genetische Vielfalt der Kulturpflanzen in der Weise ein, dass letztlich nur die herbizidresistenten Sorten auf dem Markt bestehen und weiterentwickelt werden.

Ethische Argumentationen (s. S. 4 ff.), in denen Vor- und Nachteile des Einsatzes der Gentechnik abgewogen werden, fußen auf einer anthropozentrischen oder pathozentrischen ethischen Grundposition. In anthropozentrischen (utilitaristischen) Argumentationen werden menschliche Handlungen letztlich danach bewertet, in welchem Maße sie dem allgemeinen oder individuellen Wohl des Menschen dienen, d. h., menschliche Bedürfnisse stillen oder Interessen befriedigen. Wenn die aus einer Handlung resultierenden Vorteile für den Menschen die Nachteile überwiegen, ist die Handlung aus anthropozentrischer Sicht ethisch vertretbar.

In einer pathozentrischen (utilitaristischen) Argumentation wird außer dem Wohl des Menschen auch das Wohl anderer Lebewesen berücksichtigt. Pflanzen schließt dies jedoch nicht ein, da sie als nicht empfindungs- bzw. leidensfähig gelten und deshalb nicht in die moralische Gemeinschaft einbezogen werden. (s. Ach/Gaidt 1995). Entsprechend dieser Prämisse ist es unmöglich, einer Pflanze „Gutes" oder „Schlechtes" anzutun, da sie keine Interessen und Bedürfnisse kennt. Aus dieser Position folgt, dass der Gentransfer ethisch vertretbar ist, da die Art und Weise des Umganges mit nicht empfindungsfähigen Lebewesen ethisch nicht relevant ist.

Gemäß einer biozentrischen Grundposition wird dem Leben ein absoluter Wert zugesprochen. Alle Lebewesen genießen deshalb uneingeschränkten Schutz. In der biozentrischen Argumentation wird der Schutz der Würde eines Individuums vom Menschen (personalistisch) auf alle Lebewesen ausgedehnt (s. Argumentation von A. Schweitzer, AB 4). Allen Lebewesen, so auch den Pflanzen, wird ein Eigenwert zugesprochen, der durch eine Instrumentalisierung verletzt werden würde. „Eigenwert bezeichnet dann die normative Prämisse, dass Natur nicht darin aufgeht, Mittel für menschliche Zwecke zu sein, sondern sie nur dann zum Wohle des Menschen genutzt werden kann, wenn sie zugleich um ihrer selbst willen - als dem Menschen nie in Gänze verfügbar (...) – respektiert wird." (Korff et al. Bd. 2, S. 403). Die biozentrische Argumentation stößt dadurch an eine Grenze, dass es praktisch unmöglich ist, konsequent nach der Prämisse zu leben. Sie gibt zu einem sensibleren Umgang mit Pflanzen Anlass als die anthropozentrische Position, die allein auf den Nutzeffekt ausgerichtet ist. Aus biozentrischer Sicht wird u. a. danach gefragt, ob:

- der arttypische Geno- und Phänotyp der Pflanze erhalten bleibt,
- die Vitalität und physiologische Stabilität der Pflanze nicht gestört wird,
- die kurz- oder langfristige Beeinträchtigung der Stabilität des Ökosystems, dessen Element die betreffende Pflanze ist, befürchtet werden muss.

Wird eines dieser Kriterien maßgeblich beeinträchtigt, so wäre aus biozentrischer Sicht der Gentransfer an Pflanzen unabhängig von den Folgen der Entscheidung für das menschliche Leben abzulehnen (s. Altner 1996).

2. Fachdidaktische Informationen

Der Unterrichtsvorschlag behandelt ethische Aspekte wie z. B. die Unterscheidung von normativen und deskriptiven Aussagen und die Entwicklung eines individuellen Urteils (s. Kap. 1) zum Gentransfer an Nutzpflanzen integriert in die Erörterung der biologischen und methodischen Grundlagen. Das Prinzip eines gentechnischen Experimentes wird in diesem Zusammenhang erarbeitet.

Der Einstieg erfolgt durch eine schülerorientierte, hypothetische Fragestellung zur Züchtung einer Traumpflanze. Als eine der wichtigsten Methoden des Gentransfers auf Pflanzen wird die Klonierung eines Gens und dessen Übertragung durch Agrobakterien mit Hilfe des Ti-Plasmids behandelt. Den Ausgangspunkt dazu bietet die Erörterung des natürlichen Vorganges der Genübertragung bei diesen Bakterien. Im weiteren Unterrichtsverlauf wird dieses Beispiel als Anlass für die Behandlung des Naturalistischen Fehlschlusses (s. Kap. 1) genutzt. Die Erarbeitung weiterer Gentransfermethoden im Vergleich wird in Form selbständiger Arbeit (evtl. in Gruppen) vorgeschlagen.

Die hypothetische Fragestellung zur Züchtung der Traumpflanze wird zum Zweck der Festigung grundlegender Schritte der Züchtung transgener Pflanzen und als Ausgangspunkt für die ethische Analyse wieder aufgegriffen. Die Schüler sollen sich selbst die Frage stellen, ob man „ihre Traumpflanze" züchten darf. Anhand der Schrittfolge der ethischen Analyse (s. Kap. 1) wird dieser Frage nachgegangen. In den Unterrichtsgang sind Experimente zur Untersuchung der Infektionsbedingungen von Agrobakterien und zur Protoplastenfusion integrierbar.

Lernvoraussetzungen

Grundwissen über:

- Bau und Funktion der DNA,
- Proteinbiosynthese

Lernziele

Die Schüler sollen:
- die Entstehung von Pflanzentumoren und die Nutzung des Ti-Plasmids zum Gentransfer auf Pflanzen erläutern können,
- Methoden des direkten Gentransfers auf Nutzpflanzen beschreiben können,
- den normativen bzw. deskriptiven Gehalt von Argumenten erklären können,
- ethische Werte erläutern können, die mit dem Gentransfer auf Pflanzen berührt werden,
- ein eigenes begründetes Urteil zum Gentransfer auf Pflanzen formulieren und in einer Diskussion vertreten können.

Hinweise auf Medien und Experimente

- Video: „Gene für Grünes" (FWU, Best.-Nr. 4200642)
- Experiment: Infektion von Bryophyllum mit Agrobakterien (s. Nellen et al. 1997, S. 12 ff.)
- Experiment: Isolierung und Fusion pflanzlicher Protoplasten (s. Bd. 2, S. 173 ff.)

3. Unterrichtsverlauf und Materialien

1. Krebs bei Pflanzen **(ca. 45 min.)** • Vorkommen von Pflanzentumoren • Natürlicher Gentransfer auf Pflanzen	
Einstieg: Stellen Sie sich vor, Sie wären Pflanzenzüchter im Jahr 2098. Die Genome der meisten Pflanzen sind analysiert, die Gene für alle denkbar nützlichen Eigenschaften sind bekannt und beliebig auf Pflanzen übertragbar. Welche „Traumpflanze" würden Sie züchten? **Formulieren des Unterrichtsziels:** Begründete individuelle Beantwortung der Frage, ob es ethische gerechtfertigt werden kann, Pflanzen beliebig nach den menschlichen Bedürfnissen und Wünschen durch Gentechnik zu verändern **Erarbeitung:** Wie können Gene auf Pflanzen übertragen werden? Krebs an Pflanzen: Die Lernenden formulieren Hypothesen darüber, wie es zum weiteren Tumorwachstum kommen kann, obwohl keine lebenden Agrobakterien mehr in oder auf der Pflanze existieren. **Zusammenfassung:** Flussdiagramm: Entstehung von Pflanzentumoren **HA:** Aufgrund welcher Voraussetzungen ist es möglich, dass Gene aus einem Bakterium in das Genom von Pflanzenzellen integriert und expremiert werden können? **SV:** Bakterienkonjugation und die Funktion von Plasmiden (Lit.-Bsp.: Linder, Bayrhuber/Kull 1998, Hoff & Hafner 1993, Campbell 1997)	F 1, Ti- infizierte Pflanze
2. Die Bedeutung des Ti-Plasmids für die Entstehung von Pflanzentumoren (ca. 45 – 90 min.) • Bau und Funktion des Ti-Plasmids • Übertragung der T-DNA des Ti-Plasmids auf Pflanzen (Experiment: Bedingungen einer Agrobakterieninfektion)	
HA: Voraussetzungen für die Genübertragung **Wiederholung/Erarbeitung:** Bakterienkonjugation, Funktion von Plasmiden **Erarbeitung:** Bau und Funktion des Ti-Plasmids, natürliche Genübertragung auf Pflanzen mit Hilfe des Ti-Plasmids, **Erarbeitung:** Bedingungen für eine Agrobakterieninfektion (evtl. Durchführung eines Schülerexperiments (s. Nellen et al. 1997) **Zusammenfassung/HA:** Konkretisieren Sie das Flussdiagramm aus Abs. 1!	SV AB 1

3. Klonierung eines Gens in einem Plasmidvektor (ca. 45 – 90 min.) • Bau eines Plasmidvektors • Klonierung und Selektion	
HA: Konkretisierung des Flussdiagramms aus Abs. 1 auf Grundlage der Kenntnisse über Bau und Funktion des Ti-Plasmids **Erarbeitung:** Merkmale eines Plasmidvektors, Klonierung und Selektion eines Gens mittels Plasmidvektor	F 2
4. Methoden des Gentransfers auf Nutzpflanzen (I) (ca. 45 min.) • Indirekter Gentransfer auf Nutzpflanzen mittels Ti-Plasmid • Naturalistischer Fehlschluss	
Einstieg: Wie kann die Fremd-DNA auf einem Plasmidvektor in das Genom von Pflanzen übertragen und integriert werden? **Erarbeitung:** Indirekter Gentransfer auf Nutzpflanzen mittels Ti-Plasmid **Problemstellung:** Pflanzenzüchter nutzen beim Gentransfer mit Agrobakterien ein natürliches Prinzip aus. Inwiefern ist es dann noch notwendig, diese Handlungsweise ethisch zu hinterfragen? **Problemerarbeitung:** Erläuterung des Naturalistischen Fehlschlusses **HA:** Erläutern Sie den Gentransfer auf Pflanzen mit Hilfe von Agrobakterien und begründen Sie, warum dies der ethischen Rechtfertigung bedarf!	F 3 s. Kap. 1
5. Methoden des Gentransfers auf Nutzpflanzen (II) (ca. 45 min.) • Gentransfer in Protoplasten durch Polyethylenglycol, Elektroporation und Mikroinjektion, Gentransfer in Gewebe durch Partikelbeschuss-Technik	
HA: (Whl.) Gentransfer mittels Agrobakterien, Naturalistischer Fehlschluss **Erarbeitung:** Methoden des direkten Gentransfers auf Nutzpflanzen, tabellarische Zusammenfassung (Gruppenarbeit) **HA:** Mit Rückbezug auf die Einstiegsfrage in Abs. 1 fertigen die Lernenden eine Folie an, mit deren Hilfe Sie die wesentlichen Schritte erläutern können, die zur Züchtung Ihrer „Traumpflanze" durch das Einbringen eines Fremdgens in eine Ausgangspflanze notwendig sind (Kurzdarstellung).	AB 2/3 s. Tab. 2
6. Gentransfer an Pflanzen – Tu was du kannst?! (ca. 90 min.) • Ethische Analyse des Gentransfers an Nutzpflanzen • Normative und deskriptive Aussagen	
HA: Züchtung einer „Traumpflanze" durch Gentransfer **Einstieg:** Frage in Anknüpfung an die HA: Ist es ethische gerechtfertig, Pflanzen gentechnisch zu verändern? **Erarbeitung:** Schritte der ethischen Analyse (s. Kap.1), normative und deskriptive Aussagen, Analyse der Argumentationen und Veranschaulichung der ethischen Grundkonzeptionen, auf denen die Positionen basieren **Zusammenfassung:** Formulieren eines individuell begründeten Urteils	AB 4

Krebs bei Pflanzen

Zwischen Wurzel und Spross dieser Rapspflanze hat sich ein Pflanzentumor, eine sog. **Wurzelhalsgalle** entwickelt.

Bei näherer Untersuchung der **Tumorzellen** wurde festgestellt, dass diese Wachstumshormone synthetisieren und sich daher vermehrt teilen.

Darüber hinaus wurde ein Protein, ein Opin, nachgewiesen, welches ursprünglich nicht in Pflanzenzellen vorkommt.

Um die Wurzelhalsgalle herum fand man abgestorbene Bodenbakterien der Art ***Agrobacterium tumefaciens***.

Natürliche Genübertragung auf Pflanzen mit Hilfe des Ti-Plasmids

a) Das Ti-Plasmid des Bodenbakteriums *Agrobakterium tumefaciens*

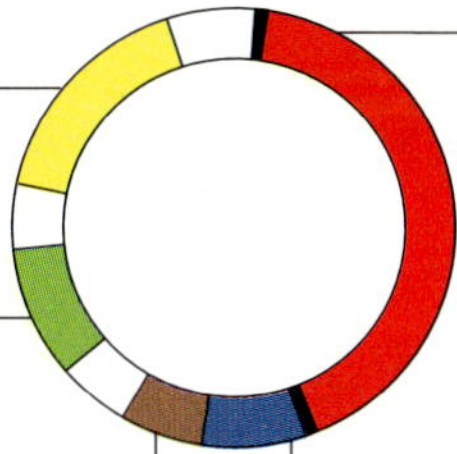

b) Natürlicher Gentransfer auf Pflanzen mit Hilfe des Ti-Plasmids

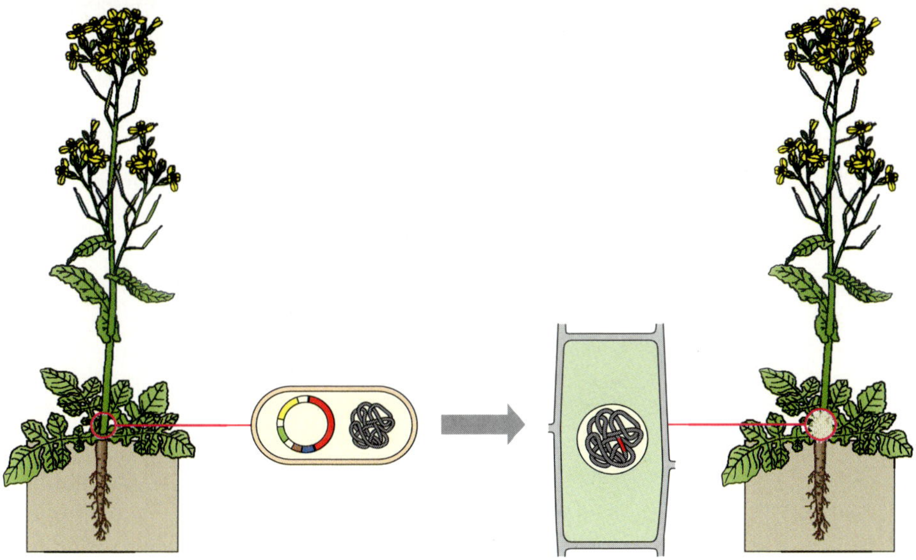

1. Infektion einer Pflanze mit Agrobakterien
2. Übertragung der T-DNA und Integration in das Pflanzengenom
3. Synthese von Opinen und Wachstumshormonen, Bildung einer Wurzelhalsgalle

Aufgaben:

1. **Nennen Sie die funktionell wichtigen Abschnitte des Ti-Plasmids! Welche Abschnitte sind am DNA-Transfer beteiligt?**
2. **Erläutern Sie anhand der Abbildung b, wie es zur Synthese von Opinen in Pflanzenzellen kommt! Beschriften Sie die Schritte 1–3!**

Klonierung eines Gens in einem Plasmidvektor

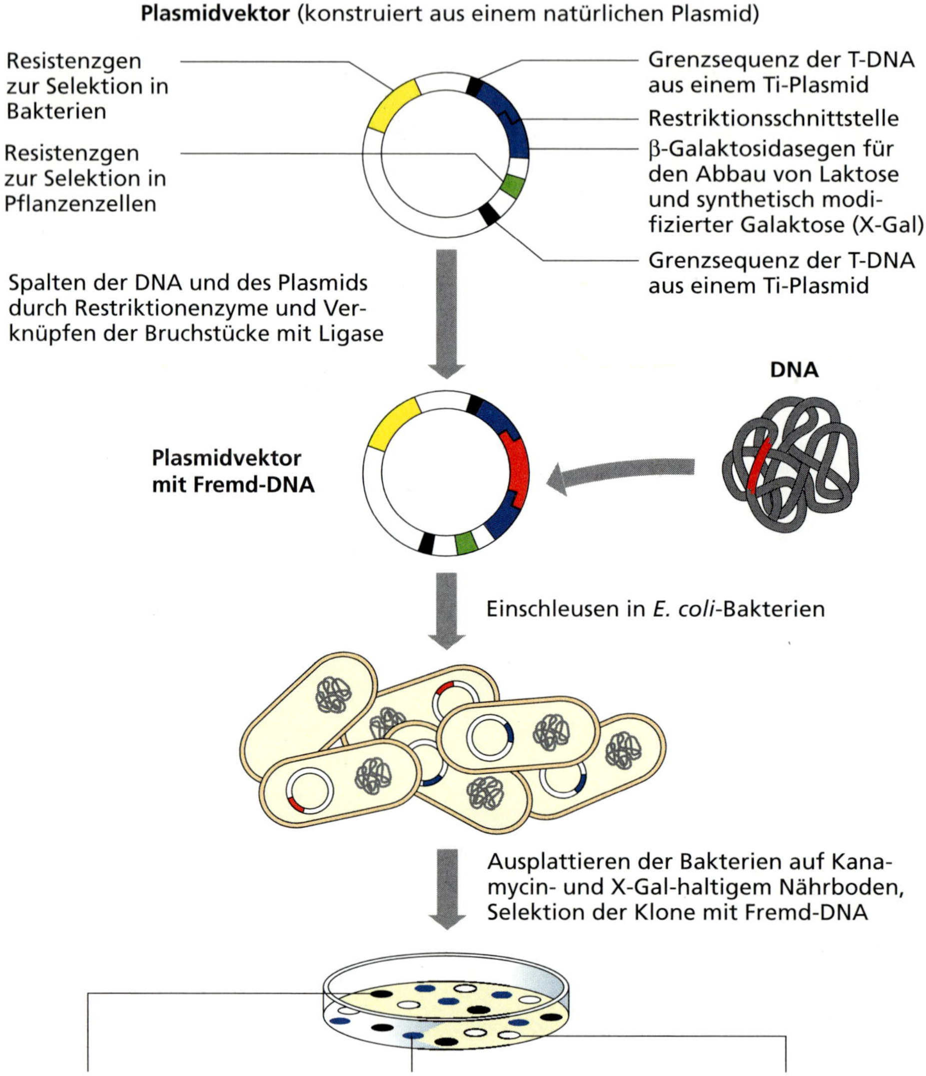

Bakterienklone ohne Plasmid sind nicht resistent gegen Kanamycin. Sie sterben ab.

Bakterienklone mit Plasmid ohne Fremd-DNA sind kanamycinresistent. Das funktionfähige β- Galaktosidasegen bildet Enzym, welches X-Gal abbaut. Das Abbauprodukt färbt die Kolonien blau.

Bakterinklone mit Plasmid und Fremd-DNA sind kanamycinresistent. Das β-Galaktosidasegen ist durch den Einbau der Fremd-DNA defekt. X-Gal wird nicht abgebaut, die Kolonien erscheinen weiß.

Indirekter Gentransfer in Pflanzenzellen mit Hilfe des Ti-Plasmids von *Agrobacterium tumefaciens*

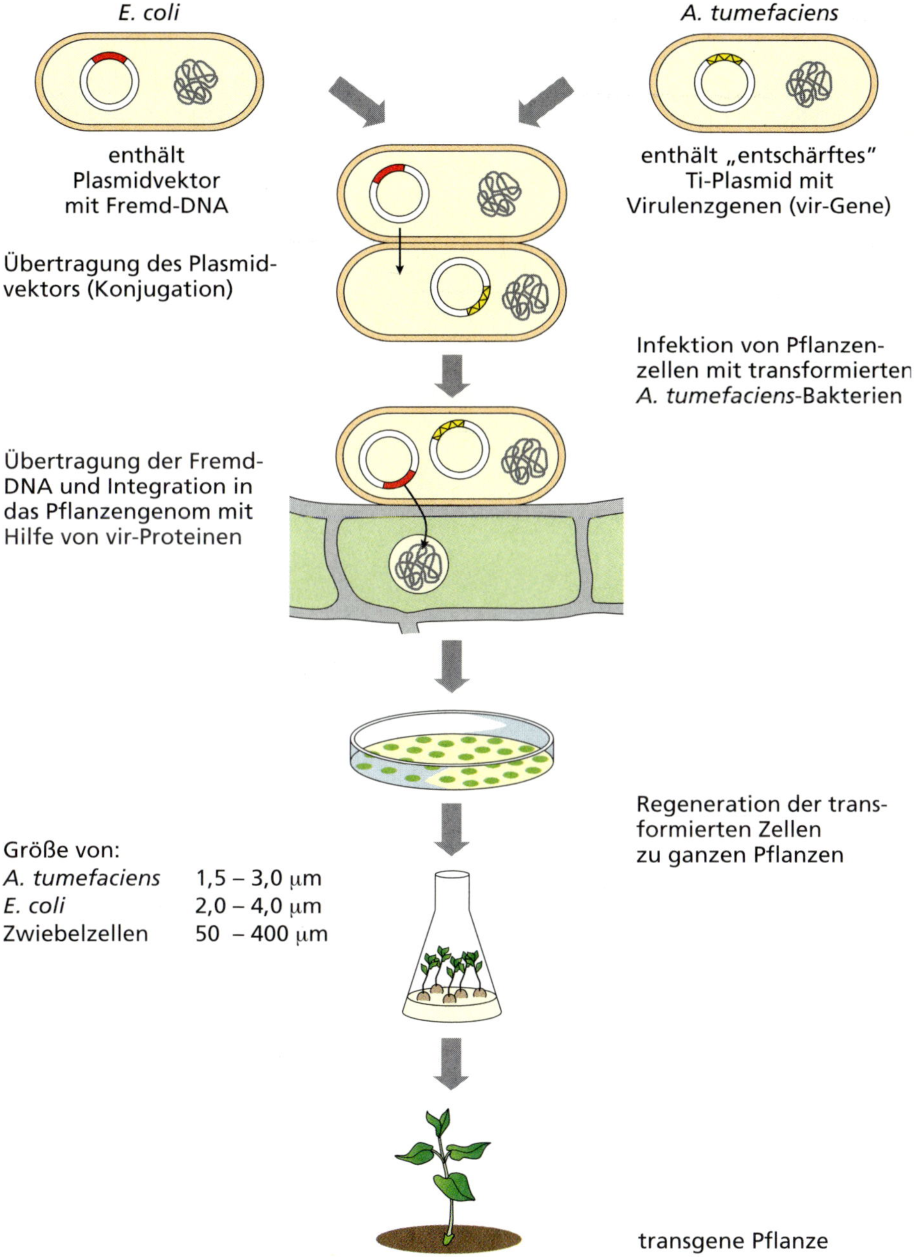

Methoden des direkten Gentransfers auf Pflanzen (I)

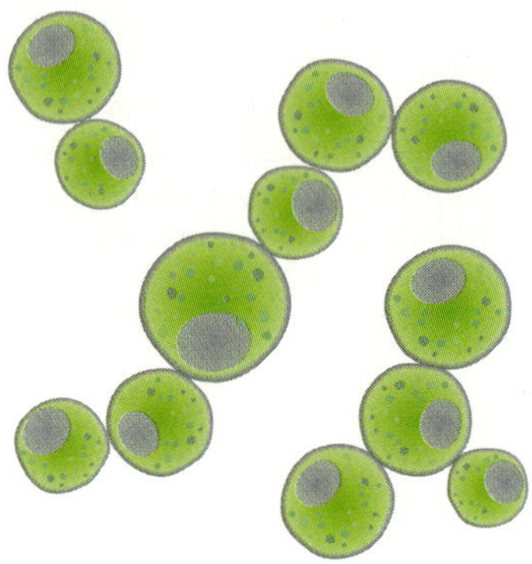

Abb.: Isolierte Protoplasten
(Pflanzenzellen ohne Zellwand)

Für den Gentransfer auf Pflanzen nutzt man die Eigenschaft von Protoplasten, in Gegenwart von **Polyethylenglycol** (PEG) und Kalzium- oder Magnesiumionen fremde DNA aufzunehmen und diese in das Pflanzengenom zu integrieren. Die positiv geladenen Metallionen vermitteln den Kontakt zwischen dem negativ geladenen Plasmalemma und der negativ geladenen DNA. PEG veranlasst Protoplasten dazu, die an der Oberfläche konzentrierte DNA durch Einstülpung und Vesikelbildung aufzunehmen.

Die Vorteile dieser Methode liegen in dem vergleichsweise geringen und kostengünstigen experimentellen Aufwand. Schwierigkeiten resultieren aus dem Umgang mit Protoplasten. Es bedarf großer Anstrengungen, um aus Protoplasten vermehrungsfähige Pflanzen zu regenerieren. Erst in den letzten Jahren gelang dies in Zusammenhang mit dem Gentransfer durch PEG bei bedeutenden Gräsern wie Mais und Reis.

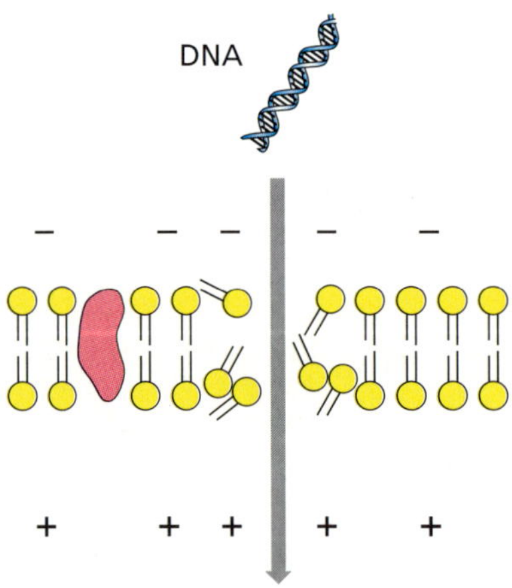

Pore im Plasmalemma, DNA-Transfer durch die Membran
(nach Rathus & Birch 1993)

Eine physikalische Methode der Genübertragung auf pflanzliche Zellen ist die **Elektroporation**. Dabei werden vor allem Protoplasten (z. T. aber auch Zellkulturen oder Gewebe) zusammen mit DNA in hoher Konzentration für einen Bruchteil von Sekunden einem elektrischen Feld ausgesetzt. Dies führt zur Öffnung von Poren im Plasmalemma (und der Zellwand), durch die Fremd-DNA in das Innere eindringen kann. Der Erfolg dieser Methode hängt wesentlich von Versuchsparametern wie der gewählten Feldstärke oder auch der Anzahl der elektrischen Impulse ab.

Obwohl die pflanzlichen Protoplasten (bzw. Zellen) z. T. stark durch das Verfahren geschädigt werden, konnten bisher Zuckerrüben, Mais, Weizen, Gerste, Reis und auch Pappeln erfolgreich transformiert werden.

Methoden des direkten Gentransfers auf Pflanzen (II)

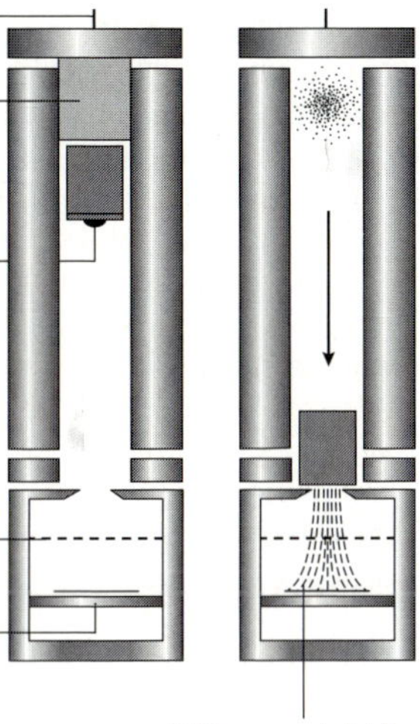

Abb.: Partikelbeschussapparatur
(verändert nach Heß 1992)

Bei der **Partikelbeschuss-Technik** werden winzige Gold- oder Wolframpartikel (∅ 1–3 µm) mit DNA überzogen und mit hoher Geschwindigkeit direkt auf Gewebestücke, Zellkulturen, Pflanzenteile oder pflanzliche Embryonen geschossen. Die Beschleunigung der Teilchen erfolgt im Vakuum durch eine Gasentladung in der Partikelbeschussapparatur („particle gun"). In den beschossenen Zellen löst sich die DNA von den Partikeln ab und wird in das Pflanzengenom integriert.

Diese Methode wurde bisher bei sehr vielen Kulturpflanzen (z. B. bei Soja, Baumwolle, Banane, Mais, Reis und Weizen) erfolgreich angewandt. Durch die Transformation von fast vollständigen Pflanzen ist der Regenerationsaufwand vergleichsweise gering, jedoch ist auch die Transformationsrate oft bedeutend niedriger als bei anderen Verfahren. Ein weiterer Nachteil liegt in den hohen Anschaffungs- und Betriebskosten.

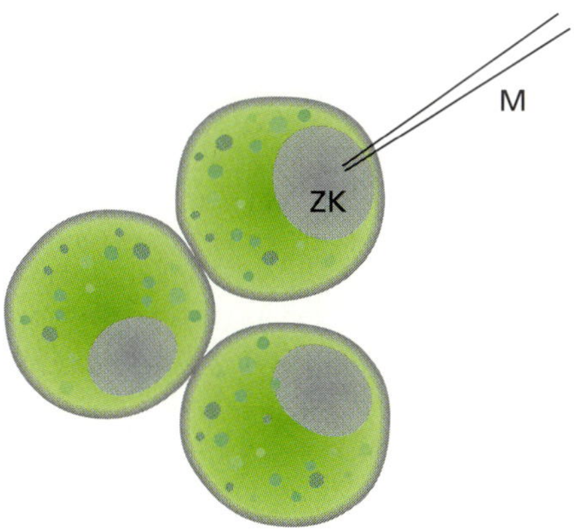

Abb.: Mikroinjektionsnadel (M) berührt die Oberfläche eines Protoplasten, Zellkern (ZK)
(verändert nach Steinbiß 1995)

Mitte der achziger Jahre versuchte man die bei tierischen Zellen mit Erfolg eingesetzte Methode der **Mikroinjektion** auch auf Pflanzenzellen zu übertragen. Die DNA wird dabei mit Hilfe einer Glaskapillare direkt in den Kern der Pflanzenzellen injiziert. Zum Teil erfolgreich verliefen Versuche mit Protoplasten bzw. pflanzlichen Embryonen bei Raps und mit Einzelzellen bei Gerste.

Besondere experimentelle Probleme entstehen durch die starre Wand der Pflanzenzellen und die großen Vakuolen als permanentes Hindernis. Auch erweist es sich als schwierig, die voluminösen Pflanzenzellen während der Injektion auf einer Glasoberfläche festzuhalten. Der dadurch entstehende hohe Zeit- und Arbeitsaufwand wird durch die Notwendigkeit umfangreicher Regenerationsmaßnahmen weiter erhöht.

Gentechnische Veränderung von Pflanzen
EINSPRUCH, ... um der Pflanzen willen ?!

✍ „... Nur solchen Wesen, die über Empfindungsqualitäten verfügen, kann man ein Wohl oder Wehe zufügen. Nur für diese Wesen macht es einen Unterschied, ob wir so oder so an ihnen handeln, nur ihnen kann man Gutes oder Schlechtes zufügen. Empfindungsfähigkeit ist mit anderen Worten die Grundvoraussetzung dafür, dass ein Wesen Interessen im moralischen Sinn haben kann. ...

Nicht empfindungsfähige Wesen, z. B. Steine, Autos, aber auch lebende Wesen wie Pflanzen, Bakterien und einige andere nicht-menschliche Tiere sowie manche menschliche Lebewesen (wie z. B. irreversible Komatöse) haben keine Interessen im moralischen Sinne. Zwar kann man sagen: Auch Pflanzen haben Bedürfnisse, sie brauchen z. B. Wasser zum Leben. Warum auch nicht Pflanzen Interessen zuschreiben? Das Bedürfnis einer Pflanze nach Wasser ist jedoch rein funktional. Pflanzen benötigen Wasser in dem gleichen Sinn, wie ein Auto Benzin braucht. Zweifellos macht es einen Unterschied, ob wir unsere Pflanzen gießen, unsere Autos betanken oder nicht. Aber es macht keinen Unterschied für die Pflanzen oder für das Auto. ...

Als Betroffene, deren Interessen zu berücksichtigen sind, kommt somit nur der empfindungsfähige Teil der Natur in Frage. Konkret: (empfindungsfähige) Tiere und Menschen."

(Auszug aus Ach, J. & A. Gaidt (1995): „Kartoffel-Ethik". In: prima philosophia 4, S. 421-439.)

✍ „... Ich bin Leben, das leben will, inmitten von Leben, das leben will. ... Wahrhaft ethisch ist der Mensch nur, wenn er der Nötigung gehorcht, allem Leben, dem er beistehen kann, zu helfen, und sich scheut, irgend etwas Lebendigem Schaden zu tun. Er fragt nicht, inwiefern dieses oder jenes Leben als wertvoll Anteilnahme verdient, und auch nicht, ob und inwieweit es noch empfindungsfähig ist. Das Leben als solches ist ihm heilig. Er reißt kein Blatt vom Baume ab, bricht keine Blume und acht, dass er kein Insekt zertritt. ...

Keiner von uns darf ein Weh, für das die Verantwortung nicht zu tragen ist, geschehen lassen, soweit er es nur hindern kann. Keiner darf sich dabei beruhigen, dass er sich damit in Sachen einmischen würde, die ihn nichts angehen. Keiner darf sich die Augen schließen und das Leiden, dessen Anblick er sich erspart, als nicht geschehen ansehen. Keiner mache sich die Last seiner Verantwortung leicht. ...

Die Ethik der Ehrfurcht vor dem Leben wehrt uns, durch Stillschweigen uns gegenseitig glauben zu lassen, dass wir nicht mehr erleben, was wir als denkende Menschen erleben müssen. Sie gibt uns ein, uns in diesem Erleiden gegenseitig wachzuhalten und miteinander unerschrocken nach der Verantwortung, wie wir sie empfinden, zu reden und zu tun."

(Auszug aus A. Schweitzer (1960): Kultur und Ethik. (Erstveröffentlichung 1924) München.)

Aufgaben:

1. **Worin besteht der grundlegende Unterschied zwischen den beiden Standpunkten?**
2 **Welche Handlungsoptionen bezüglich des Gentransfers an Nutzpflanzen resultieren jeweils aus den Argumentationen und wie sind sie begründbar?**
3. **Welche Konflikte ergeben sich, wenn man konsequent nach der einen oder anderen Position handeln wollte?**

2.1.2 Rapsöl nach Maß – Gentechnik in der Rapszüchtung

Angela Kroß und Christa Runtenberg

Raps gehört zu den Nutzpflanzen, die weltweit bisher am häufigsten gentechnisch verändert und in Freisetzungsexperimenten untersucht wurden. Gentechnisch hergestellte Rapssorten, wie z. B. herbizidresistenter Sommer- und Winterraps, Sorten mit veränderter Fettsäurezusammensetzung sowie eine männlich sterile Zuchtsorte, sind seit 1995 in Nordamerika, ein Teil davon auch in Europa, zugelassen und im Anbau.

In dieser Unterrichtseinheit wird am Beispiel der Rapssorte LAURICAL der Züchtungsweg von der Genidentifizierung über den Gentransfer bis zur Entwicklung einer transgenen Sorte veranschaulicht. LAURICAL-Raps bildet vermehrt Laurinsäure, die u. a. für die Herstellung von Lebensmitteln, Kosmetika und Kunststoffen genutzt wird. Die Verknüpfung von klassischen und modernen Verfahren in der heutigen Pflanzenzüchtung wird an diesem Beispiel deutlich. Da Rapssorten mit einem spezifischen Fettsäuregehalt als Öllieferanten für die Nahrungsmittelindustrie wie auch als nachwachsender Rohstoff für die Schmiermittelherstellung und Biodieselproduktion große Bedeutung besitzen, stehen sozioökonomische Fragen zur Diskussion.

1. Sachinformationen

Rapsöl – gesund und vielseitig nutzbar

Weltweit steigende Anbauzahlen für Raps bringen die zunehmende Bedeutung des Rapsöls als Rohstoff für die Industrie zum Ausdruck (s. Tab. 3).

	1993	1994	1995
Anbaufläche (1000 ha)	19979	22829	24635
Ertrag (kg/ha)	1324	1368	1408

Tab. 3: Zunahme der Rapsproduktion weltweit (gek. nach FAO Vol. 49, 1995)

Neben der traditionellen Nutzung des Rapses zur Speiseöl- und Futtermittelherstellung finden Rapsprodukte zunehmend Anwendung als Hydraulik- und Getriebeöl sowie als alternative Energiequelle.

Der überwiegende Anteil der Rapsernte von ca. 80 % wird von der Nahrungsmittelindustrie verarbeitet, weitere 6 % gehen in die Futtermittelherstellung. Aus ernährungswissenschaftlicher Sicht gehört Rapsöl zu den wertvollsten Pflanzenölen, da es mit 6–8 % einen besonders niedrigen Anteil an gesättigten Fettsäuren, mit 58–60 % einen hohen Gehalt an einfach ungesättigten Fettsäuren, wie z. B. Ölsäure, aufweist und vor allem auch die mehrfach ungesättigten essentiellen Fettsäuren Linol- und α-Linolensäure beinhaltet (s. Erbersdobler/Trautwein 1993).

Lediglich 14 % der Rapsölproduktion findet bislang als Ausgangsstoff in der chemischen Industrie Verwendung, obwohl sich Rapsöl durch seine langen unverzweigten Fettsäuremoleküle dafür besonders eignet. Die guten Verarbeitungseigenschaften sowie die biologische Abbaubarkeit des Rapsöls sind wesentliche Gründe für die wachsende Nachfrage seitens der chemischen Industrie (s. Fochem 1996). Hydraulik- und Getriebeöle auf Rapsölbasis besitzen deutlich bessere Schmiereigenschaften als Mineralöle und können diese somit aus technischer Sicht gut ersetzen. Speziell in Wasserschutzgebieten kann durch den Einsatz von Rapsöl als Schmiermittel ein Beitrag für den Schutz des Bodens und des Grundwassers geleistet werden (s. Backe/Busch 1991). Auch als nachwachsender Rohstoff für die Biodieselproduktion stellt Rapsöl eine umweltverträgliche Alternative zu fossilen Energiequellen dar. Der daraus hergestellte Rapsmethylester kann als Treibstoff heute bereits in allen Dieselmotoren sowie in Spezialmotoren zur Energiegewinnung genutzt werden. Da jedoch 2–2,5 t Pflanzenmaterial notwendig sind, um 1 t Erdöl zu ersetzen, sind nachwachsende Rohstoffe nur in begrenztem Umfang als alternative Energiequelle verfügbar (s. Eggersdorfer 1994).

Der Einsatz von Rapsöl und anderen Pflan-

	Kurz- und mittelkettige Fettsäuren				langkettige Fettsäuren	
Anwendungsbereiche	**Caprinsäure C 10**	**Laurinsäure C 12**	**Myristinsäure C 14**	**Palmitinsäure C 16**	**Ölsäure C 18**	**Erucasäure C 22**
	aus Kokos- bzw. Palmkernöl			aus Palmkernöl	aus Raps-, Soja- oder Rüböl	aus Raps-, Rüb- bzw. Fischöl
Seifen- und Waschmittelherstellung		●	●	●	●	●
Kosmetik- und Pharmaindustrie	●	●	●	●	●	
Textilindustrie		●	●		●	
Lacke/Farbenproduktion	●				●	●
Gummi- und Reifenherstellung	●		●	●	●	
Kunststoffherstellung		●			●	●
Papier/Lederindustrie					●	●
Schmieröl-, Fett- u. Getreideölherstellung		●			●	●
Technische Hilfsstoffe (z. B. Emulgatoren)	●	●		●	●	
Nahrungsmittelzusatzstoffe		●		●	●	

Tab. 4: Wichtige industriell genutzte Fettsäuren verschiedener Ölpflanzen (gek. nach H. Fochem 1996)

zenölen in Industrie und Technik wird maßgeblich durch deren Fettsäurezusammensetzung bestimmt, da spezifische technische Anwendungen jeweils ein spezielles, möglichst stabiles Fettsäuremuster erfordern. Tab. 4 gibt einen Überblick über die wichtigsten pflanzlichen Fettsäuren, ihre Herkunft und ihre Haupteinsatzgebiete.

Grundlagen der Rapszüchtung

Raps (*Brassica napus var. napus*, tetraploider Chromosomensatz 2n = 38) ist eine der sechs heute kultivierten *Brassica*-Arten. Er trägt ein besonders hohes Potential an genetischer Variabilität, da er sich ursprünglich durch eine Bastardierung zweier, aus weit entfernten Ursprungsgebieten stammenden Wildarten entwickelt hat (s. Hoffmann/Mudra/Plarre 1985). Die im Mittelmeerraum beheimatete Ursprungsart *B. oleracea* (2n = 18) ist die Ausgangsform unserer heutigen Gemüsekohlsorten. Die zweite Ausgangsart ist der Rübsen *B. rapa* (2n = 20, synonym *campestris*), der in Ostasien einen ähnlich großen Formenreichtum entwickeln konnte. Es wird angenommen, dass sich die Entstehungszentren beider Ausgangsarten im Mittelmeerraum überlappten, so dass es dort zu Kreuzungen zwischen beiden Arten kam. Aus den diploiden Grundformen entstand durch Addition beider Genome das tetraploide Rapsgenom (zur Polyploidie s. Linder, Bayrhuber/Kull 1998, S. 309 ff.).

Der genetische Reichtum des Rapses ist die wesentliche Voraussetzung für die ca. 100-jährige starke züchterische Bearbeitung dieser Art. Raps besitzt darüber hinaus Eigenschaften, die für die Anwendung klassischer wie auch moderner Züchtungsverfahren von Vorteil sind. Die sehr hohen Vermehrungsraten (von 1 auf über 500 Samen pro Pflanze) ermöglichen eine effektive Auslese. Das Auffinden spontan entstandener Mutationen, beispielsweise für Erucasäure- und Glucosinolatarmut, waren wesentliche Schritte in der Qualitätszüchtung.

Ziele, Anwendungsbereiche und Stand der Gentechnik in der Rapszüchtung

Die klassische wie auch moderne Rapszüchtung verfolgt heute zwei Hauptziele: Ertrags- und Qualitätssteigerung sowie verbesserte Anpassung an Standort- und Produktionsbedingungen. Die Schwerpunkte liegen dabei in der Veränderung der Fettsäurezusammensetzung des Rapsöls und in der Entwicklung von Herbizidresistenz (z. B. gegen Glufosinat, s. Kap. 2.1.4). Außerdem wird an der Entwicklung von Insekten-, Nematoden- und Pilzresistenz gearbeitet (s. Heß 1992).

Die Qualitätsansprüche der Industrie an die Fettsäurezusammensetzung pflanzlichen Öls sind mit Hilfe gentechnischer Methoden eher zu erfüllen als mit klassischen Verfahren, da Erstere gezielter einsetzbar sind. Erwünschte Fettsäuremuster sind:

- ein hoher Anteil an mittelkettigen Fettsäuren (Caprin-, Laurin-, Myristinsäure), die im herkömmlichen Rapsöl kaum enthalten sind, z. B. zur Produktion von Seifen, Waschmittel und Kosmetika sowie
- langkettige Fettsäuren, wie die Ölsäure und die Erucasäure, zur Herstellung von Schmiermitteln und Biodiesel.

In Deutschland wird derzeit an herbizidresistenten Sommer- und Winterrapssorten sowie an Rapssorten mit veränderter Fettsäurezusammensetzung (z. B. hoher Gehalt an Laurin-, Öl- und Erucasäure) gearbeitet.

Fallbeispiel: LAURICAL - In 5 Jahren vom Labor in die Praxis

LAURICAL ist die erste, 1995/96 in den USA und Kanada für den Lebensmittel- und Nichtlebensmittelbereich zugelassene transgene Rapssorte, deren Fettsäurezusammensetzung gentechnisch verändert wurde. Forschern der amerikanischen Firma Calgene war durch Gentransfer die Züchtung einer Rapssorte gelungen, die Öl mit einem Anteil von mehr als 50 % Laurinsäure produziert (s. Voelkel 1995).

Laurinsäure ist eine für die oleochemische Industrie besonders interessante, gesättigte, mittelkettige Fettsäure, die in Raps ursprünglich nicht in verwertbaren Mengen synthetisiert wird. Ihr Anwendungsspektrum reicht vom Nahrungsmittelsektor bis zur Produktion von Seifen, Waschmitteln, Kosmetika und Kunststoffen. Sie ist ein Basisöl für Flüssigwaschmittel und für Weichmacher in der Kunststoffindustrie. Die Fettsäure wird auch bei der Herstellung von technischen Hilfsstoffen (Emulgatoren, Flotationsmittel, Additive) bevorzugt eingesetzt. Aufgrund ihres geringen Dampfdruckes ist Laurinsäure ein wichtiger Ausgangsstoff für die Frittierölherstellung. Sie wird ebenfalls als Kakaobutterersatz bei der Schokoladenherstellung genutzt.

Der Bedarf an kurz- und mittelkettigen Fettsäuren wurde in Europa und Amerika bisher durch Importe aus Malaysia, Indonesien und den Philippinen gedeckt. Als Rohstoff für die Laurinsäureproduktion dienten ausschließlich die Öle der Kokospalme und der Ölpalme. Diese tropischen Pflanzen, bilden ein Fettsäuregemisch mit 40–50 % mittel- und kurzkettigen Fettsäuren. Durch häufig auftretende Wetterkatastrophen in den Hauptanbauländern (z. B. heftiger Monsun, Überschwemmungen) unterliegt das Angebot an Kokos- bzw. Palmkernöl starken Schwankungen. Zeitweise werden ganze Jahresernten zerstört, was dann zu einem rasanten Preisanstieg auf dem Weltmarkt führt. Darüber hinaus ergeben sich durch die Einfuhr aus weit entfernten Ländern erhöhte Transportkosten.

Ein solcher Versorgungsengpass gab Mitte der 80-iger Jahre den Anstoß für ein Zuchtprogramm der Firma Calgene, in dem Raps mit einem hohen Gehalt an Laurinsäure entwickelt wurde (s. Voelkel 1995). Biochemiker untersuchten den Mechanismus der Biosynthese dieser Fettsäure und fanden ein Enzym, das speziell für ihre Bildung erforderlich ist. Laurinsäure ist eine gesättigte Fettsäure mit 12 Kohlenstoffatomen im Molekül [H_3C-$(CH_2)_{10}$-COOH]. Raps erzeugt natürlicherweise ungesättigte, langkettige Fettsäuren wie z.B. die Ölsäure [$C_{17}H_{33}COOH$] oder die Erucasäure [$C_{21}H_{41}COOH$]. Um anstelle dieser langkettigen Fettsäuren Laurinsäure produzieren zu können, benötigen Rapspflanzen ein Enzym, das die Fettsäurebiosynthese bei Vorliegen eines Moleküls mit 12 Kohlenstoffatomen unterbricht. Ein solches Enzym (eine spezifische Thioesterase) wurde 1988 im Kalifornischen Lorbeerbaum (*Umbellularia californica*) gefunden.

Die Biosynthese der Fettsäuren (s. Koolmann/Röhm 1994, S. 164 ff.) findet an einem Enzymkomplex statt, der aus drei Untereinheiten besteht. An den Untereinheiten 1 und 2 wird das Fettsäuremolekül synthetisiert. An der dritten Untereinheit wird die Fettsäure freigesetzt. Spezifische Thioesterasen katalysieren bei der Freisetzung die Hydrolyse der Kohlenstoff-Schwefel-Bindung zwischen dem Fettsäurerest und dem Enzymkomplex (s. Abb. 1).

Nachdem die Aminosäuresequenz und basierend darauf die Basensequenz des Gens identifiziert waren, konnte das Thioesterase-Gen des Kalifornischen Lorbeerbaums in dem Darmbakterium *Escherichia coli* kloniert und mit Hilfe von Agrobakterien als Genfähre in Rapspflanzen transformiert werden (s. Kap. 2.1.1). Nach erfolgreicher Pflanzenregeneration (s. Bd. 2, S. 145 ff.) sowie Labor- und Gewächshausprüfung wuchsen im Sommer 1991 die ersten Versuchspflanzen mit einem erhöhten Gehalt an Laurinsäure auf dem Feld. Weitere 3 Jahre (2 Vegetationsperioden pro Jahr) waren notwendig, um mittels klassischen Kreuzungs- und Ausleseverfahren die Pflanzen auf den agronomisch üblichen Leistungsstandard (z. B. Ertrag, Standfestigkeit) zu bringen. Aus diesen Feldversuchen konnten letztlich Einzelpflanzen mit den erwünschten Merkmalskombinationen ausgelesen und vermehrt werden.

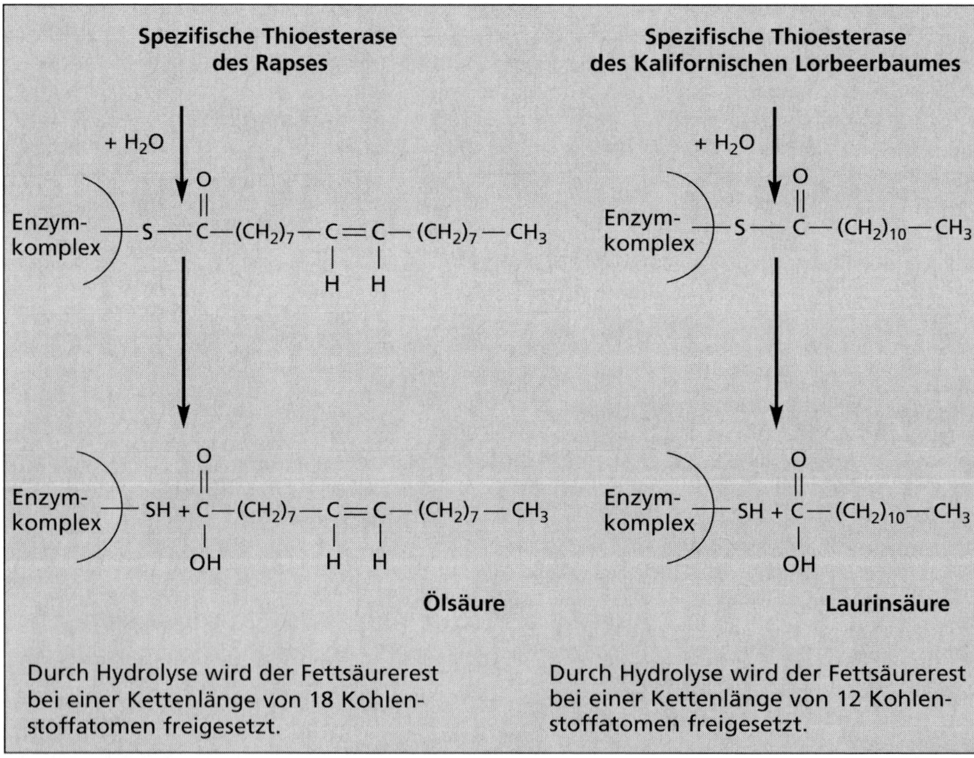

Abb. 1: Freisetzung von Ölsäure in Rapspflanzen bzw. Laurinsäure im Kalifornischen Lorbeerbaum durch Hydrolyse im letzten Schritt der Biosynthese der Fettsäuren

1997		**Gewächshaus- und Freilandversuche in verschiedenen Ländern:**	
1996		Finnland Groß Britannien Kanada	**Zulassung in Kanada**
1995	**1. Verkaufsprodukt**		**Zulassung in den USA**
1994		Finnland Groß Britannien	
1993		Kanada	
1992	Optimierung der Pflanzen mit 30–40% Laurinsäure durch klassische Züchtungsverfahren		Anmeldung für die Zulassung im Lebensmittel- und Nicht-Lebensmittelbereich in den USA
1991	**transgene Rapspflanzen** mit ca. 10 % Laurinsäure **Transformation** **Genklonierung** in *Escherichia coli*		**Patentanmeldung**
1990	Entschlüsseln der **Gensequenz** Entschlüsseln der **Aminosäuresequenz des Enzyms**		
1989	Isolierung und Reinigung des Enzyms		
1988	**Entdeckung des Enzyms** im Kalifornischen Lorbeerbaum		

Abb. 2: Zeitlicher Verlauf der Züchtung der Rapssorte LAURICAL (s. Voelkel 1995)

Ethische Aspekte der Laurinsäureproduktion aus transgenem LAURICAL-Raps

Der Einsatz der Gentechnik an Nutzpflanzen wirft die grundsätzliche ethische Frage nach dem Recht auf Eingriffe in Pflanzen als Lebewesen und Teil der menschlichen Um- und Mitwelt (s. Kap. 2.1.1) sowie die Frage nach den Folgen für den Menschen auf. Bei der Überprüfung der Folgen gentechnischer Veränderung von Pflanzen müssen z. B. die ökologischen und gesundheitlichen Auswirkungen aber auch die politischen, ökonomischen und sozialen Folgen berücksichtigt werden. Die Vor- und Nachteile der verschiedenen Folgen müssen miteinander abgewogen werden.

Die gentechnische Herstellung der Rapssorte LAURICAL zielt vor allem auf die Effizienz und Qualitätssteigerung des Rapsöls im ökonomischen Interesse der Industrienationen ab, um die Abhängigkeit von Importen aus Entwicklungsländern und die damit verbundenen Unsicherheiten aufheben zu können. Die ethische Auseinandersetzung konzentriert sich deshalb an dieser Stelle auf die Reflexion sozioökonomischer Auswirkungen. Das zentrale Problem stellt dabei die möglicherweise entstehende Ungleichheit der Verteilung von (möglichem) Nutzen und (möglichem) Schaden durch die gentechnische Anwendung dar.

Vorteile dieser gentechnischen Veränderung des Rapses sind vor allem für die Industrienationen zu erwarten. Die Modifizierung der Zusammensetzung des Rapsöls ermöglicht den gezielten Einsatz dieser Pflanze als nachwachsender Rohstoff in verschiedenen Industrieländern vor allem in den USA und Europa. Dadurch können bisher genutzte Rohstoffe aus Entwicklungsländern wie das Öl der Kokospalme oder der Ölpalme z. T. ersetzt werden. Die Abhängigkeit von den Ländern, die das benötigte Öl liefern, wird gemildert und die jeweilige ökonomische Situation verbessert durch geringere und stabilere Preise sowie durch geringere Transportkosten. Landwirte in den jeweiligen Industrienationen könnten durch den Industriepflanzenanbau auf derzeit brachliegenden landwirtschaftlichen Nutzflächen ihre wirtschaftliche Situation verbessern und neue Arbeitsplätze schaffen.

Nachteile der gentechnischen Veränderung von Raps ergeben sich vor allem für Entwicklungsländer. Die Produktion von nachwachsenden Rohstoffen in Europa oder den USA kann in naher Zukunft möglicherweise einschneidende Folgen für die Wirtschaft der bisherigen Lieferländer wie Malaysia, Indonesien oder die Philippinen haben. Die erwartete Unabhängigkeit der Industrienationen von den Rohstoffen der Entwicklungsländer könnte zu einer Übersättigung des Marktes und damit zu einem Preisverfall führen. Der Exportmarkt der Entwicklungsländer wäre zerstört und ihr Devisenmangel würde weiter verschärft werden; sie könnten noch mehr Möglichkeiten verlieren, Handelsbedingungen mitzubestimmen. Es wird eine Monopolkonzentration auf wenige transnationale Konzerne und eine wachsende Abhängigkeit der Entwicklungsländer von der Industrie in den Industriestaaten geben, die eine weitere Verschuldung und Armut dieser Länder sowie die Verschärfung des Welthungerproblems zur Folge haben und zu einer weiteren politischen Destabilisierung führen könnten. Es könnte auch zu Handelsverschiebungen zwischen Entwicklungsländern mit unterschiedlichem technologischen Potential und zum Kampf dieser Länder um die Anteile am Rohstoffmarkt kommen (s. Catenhusen/Neumeister 1987, Katz et al. 1995).

Die ethische Auseinandersetzung kann kein Patentrezept formulieren und entscheiden, ob die gentechnische Veränderung von Raps moralisch legitim ist oder nicht. Sie muss vielmehr eine ausgewogene Folgenabschätzung vornehmen. Dabei muss sie zum einen die Kritik des „technological fix" (den Versuch, soziale und politische Probleme mit technischen Mitteln lösen zu wollen) berücksichtigen. Zum anderen muss sie die Norm der sozialen Verteiligungsgerechtigkeit berücksichtigen und unter Beachtung empirischer Daten reflektieren, ob bei der gentechnischen Veränderung von Raps der (mögliche) Nutzen und der (mögliche) Schaden aus internationaler Perspektive gerecht verteilt sind.

Ziel der ethischen Auseinandersetzung sollte es sein, aus allgemein gültiger, d. h. aus nationaler und internationaler Perspektive, Nutzen und Schaden der gentechnischen Veränderung des Rapses und die Verteilung von (möglichem) Schaden zu prüfen und abzuwägen. Aus gerechtigkeitsorientierter Perspektive ist dafür zu argumentieren, dass international verbindliche Regelungen im Umgang mit angestrebten Forschungsergebnissen und technischen Optionen geschaffen werden und in den Rohstoff liefernden Entwicklungsländern die sozioökonomischen Voraussetzungen dafür geschaffen werden, dass sie die Handelsbedingungen mitbestimmen können.

2. Didaktische Informationen

Dieses Unterrichtsmodul stellt den Züchtungsgang der im Handel befindlichen transgenen Rapssorte LAURICAL in den Mittelpunkt der unterrichtlichen Behandlung und ist somit stark anwendungsorientiert. Ausgehend von den vielfältigen Einsatzbereichen für Rapsprodukte und den genetischen Voraussetzungen der Pflanze für Züchtung wird auf das breite Spektrum der Ziele in der Rapszüchtung eingegangen. In Kombination mit Teilen der Unterrichtseinheit „Gentransfers an Pflanzen – oder Tu, was du kannst?!" (s. Kap. 2.1.1) eignet sich die Unterrichtseinheit gut zur Vermittlung klassischer und gentechnischer Züchtungsverfahren in ihrem praktischen Zusammenhang. Eine Exkursion zu einem heimischen Pflanzenzuchtbetrieb ist diesbezüglich wünschenswert und leicht integrierbar. Sozioökonomische Fragen werden anhand des ethischen Problems der Verteilungsgerechtigkeit zwischen den Industrieländern und den Ländern der Dritten Welt, welches mit der Laurinsäureproduktion aus Raps verbunden ist, thematisiert. In Zusammenhang mit der Unterrichtseinheit „Krankheits- und herbizidresistente Nutzpflanzen – ein Beitrag zu ökologischen Anbauverfahren in der Landwirtschaft?" (s. Kap. 2.1.4) können Fragen der Freisetzung transgener Rapspflanzen in den Unterricht einbezogen werden.

Lernziele

Die Schüler sollen:
- wichtige Züchtungsziele und Anwendungsbereiche für Raps nennen können,
- die Möglichkeit der Beeinflussung des Fettsäurestoffwechsels durch die Übertragung eines Gens erläutern können,
- den Entwicklungsweg einer transgenen Rapssorte darstellen können,
- mögliche Folgen der Laurinsäureproduktion aus Raps für die Länder der Dritten Welt herleiten sowie Maßnahmen zur Regulierung ableiten können.

Lernvoraussetzungen

Grundwissen über:
- Totipotenz pflanzlicher Zellen, Zelldifferenzierung,
- Aufbau von Fetten aus Glycerin und Fettsäuren,
- Merkmale der Kreuzblütengewächse,
- genetische Variabilität, Kreuzung und Auslese,
- Bau und Funktion der DNA, Proteinbiosynthese.

3. Unterrichtsverlauf und Materialien

1. Raps und seine Verwendung (ca. 45 min.) • Ziele der Rapszüchtung • Phäno- und Genotyp des Rapses	
Einstieg: Raps als nachwachsender Rohstoff, Züchtungsziele **Erarbeitung:** Voraussetzungen des Rapses für Züchtung, Anfertigen eines Pflanzensteckbriefes **HA:** Verwendung von Raps	AB 1 AB 2 AB 3
2. LAURICAL – Raps mit hohem Laurinsäuregehalt (ca. 45–90 min.) • Fallbeispiel LAURICAL • Fettsäurebiosynthese	
HA: Verwendung von Rapsprodukten **Einstieg:** Fallbeispiel: LAURICAL **Erarbeitung:** Ablauf der Fettsäurebiosynthese, Ableiten des Ablaufs der veränderten Fettsäurebiosynthese bei LAURICAL **Zusammenfassung:** Aufgrund welcher Voraussetzungen ist die Beeinflussung der Fettsäurebiosynthese von Rapspflanzen möglich?	AB 3 s. Abb. 1
3. Gentransfer mit Hilfe von Agrobakterien (s. Kap. 2.1.1) (ca. 90 min.)	
4. Die Entstehung transgener Rapspflanzen (ca. 40–90 min.) • Begriff: transgene Pflanze • Geweberegeneration als Voraussetzung für die Entstehung gentechnisch veränderter Pflanzen	
Problemstellung: Demonstration eines Pflanzentumors, Frage: Handelt es sich in diesem Fall um eine transgene Pflanze? **Erarbeitung:** Zusammenhang Gentransfer und Geweberegeneration **Erarbeitung:** Schülerexperiment: Anlegen einer Gewebekultur aus Rapskeimlingen (s. Bd.2, S. 145 ff.) **HA:** Protokoll des Schülerexperimentes und Whl. Zelldifferenzierung	F 1, Kap. 2.1.1
5. Die Entwicklung einer transgenen Rapssorte (ca. 45 min.) • Klassische Kreuzung und Auslese	
Problemstellung: Wie entsteht aus den gentechnisch veränderten Pflanzen eine vermarktungsreife Sorte? **Erarbeitung:** Verknüpfung klassischer und moderner Züchtungsverfahren durch Einkreuzen der transgenen Eigenschaft in Hochleistungssorten **Zusammenfassung:** Schritte zur Züchtung einer transgenen Pflanzensorte **HA:** Aufgaben 1–4 auf AB 5	 AB 4 Abb. 2 Ab 5
6. Sozioökonomische Auswirkungen der „Grünen Gentechnik" (ca. 45–90 min.)	
Einstieg/HA: Ist es möglich fossile Rohstoffe vollständig durch nachwachsende Rohstoffe zu ersetzen? **Erarbeitung:** Auswirkungen der Gentechnik auf die Rohstoffproduzenten in den Ländern der Dritten Welt, Vor- u. Nachteile der Laurinsäureproduktion durch Raps für Produzenten **HA:** Entwerfen Sie eine Empfehlung für den Umgang mit der Gentechnik in den Ländern der Dritten Welt und begründen Sie diese!	AB 5 AB 6

Mit Gen-Raps soll sich das Ackern wieder lohnen

NPZ plant auch in Schleswig-Holstein Freilandversuche/Von Ulrich Metschies

Holtsee – Hochwertiges Pflanzenöl, davon ist Martin Frauen überzeugt, ist viel zu schade, um es als Bio-Diesel zu verbrennen. Mit Hochdruck arbeiten der wissenschaftliche Leiter der Norddeutschen Pflanzenzucht Hans-Georg Lembke KG (NPZ/Holtsee) und seine Forscher-Kollegen daran, Rapsöl für anspruchsvolle technische und industrielle Zwecke nutzbar zu machen. Im Labor ist der NPZ, bundesweit führendes Raps-Zuchtunternehmen, der Durchbruch bereits gelungen.

Mit Hilfe der Gentechnik wurden Rapsöl-Qualitäten gewonnen, die so Frauen, als umweltfreundliche und rohstoffsparende Alternative zur Erdölchemie hervorragende Marktchancen haben und zudem der krisengeschüttelten Landwirtschaft neue Einkommensperspektiven eröffnen. Wie schon kurz berichtet, wird der Gen-Raps bereits in diesem Frühjahr auf der Ostseeinsel Poel (Mecklenburg-Vorpommern) im Freilandversuch getestet.

Verändert wurde bei den Rapspflanzen der Anteil bestimmter Fettsäuren im Samenöl. Dadurch konnte sowohl die Hitzebeständigkeit erhöht als auch die „Oxidationsstabilität“ verbessert werden – sprich: Das Pflanzenöl wird nicht so schnell ranzig wie herkömmliche Produkte. Mit diesen verbesserten Eigenschaften eignet sich das Gen-Öl nach Angaben Frauens hervorragend als technischer Schmierstoff. So könnte das bislang in der Spinngarnherstellung eingesetzte Graphit durch kostengünstigeres Pflanzenöl ersetzt werden (geschmiert werden müssen hier die winzigen Ösen, durch die die Fäden mit hoher Geschwindigkeit laufen). Auch in der Ernährungsindustrie bieten sich Anwendungsmöglichkeiten. So wäre Frittierfett auf Basis des neuen Genrapses deutlich länger haltbar als bislang üblich. Da Fettsäuren auch bei der Herstellung von Wasch- und Reinigungsmitteln sowie Kosmetika von großer Bedeutung sind, bieten sich auch in diesem Bereich interessante Anwendungsmöglichkeiten. So könnten die Schaumbremser in Waschmitteln – bislang aus Erdöl gewonnen - künftig auf Basis nachwachsender Rohstoffe hergestellt werden.

Ziel der Feldprüfungen auf Poel – die zunächst bis zum Jahr 2001 genehmigt wurden – ist es, die Rapspflanzen auf die Stabilität der Fettsäuren und die Qualität des Samenöls unter verschiedenen Umweltbedingungen zu testen. Beteiligt am Projekt sind neben der NPZ die Deutsche Saatveredelung Lippstadt-Bremen GmbH (Lippstadt), die KWS-Kleinwanzlebener Saatzucht AG (Einbeck) sowie die Universitäten Gießen, Göttingen, Hamburg und Münster. Bis zur Entwicklung von sortenreifem Saatgut werden, nach Angaben Frauens, jedoch noch „einige Jahre“ ins Land gehen.

Auch in Schleswig-Holstein will die NPZ, die mit 100 Beschäftigten einen Umsatz von rund 35 Millionen DM erwirtschaftet, spätestens im Frühjahr 1998 Freilandversuche mit Gen-Raps unternehmen, auch wenn – wie der Wissenschaftler es ausdrückt – „die politische Großwetterlage in Mecklenburg-Vorpommern für solche Vorhaben schon deutlich besser ist“. (aus „Kieler Nachrichten“ vom 8.4.1997)

Aufgaben:

1. **Welche Ziele werden mit der Rapszüchtung verfolgt?**
2. **In welchen Bereichen ist Rapsöl als ökologische Alternative zu herkömmlichen Produkten einsetzbar?**

AB 2

Raps – Steckbrief

1. Phänotyp

- Blütenbau und Bestäubung: 4 Kron- und 4 Kelchblätter, Stempel, 6 Staubblätter (Kreuzblüte); Bestäubung durch Wind bzw. Bienen
- Spross und Wurzelsystem: verzweigter Stängel, rübenförmig verdickte Pfahlwurzel

2. Genotyp

- Entwicklung des Rapses aus:

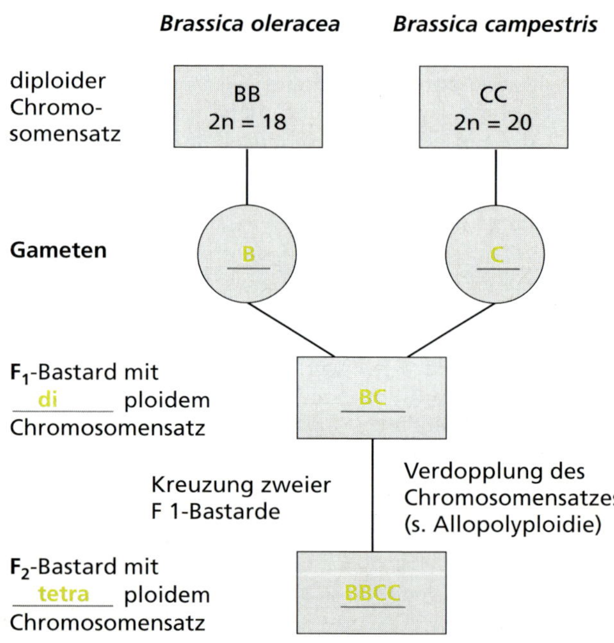

- Der Chromosomensatz des Rapses besteht aus insgesamt 2n = 38 Chromosomen.

Aufgabe:

Charakterisieren Sie den Phänotyp und den Genotyp dieser Pflanze!

Verwendung von Raps

1) Raps in der Speiseölherstellung: Was macht es so interessant?

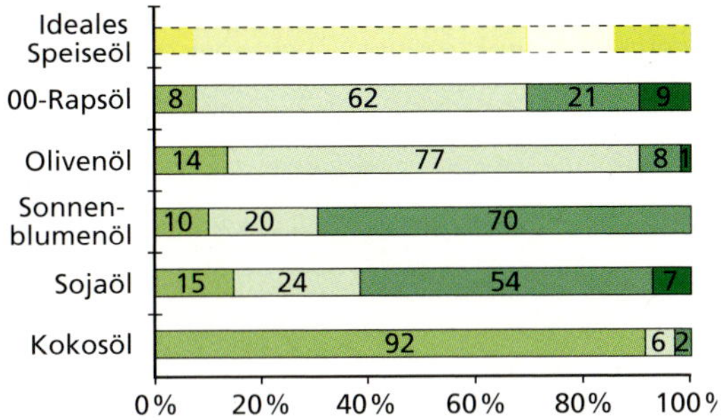

Fettsäuremuster verschiedener Pflanzenöle
- Linolensäure
- Linolsäure
- einfach ungesättigte Fettsäuren (z. B. Ölsäure)
- gesättigte Fettsäuren (z. B. Stearinsäure)

Was wird von einem gesunden Speisefett erwartet?

- niedriger Gehalt an gesättigten Fettsäuren (< 10 %)
- ausreichender Gehalt an essentiellen, mehrfach ungesättigten Fettsäuren wie Linolsäure, α-Linolensäure (20 – 30 %)
- hoher Gehalt an einfach ungesättigten Fettsäuren wie Ölsäure (< 50 %)
- reich an Vitamin E
- geschmacklich neutral

2) Raps in der Tierfütterung

Rapsschrot ist eine natürliche Futterkomponente, die im Mischfutter von Rindern, Schweinen und Geflügel eingesetzt werden kann. Der hohe Proteinanteil ist wichtig für die Erzeugung von Milch, Eiern und Fleisch. Das Preis-Leistungsverhältnis beim Rapsschrot ist günstig.

3) Rapsöl in der Technik

In Deutschland werden jedes Jahr über 200 000 Tonnen Hydrauliköl benötigt. Davon versickern bedeutende Mengen im Boden. Hydrauliköl, das aus Mineralöl hergestellt wurde, belastet in diesem Fall die Umwelt. Hydrauliköl auf Rapsölbasis ist innerhalb kürzester Zeit im Boden abbaubar. Es tritt keine Belastung des Bodens und des Grundwassers auf .

4) Rapsöl als Energielieferant

Nachwachsende Rohstoffe dienen heute zunehmend als alternative Energieträger. Der wichtigste von diesen ist hierzulande Raps. Dessen Öl kann zum Beispiel zu Rapsmethylester verarbeitet werden, der in jedem Dieselmotor als Treibstoff eingesetzt oder direkt zur Energiegewinnung in speziellen Motoren genutzt wird. Rapsmethylester stellt eine umweltverträgliche Alternative zu den Mineralölen dar. Diese belasten im Gegensatz zu Produkten aus nachwachsenden Rohstoffen bei der Verbrennung die Atmosphäre mit CO_2.

Aufgaben:

1. **Ergänzen Sie das Diagramm um die Darstellung der Zusammensetzung eines idealen Speiseöls und vergleichen sie dieses mit dem Rapsöl!**
2. **Welche Vorteile hat die Nutzung von Raps in den verschiedenen Anwendungsbereichen?**

Klassische Züchtung einer Winterraps-Sorte

(vereinfachtes Zuchtschema)

Durch Kombinationszüchtung werden Rapspflanzen mit erhöhtem Laurinsäuregehalt (LL) und hohem Senfölgehalt (Glucosinolat, GG) in eine Sorte mit geringem Senfölgehalt (gg) und geringem Laurinsäuregehalt (ll) eingekreuzt. Züchtungsziel ist eine laurinsäurereiche, glucosinolatarme Sorte.

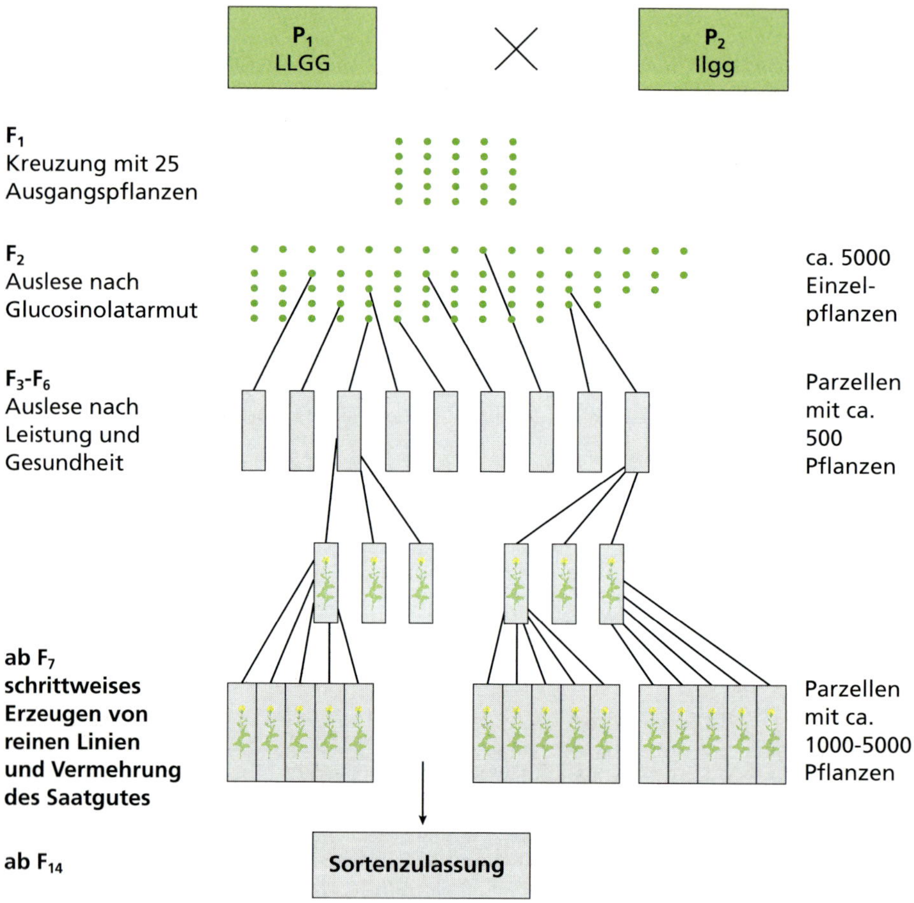

Aufgaben:

1. **Entwickeln Sie das Kreuzungsschema von der P-Generation bis zur F_2-Generation und erklären Sie den Erbgang mit Hilfe der Mendelschen Gesetze!**
2. **Erläutern Sie anhand des Beispiels das Vorgehen bei Kombinationszüchtung und gehen Sie dabei auf die Entwicklung reiner Linien ein! Nehmen Sie Ihr Lehrbuch zur Hilfe!**

Perspektiven nachwachsender Rohstoffe für die Landwirtschaft

Weltweit wird pro Jahr zwischen 170 und 200 Mill. t Biomasse gebildet. Davon stehen dem Menschen durch Kultivierung, Ernte und Verarbeitung jedoch nur rund 3 % zur Verfügung: ca. 2 Mill. t Holz, rund 1,8 Mill. t Getreide und etwa 2 Mill. t Zuckerrohr, Rüben, Ölfrüchte, Obst und Gemüse.
Der jährliche Verbrauch an fossilen Rohstoffen liegt bei 7,3 Mill. t Erdöläquivalente. Ein Erdöläquivalent ist die Menge Rohstoff, durch die eine Tonne Erdöl ersetzt werden kann. Dazu wären z. B. 1,5 t Kohle, 1,1 t Erdgas oder 2-2,5 t Pflanzenmaterial notwendig.

Vergleich der Produktion nachwachsender Rohstoffe mit dem Verbrauch an fossilen Rohstoffen (Angaben in Mill. t pro Jahr, nach Eggersdorfer 1994)

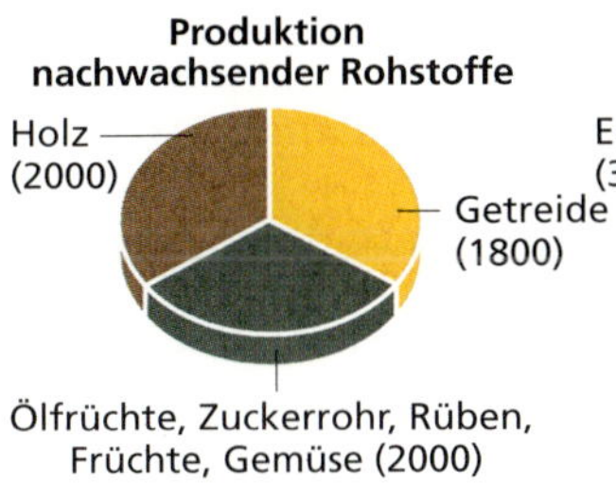

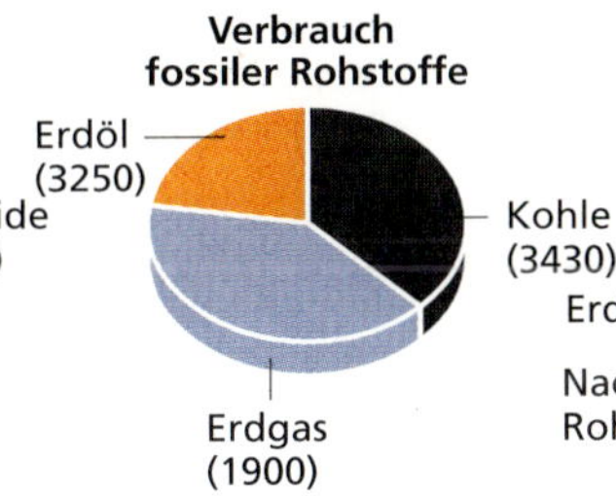

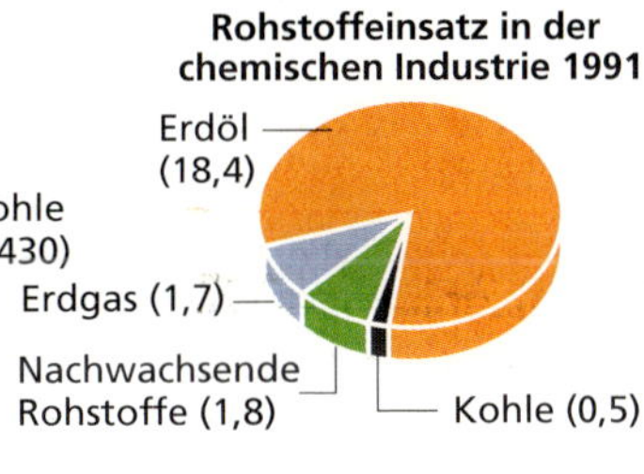

Preise fossiler und nachwachsender Ausgangsstoffe in Deutschland 1993

Fossiler Ausgangsstoff	Preis/t	Nachwachsender Ausgangsstoff	Preis/t
Rohöl	218 DM	Mais	150 DM
Erdgas	335 DM	Rapsöl	870 DM
Benzol	485 DM	Palmöl	620 DM
Ethylen	650 DM	Zucker	780 DM
Methanol	190 DM	Stärke	535 DM

(nach Eggersdorfer 1994)

Pflanzliche Öle und Fette sind Ausgangsstoffe für die verschiedensten Industriezweige. Der überwiegende Teil dieser pflanzlichen Öle (ca. 900000 t) wird durch Importe aus Ländern der Dritten Welt bereitgestellt. Heimische Quellen sind vor allem Rapsöl und Talg.

Aufgaben:

1. **Berechnen Sie die Menge an Pflanzenmaterial, die für den vollständigen Ersatz von Erdöl durch nachwachsende Rohstoffe benötigt würde!**
2. **Pro Hektar Anbaufläche können etwa 1,1 t Rapsöl gewonnen werden. Wie groß wäre die benötigte Anbaufläche, wenn Erdöl komplett durch Rapsöl ersetzt werden sollte? Vergleichen Sie die Anbaufläche mit der Größe der Bundesrepublik Deutschland!**
3. **Wie hoch wären die Erlöse deutscher Rapsölproduzenten, wenn die verarbeitende Industrie ausschließlich auf der Basis von Rapsöl produzieren würde?**
4. **Welche Verluste seitens der Palmölproduzenten in den Ländern der Dritten Welt wären unter der in Aufgabe 3 angenommenen Bedingung zu erwarten?**

Gentechnik und die Länder der Dritten Welt

In den Länder der Dritten Welt werden gentechnische Verfahren im Bereich der Pflanzenzüchtung derzeit in begrenztem Rahmen dazu genutzt, neue Eigenschaften von Nutzpflanzen in kürzerer Zeit zu entwickeln. Darüber hinaus setzt man diese Verfahren zur Diagnose von Pflanzenkrankheiten ein. Konkrete Erfolge der Anwendung moderner Biotechnologie, in Form von besonders ertragreichen oder schädlingsresistenten Sorten, sind jedoch bisher nicht zu verzeichnen. Da viele dieser Projekte wirtschaftlich wenig lukrativ sind, wird die Forschung mit landwirtschaftlich wichtigen Pflanzen für die Länder der Dritten Welt meist vereinzelt, von wenigen internationalen Agraforschungszentren betrieben.

Die Chancen und Risiken des Einsatzes der Gentechnik in den Ländern der Dritten Welt hängen wesentlich von nationalen und internationalen politischen, wirtschaftlichen und rechtlichen Rahmenbedingungen ab. Diese werden z. B. durch zwischenstaatliche Handelsabkommen, Zölle, und Subventionen beeinflusst. Die Auswirkungen der Gentechnik auf die Weltmarktposition der Entwicklungsländer werden im Vergleich dazu als gering eingeschätzt.

Am ehesten werden Veränderungen auf dem Weltagramarkt durch das Ersetzen von relativ teuren Rohstoffen (wie z. B. Erdnuss- oder Kokosöl) durch billigere, mit Hilfe der Gentechnik hergestellte Stoffe aus Raps- und Sojaöl erwartet. Eine solche Entwicklung könnte zu einer Übersättigung des Pflanzenölmarktes und damit zu einem Preisverfall bei diesen Produkten führen. Der Exportmarkt, insbesonderer der Entwicklungsländer, die auf wenige Exportprodukte spezialisiert sind, wäre zerstört. Ihr Devisenmangel würde sich weiter verschärfen. Es könnte auch zu Handelsverschiebungen zwischen Entwicklungsländern mit unterschiedlichem technologischen Potential und zum Kampf dieser Länder um die Anteile am Rohstoffmarkt kommen. Dies würde dann zu Lasten bereits sehr armer Länder gehen, da sie aufgrund einer unzulänglichen Infrastruktur (z. B.: schlechte Strom- und Wasserversorgung, wenig entwickelte Forschungsinsitutionen) und kleinbäuerlicher Rahmenbedingungen (wie z. B. schlechte Kapitalausstattung, mangelnder Zugang zu Märkten) in ihren Nutzungsmöglichkeiten verfügbarer Techniken benachteiligt wären.

Diese Prognosen sind unter der Voraussetzung als realistisch zu betrachten, dass der Preisunterschied zwischen den relativ teuren und den billigeren Ölen so groß ist, dass die zusätzliche Kosten verursachende gentechnische Produktion des Öls rentabel wäre. Bisher ist dies nicht so. Tritt der Fall ein, würden vor allem die Produzenten in den Industrienationen davon profitieren. Die Abhängigkeit von den Pflanzenöl exportierenden Ländern würde für sie gemildert und ihre ökonomische Situation durch geringere und stabilere Preise verbessert. Für Landwirte in den Industrienationen eröffneten sich neue Absatzmärkte und eventuell sogar neue Arbeitsplätze. (nach Katz et al. 1995)

Aufgaben:

1. **Welche wirtschaftlichen Folgen werden durch den Einsatz der Gentechnik für die Länder der Dritten Welt bzw. für die Industrienationen prognostiziert?**
2. **Welches ethische Problem stellt sich in diesem Zusammenhang?**
3. **Die Förderung der Eigenständigkeit der Entwicklungsländer und die Minimierung negativer Auswirkungen moderner Biotechnologie sind zwei Leitlinien internationaler Zusammenarbeit. Welche Maßnahmen sollten bei der Umsetzung dieser Leitlinien ergriffen werden und inwiefern sind diese dazu geeignet, dass sich stellende ethische Problem zu lösen?**

2.1.3 Stark durch Stärke - Gentechnik in der Kartoffelzüchtung

Annette Klimant und Angela Kroß

Die Kartoffel ist eines der ältesten Grundnahrungsmittel des Menschen. Neben Mais und Weizen besitzt sie aber auch eine große Bedeutung als Stärkelieferant für die Industrie. Stärke besteht zu ca. 20 % aus Amylose und zu ca. 80 % aus Amylopektin. Amylose ist ein wasserunlösliches, langkettiges Zuckermolekül, welches einen zusammenhängenden Film bildet und sich somit zur Herstellung von Folien eignet. Amylopektin ist eine stark verzweigte wasserlösliche Zuckermolekülkette, die zur Herstellung von Kleister genutzt wird. Aufgrund der unterschiedlichen Eigenschaften von Amylose und Amylopektin lassen sich beide Substanzen technisch nicht effektiv gemeinsam nutzen. Deshalb werden sie vor der Verarbeitung mechanisch und chemisch getrennt. Da dieser Vorgang sehr viel Energie und Wasser kostet, versucht man mit Hilfe der Gentechnik, die Stärkezusammensetzung der Kartoffel zu verändern. So gelang am Max-Plank-Institut für Züchtungsforschung in Köln bereits 1995 die Entwicklung einer Kartoffelsorte, die in ihren Knollen Amylopektin und so gut wie keine Amylose speichert.

In dieser Unterrichtseinheit wird am Beispiel der amylosefreien Kartoffelsorte die Verknüpfung von traditionellen Verfahren der Züchtung mit den Methoden der Gentechnik dargestellt. Ein wesentliches Ziel der Entwicklung der amylosefreien Kartoffelsorte war es, die Stärkeproduktion und -verarbeitung umweltschonender zu gestalten. Daher wird im Folgenden auf ökologische und ökonomische Aspekte der Stärkeproduktion eingegangen.

1. Sachinformationen

Einsatzbereiche für Kartoffeln und Ziele der Kartoffelzüchtung

Die Kartoffel wurde zu Ernährungszwecken bereits vor 8000 Jahren in den Hochanden angebaut. Heute steht die Kartoffel als Nutzpflanze mit 280 Mio. Tonnen Weltjahresproduktion an sechster Stelle hinter Zuckerrohr, Reis, Weizen, Mais und tropischen Knollengewächsen (s. FAO 1995).

Obwohl der Pro-Kopf-Verbrauch an Speisekartoffeln in den letzten Jahrzehnten stets zurückgegangen ist, nimmt jedoch der Verzehr an bestimmten Veredlungsprodukten wie Pommes frites, Chips und Kroketten weiter zu. Neben der Nutzung als Nahrungsmittel spielt die Kartoffel traditionell eine bedeutende Rolle als Stärkelieferant für verschiedene Industriezweige. Von der Nahrungsmittelindustrie wird Stärke vor allem zur Herstellung von Süßwaren und Getränken sowie zur Fruchtverarbeitung genutzt. Im Nichtnahrungsmittelbereich ist die Papier- und Pappeindustrie mit 60 % des Produktionsumfanges Hauptabnehmer. Aufgrund der vielfältigen Modifikationsmöglichkeiten ist das Anwendungsspektrum der Kartoffelstärke für technische Zwecke sehr breit. Bereits mehr als 500 verschiedene Produkte werden genutzt, z. B. in der Keramik-, Metall-, Holz- und Arzneimittelindustrie, in der Produktion von Farben und Lacken sowie in der Textilindustrie. In der Biotechnologie wird Stärke in großen Mengen als Kohlenstoffquelle für Mikroorganismen in Fermentationsprozessen beispielsweise zur Produktion von Aminosäuren und Antibiotika eingesetzt. Aus Umweltschutzgründen werden biologisch abbaubare, kunststoffähnliche Werkstoffe und Verpackungsmaterialien hergestellt (z. B. Einweggeschirr, Windeln, Abfallsäcke, Pflanztöpfe, Samenbänder und Abdeckfolien). Synthetische Kunststoffe, wie Polyethylen oder Polypropylen, die in diesen Bereichen bisher massenhaft Verwendung finden, könnten in vielen Fällen durch Produkte auf Stärkebasis ersetzt werden.

Mit der ständigen Erweiterung des Einsatzspektrums für Stärkeprodukte wachsen gleichermaßen die Ansprüche der verarbeitenden Industrie an die Eigenschaften des Naturstoffs Kartoffelstärke (s. Folie 1). Dies bedingt eine relativ große Variationsbreite an Zuchtzielen:

- hoher (Stärke-)Ertrag,
- hohe Lagerfestigkeit der Knollen,
- an die Verwendung angepasste Form (läng-

lich-ovale Knollen für Kartoffelchips und Pommes frites, runde Knollen mit flachen Augen für die Industrie),
- unterschiedliche Erntezeiten (früh, mittelfrüh, spät),
- verschiedene Kocheigenschaften (mehlig, fest kochend),
- eine auf die Verwendung orientierte Inhaltsstoffzusammensetzung,
- Resistenzeigenschaften gegen Viren, Pilze, Bakterien (insbesondere gegen Kraut- und Knollenfäule) und gegen Frost.

Beim deutschen Bundessortenamt sind mehr als 150 Sorten registriert, die für den Handel zugelassen sind.

Neben den bereits langjährig bearbeiteten Zuchtzielen wie Ertragssteigerung, Beeinflussung der Erntezeit und Entwicklung von Krankheitsresistenzen hat die Veränderung der Stärkezusammensetzung heute eine große Bedeutung erlangt. Aufgrund der unterschiedlichen Eigenschaften von Amylose und Amylopektin werden diese beiden Ausgangsstoffe in der Industrie unterschiedlich genutzt. Amylose und Amylopektin müssen deshalb im Verarbeitungsprozess getrennt werden. Dies ist sehr aufwendig und damit kostenintensiv, auch fallen große Mengen Abwasser an, die die Umwelt belasten. Derzeit wird deshalb intensiv daran gearbeitet, das Verhältnis von Amylose und Amylopektin in der Kartoffelstärke züchterisch zu verändern und dem späteren Verwendungszweck anzupassen.

Konventionelle Kartoffelzüchtung

Für die Züchtung sind insbesondere die folgenden vier Eigenschaften der Kulturkartoffel maßgeblich:

- Die Kartoffel verfügt über **das umfangreichste Genreservoir** aller Kulturpflanzen. Über 230 Wild- und 8 Kulturarten sind bekannt (s. Hoffmann/Mudra/Plarre 1985).
- Die Kartoffel besitzt einen **tetraploiden Chromosomensatz** (4n = 48).
- Ihr Genom ist hochgradig **heterozygot**.
- Die Kartoffel ist eine **„Klon"-Pflanze**. Das **Regenerationsvermögen** praktisch aller Pflanzenteile ist sehr **hoch**.

Da jedes Gen in vier Allelen vorliegt (Autotetraploidie), für die weit mehr verschiedene heterozygote Kombinationsmöglichkeiten existieren als bei einem diploiden Chromosomensatz, ergibt die Kreuzung zweier Elternpflanzen eine sehr große Zahl von Neukombinationen. Die Nachkommen bieten so eine riesige Palette von Auslesemöglichkeiten.

Um eine einheitliche Sorte mit den erwünschten Eigenschaften zu züchten, macht man sich das hohe vegetative Regenerationsvermögen der Kartoffel zu Nutze: Individuen, die als Stammeltern einer neuen Sorte tauglich erscheinen, werden im weiteren Zuchtverlauf nicht aus Samen sondern aus Knollen vermehrt (geklont). Jede einzelne Kartoffelsorte ist demzufolge die vegetativ vermehrte, genetisch völlig identische Nachkommenschaft einer einzelnen Mutterpflanze, also ein Klon. Das genetisch weitgehend identische „Saatgut" - die Kartoffelknolle - bietet damit jedoch besonders gute Voraussetzungen für eine epidemieartige Ausbreitung von Krankheitserregern, vor allem von Viren und Pilzen (z. B. *Phytophtora infestans*, Erreger der Kraut- und Knollenfäule, s. Kap. 2.1.4). Landwirten ist es deshalb nicht möglich, einen Teil der Kartoffelernte als Saatgut für das nächste Jahr zurückzubehalten. Schon nach wenigen Jahren wären die Pflanzen so durchseucht, dass der Ertrag gegen Null ginge. In Saatgutbetrieben wird deshalb neben der Neuzüchtung von Sorten auch eine **Erhaltungszüchtung** der schon auf dem Markt befindlichen Sorten betrieben, um die Landwirte mit Saatgut zu versorgen.

Zum Zweck der **Neuzüchtung** pflanzt ein Saatgutbetrieb jedes Jahr normalerweise ca. 50000 bis 200000 Sämlinge an, die etwa 150 bis 500 künstlichen Befruchtungen entstammen. Die Samen entwickeln sich als grüne Beerenfrüchte, die je etwa 50 bis 150 Samen für die Aussaat enthalten.

Pflanzen mit erwünschten Merkmalen werden sechs bis acht Jahre lang vegetativ vermehrt. Dabei durchlaufen die Sämlingsklone zahlreiche Eigenschaftsprüfungen auf dem Feld, im Gewächshaus und im Labor. Hierbei wird radikal ausgelesen. Letztlich bleiben wenige Phänotypen übrig, die dann in die Prüfungen des Bundessortenamtes eingehen (s. AB 2). Eine Sorte, die zum Handel zugelassen worden ist, kann sich im Durchschnitt 10 Jahre auf dem Markt halten; danach wird sie meistenteils von Neuzüchtungen abgelöst.

Veränderung der Stärkezusammensetzung der Kartoffel mit Hilfe der antisense-Technik

Da die Optimierung der Stärkezusammensetzung der Kartoffel durch Mutationszüchtung bisher nicht sehr erfolgreich war, versuchte man am Max-Planck-Institut für Züchtungsforschung (MPIZ) in Köln eine amylosefreie Kartoffelsorte mit Hilfe gentechnischer Verfahren zu züchten.

Ausgangspunkt der Züchtung war eine beim Mais seit längerer Zeit bekannte Mutation, die dazu führte, dass Stärke in Form von Amylopektin gespeichert wird. Da die Maiskörner dann ein wachsähnliches Aussehen besitzen, erhielt die Mutante den Namen „waxy". Zwar konnte durch Auslösung von Mutationen eine „waxy"-Kartoffel erzeugt werden, diese lieferte aber nur einen geringen Ertrag und zeigte eine verminderte Vitalität, so dass sie keine industrielle Bedeutung erlangte.

Nach der Entdeckung der „waxy"-Mutante beim Mais konnte das Gen für ein wichtiges Schlüsselenzym in der Stärkesynthese (GBSS-Enzym = granule bound starch synthase, s. Kull 1995) identifiziert werden. Die Kenntnis der Struktur dieses Gens ermöglichte die Konstruktion eines sog. antisense-Gens, das letztlich die Bildung von Amylose in den Kartoffelknollen unterbindet. Diese sog. **antisense-Technik** funktioniert nach folgendem Mechanismus (s. AB 3): Bei der Expression eines Gens wird zunächst die doppelsträngige DNA in eine einzelsträngige RNA transkribiert. Dabei wird nur ein Strang der DNA abgelesen. Kloniert man diesen Genabschnitt und setzt ihn in umgekehrter Leserichtung zusätzlich ein, und zwar gebunden an einen eigenen Promotor, so entsteht daraus eine antisense-mRNA. Die normale mRNA wird weiterhin an dem ursprünglichen Gen abgelesen. In der Pflanzenzelle werden also zwei komplementäre mRNAs gebildet, die normale mRNA und die antisense-mRNA. Solche Moleküle verbinden sich zu einem Doppelstrang. Da zur Translation bei der Proteinbiosynthese einzelsträngige mRNA notwendig ist, kann das Enzym, nicht mehr gebildet werden (s. AB 3, Odenbach 1997).

Bei der gentechnischen Entwicklung der amylosefreien Kartoffel wurde ein antisense-Gen in eine Kartoffellinie transferiert, die in der Stärkeproduktion Verwendung findet. Aus den transgenen Zellen wurden ganze Pflanzen regeneriert, die in jeder ihrer Zellen das neue antisense-Gen enthalten. Die Stärkekörner dieser transgenen Pflanzen enthielten so gut wie keine Amylose mehr. Durch einen sehr einfachen Test kann dies nachgewiesen werden. Stärke, die noch Amylose enthält, färbt sich in einer jodhaltigen Lösung blau, während Amylopektin sich rot färbt (s. Linder, Bayrhuber/Kull 1988, S. 129).

In Freilandversuchen wurde die gentechnisch hergestellte Kartoffel daraufhin getestet, dass die neue Eigenschaft sich auch stabil ausprägt und Umweltfaktoren dies nicht wesentlich beeinflussen.

Ökologische und ökonomische Aspekte der Kartoffelstärkeproduktion

In Deutschland wird Stärke zu je 40 % aus Kartoffeln und Mais sowie zu 20 % aus Weizen hergestellt. Durch den Anbau von Kartoffeln können mit rd. 6,5 t/ha die höchsten Stärkeerträge erzielt werden. Die Produktionskosten belaufen sich insgesamt auf 1000 DM/t Kartoffelstärke. Demgegenüber sind die Produktionskosten von Maisstärke (740 DM/t) deutlich niedriger. Der Einsatz von Kartoffelstärke im Nicht-Nahrungsmittelbereich hängt davon ab, ob die biologisch gut abbaubare und wieder verwertbare Kartoffelstärke kostengünstig in hoher Qualität zur Verfügung gestellt werden kann. Die Weltmarktpreise werden dabei durch Maisstärke bestimmt, da die Anbaumengen hier um ein Vielfaches größer sind.

Die Nachteile der Kartoffelstärkeproduktion gegenüber der Stärkeherstellung aus Mais resultieren hauptsächlich aus der begrenzten Lagerfähigkeit der Kartoffeln (100–120 Tage), dem hohen Transportaufwand sowie aus den schwer vermarktbaren Nebenprodukten (z. B. dem gepressten Zellgewebe, der sog. Kartoffelpülpe, sowie dem eiweißreichen Wasser aus den Kartoffelknollen) bzw. deren energieaufwendiger Weiterverarbeitung oder Entsorgung.

Die kurze Lagerfähigkeit der Kartoffeln zwingt zu saisonaler Verarbeitung im Herbst und Winter. Der Transportaufwand führt zur Konzentration des Kartoffelanbaus im Einzugsgebiet der Stärkefabriken. Die Einengung der Produktionszeit und des Ortes bedingt eine verschärfte saisonale Umweltbelastung im Verarbeitungsgebiet. Bedingt durch den hohen Wassergehalt der Kartoffelknollen fällt im Vergleich zu Mais rd. 4 mal so viel Abwasser mit einer um ein vielfaches höheren Proteinbelastung an. Diese Abwässer werden auf den umliegenden Flächen als Stickstoffdüngemittel verregnet, wobei die steigende Produktion zunehmend zu Engpässen bei der Erschließung von Verregnungsflächen führt. Sofern die Abwässer nicht verregnet werden, müssen sie biologisch vorgeklärt werden, bevor sie in die kommunalen Klärwerke eingespeist werden können. Die Kartoffelpülpe kann als Viehfutter verwertet werden. Obwohl die deutschen Kartoffelstärkeerzeuger meistenteils genossenschaftlich organisiert sind und durch kooperatives Wirtschaften Wettbewerbsnachteile kompensieren können, ist die Stärkeproduktion aus Kartoffeln im Vergleich zu ihrer Herstellung aus Mais aus den oben genannten Gründen ökologisch und ökonomisch ungünstiger. Inwieweit die gentechnische Veränderung der Kartoffelstärkezusammensetzung neue Marktchancen für ihre industrielle Nutzung eröffnet, ist noch weitgehend offen. Die optimistischen Erwartungen erfüllten sich aufgrund der Maiskonkurrenz auf dem europäischen Markt bisher nicht (s. Bundesministerium für Ernährung, Landwirtschaft und Forsten 1995).

2. Didaktische Informationen

Diese Unterrichtseinheit ist dazu geeignet, klassische Verfahren der Züchtung in enger Verbindung mit modernen Methoden der Gentechnik zu behandeln. Darüber hinaus lassen sich ökologische und ökonomische Fragen der Stärkeproduktion am Beispiel der Kartoffel thematisieren. In Verbindung mit Materialien aus dem Kap. 2.1.1 kann die Erörterung verschiedener Verfahren des Gentransfers in den Mittelpunkt des Unterrichts gerückt werden. Die Integration von Fragen der Freisetzung transgener Kartoffeln ist unter Einbeziehung von Materialien aus Kap. 2.1.4 möglich.

Lernziele

Die Schüler sollen:
- die Ziele der Kartoffelzüchtung und die Anwendungsbereiche für Kartoffelstärke nennen können,
- die Möglichkeit der Beeinflussung der Stärkezusammensetzung durch antisense-Technik erläutern können,
- die Verknüpfung von traditionellen und modernen Methoden in der Kartoffelzüchtung beispielhaft darstellen können,
- die Umweltverträglichkeit der Nutzung von Kartoffelstärke einschätzen können.

Lernvoraussetzungen

Grundwissen über:
- Aufbau von Stärke,
- Kombinations- und Auslesezüchtung,
- Bau und Funktion der DNA, Proteinbiosynthese.

Hinweise zu Medien und Experimenten

Filme:
- „Die Geschichte von der wunderbaren Kartoffel“, FWU 32 03824
- „Früchte der Erde - Nutzpflanzen von morgen“ (1): Segen und Fluch der Pacha mama“, (2): Rückkehr zu den Ursprüngen, BECKER audio-visuals Vertrieb: Vera Thiele, Mühlenweg 3, 30966 Hemmingen,

Diaserie:
- „Wie entsteht eine neue Pflanzensorte?“, FWU 10 02193

Experiment:
- Isolierung und Fusion pflanzlicher

Protoplasten (s. Nellen/Matussek 1990)
Weitere Materialien:

- Bezug von Einweggeschirr über die Firmen APACK AG für biologische Verpackungen, 91459 Markt Erlbach/Nürnberg, Losaurach 116 bzw. BIOTEC Biologische Naturverpackungen GmbH, 46446 Emmerich, Postfach 100220

3. Unterrichtsverlauf und Materialien

1. Ziele und Methoden traditioneller Kartoffelzüchtung (ca. 45 min.)	
Einstieg: Kartoffelstärke als nachwachsender Rohstoff für die chemisch-technische Industrie, Demonstration verschiedener Stärkeprodukte (z. B. Küchenkartoffelstärke, Kleber, Einweggeschirr aus Kartoffelstärke) **Erarbeitung:** Anwendungsbereiche für Kartoffelstärke und Ziele der Kartoffelzüchtung **Wiederholung:** traditionelle Methoden der Kartoffelzüchtung (generative und vegetative Vermehrung, Erhaltungs- und Neuzüchtung, Klon) evtl. anhand eines vorbereiteten SV (HA) zum Thema: „Die Entwicklung unserer heutigen Kulturkartoffel – Voraussetzungen, Ziele und Methoden der traditionellen Kartoffelzüchtung" (Lit.: Gerhardt-Dircksen/Schilde-Rentschler: Die Kartoffel – weltweit genutzt. In: PdN Biologie, 8/1997 und Kross/Klimant: Von der „Cartuffel-Frucht" bis zu „waxy" – Kartoffelzüchtung gestern und heute. In.: PdN Biologie, 6/1998)	AB 1 AB 2 SV
2. Amylosefreie Kartoffeln durch antisense-Technik (ca. 90 min.) • Stärke als industrieller Rohstoff • Prinzip der antisense-Technik	
Einstieg: Für die Nutzung von Kartoffeln als nachwachsender Rohstoff sind Sorten bedeutsam, deren Stärkezusammensetzung auf den späteren Verwendungszweck zugeschnitten ist. Die Produktionskosten und die Umweltbelastung durch Abwässer können dadurch gesenkt werden. **Erarbeitung:** Eigenschaften und Verwendung von Stärke (Amylose und Amylopektin), Zusammenfassung von Kriterien für die Nutzung von Stärke als industriellen Rohstoff **Erarbeitung:** Veränderung der Stärkezusammensetzung der Kartoffel durch antisense-Technik	F 1 AB 3
3. Methoden des Gentransfers auf Nutzpflanzen (s. Kap. 2.1.1) (ca. 90 min.)	
4. Stärke aus transgenen Kartoffeln – eine ökologische Alternative (ca. 45 min.)	
Einstieg: Stärke wird zum überwiegenden Teil aus Kartoffeln und Mais gewonnen. Der Hektarertrag ist beim Anbau von Kartoffeln höher als beim Maisanbau, jedoch sind die Herstellungskosten für Maisstärke aufgrund der geringeren Abfallbelastung niedriger als für Kartoffelstärke. **Erarbeitung:** Ökologische und ökonomische Aspekte für die Gewinnung und Verarbeitung von Kartoffelstärke im Vergleich zu Maisstärke (Anm.: An dieser Stelle können mit Hilfe des AB 6 Kap. 2.1.4 Fragen der Verbreitung transgener Kartoffeln mit in den Unterrichtsgang einbezogen werden.) **Zusammenfassung:** Inwiefern kann die gentechnische Veränderung der Stärkezusammensetzung der Kartoffel zu umweltschonenderen Produktionsverfahren beitragen?	AB 4

Kartoffelstärke als industrieller Rohstoff

Kartoffeln gehören neben Mais, Maniok (tropische Knollenfrucht) und Weizen weltweit zu den vier wichtigsten stärkeliefernden Pflanzen. Da Kartoffelknollen nur ca. 20 % Stärke enthalten (Mais und Weizen enthalten ca. 60 – 75 %), ist die Stärkeausbeute jedoch vergleichsweise gering. In Deutschland werden Kartoffeln mengenmäßig am meisten zur Stärkeherstellung eingesetzt. Der Anteil an gewonnener Kartoffelstärke pro Jahr entspricht jedoch in etwa dem der Mais- bzw. Weizenstärke. Landwirte bauen Kartoffeln als Rohstoff für die Stärkeproduktion bevorzugt an, da sie die höchsten Erträge pro Hektar liefern.

Rohstoffaufkommen zur Stärkeherstellung 1995
Total: 4,3 Mio. t

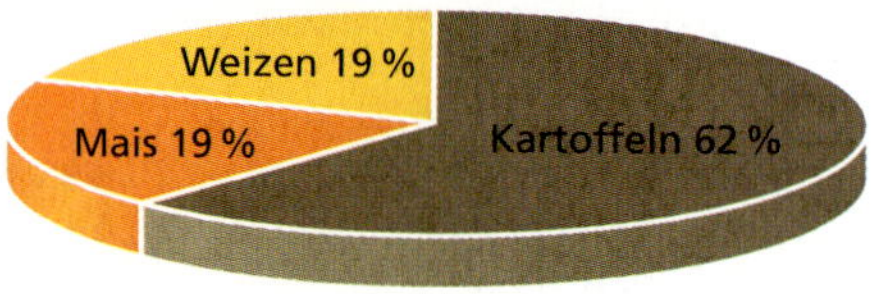

Stärkeproduktion in Deutschland 1995
Total: 1,4 Mio. t

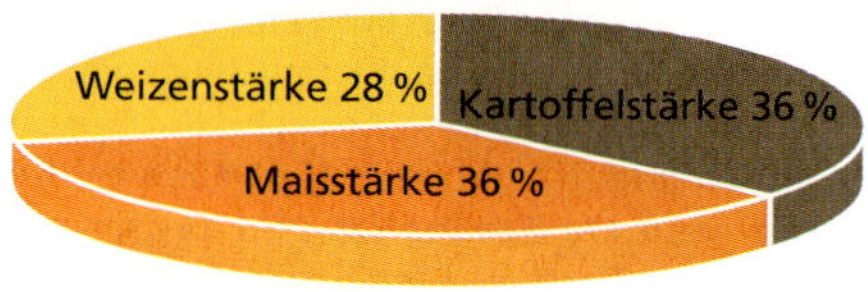

(nach Benz/Scharf/Weber 1997)

Eine wichtige Voraussetzung für die Stärkeproduktion ist die kontinuierliche Verfügbarkeit des Rohstoffs. Kartoffelsorten mit hohem Stärkegehalt haben jedoch meist eine ziemlich lange Reifezeit, so dass sie erst relativ spät geerntet werden können. Auch sind Kartoffeln nicht sehr lange lagerfähig, so dass sie möglichst kurz nach der Ernte verarbeitet werden müssen. Bestimmte Inhaltsstoffe, wie z. B. Solanin, Eiweiße und Zucker, führen aufgrund ihrer Wasserlöslichkeit zu einer hohen Abwasserbelastung im Produktionsprozess. Diese könnte durch Kartoffelsorten mit spezifischer, auf den Anwendungszweck zugeschnittener Inhaltsstoffzusammensetzung vermindert werden. Von Interesse sind auch solche Kartoffelsorten, die weitgehend tolerant gegenüber Stressfaktoren wie z. B. Trockenheit und Infektionen mit Pilzen bzw. Viren sind. Ihr Anbau trägt zu einer möglichst gleichmäßigen Produktqualität bei.

Kartoffelstärke wird seit über 150 Jahren in Deutschland industriell genutzt. Traditionell ist die Papier- und Pappeherstellung ein Haupteinsatzbereich. Als Bindemittel beeinflusst Stärke die Reiß- und Bruchfestigkeit des Papiers. In der Textilindustrie werden ihre bindenden Eigenschaften zum Schutz der Webgarne, in der Pharmazie zur Tablettenherstellung und in der Bauwirtschaft zum Abbinden von Span- und Gipsplatten genutzt.

Durch neue Verarbeitungsverfahren hat sich das Anwendungsspektrum für Stärke stetig erweitert. Aufgrund ihrer guten biologischen Abbaubarkeit wird Stärke zunehmend als Ersatzrohstoff für bisher aus Erdöl hergestellte Produkte eingesetzt (z. B. Einweggeschirr, Folien, Kugelschreiber, Zahnbürsten, Verpackungen). Als Erfolg versprechend wird zukünftig auch die Umwandlung von Stärke durch Mikroorganismen (Pilze und Bakterien) zu sog. Biopolymeren betrachtet, die ebenfalls für die Folienherstellung genutzt werden können.

Aufgaben:

1. **Erläutern Sie die Bedeutung von Kartoffeln als industrieller Rohstoff!**
2. **Welche Ziele sollten in der Kartoffelzüchtung verfolgt werden, um die Nutzung von Kartoffeln als nachwachsender Rohstoff zu fördern?**

Konventionelle Züchtung einer neuen Kartoffelsorte durch Kreuzung und Auslese

Die konventionelle Züchtung einer neuen Kartoffelsorte erfolgt fast ausschließlich durch Kreuzung und Auslese. In den ersten vier bis fünf Jahren wird versucht, Pflanzen mit ganz bestimmten, erwünschten Merkmalskombinationen (z. B. Pflanzen mit runder Knollenform und hohem Stärkegehalt) aus einer Vielzahl herauszufinden. In den Folgejahren vermehrt man diese Pflanzen vegetativ (Klonen) und prüft weiter hinsichtlich agronomischer Eigenschaften, wie z. B. hoher Ertrag, frühe oder späte Reifezeit, regelmäßige Knollenform. Die folgende Abbildung zeigt die Hauptschritte der Kartoffelzüchtung im Überblick.

			Anzahl der Genotypen	Anzahl der Knollen/Genotyp	
Kreuzung	1. Jahr	150 – 500 Paarungen, 50000 – 200000 Sämlinge			generative ……… Vermehrung
Auslese	2. Jahr	A - Klone			regetative ……… Vermehrung
	3. Jahr	B - Klone			
	4. Jahr	C - Klone			
Prüfung an verschiedenen Orten	5. Jahr	Wertprüfung I			
	6. Jahr	Wertprüfung II			
	7. Jahr	Wertprüfung III			

Aufgaben:

1. **Beschriften Sie in der Abbildung die Schritte „generative" und „vegetative" Vermehrung! Überlegen Sie, wie sich die Anzahl der Knollen pro Genotyp von Generation zu Generation verändert und machen Sie dies in der Abbildung durch Pfeile deutlich (△ - zunehmend, ▽ - abnehmend)!**
2. **Worin unterscheidet sich eine Kartoffelsorte von einer Getreidesorte in genetischer Hinsicht?**

Kartoffelstärke als industrieller Rohstoff

Chemische Zusammensetzung der Kartoffelstärke aus:

Amylose

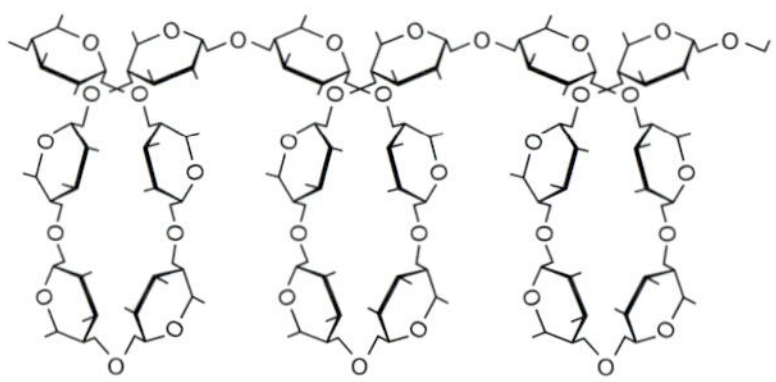

zu ca. 20 % in der Kartoffel,
2000 – 4000
unverzweigte Ketten
aus α-D-Glucoseeinheiten

- sehr gute, transparente Filmbildung
- kristallisierend
- löslich in Wasser bei 124 °C

Verwendung: Herstellung von Folien, Filmen, Formteilen und Verpackungen

Amylopektin

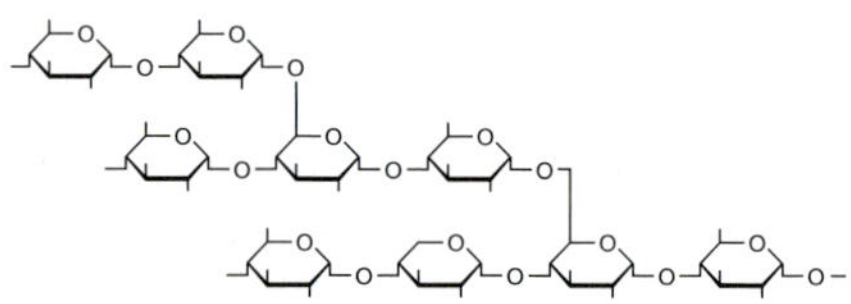

zu ca. 80 % in der Kartoffel,
10000 – 1000000
verzweigte Ketten
aus α-D-Glucoseeinheiten

- hohe Klebkraft
- hohe Kleisterviskosität
- bildet klare, durchsichtige Kleister, die nicht nachdicken sowie viskos und weich bleiben

Verwendung: Herstellung von Klebstoffen, Bindemitteln, Textilien und Papier

Kriterien für die Nutzung von Stärke als industrieller Rohstoff

Stärke muss
- in ausreichender Menge zur Verfügung stehen,
- preiswert in Herstellung und Verarbeitung sein,
- ökologische Vorteile gegenüber herkömmlichen Rohstoffen bieten (z. B. bei der Herstellung, Verarbeitung bzw. Abfallverwertung),
- mit herkömmlichen Grundstoffen vergleichbare oder verbesserte Eigenschaften besitzen.

antisense-Technik zur gezielten Blockade der Proteinbiosynthese

I. Isolierung des zu inaktivierenden Gens aus der Pflanzenzelle

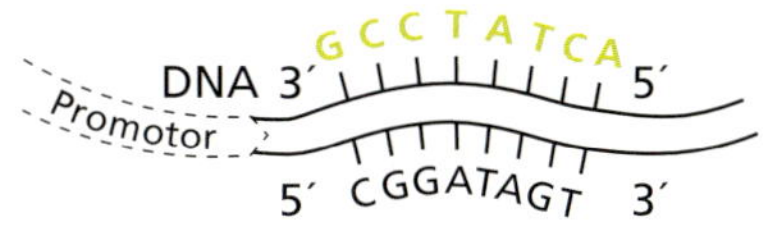

Leserichtung der RNA-Polymerase (vom 5´ zum 3´ Ende)

II. Transkription des zu inaktivierenden Gens zu einzelsträngiger mRNA

III. Klonierung eines antisense-Gens, d. h. des der mRNA entsprechenden DNA-Abschnittes in umgekehrter Orientierung

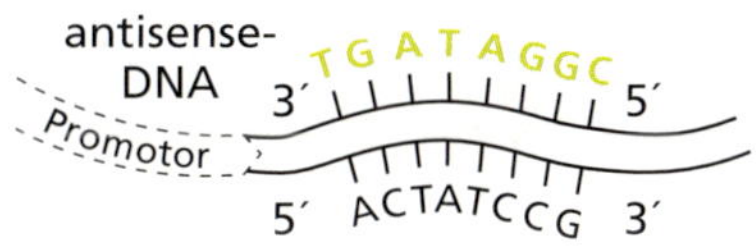

IV. Integration des antisense-Gens in die Pflanzenzelle (Gentransfer)

V. Transkription der mRNA und der antisense-mRNA in der Pflanzenzelle

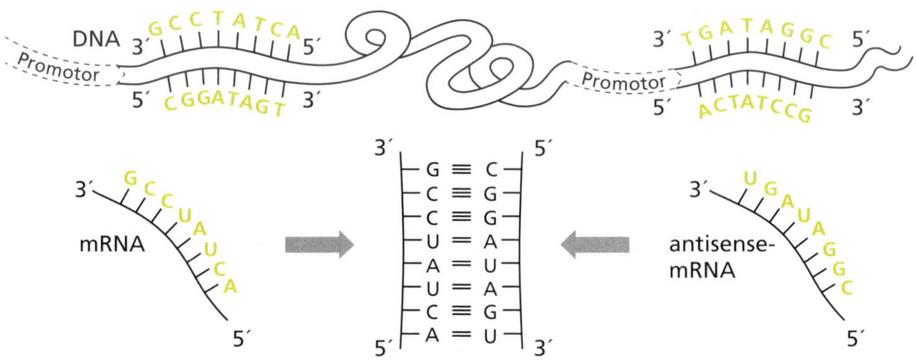

mRNA/mRNA-Hybridmolekül

VI. Die meisten mRNA-Moleküle hybridisieren mit antisense-mRNA-Molekülen zu stabilen, nicht translatierbaren Doppelsträngen. Die Genexpression wird so bis max.

Aufgaben:

1. **Ergänzen Sie die in der Abbildung fehlenden DNA- bzw. mRNA-Basensequenzen!**
2. **Erklären Sie die Wirkungsweise der antisense-Technik!**

AB 4

Kartoffelstärke – ein umweltverträglicher Rohstoff?

Der Anbau von Stärkekartoffeln erfordert den Einsatz chemischer Pflanzenschutzmittel sowie das Ausbringen von Stickstoffdüngemitteln, um hohe Erträge erzielen zu können. Stärkekartoffeln werden meist in der Nähe von Stärkefabriken angebaut, da sie nur begrenzt lagerfähig sind und die Transportwege deshalb kurz gehalten werden müssen. In der Stärkefabrik werden die Kartoffeln gewaschen, zerrieben und getrocknet. Das in großen Mengen anfallende Abwasser ist aufgrund des hohen Eiweißgehaltes der Knollen stark organisch belastet. Die anfallenden Nebenprodukte (eiweißreiches Wasser aus den Knollen und gepresstes Zellgewebe, sog. Kartoffelpülpe) werden zu Viehfutter verarbeitet. Mit dem Abwasser werden die umliegenden Felder gedüngt.

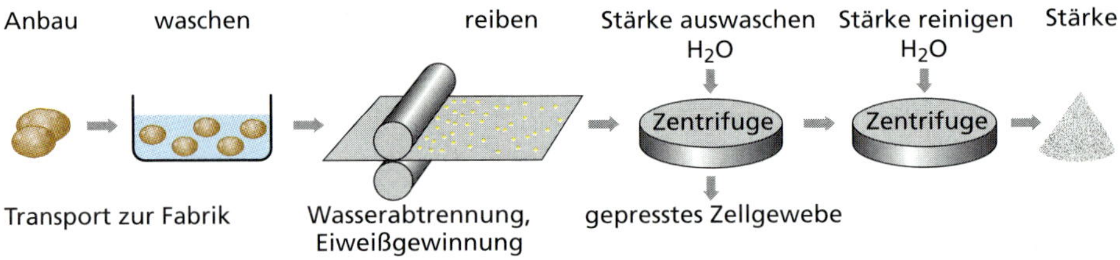

Stärke aus Kartoffeln oder Mais – ein Vergleich

Bewertungskriterien	Stärke aus Kartoffen	Stärke aus Mais
I. Anbau:		
• Ertrag		
an Kartoffeln	35,97 t/ha	7,05 t/ha
an Stärke	6,50 t/ha	4,40 t/ha
• Düngeraufwand	170 kg/ha	170 kg/ha
• Pflanzenschutzaufwand	hoch	hoch
• Lagerfähigkeit	100 – 120 Tage	unbegrenzt
• Energieaufwand	4,07 GJ/t	5,94 GJ/t
II. Stärkegewinnung:		
• Produktionszeitraum	September – Dezember	ganzjährig
• Wasserverbrauch	2 – 4 m^3/t Stärke	2 – 4,5 m^3/t Stärke
• Nebenprodukte	Kartoffelkleber, Kartoffelpülpe,	Kleber, Maiskeimöl, Meiskeimschrot
• Rest- und Abfallprodukte	Restfruchtwasser	keine
• Abwasseranfall	4 – 15 m^3/t Stärke	1,50 m^3/t Stärke
• Energieaufwand		
zur Stärkegewinnung	4,40 GJ/t Stärke	3,50 GJ/t Stärke
zur Nebenproduktgewinnung	4,41 GJ/t Stärke	0,64 GJ/t Stärke

Aufgaben:

1. **Welche ökologischen Probleme sind mit der Stärkeherstellung verbunden?**
2. **Beurteilen Sie die Stärkeproduktion aus Kartoffeln im Vergleich zur Stärkeherstellung aus Mais hinsichtlich ökologischer und ökonomischer Aspekte!**

2.1.4 Krankheits- und herbizidresistente transgene Nutzpflanzen – ein Beitrag zu ökologischen Anbauverfahren in der Landwirtschaft?

Angela Kroß und Annette Klimant

Krankheitserreger, Schädlinge und Unkräuter verursachen jährlich über 30 % Ertrags- und Qualitätseinbußen in der Landwirtschaft (s. Heß 1992, Abb. 3). Um wettbewerbsfähig wirtschaften zu können, ist der Anbau solcher Sorten von Interesse, die resistent gegen diese Wachstumsbeeinträchtigungen sind.

Bereits im 19. Jh. versuchte man zur Verminderung von Ernteverlusten besonders widerstandsfähige Pflanzen auszulesen und zur Herstellung von Saatgut zu verwenden. Die Kenntnis der Mendelschen Gesetze und das wachsende Wissen auf dem Gebiet der Phytopathologie ermöglichten zu Beginn des 20. Jh. die Einkreuzung von Resistenzeigenschaften der Wildarten in Kulturpflanzen. So geht die Resistenz der Kartoffel gegenüber dem Pilz *Phytophthora infestans* auf eine Eigenschaft der nah verwandten Wildart *Solanum demissum* zurück.

Mit dem Einzug biotechnischer Methoden in die Pflanzenzüchtung werden heute Verfahren der Zell- und Gewebekulturtechnik (s. Bd. 2, S. 136 ff.), der markergestützten Selektion (s. Kap. 2.1.6) und der Genübertragung genutzt, um Kulturpflanzen mit spezifischen Resistenzen zu entwickeln. Mit Hilfe gentechnischer Methoden wurden in den letzten Jahren insekten-, virus-, pilz- und herbizidresistente Sorten bis zur Marktreife gezüchtet (s. Bd. 2, S. 50 ff. und Brand 1995, 1997).

Die Freisetzung transgener herbizidresistenter Nutzpflanzen wird in der Öffentlichkeit kontrovers diskutiert. Aufgrund des hohen Konfliktpotentials des Themas und der wirtschaftlichen Bedeutung herbizidresistenter Pflanzen wurde in Deutschland ein Technikfolgenabschätzungsverfahren durchgeführt (s. van den Daele/Pühler/Sukopp 1996). In diesem Projekt wurden einerseits die biologischen Methoden bei der Entwicklung herbizidresistenter Nutzpflanzen bewertet und andererseits der Verlauf und die Bedingungen gesellschaftlicher und individueller Urteils- und Entscheidungsprozesse beispielhaft beschrieben.

In dieser Unterrichtseinheit werden Schwerpunkte der zitierten Technikfolgenabschätzung in inhaltlicher und methodischer Hinsicht thematisiert. Die Entwicklung von Resistenzeigenschaften und deren Folgen wird an den zwei Fallbeispielen (a) Glufosinat-resistenter Raps (Herbizidresistenz) und (b) *Phytophthora*-resistente Kartoffeln (Krankheitsresistenz) erläutert, wobei nur Ersteres in dem Technikfolgenabschätzungsverfahren detailiert analysiert worden ist. Ziel der Unterrichtseinheit ist, die Grundprinzipien einer Technikfolgenabschätzung kennen und anwenden zu

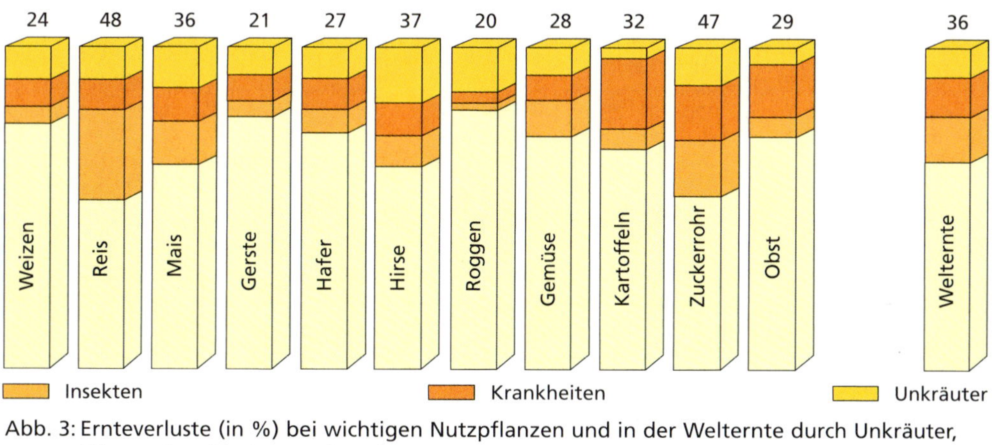

Abb. 3: Ernteverluste (in %) bei wichtigen Nutzpflanzen und in der Welternte durch Unkräuter, Pflanzenkrankheiten und Insekten (nach Heß 1992)

lernen, um auf diesem Weg zu einer begründeten Technikbewertung zu gelangen.

1. Sachinformationen

Technikbewertung durch Technikfolgenabschätzung (TA) – ein Praxisbeispiel

Von Februar 1991 bis Juni 1993 wurde von namhaften Vertretern der Natur- und Geisteswissenschaften eine TA zum Einsatz herbizidresistenter Nutzpflanzen durchgeführt. Ziel dieses Projektes war es, in einem Kommunikationsprozess mit allen Interessensgruppen den Wissensstand zu möglichen Folgen dieser Technik festzuhalten sowie die mit der Einführung der Technik verbundenen gesellschaftspolitischen Konflikte aufzuarbeiten. Die Teilnehmer des Verfahrens stellten eine repräsentative Auswahl von erklärten Befürwortern und Gegnern der Gentechnik im speziellen Anwendungsfall dar. Die Ressourcenverteilung erfolgte so, dass sich zu Beginn des Verfahrens keiner benachteiligt fühlte (s. Tab. 5). Eine interne Befragung zu dieser Zeit ergab, dass 29 bis 48 % der Beteiligten für den Einsatz der herbizidresistenten Nutzpflanzen stimmten, 33 bis 43 % dagegen und 15 bis 43 % diesem neutral gegenüberstanden (s. v. d. Daele/Pühler/Sukopp 1996).

Unter Leitung eines Koordinierungsausschusses wurden im ersten Verfahrensschritt die Ziele, Prinzipien, Vorgehensweisen und Verfahrensregeln konkretisiert (s. Kasten).

Die Abschätzung möglicher Chancen und Risiken des Einsatzes herbizidresistenter Nutzpflanzen erfolgte auf der Grundlage von Gutachten zu den Bereichen:

- toxikologische Risiken,
- ökologische Folgen,
- Auswirkungen auf die Evolution,
- Konsequenzen für die Anbaustrukturen,
- ökonomische und agrarpolitische Folgen (zum Risikobegriff s. Bd. 2, S. 83 ff.).

Das Verfahren hatte eine Zusammenfassung begründeter Aussagen über Chancen und Risiken sowie über mögliche Auswirkungen des Einsatzes herbizidresistenter Nutzpflanzen zum Ergebnis. Die Bereiche, über die zwischen den Konfliktparteien Konsens bzw. Dissens herrschte, wurden ausführlich dokumentiert (s. v. d. Daele/Pühler/Sukopp 1996). Zum Abschluss des Verfahrens im Juni 1993 erklärten die Vertreter der Umweltverbände und der ihnen angeschlossenen Forschungseinrichtungen das TA-Verfahren für gescheitert. Wesentliche Gründe dafür waren (s. v. d. Daele/Pühler/Sukopp 1996):

- die unangemessene Arbeitsbelastung durch

Institutionelle Einbindung	Beteiligte Personen		Anzahl der Gutachten	Anzahl der Kommentare zu den Gutachten	Ressourcenausstattung		
	1991	1992/1993			für Gutachten	für Gutachten	für Gutachten
Forschungsinstitutionen	20	25	14	5	220000,-	5000,-	225000,-
Industrie	10	13	2	3	30000,-	3000,-	33000,-
Umweltverbände, zugehörige Forschungsinstitute	11	12	3	4	120000,-	4000,-	124000,-
Behörden	7	10	1	3	20000,-	3000,-	23000,-
Summe	48	60	20	15	390000,-	15000,-	405000,-

Tab. 5: Verteilung der Teilnehmer und der Ressourcen des TA-Verfahrens (leicht verändert nach v. d. Daele/Pühler/Sukopp 1996)

die Projektverlängerung um ein Jahr,
- die Durchführung von Freisetzungsversuchen mit transgenen herbizidresistenten Pflanzen durch beteiligte Unternehmen und Wissenschaftler bzw. deren Beantragung während des TA-Verfahrens,
- der hohe Zeitdruck, der adäquate Reaktionen auf Ergebnisse nicht ermöglichte,
- Zweifel an der Fairness der Ergebniszusammenfassung durch die Projektleitung.

Von Beginn des Verfahrens an kritisierten diese Teilnehmer das technikorientierte Vorgehen, bei dem die gesellschaftspolitische Problematik der Technik ausgeklammert blieb. Gefordert worden war demgegenüber ein problemorientiertes Herangehen, das die Frage nach Zielen und Alternativen einschließt. Die Durchführung einer problemorientierten TA hätte u. a. den systematischen Vergleich von konventioneller Landwirtschaft und ökologischem Anbau erfordert. Die Umsetzung dieses Ansatzes wurde jedoch zu Beginn des Verfahrens aus Praktikabilitätsgründen einstimmig abgelehnt und die technikorientierte TA seinerzeit als eine Grundlage für ein problemorientiertes Vorgehen betrachtet.

Partizipative Technikfolgenabschätzung (nach v. d. Daele/Pühler/Sukopp 1996)

- ist eine an sachlicher Aufklärung und Information orientierte Untersuchungsstrategie zur Bearbeitung gesellschaftspolitischer Konflikte.

Zielstellungen:

- Darstellung des Wissensstandes zu möglichen Folgen einer Technik
- Auseinandersetzung mit den kontroversen Positionen innerhalb des Konfliktes
- Bewertung der Technikfolgen

Vorgehen:

- Anfertigung von Gutachten und Kommentaren durch Experten
- Diskussion der Stellungnahmen in Kolloquien und auf Konferenzen
- Bewertung der Technik auf der Basis einer Ergebniszusammenfassung

Prinzipien:

- Partizipation = Beteiligung aller Interessengruppen (erklärte Befürworter und Kritiker), keine Benachteiligung einzelner durch ungleiche Ressourcenverteilung
- Diskursivität = kommunikative Auseinandersetzung mit kontroversen Positionen auf Basis wissenschaftlicher Erkenntnisse

Verfahrensregeln:

- Alle Argumente werden angehört.
- Alle Beteiligten lassen sich auf die Prüfung ihrer Argumente ein.
- Alle Argumente und Schlussfolgerungen müssen plausibel begründet werden.

Im Folgenden werden zentrale Punkte einer TA anhand je eines Beispiels zur Herbizidresistenz (a) und zur Krankheitsresistenz (b) ausgeführt.

Fallbeispiel a) Glufosinat-resistenter Raps

In Kanada wurde 1995 erstmals die gentechnisch veränderte Sommerrapssorte „Innovator“ auf 16000 ha angebaut. Dieser Raps der Hoechst-Schering-AgrEvo GmbH ist resistent gegen den Wirkstoff Glufosinat (Synonyme: Glufosinat-Ammonium, Phosphinothricin), der als Herbizid unter dem Handelsnamen BASTA® (in Deutschland) bzw. Liberty (in den USA und Kanada) von der Hoechst AG vertrieben wird. Der Einsatz der Produkte wird als Liberty-Link-Verfahren bezeichnet. Aufgrund der guten Erfahrungen kanadischer Farmer mit der neuen Sorte (s. AB 2) wurde die Anbaufläche 1996 auf 140000 ha ausgeweitet (s. Lühs/Friedt 1997).

Die **herbizide Wirkung des Glufosinats** gegenüber ein- und zweikeimblättrigen Pflanzen wurde Mitte der 70-iger Jahre von Wissenschaftlern der Hoechst AG entdeckt, nachdem zuvor die biologisch aktive Komponente des Wirkstoffes, die Aminosäure Phosphinotricin, ein Strukturanalogon der Glutaminsäure, aus dem Bodenbakterium *Streptomyces viridochromogenes* isoliert werden konnte (s. Abb. 4).

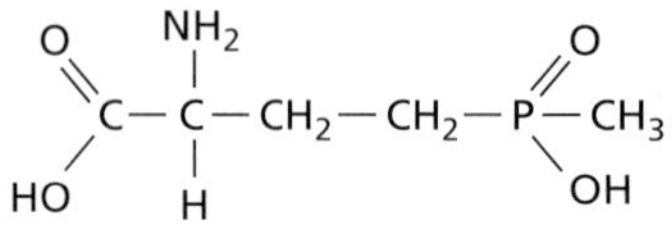

Abb. 4: Phosphinotricin (PPT), die biologisch aktive Komponente des Glufosinats

Glufosinat ist ein Totalherbizid. Es führt zum Absterben der Pflanzen, auf die es einwirkt. Der Wirkstoff wurde in Deutschland 1984 zugelassen. Dabei handelt es sich um ein Kontaktherbizid, das das Enzym Glutaminsynthetase hemmt. Daraufhin wird in den Zellen Ammoniak angereichert, der toxisch wirkt. Kommen grüne Pflanzenteile mit dem Wirkstoff in Kontakt, vergilben sie in wenigen Stunden und die Pflanze stirbt ab (s. Bd. 2, S. 51 ff.). Aufgrund des breiten Wirkungsspektrums wird der Wirkstoff Glufosinat zur Unkrautbekämpfung in mehr als 60 Ländern im Obst-, Wein- und Gemüsebau, in Plantagenkulturen, Baumschulen sowie im Forst- und Ackerbau eingesetzt .

Die **Entwicklung transgener Glufosinat-resistenter Pflanzen** verdankt man dem Umstand, dass Mitte der 80-iger Jahre in *Streptomyces*-Bakterien ein dominant vererbtes Resistenzgen gegen Glufosinat (pat-Gen) entdeckt und isoliert wurde. Dieses Gen codiert für die Phosphinothricin-Acetyl-Transferase, das PAT-Enzym. Es acetyliert in der Zelle das Glufosinat, so dass dieses das aktive Zentrum der Glutaminsynthetase nicht mehr blockieren kann. Das Glufosinat verliert daraufhin seine toxische Wirkung.

Die Isolierung des pat-Gens und seine Expression in Pflanzen gelang erstmals 1987 mit Hilfe von *Agrobacterium tumefaciens* als Genfähre (s. Kap. 2.1.1). Für den Gentransfer in Pflanzenzellen wurde ein Plasmidvektor konstruiert, der das pat-Gen, einen Promotor, ein Streptomycin-Resistenzgen als Marker sowie die Grenzsequenzen des Ti-Plasmids als Hauptkomponenten enthält. Zur Genübertragung wurden mechanisch verletzte Zellen von Rapsembryonen mit plasmidhaltigen Agrobakterien infiziert. Da die erfolgreich transformierten Zellen in Anwesenheit von Glufosinat einen Selektionsvorteil besitzen, kann die neue Eigenschaft zu deren Erkennung genutzt werden. In Freisetzungsexperimenten wurde die Beständigkeit dieser Pflanzen unter Feldbedingungen gezeigt.

Eigenschaften und Verwendung von Glufosinat als Herbizid

(s. Hoechst Schering AgrEvo GmbH 1996)

- sehr schnell (in wenigen Stunden) auf alle grünen Pflanzenteile wirkendes Totalherbizid (Breitbandherbizid);
- Einsatz im Nachauflauf (d.h. nachdem die Saat aufgegangen ist) mit flexiblem Anwendungszeitraum in Abhängigkeit von der Unkrautentwicklung;
- schneller Abbau durch Mikroorganismen im Boden und im Wasser, in der Regel in 3 bis 20 Tagen in Abhängigkeit vom Klima; Abbauprodukte: Phosphorsäure, Kohlendioxid und Wasser;
- keine allergene oder mutagene Wirkung nachweisbar, bei oraler Aufnahme für den Menschen gering toxisch;
- keine beeinträchtigende Wirkung auf Bodenmikroorganismen, Regenwürmer, Bienen, Vögel und Säugetiere angezeigt (Es ist in Deutschland jedoch als fischgiftig eingestuft).

In einer **TA der Freisetzung Glufosinat-resistenter Rapspflanzen** sind u. a. die folgenden Bereiche zu untersuchen:

1. (öko-) toxikologische Sicherheit von Glufosinat und Glufosinat-resistenten Raps,
2. Möglichkeiten des horizontalen und vertikalen Gentransfers sowie der Verwilderung,
3. Beeinflussung der Unkrautkontrolle im landwirtschaftlichen Anbau.

Zu 1: Beim **Abbau von Glufosinat** in der

Pflanze bzw. im Boden entsteht der Metabolit N-Acetyl-Glufosinat. Untersuchungen wiesen in Pflanzen, die sich im Silierungs- oder Erntestadium befanden, nur sehr geringe, im Sikkerwasser keine Rückstände nach (s. Müllner/Donn/Rasche 1997). Fütterungsversuche an Ratten zeigten, dass N-Acetyl-Glufosinat zu mehr als 90 % innerhalb von 48 Stunden ausgeschiedenen wird. Der Metabolit ist für den Menschen nicht toxisch. Bei sachgerechter Anwendung des Herbizids geht vom Glufosinat bzw. dem Metaboliten keine Gesundheitsgefährdung für den Menschen aus (s. Hack et al. 1993).

Studien zum **Abbau des pat-Gens bzw. des PAT-Enzyms** zeigten, dass beide im Magen-Darm-Trakt von Verdauungsenzymen abgebaut werden. Die DNA-Fragmente sind nicht mehr expressionsfähig (s. Müllner/Donn/Rasche 1997, Sinemus 1995). Interaktionen mit anderen Aminosäuren sind aufgrund der hohen Spezifität des PAT-Enzyms für Glufosinat unwahrscheinlich und nicht belegt (s. Müllner/Donn/Rasche 1997).

Eine allergene Wirkung des PAT-Enzyms konnte nach Vergleich von Aminosäuresequenzen bekannter Allergene nicht prognostiziert werden (Müllner/Donn/Rasche 1997). Sie ist als unwahrscheinlich anzusehen, da das pat-Gen in Rapspollen nicht exprimiert wird (s. Sinemus 1995).

Die Integration der Fremd-DNA in das Pflanzengenom kann unvorhergesehene Stoffwechselverschiebungen (sog. Positionseffekte) in der Pflanze auslösen. Dies ist jedoch nicht für Gentechnik spezifisch. Labor-, Gewächshaus- und Freilandversuche werden bei jeder Neuzüchtung durchgeführt, um dies zu prüfen (s. v. d. Daele/Pühler/Sukopp 1996).

Zu 2: Transgener Raps ist mit herkömmlichem Raps, verwandten Kreuzblütlern und anderen Wildkräutern (z. B. Kohl, Rübsen, Ackersenf, Hederich) kreuzbar. Laborexperimente wiesen dies mehrfach nach. Die Übertragung einer Eigenschaft auf andere, kreuzbare Arten durch Pollen **(vertikaler Gentransfer)** ist daher prinzipiell möglich (s. AB 3). Die Häufigkeit und das damit verbundene ökologische Risiko sind jedoch kaum abschätzbar (s. Sinemus 1995). Ob der Pollen einer transgenen Rapspflanze auf die Narbe einer anderen Pflanze gelangt und diese auch befruchtet, hängt beispielsweise von der Windrichtung und -stärke, vom Blühzeitpunkt der Empfängerpflanze und dem physiologischen Verhalten des Pollens ab. Das hauptsächliche Verbreitungsgebiet von Rapspollen liegt im Umkreis von 50 m, wenngleich diese auch noch in einer Entfernung von 2 km gefunden wurden (s. Brand 1995).

In dem Freisetzungsversuch der Technischen Universität München (s. AB 3) wurde die Übertragung des pat-Gens auf herkömmlichen Raps bei durchschnittlich weniger als 1 % der Pflanzen nachgewiesen. In unmittelbarer Nachbarschaft von zwei Bienenvölkern erhöhte sich die Quote der Bestäubungen mit Transfer des pat-Gens. In anderen Untersuchungen wurden Kreuzungsraten zwischen transgenem und nicht-transgenem Raps von 1,4 und 6,6 % im Abstand von 1 m gefunden (s. Scheffler et al. 1993, Darmency/Renard 1992). Die am weitesten entfernte Hybridpflanze wurde bei 366 m nachgewiesen (s. Downey 1992). Nach Sandermann (1998) bewegt sich die Spontanverbreitung transgener Erbinformation durch Pollen bei Glufosinat-resistentem Raps innerhalb natürlicher Schwankungsbreiten. Für die Verarbeitung des Samens zu Öl ist dies ohne Belang, für die Saatgutherstellung ist die Einhaltung von Mindestabständen entsprechend dem Saatgutverkehrsgesetz für die Sortenreinheit erforderlich.

Kreuzungen zwischen Raps und verwildertem Kohl (*B. oleracea*) bzw. Rübsen (*B. rapa*) sowie Kreuzungen mit verwandten Wildkräutern wie Ackersenf (*Sinapis arvensis*) und Hederich (*Raphanus raphanistrum*) sind bei der Besiedlung gleicher Lebensräume bekannt. Eine Kreuzung zwischen Raps und Hederich wurde mehrfach nachgewiesen, sie tritt jedoch selten unter Feldbedingungen auf, da jeweils der artreine Pollen schneller zur Befruchtung gelangt als der artfremde (s. Müllner/Donn/Rasche 1997).

In Mischkulturen von Raps und Rübsen treten Hybridisierungen mit einer Häufigkeit von bis zu 90 % auf (s. Jorgensen/Andersen

1994). Die Nachkommen sind eingeschränkt fertil (s. Sentker/Tomiuk/Wöhrmann 1994). Kreuzungen zwischen Raps und Kohl wurden unter Feldbedingungen nicht nachgewiesen (s. Müllner/Donn/ Rasche 1997).

Zur Vorsorge gegen Auskreuzung Glufosinat-resistenter Rapspflanzen empfiehlt Sinemus (1995) die Einhaltung eines Isolationsabstandes von 2 km zum nächsten Rapsfeld bzw. zum nächsten Bienenstand. Der Anbau dieser Sorten sollte in Gebieten stattfinden, die eine geringe Bestandsdichte an verwandten Kultur- und Wildpflanzen aufweisen.

Der horizontale Gentransfer, die Weitergabe genetischen Materials, unabhängig von sexueller Fortpflanzung, ist zwischen Prokaryoten sowie von Agrobakterien auf Pflanzen gut bekannt (s. Brand 1995, 1997). Wurzelbesiedelnde Pilze und Bodenbakterien (z. B. *Rhizobium*) können die DNA intakter Pflanzen bzw. abgebauter Teile aufnehmen. Denkbar wäre deren Weitergabe durch Konjugation innerhalb des Gen-Pools der Bodenbakterien und schließlich deren Einwanderung in andere Pflanzen über Agrobakterien. Obwohl pflanzliche Gene noch Wochen und Monate im Boden auffindbar sind und in dieser Zeit prinzipiell für einen horizontalen Gentransfer zur Verfügung stehen, konnte ein solches Ereignis bisher nicht nachgewiesen werden (s. Sandermann 1988, Brand 1995, 1997). Theoretische Modellberechnungen ergaben unter idealisierten Bedingungen eine Transferrate von 1 zu 2×10^{-17} (s. Ernst/Rosenbrock/ Sandermann 1998). Eine Ursache für die Seltenheit dieses Ereignisses besteht darin, dass Bakterien DNA vorwiegend über Plasmide austauschen, die pflanzliche DNA jedoch genomisch vorliegt. Unbekannt ist bisher, inwieweit sich Selektionsdruck durch Herbizide, Antibiotika oder umweltbedingte Stressfaktoren (z. B. Trockenheit, Ozon, Starklicht) bzw. deren Kombination auf die Realisierungschance des horizontalen Gentransfers auswirken (s. Sandermann 1998).

Die Verwilderung von Kulturpflanzen auf Anbauflächen bzw. in natürlichen Habitaten ist u. a. von folgenden Faktoren abhängig:

- Samenproduktion (Menge, Zeitpunkt, Keim- und Überdauerungsverhalten),
- Überlebensrate,
- Konkurrenz durch andere Pflanzen,
- Schädlingsbefall.

Umfangreiche Untersuchungen (s. Crawley et al. 1993) stellten dazu fest, dass das Verwilderungspotential von Glufosinat-resistentem und herkömmlichem Raps auf kultivierten Flächen bzw. natürlichen Habitaten gleich hoch ist. Ungeklärt bleibt, inwiefern sich die Addition neuen genetischen Materials auf eine mögliche Verwilderung auswirkt bzw. inwiefern mit Langzeitfolgen für betroffene Ökosysteme zu rechnen ist (s. Sinemus 1995).

Ein besonderes **Problem** im Rapsanbau ist der **Ausfallraps** (s. AB 4). Beim Mähdrusch fallen ca. 3–5 % der Samen (ca. 2000–3000 pro m^2) auf den Boden und gehen verloren (s. Müllner/Donn/Rasche 1997). Die in der Folgekultur auflaufenden Rapssämlinge verhalten sich wie Unkraut. Ist der Ausfallraps (die sich entwickelnden Keimlinge werden auch Durchwuchs genannt) resistent gegen Glufosinat, ist dieses bei ihm wirkungslos, und es müssen zusätzlich andere Herbizide zum Einsatz kommen bzw. der Acker muss verstärkt mechanisch oder manuell bearbeitet werden. Die Tendenz der Kopplung von Resistenzeigenschaften in einer Sorte (doppelt resistente Sorten) verschärft dieses Problem. Nach Sandermann (1998) ist das Risikopotential durch Druschverluste bei der Rapsernte wesentlich höher zu bewerten als die Verbreitung durch Pollenflug bzw. die Verwilderung transgener Rapspflanzen.

Zu 3: Zur **Unkrautbekämpfung mit Glufosinat** auf einem Feld mit resistentem Raps sind ein bis zwei Behandlungen im Herbst notwendig. Alle anderen Bekämpfungsverfahren und -mittel sind außerdem nutzbar. Die Glufosinat-Anwendung entspricht mengen- und preismäßig dem Einsatz anderer Herbizide. Es wird gleich viel bzw. etwas weniger Glufosinat benötigt als andere Herbizide eingesetzt werden müssen. Die Preise sind vergleichbar. (s. DLG-Mitteilungen 1997). Die Verträglichkeit der herbizidresistenten Pflanzen gegenüber Glufosinat ist sehr gut, so dass der Ertrag z. T. höher ist als bei herkömmlich behandeltem Raps (s. Müllner/Donn/Rasche 1997). Da Glufosinat direkt in die Stoppel der vorhergehenden Saat gebracht wird, verringert sich der Aufwand der Bodenbearbeitung (eine aufwendige Einarbeitung des Herbizids in den Boden vor der Saat entfällt) und folglich die Gefahr der Bodenerosion. Die nicht immer verlässliche Unkrautbekämpfung vor dem Auskeimen der Saat wird durch Herbizideinsatz im Nachauflauf (wenn die Pflanzen jeweils 2 oder mehr Blätter ausgebildet haben) abgelöst. Dies ist aufgrund der guten Abbaubarkeit des Glufosinats flexibel über einen langen Zeitraum innerhalb der Vegetationsperiode möglich.

Fallbeispiel b)
Phytophthora-resistente Kartoffeln

Die Kraut- und Knollenfäule ist die bedeutendste Infektionskrankheit der Kartoffel. Sie wird durch den Befall der Kartoffelknollen mit dem Pilz *Phytophthora infestans* ausgelöst. In feuchten Sommern, wenn der Pilz optimale Vermehrungsbedingungen vorfindet, kann sich die Krankheit epidemieartig ausbreiten, so dass die Ertragsausfälle 20 % des durchschnittlichen Ertrages regelmäßig übersteigen.

Braune Flecken an Stängeln und Blättern sind das erste sichtbare Symptom eines Befalls. Diese vergrößern sich rasch und es entsteht auf der Unterseite der Blätter ein weißer Pilzrasen, der an Schimmel erinnert. An den Enden der Pilzfäden bilden sich Sporenbehälter (Sporangien). Die Sporen werden bei Nässe freigesetzt, keimen auf der Kartoffelpflanze aus und dringen mit Hilfe des Keimschlauchs aktiv in das Gewebe ein. Der Pilz gelangt über Wunden und Spaltöffnungen schon während der Vegetationszeit oder bei der Ernte in die Knollen und überwintert dort. Befallene Knollen weisen grau-blau verfärbte Flecken und braunes Knollenfleisch auf. Sie sind ungenießbar.

Die klassische **Resistenzzüchtung** gegen diesen Erreger brachte bislang keine großen Erfolge, da es sehr viele verschiedene Rassen dieses Pilzes gibt. Die meisten Kartoffelsorten sind gegen einige dieser Rassen resistent, gegen andere dagegen anfällig. Den sichersten Schutz vor einer epidemischen Ausbreitung des Pilzes stellte bislang die Anwendung von chemischen Bekämpfungsmitteln, von Fungiziden, dar. Als Problematisch erweisen sich dabei mögliche Resistenzen des Krankheitserregers gegen das Spritzmittel und die Pestizidbelastung der Umwelt.

Einen neuen Ansatz zur Bekämpfung der Pilzkrankheit lieferte die Gentechnik. Es gelang auf Kartoffelpflanzen ein Gen (Barnase-Gen) zu übertragen, das das Absterben jeder infizierten Zelle bewirkt. Die abgestorbenen Zellen stellen eine Barriere gegen den Pilz dar, so dass sich dieser im pflanzlichen Gewebe nicht oder nur sehr langsam ausbreiten kann (s. AB 5, Apoptose, Linder Bayrhuber/Kull 1997, S. 285). Das Barnase-Gen stammt aus dem phytopathogenen Bakterium *Bacillus amyloliquefaciens* (s. Bd. 2, S. 3). Es codiert für ein Enzym, welches RNA abbaut (eine Endonuclease). Bei seiner Übertragung auf die Kartoffel musste verhindert werden, dass dieses Gen zum programmierten Zelltod aller Zellen führt, in denen es enthalten ist. Zu diesem Zweck fügten die Wissenschaftler einen Promotor ein, der das Barnase-Gen nur unter der Bedingung aktiviert, dass die Zelle von *Phytophthora* befallen ist. Diesen prp1-1-Promotor fand man in *Phytophthora*-resistenten Kartoffeln, deren Zellen in gleicher Weise auf Infektionen reagieren. Da die natürliche Resistenz von mehreren Genen bewirkt wird, wäre die Übertragung des einen, an den prp1-1-Promotor gekoppelten Gens der Kartoffel nicht wirksam.

Allerdings zeigt das vom prp1-1-Promotor gesteuerte Barnase-Gen auch ohne Pilzinfektion geringe Aktivität und ist somit toxisch. Deshalb wurde in das Genom der Kartoffel ein weiteres Gen eingefügt, dessen Produkt (ein Protein mit der Bezeichnung Barstar) die Ribonuclease spezifisch hemmt, jedoch nur in nicht infizierten Zellen. Sind die Zellen von *Phytophthora* befallen, wird so viel Ribonuclease gebildet, dass die Hemmung zu schwach ist, um den Zelltod zu verhindern.

Gewächshausversuche zeigten den erwünschten Erfolg. Bei verschiedenen infizierten Kartoffellinien führte die Anwendung dieses Zwei-Komponenten-Systems aus der Ribonuclease Barstar und dem hemmenden Protein Barnase zu einer deutlichen Verminderung der Vermehrungsrate des Pilzes *Phytophthora infestans.*

Zwei zentrale Aspekte einer **TA zur Freisetzung *Phytophthora*-resistenter Kartoffeln** sind: (1) die Möglichkeit des vertikalen Gentransfers bzw. einer Verwilderung transgener Kartoffeln sowie (2) die Auswirkungen des Anbaus dieser Pflanzen auf den landwirtschaftlichen Produktionsprozess.

Zu 1: Kartoffeln vermehren sich in europäischen Breiten hauptsächlich vegetativ über die Knollen. Samenbildung findet nur sehr spärlich statt. Deshalb ist die Wahrscheinlichkeit eines vertikalen Gentransfers von einer *Phytophthora*-resistenten Kartoffel auf eine nicht-resistente Pflanze sehr gering. Im Feldversuch konnten bei einem Abstand von 20 m zwischen transgenen und nicht-transgenen Pflanzen keine Hybride festgestellt werden (s. McPartlan/Dale 1994). Auch Kreuzungen zwischen transgenen Kartoffeln und verwandten Arten wie dem Bittersüßen Nachtschatten (*S. dulcamara*) bzw. dem Schwarzem Nachtschatten (*S. nigrum*) traten unter Feldbedingungen nicht auf. Nur im Labor entwickelten sich in einigen Fällen sterile Hybridpflanzen (s. Dale et al. 1991). Hybride zwischen transgenen Kartoffeln und Stechapfel (*Datura stramonium*), Tabak (*Nicotiana tabacum*), Tomate (*Lycopersicon esculentum*) bzw. Petunie (*Petunia grandiflora*) konnten weder auf dem Feld noch im Labor erzeugt werden.

Aufgrund der geringen Vermehrungsrate, der Frostempfindlichkeit der Knollen sowie der Existenz einer Vielzahl an Pflanzenkrankheiten besitzt die Kartoffel nur ein geringes Verwilderungspotential in Europa. Eine gentechnische Veränderung der Kartoffel im Hinblick auf Frosthärte bzw. Krankheitsresistenz könnte zu einer Erhöhung ihrer Fitness führen. Um mögliche ökologische Risiken einer Freisetzung derart veränderter Sorten auszuschließen, sind weiter gehende Begleituntersuchungen notwendig.

Zu 2: Die Einführung transgener Nutzpflanzen wird nicht nur ökologische Folgen haben, sondern auch strukturelle Veränderungen in der Landwirtschaft nach sich ziehen. Im Folgenden wird versucht, diese möglichen Veränderungen zu skizzieren.

Nutzpflanzen mit Resistenzeigenschaften werden gezüchtet, um die landwirtschaftliche Produktivität zu erhöhen. Dieses Ziel ist prinzipiell auf zwei Wegen erreichbar: Zum einen durch den Anbau von Sorten mit hohem Ertrag bei gleich bleibenden Produktionskosten und zum anderen durch die Senkung der Produktionskosten pro Ertragseinheit (z. B. durch einen reduzierten Aufwand an Düngemitteln oder Unkraut- bzw. Schädlingsbekämpfungsmitteln).

Die Kultivierung von Kartoffeln ist aufgrund der vielfältigen Möglichkeiten der Krankheitsübertragung (z. B. über das Pflanz- und Erntegut) im Vergleich zum Anbau anderer Nutzpflanzen sehr pflegeintensiv und bedarf eines relativ hohen Einsatzes an Spritzmittel. Je nach Befall und in Abhängigkeit von den Wetterverhältnissen werden 4 bis 10 Fungizidspritzungen im Jahr durchgeführt, d. h. alle 10 bis 20 Tage. Dies ist mit einem hohen Arbeitsaufwand verbunden. Der reduziert sich, wenn befallene Knollen vor dem Setzen entfernt werden.

Durch den Anbau einer *Phytophthora*-resistenten Kartoffelsorte können zwischen 2 und 5 Spritzungen eingespart werden. Die übrigen werden in Kombination auch gegen andere Krankheiten eingesetzt. Der Arbeits- bzw. Spritzaufwand verringert sich ca. um die Hälfte, die Produktivität steigt und der Kartoffelbau wird für den Landwirt unter wirtschaftlichen Gesichtspunkten attraktiver. Zusammen mit der steigenden Nachfrage der Industrie nach Stärkekartoffeln für die unterschiedlichsten Anwendungsbereiche (s. Kap. 2.1.3) könnte die Entwicklung von krankheitsresistenten Sorten zu einer Ausweitung des Kartoffelanbaus führen, möglicherweise zu Lasten anderer Feldfrüchte. Da auch die Kultivierung krankheitsresistenter Kartoffeln immer noch relativ viele Spritzmittel im Vergleich zu anderen Kulturen benötigt, könnte die Erhöhung der Gesamtmenge an ausgebrachten Chemikalien in der Landwirtschaft eine Folge sein. Bei Ausweitung des Anbaus transgener Kartoffeln wäre auch zu befürchten, dass langfristig Landwirte den Anbau traditioneller Kartoffelsorten aufgeben, um konkurrenzfähig zu bleiben. Daraufhin ist mit einer Verdrängung dieser Sorten vom Markt und somit einer Sortenverarmung zu rechnen.

Da die Saatgutentwicklung und Produktion als einer der größten potentiellen Märkte für die Bio- und Gentechnik gilt (s. Daele/Pühler/Sukopp 1996) werden sich insbesondere in dieser Branche die Gewinnchancen erhöhen. Während in den USA eine Globalisierung und Konzentration von Saatgut- und Chemiekonzernen zu beobachten ist, kommt es in der Bundesrepublik Deutschland, wo die Saatgutfirmen hauptsächlich klein- und mittelständische Unternehmen sind, eher zum Zusammenschluss von Pflanzenzuchtbetrieben und als Folge dessen letztlich auch hier zu einer Monopolisierung, jedoch im kleineren Rahmen.

Zur Gesamtbewertung

Die beiden ausgeführten Beispiele sind beschränkt auf einige ausgewählte Teilfragen einer TA. Sie verdeutlichen u. a., dass es nach dem heutigen Kenntnisstand nicht möglich ist, allein grundlegende biologische Teilfragen umfassend zu beantworten und die Eintrittswahrscheinlichkeit für verschiedene Risikoaspekte anzugeben (s. Sinemus 1995). Insofern ist der Versuch einer Gesamtbewertung der mit dem Einsatz der Gentechnik in der Resistenzzüchtung verbundenen Folgen immer mit großen Unsicherheiten verbunden und kann nur auf der Basis einer individuellen Bewertung des Nutzens bzw. Schadens einer Technik erfolgen (s. zu Risiko und Schaden Bd. 2, S. 91 ff.).

2. Fachdidaktische Informationen

Ziel dieser Unterrichtseinheit ist es, wesentliche Teilbereiche einer Technikfolgenabschätzung zur Freisetzung transgener herbizid- bzw. krankheitsresistenter Pflanzen exemplarisch nachzuvollziehen. Die TA zur Freisetzung Glufosinat-resistenter Rapspflanzen führt schwerpunktmäßig zur Thematisierung ökologischer Aspekte wie z. B. der Möglichkeit eines vertikalen Gentransfers bzw. einer Verwilderung transgener Pflanzen. Die TA am Beispiel *Phytophthora*-resistenter Kartoffeln eignet sich insbesondere dazu, stärker auf den landwirtschaftlichen Produktionsprozess und die Wirtschaftlichkeit abzielende Fragen zu erörtern.

In der unterrichtlichen Umsetzung der Inhalte wird auch methodisch auf das Konzept der TA zurückgegriffen. Daraus ergibt sich ein stark projektorientierter Unterrichtsgang mit einem hohen Anteil an selbständiger Schülerarbeit in Kleingruppen. Dieser kann letztlich auch als Ausgangspunkt für langfristige Arbeitsaufträge oder Projekte dienen (s. Jüdes/Frey 1993). Anknüpfungspunkte bieten sich durch die Unterrichtseinheiten zur Genübertragung an Pflanzen, zu Anwendungen der Gentechnik in der Rapszüchtung und zur Gentechnik in der Kartoffelzüchtung (s. Kap. 2.1.1, 2.1.2 und 2.1.3).

Der Kern dieser Unterrichtseinheit besteht darin, dass Lernende in eigenverantwortlicher Gruppenarbeit jeweils eine Teilfrage der TA aufarbeiten. Dies bildet die Basis für die möglichst konsensfähige Bewertung eines oder beider der dargestellten Beispiele im Klassenverband. In der Diskussion sollen die Lernenden sich auf die Prüfung ihrer Arbeitsergebnisse durch andere Schülergruppen einlassen sowie selbst die Resultate anderer kritisch hinterfragen lernen. In der zusammenfassenden Bewertung des Ergebnisses der TA und in der abschließenden Reflexion des Verfahrens sollten den Lernenden die Rahmenbedingungen und Schwierigkeiten deutlich werden, die mit einer Konsensfindung innerhalb einer TA verbunden sind (z. B. hoher Zeitdruck, gerechte Ressourcenverteilung, Notwendigkeit der Konsens- und Kompromissfindung trotz deutlich unterschiedlicher Interessen und Meinungen). Den Schülern sollte in diesem Zusammenhang klar werden, dass die Erarbeitung von und das Eingehen auf Kompromisse für die Lösung von Problemsituationen von Bedeutung ist.

Lernziele

Die Schüler sollen:

- Ziel und Bedeutung einer TA erläutern und grundlegende Verfahrensprinzipien begründen können,
- die gentechnische Veränderung von Nutzpflanzen und deren Wirkung beispielhaft darstellen können,
- wesentliche Kriterien zur Bewertung des Einsatzes transgener, resistenter Nutzpflanzen erläutern und Risikoaspekte einschätzen können,
- die Rahmenbedingungen einer Konsensfindung innerhalb einer TA charakterisieren und deren Ergebnisse bei der eigenen Urteilsbildung anwenden können.

Lernvoraussetzungen

Grundlagenwissen über:

- Bau und Funktion der DNA, Proteinbiosynthese,
- Genübertragung von Bakterien auf Pflanzen,
- Fortpflanzung und Entwicklung von Samenpflanzen,
- Lebensgemeinschaft, Konkurrenz.

Weitere Materialien

Für Schüler geeignet:
Centrale Marketing-Gesellschaft der Deutschen Agrarwirtschaft MBH (CMA) (Hg.): Grüne Gentechnik. Informationen über Gentechnik im Pflanzenbau. Bonn 1998.
Bestelladresse: CMA-Versandservice, Nr. 4267 Grüne Gentechnik, Postfach 1111, 33759 Versmold (für Einzelexemplare) bzw. CMA, Postfach 200320, 53133 Bonn (Mehrfachbestellungen), Abgabepreis 5 DM
Max-Plank-Institut für Züchtungsforschung (MPIZ) (Hg.): Kartoffeln wehren Pilze ab. Gentechnisch induzierter Schutz vor Kraut- und Knollenfäule. In: MPIZ aktuell. 3/1996 bzw. unter www.MPIZ-koeln.mpg.de/~rsaed-ler/MPIZaktuell
Lehrermaterial:
Schlüter, K.: Für und Wider. Gentechnisch veränderte schädlingsresistente Pflanzen auf unseren Äckern? Eine Fallstudie als Kopiervorlage. Köln: Aulis Verlag Deubner & Co KG 1998.

3. Unterrichtsverlauf und Materialien

1. Freisetzung gentechnisch veränderter Pflanzen (ca. 45 – 90 Min.) • Aufbau und Zielsetzung von Freisetzungsversuchen • Grundannahmen einer Technikfolgenabschätzung (TA)	Medien
Einstieg: Zerstörung von Freisetzungsversuchen durch Gegner der Gentechnik, Hoffnungen und Befürchtungen der Schüler gegenüber der Freisetzung gentechnisch veränderter Pflanzen **Erarbeitung:** Aufbau und Zielsetzung von Freisetzungsversuchen **Erarbeitung:** TA als eine Methode zur Klärung des Wissensstandes und zur Bewertung einer Technik **HA:** Sammeln von Argumenten für oder gegen die Freisetzung transgener Pflanzen	 AB 1
2. Durchführung einer TA (Beispiel Raps/Kartoffel) (ca. 90 Min.) • Gentechnische Herstellung des Glufosinat-resistenten Rapses und/oder der *Phytophthora*-resistenten Kartoffel • Teilbereiche einer TA zu krankheits- bzw. herbizidresistenten Nutzpflanzen	
Einstieg: in Anknüpfung an die Zielstellungen einer TA **Erarbeitung:** Wissensstand zur gentechnischen Veränderung bei Raps/bei der Kartoffel **Erarbeitung:** Ableiten von Problemfragen für die TA Zusammenfassung der Problemfragen zu Themen für die arbeitsteilige Erstellung von Gutachten, Bilden von Expertengruppen Themenvorschläge: 1. Möglichkeiten der Genübertragung auf andere kreuzbare Arten 2. Verbreitung transgener Samen bei der Ernte (Raps) 3. Auswirkungen des Anbaus *Phytophthora*-resistenter Kartoffeln auf den landwirtschaftlichen Produktionsprozess **HA:** Informationsbeschaffung	 AB 2/5 AB 3/6 AB 4 AB 7
3. Erarbeitung von Gutachten zu den festgelegten Themenschwerpunkten in Schülergruppen (ca. 90 – 120 Min.)	
Erarbeitung: Erstellung von Gutachten durch Schülergruppen; Die Gutachten sollten: – jeweils die biologischen Vorgänge erklären, um die es geht, – die Auswirkungen des Eintretens dieser Vorgänge, bezogen auf das gewählte Beispiel, beschreiben und – eine zusammenfassende Bewertung des bearbeiteten Teilaspektes der TA beinhalten.	
4. Kritische Prüfung der Schülergutachten und Erarbeitung von Stellungnahmen durch die Schülergruppen (ca. 45 – 90 Min.)	
Erarbeitung: Prüfen Sie die Gutachten der anderen Gruppen und formulieren Sie eine Stellungnahme sowie weiterführende Fragen zu den einzelnen Gutachten! **HA :** Vorbereitung der Darstellung der Gutachten und der Stellungnahmen im Plenum	
5. Diskussion und Gesamtbewertung der Ergebnisse der TA (ca. 90 Min.) • Vorstellen der Ergebnisse der TA und Versuch einer Gesamtbewertung	
Erarbeitung: Vorstellen der Gutachten und Stellungnahmen (HA), Tabellarische Zusammenfassung der Einzelergebnisse **Zusammenfassung und Reflexion:** Versuch einer Gesamtbewertung; Worin besteht Konsens, worin besteht Dissens bei der Bewertung der Ergebnisse der TA?	

AB 1

Zielstellung und Aufbau von Freisetzungsexperimenten im Rahmen ökologischer Forschung

Freisetzungsexperimente werden im Rahmen ökologischer Forschung mit dem Ziel durchgeführt, die Auswirkungen des Anbaus gentechnisch veränderter Pflanzen auf die Umwelt und die landwirtschaftlichen Produktionsprozesse zu untersuchen. Unter anderem wird danach gefragt, ob der Anbau dieser Pflanzen zu einer unkontrollierten Ausbreitung von Fremdgenen in der Umwelt führt und ob andere Methoden der Feldbearbeitung (z. B. Unkrautbekämpfung) dadurch notwendig werden. Um diese Fragen beantworten zu können, legt man spezielle Versuchsparzellen mit transgenen und nichttransgenen Pflanzen an, wie es die Abbildung unten für ein Freisetzungsexperiment mit gentechnisch verändertem Mais und Winterraps (nach FORBIOSICH 1998) beispielhaft zeigt. Dargestellt ist ein Feld mit 27 Parzellen, die innerhalb eines Anbaujahres gleichzeitig mit Silomais (SM), Winterweizen (WW) bzw. Winterraps (WR) bestellt wurden. Im Jahr darauf wechseln die angebauten Nutzpflanzen gemäß der Fruchtfolge.

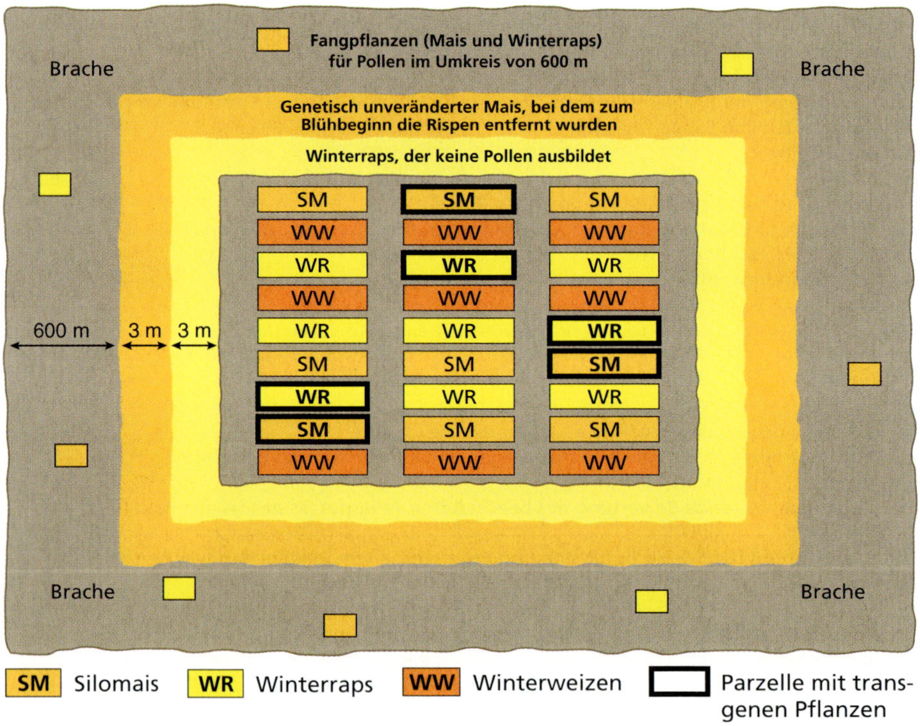

Aufgaben:

1. **Erklären Sie den Versuchsaufbau! Begründen Sie in diesem Zusammenhang die getroffenen Sicherheitsmaßnahmen!**
2. **Leiten Sie drei Fragestellungen ab, denen mit Hilfe eines solchen Freisetzungsexperimentes nachgegangen werden könnte!**

Herbizidresistente Rapspflanzen schützen sich selbst vor Unkrautbekämpfungsmittel Glufosinat (BASTA ®, Liberty)

Unkräuter konkurrieren mit Kulturpflanzen um Nährstoffe, Wasser und Licht. Weltweit werden ein Drittel der Ernteverluste durch Unkräuter verursacht. Darüber hinaus behindern sie Pflege- und Erntearbeiten. Andere Verfahren, vor allem die mechanische Unkrautkontrolle, sind häufig betriebs- und arbeitswirtschaftlich unterlegen. Oft steht der Aufwand an Zeit und Kosten in keinem Verhältnis zum Nutzen.

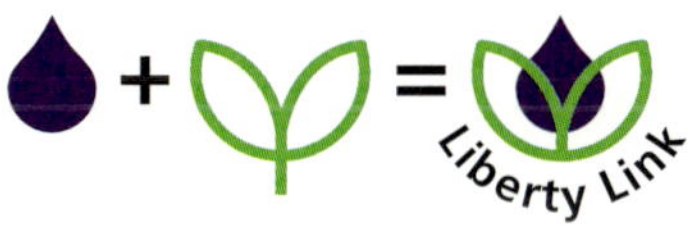

Das **Herbizid Liberty** wirkt schnell gegen ein breites Spektrum von Unkräutern. Es kann über einen langen Zeitraum hinweg eingesetzt werden.
Das **Herbizidresistenzgen** im Saatgut veranlasst die Bildung des PAT-Enzyms, welches das Herbizid Liberty in der Kulturpflanze unwirksam macht.
(nach Hoechst Schering AgrEvo GmbH 1997)

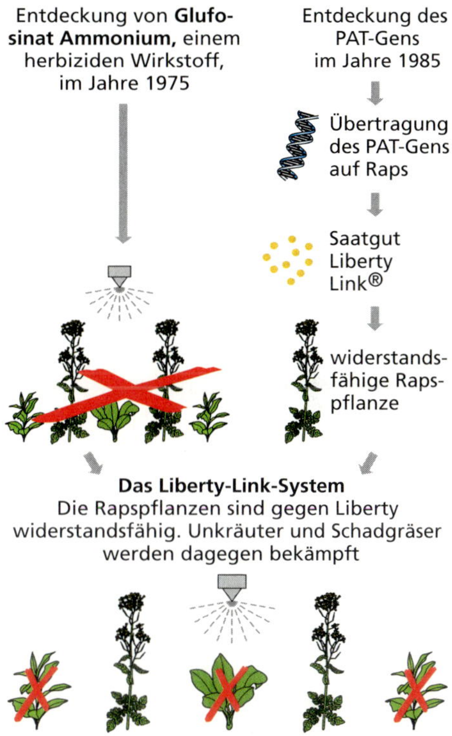

"Why don't you call it Liberty guys?"
„Kanadische Farmer berichten von Vorteilen des „Liberty Link“ Systems im Ackerbau. Der Anwendungszeitpunkt kann recht flexibel gewählt werden und auf die dort übliche Vor-Auflauf-Spritzung kann verzichtet werden. Dadurch kommen die Farmer mit einer minimalen Bodenbearbeitung aus. Das Saatgut wird im Frühjahr direkt in die Stoppel der vorhergehenden Kultur gesät. Das hat den Vorteil, dass die in den nordamerikanischen Steppenlandschaften erhebliche Bodenerosion weitgehend vermieden werden kann. Zudem kommen die Ölsaatenerzeuger mit einer Herbizidspritzung aus, statt bisher mit zweien oder dreien. Das verursacht niedrigere Kosten. Außerdem gilt der Wirkstoff als im Boden schnell abbaubar.“ (aus Bauernblatt, 5.10.1996, S. 16)

Aufgaben:

1. **Erklären Sie die Wirkungsweise der Glufosinatresistenz!**
2. **Welche Vorteile begründen den Erfolg der herbizidresistenten Rapssorte?**
3. **Welche Fragen stellen sich in Bezug auf eine ökologisch orientierte Landwirtschaft?**

AB 3

Genübertragung von Glufosinat-resistentem transgenen Raps auf andere kreuzbare Pflanzen

In Europa und Nordamerika wird neben dem Raps (*Brassica napus*) als ölliefernde Kulturpflanze häufig auch der Rübsen (*Brassica rapa*) angebaut. Wildarten wie z. B. Kohl (*Brassica oleracea*), Hederich (*Raphanus raphanistrum*) und Ackersenf (*Sinapis arvensis*) kommen in den Anbaugebieten häufig vor. Da aus Kreuzungen dieser nah verwandten Arten mit Raps zum Teil fortpflanzungsfähige Nachkommen hervorgehen, kann die Übertragung der Glufosinatresistenz von einer transgenen Rapssorte auf diese Pflanzen durch Pollen nicht ausgeschlossen werden.

Ergebnisse zur Windverbreitung von Rapspollen (nach Ernst/Rosenbrock/Sandermann 1998)

	1995	1996	1997
Blühperiode (in Tagen)	15	22	12
Mittlere Pollenzahl pro Zählfeld und Tag	10.7	22.0	5.1
Summe über die Zählperiode	161	434	61
Intensiver Pollenflug (in Tagen)	5	7	4

	Durchschnittliche Pollenanzahl (1996)			
Fanghöhe	20 m gegen den Wind	20 m mit dem Wind	60 m mit dem Wind	100 m mit dem Wind
1 m	12	36	19	21
2 m	14	52	45	28
3 m	13	44	44	29
4 m	12	100	55	29

Die Übertragung einer Eigenschaft von einer Pflanzen auf eine andere durch Pollen ist erst dann erfolgreich, wenn die entstehenden Samen auskeimen und sich eine neue Pflanze entwickeln kann. Um dies zu überprüfen, werden z. B. Kästen mit blühenden Rübsen, Ackersenf bzw. Hederich in die Versuchsparzellen mit blühendem transgenem Raps hineingestellt sowie nicht-transgener Raps in deren Nähe angebaut. Die Samen des nicht-trangenen Rapses werden auf das Vorhandensein des PAT-Gens (Glufosinatresistenzgen) untersucht, die Nachkommen werden gesondert angezogen und daraufhin geprüft, ob sie Träger des PAT-Gens sind.

Übertragung des PAT-Gens auf nicht-transgenen Raps und auf verwandte Wildarten
(nach Ernst/Rosenbrock/Sandermann 1998)

Vorkommen des PAT-Gens in den Samen nicht-transgener Rapspflanzen (1995 – 1997) je Parzelle		
0.82 %	T	0.32 %
T	0.64 %	0.25 %
0.74 %	0.20 %	T
T = Parzellen mit transgenen Rapspflanzen		

Vorkommen des PAT-Gens in den Nachkommen einer Kreuzung von verwandten Wildpflanzen mit transgenem Winterraps		
Mit Winterraps gekreuzte Art	Anzahl der Nachkommen	davon PAT-Gen-Träger
Rübsen	13808	20
Ackersenf	16225	1
Hederich	Die Anzucht gelang wegen mangelnder Keimbereitschaft bisher nicht.	

Aufgaben:

1. **Welche Aussagen über die Verbreitung von Rapspollen können aus den Ergebnissen des Freisetzungsversuches abgeleitet werden? Stellen Sie die Ergebnisse zur durchschnittlichen Pollenanzahl im Jahr 1996 für die Auswertung grafisch dar!**
2. **Welche Aussagen können aus den dargestellten Ergebnissen des Freisetzungsversuches bezüglich der erfolgreichen Übertragung des PAT-Gens abgeleitet werden?**

Verbreitung transgener Rapssamen bei der Ernte und erforderliche Folgemaßnahmen

Die Ernte von Winterraps erfolgt während des Sommers mit Hilfe von Mähdreschern. Beim Drusch geht oftmals eine erhebliche Anzahl von Samen (z. T. bis zu 20 % der Ernte) verloren, die dann noch im Herbst auskeimen. Die Rapskeimlinge überwintern, wachsen im kommenden Jahr aus und verhalten sich in der Folgekultur wie Unkräuter. Auf Feldern, die im Vorjahr mit Raps bestellt wurden, wird deshalb neben den Ackerunkräutern auch der sog. Durchwuchs (Keimlinge, die den Winter überdauert haben) bekämpft. Dies geschieht durch den Einsatz von Unkrautbekämpfungsmitteln (Herbizide) oder durch oberflächliche Bodenbearbeitung nach der Ernte, wodurch die aufgelaufenen Rapskeimlinge zerstört werden.

In der Tab. 1 und 2 sind die Teilergebnisse eines Freisetzungsexperimentes (nach Ernst/ Rosenbrock/Sandermann 1998) zum Durchwuchs Glufosinat-resistenten Winterrapses dargestellt. In den ersten beiden Jahren des Versuchs erfolgte nach der Ernte jeweils eine Bekämpfung des Durchwuchses durch mechanische Bodenbearbeitung. Im dritten Jahr blieb dies aus. Nach der letzten Rapsernte wurden alle Parzellen mit dem Wirkstoff Glufosinat in Form des Herbizids BASTA® behandelt. Sieben Wochen später zählte man die überlebenden Keimlinge aus.

Tab. 1: Anzahl der Rapskeimlinge mit PAT-Gen auf Parzellen, die zuvor mit transgenen, Glufosinat-resistenten Raps bestellt waren*

1995	1996	1997
12	11	584
3	17	2103
79	24	1060

Die Tab. 1 zeigt die ermittelte Anzahl an Keimlingen pro Jahr auf den Parzellen, auf denen zuvor Glufosinat-resistenter Winterraps wuchs.

Tab. 2: Durchschnittliche Anzahl der Rapskeimlimge mit PAT-Gen auf den beiden benachbarten Parzellen, die zuvor mit herkömmlichem Raps bestellt waren*

1995	1996	1997
2	16	102
2	0	8
1	0	58

Die Tab. 2 stellt die Anzahl der Keimlinge pro Jahr dar, die durchschnittlich auf den beiden benachbarten Parzellen ermittelt wurden, die mit herkömmlichen Winterraps bestellt waren.

* Es kann nicht ausgeschlossen werden, dass auch Pflanzen gezählt wurden, die die Glufosinatresistenz durch Pollenübertragung erhalten haben.

Aufgaben:

1. **Werten Sie die Teilergebnisse des Freisetzungsversuches aus und stellen Sie diese grafisch dar! Worauf sind die sich deutlich von den Vorjahren abhebenden Ergebnisse aus 1997 zurückzuführen?**
2. **Warum wird in dem Versuch Glufosinat nach der letzten Ernte eingesetzt?**
3. **Welche Maßnahmen sind zur Bekämpfung des Durchwuchses und der Samenverbreitung beim landwirtschaftlichen Anbau von Glufosinat-resistentem Winterraps notwendig? Begründen Sie!**

„Bintje"-Kartoffeln geschützt vor Kraut- und Knollenfäule

Hohe Ernteverluste durch Kraut- und Knollenfäule

Jedes Jahr geht weltweit ein großer Anteil der Kartoffelernte (z. T. über 20 %) durch Infektion mit dem Pilz *Phytophthora infestans*, dem Erreger der Kraut- und Knollenfäule verloren. Besonders in feuchten Jahren vermehrt sich der Pilz epidemieartig. Zu seiner Bekämpfung werden vorbeugend im Abstand von 10 – 20 Tagen abwechselnd verschiedene chemische Wirkstoffe (Fungizide) ausgebracht. Da der Pilz in vielen unterschiedlichen Rassen auftritt, blieb die klassische Resistenzzüchtung bisher erfolglos.

Zwei-Komponenten-System schützt vor Kraut- und Knollenfäule

Die Züchtung von *Phytophthora*-resistenten Kartoffeln gelang durch die gentechnische Übertragung eines Zwei-Komponenten-Systems: Die Komponente 1 besteht aus dem prp1-1-Promotor und dem Barnase-Gen, die Komponente 2 ist der 35S-Promotor und das Barstar-Gen.

Der prp1-1-Promotor stammt aus dem Genom der Kartoffel. Er vermittelt die Aktivierung des Barnase-Gens. Das Barnase-Gen und das Barstar-Gen wurden aus einem Bodenbakterium isoliert. Das Barnase-Gen codiert für ein zelltoxisches Enzym (eine Ribonuklease; diese spalten RNA), das Barstar-Gen codiert für das Enzym Barstar. Dieses hemmt spezifisch die Ribonuklease Barnase. Der sehr aktive 35S-Promotor stammt aus dem Blumenkohlmosaikvirus. Er aktiviert das Barstar-Gen.

Bei einer Pilzinfektion ist die gebildete Barnase-Konzentration in befallenen Zellen höher als die Barstar-Konzentration. Demzufolge steht in diesen Zellen nicht genügend Barstar für die Hemmung des Zellgiftes Barnase zu Verfügung. Das infizierte Zellgewebe stirbt ab. Die toten Zellen stellen eine wirksame Barriere gegen die weitere Ausbreitung des Pilzes im Kartoffelgewebe dar.

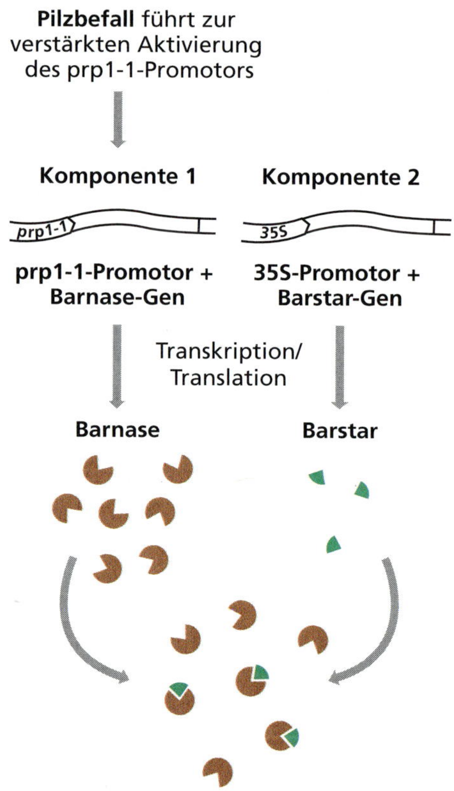

Barnase kann nicht vollständig an Barstar gebunden werden. Die Kartoffelzelle stirbt ab.

Aufgaben:

1. **Erklären Sie mit Hilfe der Abbildung die Wirkung des Zwei-Komponenten-Systems in einer mit dem *Phytophthora*-Erreger befallenen Kartoffelzelle!**
2. **Das Zwei-Komponenten-System ist in infizierten und in gesunden Kartoffelzellen wirksam. Warum sterben Letztere dennoch nicht ab?**

Möglichkeiten der Verbreitung transgener Pflanzen

1) Gentransfer auf Wildpflanzen

In der Natur können Gene aus Nutzpflanzen in Wildpflanzenbestände einkreuzen. Wenn die Nachkommen einer Kreuzung zwischen Kultur- und Wildpflanze lebens- und fortpflanzungsfähig sind, können sie Ursprung einer neuen Population von Wildpflanzen mit Merkmalen von Kulturpflanzen sein. Die Wahrscheinlichkeit, dass das Fremdgen in den Wildpflanzen dauerhaft erhalten bleibt, ist am größten, wenn es ihnen einen Überlebensvorteil bietet. Das wäre zum Beispiel der Fall, wenn das Fremdgen die Pflanzen vor Schädlingsbefall oder vor Schäden durch extreme Temperatur oder Trockenheit bewahrt.

2) Verwilderung von Pflanzen

Nutzpflanzen, auch gentechnisch veränderte, die sich in natürlichen Lebensräumen ansiedeln, können als Konkurrenten z. B. um Licht oder Nährstoffe einheimische Wildarten verdrängen. Sie werden zu einem „Unkraut" natürlicher Biotope. Man schätzt, dass sich von 100 aus fernen Ländern eingeführten Arten (nicht gentechnisch verändert) etwa 10 in geeigneten Nischen ansiedeln können. Auf diese Weise und durch unbeabsichtigtes Einschleppen von Samen breiteten sich bislang über 300 nicht heimische Pflanzenarten in Mitteleuropa aus. Die Kartoffel wurde im 16. Jahrhundert als Zier- und Nutzpflanze nach Europa eingeführt.

Um die Ausbreitungswahrscheinlichkeit einer (gentechnisch veränderten) Pflanze abschätzen zu können, sind Kenntnisse über Blühverhalten und Wachstumsbedingungen notwendig. Die folgenden Fragen stellen eine Hilfe dazu dar.

Frage 1: Kommen in der Anbauregion verwandte Wildarten vor?

- ❑ nein
- ❑ extrem selten
- ❑ sehr selten
- ❑ in bestimmten Teilen
- ❑ in der ganzen Anbauregion
- ❑ häufig in der Anbauregion

Frage 2: Bildet die Nutzpflanze keimfähige Samen?

- ❑ nein, die Samen sind nicht lebensfähig
- ❑ ausnahmsweise, bei sehr günstigen Bedingungen
- ❑ leicht möglich bei günstigen Bedingungen

Frage 3: Tritt die Nutzpflanze außerhalb des Feldes auf?

- ❑ nein
- ❑ vereinzelt
- ❑ zum Teil
- ❑ desöfteren
- ❑ häufig
- ❑ häufig, die Verbreitung ist jedoch durch landwirtschaftliche Maßnahmen unterbunden
- ❑ Samenreife und Verbreitung ist nicht zu vernachlässigen.
- ❑ Samenreife und Verbreitung ist die Regel im Anbaugebiet.

Frage 4: Führt die Kreuzung von Nutz- und Wildpflanze zu fortpflanzungsfähigen Nachkommen?

- ❑ Es gibt keine verwandten, kreuzbaren Wildarten im Anbaugebiet.
- ❑ Es gibt verwandte Wildarten. Entsprechende Kreuzungen sind aber erfolglos.
- ❑ Kreuzungen mit Wildpflanzen sind möglich, die Nachkommen sind aber fortpflanzungsunfähig.
- ❑ Es treten Kreuzung zwischen Nutz- und Wildpflanze auf, aus denen fortpflanzungsfähige Nachkommen hervorgehen.
- ❑ Kreuzungen von Nutz- und Wildpflanze treten häufig auf, die Nachkommen sind fortpflanzungsfähig.

Aufgabe: Informieren Sie sich über Blühverhalten und Wachstumsbedingungen der Kartoffel! Schätzen Sie mit Hilfe der Fragen 1 – 4 die Möglichkeiten einer Ausbreitung transgener Kartoffeln ab! Nehmen Sie auch Bezug auf den Einführungstext!

Auswirkungen des Anbaus *Phytophthora*-resistenter Kartoffeln auf den Produktionsprozess und die Wirtschaftlichkeit

Landwirtschaft wird mit dem Ziel betrieben, qualitativ hochwertige, gesunde Nahrungsmittel in ausreichender Menge für die Versorgung der Bevölkerung herzustellen. Die Produktion erfolgt in drei verschiedenen landwirtschaftlichen Anbausystemen:

Konventioneller Anbau: Einsatz von Dünge- und Pflanzenschutzmitteln im Rahmen gesetzlicher Auflagen, Berücksichtigung der Bodenbeschaffenheit sowie des saisonalen und regionalen Auftretens von Schädlingen oder Krankheiten, der Anbau gentechnisch veränderter Pflanzen ist möglich.

Integrierter Anbau: Pflanzenschutz durch ausgewogene Fruchtfolgegestaltung, biologische Schädlingsbekämpfung und Anbau widerstandfähiger Sorten, stark eingegrenzte Nutzung von Dünge- und Pflanzenschutzmitteln, wenn die Ertragseinbußen untragbar sind, der Anbau gentechnisch veränderter Pflanzen ist möglich.

Ökologischer Anbau: Naturnaher Landbau ohne Dünge- und Pflanzenschutzmittel (Kupfer- und Schwefelpräparate gegen Pilzkrankheiten sind zulässig), Anbau robuster, krankheitsunempfindlicher Sorten in Mischkultur, mechanische Unkrautbekämpfung, der Anbau gentechnisch veränderten Pflanzen ist verboten.

Abhängigkeit des Ertrages vom Fungizid- und Düngemitteleinsatz

Durch den landwirtschaftlichen Anbau von Nutzpflanzen wird pro Hektar ein bestimmter Mindestertrag erwirtschaftet. Dieser lässt sich durch Düngen und durch den Einsatz von Pflanzenschutzmitteln (z. B. Fungizide, Herbizide) steigern. Die schrittweise Erhöhung der Düngemittelgaben führt jedoch nicht zu linear ansteigenden Erträgen, sondern die jeweils zuletzt hinzugefügte Einheit Dünger bringt jeweils nur einen kleineren Ertragszuwachs als die vorherige. Im Extremfall können sogar Qualität und Ertragsmenge zurückgehen, obwohl der Düngemittelaufwand steigt (Gesetz des abnehmenden Ertragszuwachs). Zusätzliche Düngemittelgaben lohnen somit nur, wenn der Ernteerlös größer ist als die Düngemittelkosten.

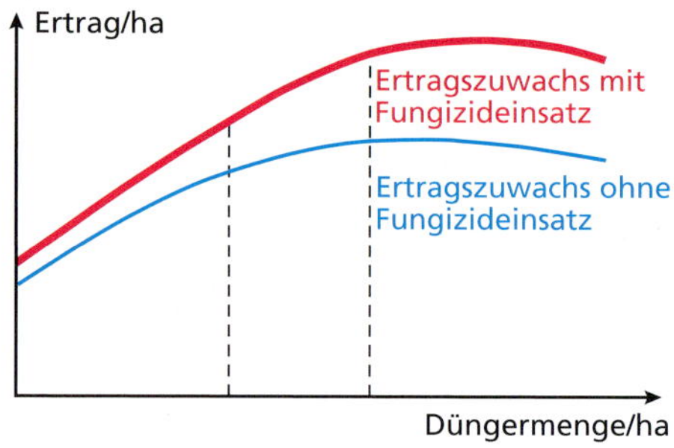

Ein Fungizideinsatz führt zur Ertragserhöhung bei gleicher Düngemittelgabe (s. Abb.). In diesem Fall zahlt sich auch eine weitere Düngemittelerhöhung aus, da der maximale Ertrag erst bei größeren Düngemittelgaben erreicht wird. Somit kann der Fungizideinsatz neben einer Ertragserhöhung auch die Steigerung des Düngemitteleinsatzes bewirken.

Aufgaben:

1. **Erläutern Sie die Abhängigkeit des Ertrages vom Fungizid- und Düngemitteleinsatz anhand der Abbildung!**
2. **Welche Auswirkungen ergeben sich für den konventionellen, den mit wenig Fungiziden arbeitenden integrierten Anbau und den ökologischen Landbau beim Einsatz transgener pilzresistenter Nutzpflanzen? Grundannahme: Die Erträge herkömmlicher Sorten und transgener Sorten sind gleich, die Preise konstant.**

2.1.5 Gentechnisch veränderte Lebensmittel

Angela Kroß

Die FlavrSavr®-Tomate der Firma Calgene wurde 1994 als weltweit erstes gentechnisch verändertes Lebensmittel in den USA eingeführt. Seitdem ist die Anwendung gentechnischer Verfahren in vielen Bereichen der Lebensmittelherstellung im Wachsen. Die milch- und fleischverarbeitende Industrie sowie die Hersteller von Backwaren, Fruchtsäften und alkoholischen Getränken nutzen zunehmend gentechnisch veränderte Mikroorganismen oder von diesen erzeugte Rohstoffe. Durch deren Verwendung sollen die Lebensmittelqualität und die Sicherheit der Herstellungsverfahren verbessert sowie die Produktionskosten gesenkt werden. Gentechnisch veränderte Pflanzen und Tiere werden eingesetzt, um landwirtschaftliche Produktionsverfahren zu optimieren oder um Lebensmittel mit besonderen Eigenschaften zu erzeugen (z. B. Modifizierung des Stärke- bzw. Proteingehalts). Im Gegensatz zu dem genannten Nutzen für die Lebensmittelherstellung sind für die Verbraucher bislang kaum Vorteile durch den Einsatz der Gentechnik erkennbar, da in den Industrienationen qualitativ hochwertige und preisgünstige Lebensmittel jederzeit verfügbar sind und neue Produkte im Wesentlichen den herkömmlichen in ihren Ernährungseigenschaften entsprechen. Die Erwartungen gehen dahin, dass auch Produkte mit unmittelbarem Vorteil für die Verbraucher (z. B. Erzeugnisse mit einem erhöhten Ballaststoffgehalt bzw. mit hohem Anteil an ungesättigten Fettsäuren) zur Marktreife gelangen (s. Greiner/Jany 1998). Ein Überblick über verschiedene Anwendungsbereiche der Gentechnik in der Lebensmittelproduktion findet sich im Bd. 2, S. 75 ff. sowie in Greiner/Jany 1998.

In diesem Unterrichtsmodul werden am Beispiel der FlavrSavr®-Tomate die molekularbiologischen Grundlagen der Entwicklung dieses ersten gentechnisch hergestellten Lebensmittels aufgearbeitet sowie Fragen der Sicherheitsbewertung erläutert. In die Methode der ethischen Analyse wird anhand des Themas „Kennzeichnung gentechnisch veränderter Lebensmittel" eingeführt. Die Lernenden sollen in diesem Zusammenhang eine reflektierte Entscheidung hinsichtlich der Kennzeichnung sowie aufbauend darauf des Konsums gentechnisch hergestellter Lebensmittel treffen lernen.

1. Sachinformationen

Die Entwicklung der FavrSavr®-Tomate mit Hilfe gentechnischer Verfahren

Die FlavrSavr®-Tomate wurde mit dem Ziel entwickelt, eine aromatische sowie gut lager- und transportierbare Frucht zu ernten. Infolge der geringen Haltbarkeit der reifen Früchte treten beim Transport herkömmlicher Tomaten immer wieder hohe Verluste auf. Konventionell hergestellte Tomaten werden deshalb grün, in unreifem Zustand, geerntet und gekühlt transportiert. Die Reifung erfolgt am Zielort durch Begasung mit Ethen bei einer Lagertemperatur von 20 – 25 °C innerhalb von 1 – 2 Tagen. Geschmack, Aroma und Haltbarkeit der Früchte variieren in Abhängigkeit von den Reifebedingungen.

Die Fruchtreife ist an die Biosynthese des Reifehormons Ethen (s. Abb. 5) und des Enzyms Polygalakturonase (PG-Enzym) gekoppelt (s. LINDER, Bayrhuber/Kull 1998, S. 265). Ethen induziert die Bildung des PG-Enzyms. Dieses Enzym spaltet das Pektin (eine hochmolekulare Polygalakturonsäure), aus dem die Mittellamellen der pflanzlichen Zellwand aufgebaut sind. Werden die Mittellamellen von Früchten aufgelöst, so werden diese weich und letztlich matschig.

Bei der Sorte FlavrSavr® wurde gentechnisch mit Hilfe der antisense-Technik die Aktivität des PG-Enzym codierenden Gens auf 1 % reduziert. Durch Gentransfers mittels Agrobakterien (s. Kap. 2.1.1) wurde ein antisense-Gen gegen das PG-Enzym in die DNA der Tomaten integriert. Es handelt sich in diesem Fall nicht um ein Fremdgen, sondern es wurde die komplementäre Aminosäuresequenz des PG-Gens der Tomate umgekehrt in das Genom der Pflanze eingefügt (s. Brand 1997 bzw. AB 3, Kap. 2.1.3).

Bei der Transkription wird aus diesem antisense-Gen antisense-RNA gebildet. Diese ist komplementär zu der messenger-RNA, die am PG-Gen entsteht. Beide RNAs paaren sich wie zwei komplementäre DNA Stränge. Die Nukleotidabfolge eines solchen RNA-Doppelstrangs wird daher an den Ribosomen nicht in die Aminosäuresequenz des PG-Enzyms übersetzt. Das Enzym wird nicht gebildet und die Tomaten können ca. 14 Tage länger auf dem Feld reifen. Sie entfalten ihr Aroma am Stock ohne dabei weich zu werden. (Anm.: In der Natur findet man antisense-RNA bei Prokaryoten. Diese codiert nicht für ein Protein, sondern dient der Regulation der Genaktivität.)

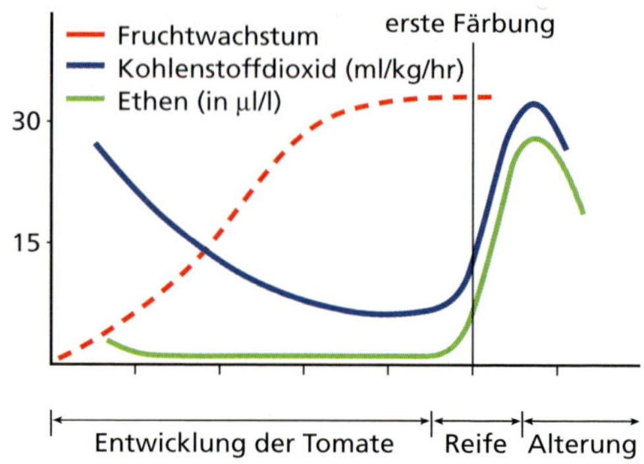

Abb. 5: Entwicklung und Reife einer Tomate in Abhängigkeit von der Ethenproduktion

Fragen der Sicherheitsbewertung

Als Spender bzw. Empfänger von genetischem Material werden in der Lebensmittelindustrie solche Organismen eingesetzt, die langjährig bewährt sind und von denen nach bisherigen Erfahrungen kein gesundheitliches Risiko ausgeht (s. zu Sicherheitsstufen Bd. 2 S. 94 ff.). "Eine Gefährdung durch einen Eingriff in das Erbgut geht deshalb im Allgemeinen nicht von der gewünschten Veränderung, sondern von unerwarteten Nebeneffekten aus" (s. Greiner/Jany 1998). Dies trifft generell für alle Züchtungsverfahren zu.

Die FlavrSavr®-Tomate war weltweit der erste gentechnisch veränderte Organismus, dessen Früchte als Lebensmittel zugelassen wurden. Nach mehrjähriger Prüfung beurteilte die „Food and Drug Administration", die amerikanische Behörde für Lebensmittelsicherheit, diese Tomaten 1994 als gesundheitlich unbedenklich.

In der Öffentlichkeit wurden in Bezug auf die Sicherheit der Flavr-Savr®-Tomate insbesondere das Auftreten von Positionseffekten, das Auslösen von Allergien und die Gefahr der Übertragung von Antibiotikaresistenzgenen diskutiert.

Positionseffekte. Bei bestimmten Chromosomenmutationen (Inversion, Translokation) zeigt sich, daß die Wirkungsweise eines Gens von dem Ort abhängig ist, den es innerhalb der Abfolge der Gene auf dem Chromosom besetzt (s. LINDER, Bayrhuber/Kull 1998, S. 307). Die Sequenz der Gene ändert sich auch durch die Integration eines neuen Gens mittels Gentechnik. Demzufolge können also auch dann unvorhergesehene Nebeneffekte auftreten. Positionseffekte müssen durch Feldprüfung ausgeschlossen werden. Im Fall einer Tomatenneuzüchtung muss diesbezüglich geprüft werden, dass sich der Gehalt der Alkaloide Tomatin und Solanin nicht über das gesundheitlich unbedenkliche Maß hinaus erhöht. Bei der Flavr-Savr®-Tomate konnten derartige Positionseffekte ausgeschlossen werden.

Das **Auslösen von Allergien** kann bei der FlavrSavr®-Tomate ausgeschlossen werden, da kein fremdes Gen, welches die Produktion eines neuen Inhaltsstoffes bedingen würde, in die Tomate eingebracht wurde.

Generell wird durch die Übertragung eines Gens das allergene Potential des Genprodukts nicht verändert. Wirkt ein Protein in dem einen Organismus nicht allergen, wird es auch nach dem Gentransfer keine Allergien auslösen bzw. ein allergener Wirkstoff wird auch nach Gentransfer allergenes Potential besitzen.

Die Gefahr der **Übertragung von Antibiotikaresistenzgenen** auf andere Organismen, z. B. Darmbakterien des Menschen, ist ein Gentechnik-spezifisches Risiko. Diese Gene werden als Marker eingesetzt, um eine erfolgreiche Genübertragung nachweisen zu können (s. Kap. 2.1.1). Bei der Herstellung der Flavr-

Savr®-Tomate wurde ein Kanamycinresistenzgen mit in das Pflanzengenom eingefügt. Das Antibiotikum Kanamycin wird wegen seiner Nebenwirkungen heute beim Menschen nur noch selten zur Heilung bestimmter lokaler Augen- und Hautkrankheiten eingesetzt.

Die Übertragung von Antibiotikaresistenzgenen auf Darmbakterien ist nur möglich, wenn noch transkribierbare DNA in den Darm gelangt, die dieses Markergen enthält. Dies ist aufgrund der Verdauungsfunktion des Magen-Darm-Traktes sehr unwahrscheinlich (Magensäure und Verdauungsenzyme spalten Proteine). Tritt dieser Fall jedoch ein, dann muss das Gen direkt hinter einen Promotor in das Bakteriengenom gelangen, damit es anschließend abgelesen werden kann. Natürlicherweise nehmen Bakterien Fremd-DNA in Form von Plasmiden zu einem bestimmten Prozentsatz auf. Versucht man einen Plasmidtransfer zwischen Bakterien im Reagenzglas, so gelingt dies etwa im Verhältnis von 1:10000, wenn zuvor die Zellwand durchlässig gemacht wurde (s. BLL/BRAIN 1994). Es wird als unwahrscheinlich angesehen, dass im Darm ein intaktes (Antibiotikresistenz-) Gen auf Bakterien übertragen wird. Wissenschaftliche Studien ergaben bislang keinen Anhaltspunkt für einen solchen Gentransfer (s. Brand 1997).

Die Flavr-Savr®-Tomate verschwand nach anfänglich großem Aufsehen schnell wieder vom amerikanischen Markt. Ihre besonderen Eigenschaften überzeugten die Verbraucher nicht. Die Tomatenschale wurde als zu hart empfunden und auch das Aroma traf nicht den Geschmack der Verbraucher.

Mögliches Risiko	Beurteilung aufgrund von Studiendaten
durch gesundheitsschädigenden Gehalt an Tomatin bzw. Solanin infolge von Positionseffekten	Die FlavrSavr®-Tomate beinhaltet genauso viel Tomatin und Solanin wie herkömmliche Tomatenpflanzen, abgesehen von Unterschieden, die auf unterschiedlichen Wachstumsbedingungen oder auf Sortenunterschieden beruhen. Diese müssen dann innerhalb der gesetzlich tolerierten Schwankungsbreite liegen.
durch das antisense-Gen	Das antisense-Gen ist kein Fremdgen. Es stammt aus der Tomate.
durch das Antibiotikaresistenzgen (Das Antibiotikaresistenzgen bewirkt die Widerstandsfähigkeit u. a. von mikrobiellen Krankheitserregern gegen Kanamycin, das auch in der Medizin angewendet wird. Durch Verzehr der FlavrSavr®-Tomate könnte eine Verbreitung dieser Antibiotikaresistenz erfolgen.)	Kanamycin wird nur noch selten in der Humanmedizin genutzt (in Augentropfen, Hautsalben). Die Übertragung einer Kanamycinresistenz auf Darmbakterien ist praktisch ausgeschlossen. Wissenschaftliche Untersuchungen ergaben bislang keine Anhaltspunkte dafür.
durch die Änderung der Nährstoffzusammensetzung	Sie ist in Untersuchungen nicht eingetreten.
durch das Eintreten von unvorhersehbaren Nebeneffekten	Ungewöhnliche Typen, die während der Züchtungsphase entstanden, wurden ausgesondert.

Tab. 6: Übersicht zur Risikobeurteilung der Flavr®-Tomate (verändert nach Brand 1997)

Ethische Analyse zum Thema: Kennzeichnung gentechnisch veränderter Lebensmittel

Am 15. Mai 1997 trat die „Verordnung Nr. 258/97 des Europäischen Parlamentes über neuartige Lebensmittel und neuartige Lebensmittelzutaten" (Novel-Food-Verordnung) nach mehrjähriger Anhörung in Kraft (s. AB 3). In der Diskussionsphase vor der Entscheidung reichten die Forderungen der verschiedenen europäischen Länder von der generellen Kennzeichnung über die teilweise Deklarierung bis zur Nicht-Kennzeichnung. Diese Handlungsoptionen spiegelten unterschiedliche Interessen wider. Im folgenden werden, die verschiedenen Standpunkte der Verbraucher, des Handels und der Produzenten auf der Basis einer ethischen Analyse (s. Kap. 1) begründet.

Die Lebenmittelkennzeichnungsverordnung (LmKV) regelt die Etikettierung eines jeden Lebensmittels. Auf dem Etikett vermerkt werden müssen beispielsweise der Name des Produktes, das Zutatenverzeichnis, das Mindesthaltbarkeitsdatum oder auch Angaben zum Nährwert und zur Weiterverarbeitung. Es stellt sich die Frage, ob dabei zusätzlich Angaben zur gentechnischen Herstellung des Lebensmittels oder zur gentechnischen Herstellung von Zutaten gemacht werden sollen (Schritt 1, s. Kap. 1, zu weiteren gesetzlichen Regelungen s. F 2, Bd. 2, S. 79 ff. sowie BLL/BRAIN 1994).

Drei Handlungsalternativen sind möglich (Schritt 2, s. Kap. 1):

1. Kennzeichnung aller Lebensmittel, bei deren Produktion gentechnische Verfahren angewandt wurden,
2. Nicht-Kennzeichnung aller gentechnisch hergestellten Lebensmittel,
3. teilweise Kennzeichnung gentechnisch hergestellter Lebensmitteln nach entsprechenden Kriterien.

Die Novel-Food-Verordnung der Europäischen Union stellt ein Beispiel für die dritte Handlungsalternative dar. Das wesentliche Kriterium für die Entscheidung ist dabei die Neuartigkeit eines Lebensmittels, die sog. substantielle Äquivalenz. Lt. Novel-Food-Verordnung wird ein Lebensmittel als substantiell äquivalent betrachtet, wenn alle Merkmale oder Ernährungseigenschaften (z. B. Zusammensetzung, Nährwert oder Verwendungszweck) einem bereits bestehenden Lebensmittel oder einer bestehenden Lebensmittelzutat gleichwertig sind (s. AB 3, Bd. 2, S. 79 ff.).

In der Debatte um die Kennzeichnung gentechnisch veränderter Lebensmittel treten die folgenden Hauptargumente auf (Schritt 3, s. Kap. 1):

Institute und Verbände des Verbraucherschutzes fordern die generelle Kennzeichnung aller gentechnisch hergestellten Lebensmittel inklusive der Darstellung ihrer Herstellungsverfahren (s. 1.). Vertreter dieser Richtung wollen Verbrauchern das Recht und die Möglichkeit erhalten, eine informierte Wahl über das zu treffen, was sie essen. Die Konsumenten sollen selbst entscheiden, ob sie die Anwendung gentechnischer Verfahren bei der Lebensmittelherstellung für wesentlich (substantiell) halten oder nicht. Diese Argumentationsweise bezieht sich auf die Autonomie der Entscheidung eines jeden Menschen als höchsten Wert.

Lebensmittelhersteller vertreten u. a. den Standpunkt, dass die Risiken gentechnisch hergestellter Lebensmittel nicht größer sind als die von traditionell erzeugten Produkten. Demzufolge sei die generelle Kennzeichnung unsinnig (s. 2.). Darüber hinaus ist sie beispielsweise bei Massenprodukten wie dem Sojaöl oder der Maisstärke kaum praktikabel. Die Stärkeindustrie verarbeitet z. B. ab Herbst 1998 gentechnisch veränderten und herkömmlichen Mais gemeinsam zu Stärke (s. Lamparter 1998). Stärkeverarbeitende Lebensmittelhersteller z. B. aus dem Bereich der Süßwarenindustrie können somit keine Garantie mehr dafür übernehmen, dass ihr Produkt nicht mit Hilfe gentechnischer Verfahren hergestellt wurde. Dies würde bei einer Kennzeichnung aller gentechnisch hergestellten Lebensmittel bedeuten, dass alle Produkte, die Maisstärke enthalten, vorsorglich gekennzeichnet würden, unabhängig davon, ob es sich tatsächlich um ein mit Hilfe der Gentechnik hergestelltes Lebensmittel handelt. Bei dieser Argumentation sind die Gesundheit des Menschen bzw. die Sicherheit der Produkte und Verfahren sowie die Praktikabilität wesentliche Entscheidungskriterien.

In der Novel-Food-Verordnung bezieht die Europäische Union den Standpunkt, für Verbraucher umfassende, aussagekräftige Information liefern zu wollen. Demzufolge sieht die Novel-Food-Verordnung verbindliche Kennzeichnung in vielen Fällen vor (z. B. bei der Flavr-Savr®-Tomate, bei virusresistenten Kartoffeln, bei Käse mit gentechnisch veränderten Schimmelpilzen) und keine Kennzeichnung, wenn die Produkte einem herkömmlichen Lebensmittel gleichwertig sind (z. B. Zucker aus virusresistenten Zuckerrüben, Stärke aus herbizidresistentem Mais; s. 3.). Die Novel-Food-Verordnung wird durch die Kennzeichnung gentechnisch veränderter Lebensmittel, die nicht substantiell äquivalent mit herkömmlichen sind, der Autonomie der Entscheidung eines jeden Menschen über seine Lebensmittelwahl gerecht. Die Verordnung ist insofern ein Kompromiss, dass substantiell äquivalente Produkte vornehmlich aus Praktikabilitätsgründen nicht gekennzeichnet werden müssen. Aufgrund ihrer Identität mit herkömmlichen Lebensmitteln sind sie nicht von diesen unterscheidbar. Der Nachweis der gentechnischen Veränderung ist bei solchen Produkten nicht möglich, da sie keine DNA enthalten.

Argumentationen (Schritt 4 – 6, s. Kap. 1) mit Bezug auf die Würde des Menschen (unabhängig von den Folgen einer Handlung) als höchsten Wert begründen eine generelle Kennzeichnung gentechnisch veränderter Lebensmittel. Die Nicht-Kennzeichnung würde den Verbraucher in seiner Lebensmittelwahl einschränken und somit seine Selbstbestimmung (Autonomie) verletzen.

Handlungsoptionen	Argumente	Werte	Ethische Grundpositionen
1. Keine Kennzeichnung gentechnisch hergestellter Lebensmittel	• Die Produkte sind so sicher und geprüft wie herkömmliche Lebensmittel auch.	Sicherheit, Gesundheit	Entscheidung aufgrund einer Folgenabwägung mit Bezug auf das allgemeine Wohl (medizinische bzw. ökologische Argumentation)
2. Teilweise Kennzeichnung gentechnisch hergestellter Lebensmittel	• Der Verbraucher hat ein Recht auf Information. • Die Regelungen müssen jedoch praktikabel sein.	Autonomie	Entscheidung mit Bezug auf die Würde des Menschen
3. Kennzeichnung aller gentechnisch hergestellten Lebensmittel	• Verbraucher haben das Recht der eigenen Lebensmittelwahl. • Die Bevölkerung hat ein Recht auf Information. • Die Kennzeichnung schafft Vertrauen und ist so auch für die Industrie von Interesse.	Autonomie Autonomie wirtschaftlicher Erfolg	Entscheidung mit Bezug auf die Würde des Menschen Entscheidung aufgrund einer Folgenabwägung mit Bezug auf das Wohlergehen (politisch-ökonomische Argumentation)

Tab. 7: Übersicht über Argumentationsstrategien bezüglich der Kennzeichnung gentechnisch hergestellter Lebensmittel und ihre ethische Begründung

Argumentationen aufgrund einer Folgen-(Güter-) abschätzung können zu unterschiedlichen Entscheidungen führen. Beispiele dafür wären die Argumentation gegen die Kennzeichnung gentechnisch hergestellter Lebensmittel aufgrund ausreichender Sicherheit bzw. die Argumentation für die Kennzeichnung aufgrund unvorhersehbarer gesundheitlicher oder ökologischer Risiken.

2. Fachdidaktische Informationen

Diese Unterrichtseinheit eignet sich dazu, exemplarisch mit Lernenden die biologischen Grundlagen der gentechnischen Herstellung eines Lebensmittels sowie die damit verbundenen Sicherheitsfragen und gesetzlichen Regelungen zu erarbeiten. Mit Hilfe der Methode der ethischen Analyse (s. Kap. 1) lernen die Schüler schrittweise, sich ein eigenes begründetes Urteil hinsichtlich der Kennzeichnung gentechnisch veränderter Lebensmittel zu bilden. Hilfestellungen für die Argumentation liefern insbesondere die Standpunkte von Produzenten, Handel und Verbrauchern auf AB 4 a – c. Zur Analyse der Argumentationen bieten sich u. a. die folgenden Fragestellungen an:

1. Für welche Handlungsalternative wird in der Argumentation gestritten?
2. Welche Argumente werden zu ihrer Begründung herangezogen?
3. Welche unterschiedlichen Argumentationsperspektiven werden in die Begründung mit einbezogen bzw. welche Sichtweisen werden vernachlässigt?
4. Welcher Wert (welches Gut) wird als höchster Wert erhoben und ist handlungsleitend?
5. Welche Interessen sind mit der Argumentation verbunden?
6. Wie überzeugend und widerspruchsfrei begründet ist die Argumentation?

Mit Hilfe der ersten beiden Fragen sollen die Lernenden die Hauptgedanken der jeweiligen Argumentation erfassen und verstehen. Die Frage 3 dient der Einordnung der Argumentation in übergeordnete Perspektiven (z. B. medizinische, ökologische oder soziale Argumentation) und der Verdeutlichung von Sichtweisen, die durch die analysierte Position nicht berücksichtigt werden. Die Fragen 4 und 5 sollen den Blick der Lernenden auf die Wertorientierungen und Interessen lenken, die mit den Argumentationen verbunden sind. Die Frage 6 dient der Zusammenfassung unter Berücksichtigung der Schlüssigkeit der Argumentation und ihrer Überzeugungskraft. Mit der Analyse verschiedener Argumentationen zur Kennzeichnung gentechnisch hergestellter Lebensmittel (s. AB 4 a – c) wird Lernenden das breite Spektrum entscheidungsrelevanter Sachverhalte verdeutlicht und die Urteilsfindung, Prüfung und Begründung des eigenen Standpunktes unterstützt.

Im letzten Abschnitt der Unterrichtseinheit sollen die Teilschritte der ethischen Analyse durch ein Rollenspiel angewandt und vertieft werden. In der Diskussion üben die Lernenden ihren eigenen Standpunkt begründet zu vertreten sowie Toleranz gegenüber anderen Meinungen und Kompromissbereitschaft zu zeigen.

Das Rollenspiel kann in die folgende Situation eingebettet werden: Die englische Firma Zeneca möchte ihre Produkte aus gentechnisch veränderten Tomaten, wie z. B. Tomatenpüree, Tomatenmark und Tomatenstücke in Dosen, auf dem europäischen Markt etablieren.

Wie bei der Sorte Flavr-Savr® wurde auch bei diesen Tomaten durch die Einführung einer tomateneigenen DNA-Sequenz in das Pflanzengenom die Bildung des PG-Enzyms blockiert, so dass der natürliche Fruchtreifeprozess verlangsamt abläuft. Das gentechnische Verfahren ist gleichartig, die bewirkten Effekte sowie die zu bewertenden Sicherheitsaspekte entsprechen denen der Flavr-Savr®-Tomate: Die Konsistenz und die Zusammensetzung der Inhaltsstoffe sind vergleichbar, es werden keine neuen Proteine in der Pflanze gebildet. Als Selektionsmarker wird auch bei der englischen Tomate das Kanamycinresistenzgen verwendet. Gesundheitliche oder ökologische Gefahren durch unvorhergesehene Nebeneffekte wurden nicht nachgewiesen (s. Pressemitteilung RKI vom 18.2.1998).

Um die gentechnisch veränderten Tomaten in Europa anbauen und Produkte aus ihnen vertreiben zu können, beantragte der Hersteller die Genehmigung auf Inverkehrbringen nach der EG-Freisetzungsrichtlinie (90/220/EWG) sowie nach der Novel-Food-Verordnung. Insofern kein EU-Mitgliedsstaat Sicherheitsbedenken gegen die Zulassung vorbringt, können nach Genehmigung Verarbeitungsprodukte aus diesen Tomaten mit entsprechender Kennzeichnung in Deutschland vertrieben werden (s. Pressemitteilung RKI vom 20.2.1998). In Großbritannien ist das Tomatenpüree aus diesen gentechnisch veränderten Pflanzen bereits ein Verkaufsschlager. Es soll geschmacksintensiver als Vergleichsprodukte und zudem auch billiger sein.

Die Ausgangssituation: Der Hersteller möchte das von der englischen Handelskette SAFEWAY (s. AB 5) so erfolgreich vertriebene Produkt auch in Deutschland auf den Markt bringen. Damit dies mit Erfolg geschehen kann, ist vorab zu klären, ob eine generelle Verbraucherakzeptanz und damit auch ein Absatzmarkt in Deutschland vorhanden ist. Um dies abzuschätzen, organisiert die Herstellerfirma in verschiedenen deutschen Großstädten Umfragen und Werbeveranstaltungen für ihr Tomatenpüree. Die Bevölkerung wird eingeladen, sich die Argumente des Produzenten anzuhören, in eine Diskussion zu treten und ein Urteil darüber abzugeben, ob sie das Produkt kaufen würden. Auch Vertreter des Handels und des Verbraucherschutzes werden dazu geladen und sollen ihre Standpunkte zum Vertrieb der Produkte darlegen. Folgende Rollen ergeben sich:

1. Verbraucher und Vertreter von Verbraucherverbänden, die sich aus verschiedenen Perspektiven für oder gegen den Kauf des Tomatenpürees aussprechen,
2. Vertreter des Handels, die sich für oder gegen den Vertrieb des Tomatenpürees aussprechen,
3. Vertreter der Herstellerfirma, die für das Tomatenpüree werben und durch umfassende Information überzeugen wollen.

Die Rollen eins und zwei können noch dahingehend ausdifferenziert werden, dass unterschiedliche Interessengruppen vertreten sind (z. B. Vertreter von Umweltschutzgruppen, ökologisch orientierte Handelsvereinigungen wie Bioland oder Demeter). Es ist sinnvoll, einigen Schülern die Diskussionsleitung zu übertragen sowie eine Beobachtergruppe (Reporter) zu organisieren. Die vorgeschlagenen Rollen sollten möglichst durch jeweils eine Schülergruppe vertreten werden. Das erleichtert den Aufbau einer Argumentationsstrategie und das Vertreten des Standpunktes. Zur Ausgestaltung der Rollen können die AB 4 a–c und 5 genutzt werden. Letzteres dient der Information über das Produkt und unterstützt somit die „Werbekampagne" des Herstellers. Darüber hinaus soll es Problembewusstsein und Diskussionsfragen bei den „Verbrauchern" auslösen. In der Vorbereitungsphase des Rollenspiels wird die Spielsituation erläutert sowie die Rollen und die Informationsmaterialien verteilt. Jede Gruppe sollte aufgefordert werden, weiteres Material zur Ausgestaltung ihrer Rolle heranzuziehen. Vorschläge dazu werden unter „Weitere Materilien" gegeben. Vor Beginn des Rollenspiels sollten in den Schülergruppen die eigenen Interessen und Positionen geklärt werden sowie eine geeignete, möglichst überzeugende Argumentationsstrategie erarbeitet werden.

Für den Ablauf des Rollenspiels wird folgende Grundstruktur vorgeschlagen:

1. Die Diskussionsleitung stellt die Teilnehmer und den Veranstaltungsablauf vor. Die Teilnehmer werden gebeten, ein erstes Votum für oder gegen den Kauf des neuen Produktes abzugeben. Dieses kann in Tabellenform an der Tafel dargestellt werden. Mögliche Entscheidungskategorien wären: Kauf ich! – Kauf: Nein danke! – Bin noch unentschlossen.).
2. Die Vertreter der Firma präsentieren mit Hilfe des AB 5 (im voraus an alle Spielparteien ausgegeben) ihr neues Produkt.
3. Die Vertreter des Handels und der Verbraucherverbände stellen ihre Positionen dar.
4. Die Diskussionsleitung fasst die Argumente zusammen und stellt die Positionen (s. Tab. 7) einander gegenüber.

5. Die Teilnehmer tauschen in einer offenen Diskussion ihre Argumente aus. Dabei fordern die Verbraucher umfassende Informationen auf ihre Fragen.
6. Die Diskussionsergebnisse werden durch die Diskussionsleitung zusammengefasst und dahingehend geprüft, ob eine kompromissfähige Empfehlung bezüglich der Einführung des Tomatenpürees ableitbar ist.
7. Die Diskussionsleitung veranlasst ein abschließendes Votum für oder gegen den Kauf des neues Produkts.

Die Beobachter des Rollenspiels haben die Aufgabe, wesentliche Argumente zu protokollieren und zum Abschluss (bzw. in einer Folgestunde) eine „Kurzreportage" zu dem Ereignis" vorzutragen. Es sollte Wert auf eine möglichst klare und schlüssige Darlegung der Argumentationen gelegt werden. Das Ergebnis des Rollenspiels wird so für alle Beteiligten zusammengefasst. Auf dieser Grundlage sollte eine abschließende Reflexion im Klassenverband unter Berücksichtigung des Ziels der Entscheidungsfindung sowie hinsichtlich des Ablaufs des Rollenspiels stattfinden.

Lernvoraussetzungen

Grundwissen über:
- Bau und Funktion der DNA,
- Proteinbiosynthese,
- Bakterienkonjugation,
  Plasmide.

Lernziele

Die Schüler sollen:
- Beispiele für den Einsatz der Gentechnik in der Lebensmittelproduktion sowie damit verbundene Hoffnungen und Befürchtungen benennen können,
- das Prinzip der antisense-Technik und eine Möglichkeit der Genübertragung erklären können,
- Kriterien der Sicherheitsbewertung gentechnisch veränderter Lebensmittel nennen und am Beispiel der Tomate bewerten können,
- ethische Werte erläutern, die mit der Kennzeichnung gentechnisch veränderter Lebensmittel berührt werden sowie ein eigenes begründetes Urteil zur Kennzeichnung gentechnisch veränderter Lebensmittel fällen und in einer Diskussion vertreten können.

Weitere Materialien

Video: „Tomaten aus Kalifornien"(FWU, Best.-Nr. 4201783)
Bezugsadressen:
Bund für Lebensmittelrecht und Lebensmittelkunde (BLL e. V.), Godesberger Allee 157, 53175 Bonn, Internet-Adresse:
http:// www . bll.de,
Robert-Koch-Institut, Postfach 650280
13302 Berlin, Internet-Adresse:
http://www.rki.de
(Genehmigungsbehörde in Deutschland)
Arbeitskreis Gymnasium und Wirtschaft e. V.
Bahnhofsweg 8, 82008 Unterhachingen
„Gentechnische" Nahrungsmittel? –
Eine fächerübergreifende Handreichung für den Unterricht
BUNDjugend e. V., Friedrich-Breuer-Str. 86, 53225 Bonn

3. Unterrichtsverlauf und Materialien

1. Gentechnik in der Lebensmittelproduktion (ca. 45 min.) • Hoffnungen und Befürchtungen der Verbraucher gegenüber gentechnisch hergestellten Lebensmitteln • Anwendungsbereiche der Gentechnik in der Lebensmittelproduktion	
Einstieg: Hoffnungen und Befürchtungen der Verbraucher gegenüber gentechnisch veränderten Lebensmitteln. Würden Sie gentechnisch veränderte Lebensmittel kaufen? Welche Informationen sind für eine begründete Entscheidung notwendig? **Erarbeitung:** Beispiele für gentechnisch veränderte Lebensmittel auf dem Markt, Unterscheidung von Lebensmitteln, die gentechnisch veränderte DNA enthalten bzw. nicht enthalten	F 1
2. Die Flavr-Savr®-Tomate - das erste gentechnisch veränderte Lebensmittel weltweit • Beeinflussung der Tomatenreife durch antisense-Technik **(ca. 45 – 90 min.)**	
Einstieg: Einführung der Flavr-Savr®-Tomate 1994 als weltweit erstes gentechnisch verändertes Lebensmittel in den USA **Erarbeitung:** Reifeprozess bei Tomaten und Möglichkeiten der Beeinflussung **Erarbeitung:** antisense-Technik	Abb. 5 AB 3, Kap. 2.1.3
3. Methoden des Gentransfers auf Pflanzen (s. Kap. 2.1.1) **(ca. 90 min.)**	
4. Kriterien der Sicherheitsbewertung gentechnisch hergestellter Lebensmittel (ca. 45 min.)	
Einstieg: Ableiten von möglichen Sicherheitskriterien in Anknüpfung an die Hoffnungen und Befürchtungen der Verbraucher gegenüber gentechnisch hergestellten Lebensmitteln **Erarbeitung:** Vergleich der erarbeiteten Kriterien mit den von internationalen Organisationen wie der WHO bzw. OECD anerkannten Kriterien der Sicherheitsbewertung, Anwendung auf das Beispiel **Zusammenfassung:** Diskussionswürdig sind vor allem der Einsatz Antibiotikaresistenz codierender Marker und eine mögliche Veränderung des Alkaloidgehaltes durch die gentechnische Veränderung. Der Tomatin- und Solaningehalt einer Tomatensorte wird bei jeder Neuzüchtung geprüft. Die Wirkung der Alkaloide und entsprechende Nachweismethoden sind bekannt. **HA/SV:** Wirkungsweise von Antibiotika und die Entstehung von Resistenzmechanismen. (Lit.: A. Adremont, D. Copet & P. Courvalin: Antibiotikaresistenz. In: Spektrum der Wissenschaft, 7/1997)	AB 1
5. Der Einsatz Antibiotikaresistenz codierender Marker (ca. 45 min.)	
Einstieg: Wirkungsweise von Antibiotika und die Entstehung von Resistenzmechanismen **Erarbeitung:** Einsatz Antibiotikaresistenz codierender Marker als ein Gentechnik spezifisches Sicherheitskriterium **Anwendung:** Medizinische Untersuchungen zeigen, daß die Darmflora des Menschen Resistenzeigenschaften über die Nahrung (insbesondere über Rohkost) erwerben kann. In das Erbmaterial der FlavrSavr®-Tomate wurde als Selektionsmarker das Gen integriert, welches für das Antibiotikum Kanamycin codiert. Diese Wirksubstanz wird in seltenen Fällen (z.B. bei speziellen Augenkrankheiten bzw. in der Tiermedizin) heute noch therapeutisch genutzt. a) Welche Auswirkungen könnte es haben, wenn Darmbakterien des Menschen ein solches Antibiotikaresistenzgen aufnehmen würden? b) Welche Bedingungen müssen für eine Weitergabe der Kanamycinresistenz an Darmbakterien erfüllt sein?	SV AB 2

6. Kennzeichnung gentechnisch veränderter Lebensmittel I (ca. 90 min.) • Regelungen der Novel-Food-Verordnung • Ethische Analyse	
Einstieg: Sollten gentechnisch hergestellte Lebensmittel gekennzeichnet werden? **Erarbeitung:** Konkretisierung der Entscheidungssituation und Ableiten der Handlungsoptionen, Erläuterung der Regelungen der Novel-Food-Verordnung als eine mögliche Handlungsoption (Schritt 1/2 der ethischen Analyse) **Erarbeitung:** Analyse von Argumenten für oder gegen die Einzelhandlung und Zuordnen relevanter Werte, Unterscheidung normativer und deskriptiver Aussagen, Veranschaulichung der ethischen Grundkonzeptionen (Schritt 3) **HA:** Formulieren einer individuell begründeten Entscheidung	F 2 AB 3 AB 4 a–c
7. Kennzeichnung gentechnisch veränderter Lebensmittel II (ca. 45 min.) • Fällen einer begründeten Entscheidung auf Basis individueller Werte • Vorbereitung des Rollenspiels	
Einstieg: Verlesen mehrerer HA **Festigung:** Analyse der Argumente in den HA-Beispielen hinsichtlich der ihnen zugrunde liegenden Werte und ethischen Grundkonzeptionen **Anwendung:** Vorbereitung des Rollenspiels zur Einführung von Tomatenpüree aus gentechnisch veränderten Tomaten in Deutschland, Darstellung der Spielsituation, Verteilung der Rollen und Arbeitsaufgaben, erste Auseinandersetzung mit den Materialien.	AB 4 a–c AB 5
8. Kauf gentechnisch veränderter Lebensmittel – Bsp.: Tomatenpüree aus gentechnisch veränderten Tomaten (ca. 45–90 min) • Rollenspiel • Anwendung und Vertiefung der ethischen Analyse zur individuellen Urteilsfindung und Begründung • Reflexion	AB 4 a–c AB 5

Welche gentechnisch veränderten Lebensmittel würden Verbraucher kaufen?

Die Nürnberger Gesellschaft für Kosumgüterproduktion (GfK) befragte 2500 repräsentativ ausgewählte Bürger zu diesem Thema. 81,1 % lehnten den Kauf gentechnisch veränderter Lebensmittel generell ab, 18,9 % würden ausgewählte Produkte erwerben (Mehrfachnennungen waren möglich; nach DLG 10/1995).

81,1 %
grundsätzlich keine

12,6%
Produkte von gentechnisch veränderten Pflanzen

11,7%
Produkte, die mit Hilfe gentechnisch veränderter Organismen hergestellt werden

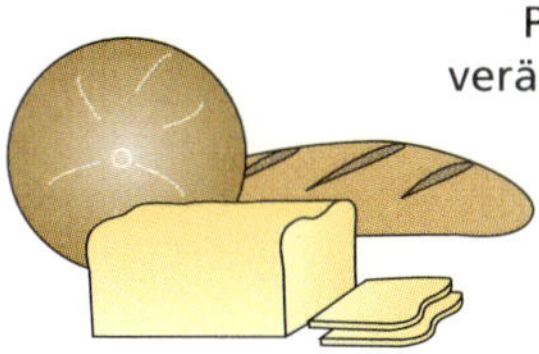

9,3%
Produkte, die Zusatzstoffe aus gentechnisch veränderten Organismen enthalten

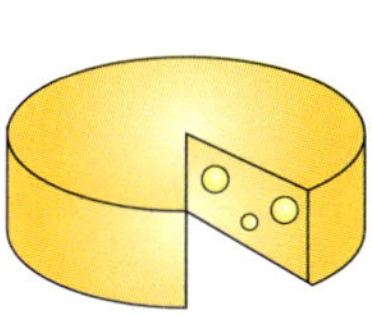

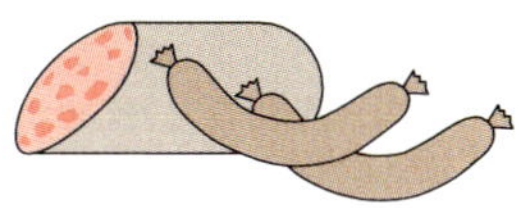

6,5%
Produkte aus gentechnisch veränderten Tieren

AB 1

Kriterien für die Sicherheitsbewertung gentechnisch hergestellter Lebensmittel (nach Schauzu 1996)	Bsp.: Gentechnisch veränderte Tomaten
Charakterisierung der Ausgangsorganismen: Spender- und Empfängerorganismus sollten eine nachweislich sichere Tradition als Lebensmittel bzw. in der Lebensmittelproduktion haben.	Lösung s. S. 66 ff.
Charakterisierung der genetischen Modifikation: Der Übertragungsmechanismus sollte zu dem gewünschten Ergebnis führen, die übertragenen DNA-Sequenzen sowie die Genprodukte sollten ungefährlich sein.	
Charakterisierung phänotypischer und landwirtschaftlicher Merkmale: Auf dem Feld sollte die Blüten-, Pollen- und Samenbildung sowie der Ertrag und die Erntezeit innerhalb der üblicherweise tolerierten Grenzen liegen.	
Charakterisierung wichtiger Inhaltsstoffe: Es dürfen keine unerwünschten Inhaltsstoffe gebildet werden.	
Charakterisierung des toxischen Potentials neu eingeführter Genprodukte: Wenn das neue Lebensmittel Substanzen enthält, die bisher nicht in der Nahrung vorkamen, sind diese auf Unbedenklichkeit zu prüfen.	
Charakterisierung des allergenen Potentials neu eingefügter Genprodukte: Neu entstehende Eiweiße sind auf ihre allergene Wirkung zu prüfen. Problem: Für Eiweiße, die bisher nicht in Lebensmitteln enthalten waren, stehen oft keine Methoden zur Untersuchung der Allergenität zur Verfügung.	
Charakterisierung der Nutzung von Markergenen: Es muß das Risiko der Verbreitung von Antibiotika- und Herbizidresistenzgenen (Marker) durch horizontalen Gentransfer sowohl im Verdauungstrakt als auch in der Umwelt beurteilt werden.	
Charakterisierung der Umweltverträglichkeit gentechnisch veränderter Organismen: Von gentechnisch veränderten Organismen dürfen keine Gefahren für die Umwelt ausgehen (z. B. Verwilderung, Gentransfer auf Wildpflanzen).	

Verbreitung von Antibiotikaresistenzgenen

Bereits 1945 warnte Alexander Fleming, der Entdecker des ersten Antibiotikums, des Penizillins, vor den Folgen des breiten Einsatzes von Antibiotika. Er hatte beobachtet, dass Bakterienkulturen, die anfangs gegen Penizillin empfindlich waren, plötzlich wieder wuchsen, obwohl er die Wirkstoffkonzentration erhöht hatte. Die Bakterien waren gegen das Antibiotikum Penizillin resistent geworden.

Wie ist es möglich, dass Antibiotikaresistenzen in Bakterien verbreitet werden?

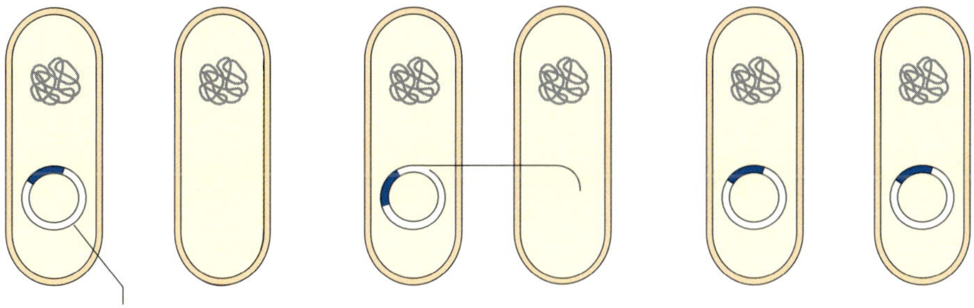

(Abb. verändert nach Copet, D & P. Courvalin 1997)

Die Übertragung von Antibiotikaresistenzgenen zwischen Bakterien wurde früher als unbedeutsam betrachtet. Heute jedoch sind bereits mehrfach resistente Bakterienstämme bekannt, gegen die zum Teil keine wirksamen Antibiotika mehr zur Verfügung stehen. Solche sog. Multiresistenzen sind z. B. bei speziellen Pneumokokken bekannt, die Lungenentzündung auslösen, wie auch bei einige Tuberkuloseerreger und Darmbakterien. Solche mehrfach resistenten Bakterien können in Kliniken auftreten, sie sind besonders für Patienten mit geschwächten Abwehrkäften, z. B. nach einer Operation oder Chemotherapie, eine lebensbedrohliche Gefahr. In Deutschland fallen solchen Infektionen, auch Hospitalismus genannt, jährlich Patienten zum Opfer.

Aufgaben:

1. **Erklären Sie den Mechanismus der Weitergabe von Resistenzeigenschaften zwischen Bakterien durch Konjugation! Nehmen Sie Ihr Lehrbuch und die Abbildung zur Hilfe!**
2. **Der häufige Einsatz von Antibiotika in der Medizin fördert die Selektion und Ausbreitung antibiotikaresistenter Bakterien. Erläutern Sie diese Aussage!**
3. **Inwiefern kann das Vorkommen von Antibiotikaresistenzgenen in Lebensmitteln zu einem vermehrten Auftreten unempfindlicher Krankheitserreger führen!**

Gesetze, Verordnungen und Paragraphen

Die Gesetze und Verordnungen des Lebensmittelrechts dienen dem Schutz des Verbrauchers vor Gesundheitsgefahren, Irreführung und Täuschung. Sie gelten für alle Produkte, die als Lebensmittel dienen. Für gentechnisch hergestellte Lebensmittel gilt darüber hinaus das Gentechnikgesetz.

§ Laut deutschem **Lebensmittel- und Bedarfsgegenständegesetz** (LMBG) dürfen Lebensmittel generell nicht hergestellt und in den Verkehr gebracht werden, wenn sie für die Gesundheit des Verbrauchers bedenklich sind. Der Hersteller haftet für seine Produkte.

§ Durch das **Gentechnikgesetz** (GenTG) wird der Umgang mit gentechnisch veränderten Organismen vor allem zu dem Zweck geregelt, Leben und Gesundheit von Mensch und Umwelt zu schützen.

Sollten Ihrer Meinung nach gentechnisch hergestellte Lebensmittel gekennzeichnet werden?

§ Die **Lebensmittelkennzeichnungsverordnung** (LMKV) regelt die Etikettierung eines jeden Lebensmittels. Vermerkt sein müssen zum Beispiel der Produktname, das Zutatenverzeichnis, das Mindesthaltbarkeitsdatum und auch Angaben zum Nährwert.

§ Die **Zusatzstoffzulassungsverordnung** (ZzulV) regelt welche Zusatzstoffe (z. B. Konservierungsmittel) in Lebensmitteln enthalten sein dürfen.

Die Novel-Food-Verordnung der Europäischen Gemeinschaft

Zweck: Die Novel-Food-Verordnung regelt das Inverkehrbringen neuartiger Lebensmittel und Lebensmittelzutaten in der EG. Sie trat am 15. Mai 1997 in Kraft.

Grundsatz: Lebensmittel und Lebensmittelzutaten dürfen:
- keine Gefahr für den Verbraucher sein,
- keine Irreführung bewirken und
- sich nicht so von vergleichbaren Lebensmitteln unterscheiden, dass ihr Verzehr Ernährungsmängel mit sich bringt.

Anwendungsbereich: Die Novel-Food-Verordnung wird auf Lebensmittel und Lebensmittelzutaten angewandt, die bisher in der EG noch nicht für den menschlichen Verzehr verwendet wurden, z. B. gentechnisch hergestellte Lebensmittel.

Prüfverfahren: Vor dem erstmaligen Inverkehrbringen eines Lebensmittels oder einer Lebensmittelzutat muss das neue Produkt, wenn es identisch mit herkömmlichen Lebensmitteln ist, angemeldet werden (Notifizierung). Produkte, die neuartige Eigenschaften aufweisen, müssen ein zweistufiges Genehmigungsverfahren durchlaufen.

Kennzeichnung:

Es muss angegeben werden,
- ob das Lebensmittel aus gentechnisch veränderten Organismen besteht,
- ob die gentechnische Veränderung zu einer unterschiedlichen Zusammensetzung oder zu einem unterschiedlichen Nährwert des Lebensmittels geführt hat und
- ob Stoffe enthalten sind, die in herkömmlichen Lebensmitteln nicht vorkommen, die aber z. B. für Allergiker problematisch sein können bzw. gegen die ethische oder religiöse Vorbehalte bei bestimmten Bevölkerungsgruppen bestehen.

Beispiele: **Gentechnisch veränderte Organismen** (kennzeichnungspflichtig)

Kartoffeln

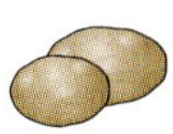

Sojabohnen

Tomaten

Mais

unterscheidbare Folgeprodukte
(Das Produkt besitzt ein neues Merkmal.)

(kennzeichnungspflichtig)

nicht unterscheidbare Folgeprodukte
(Das Produkt ist dem herkömmlichen Erzeugnis identisch.)

(kennzeichnung freigestellt)

Aufgaben:

1. **Welche Bedingungen müssen für das Inverkehrbringen eines neuartigen Lebensmittels erfüllt sein?**
2. **Unter welchen Bedingungen müssen (laut Gesetz) bzw. sollten Ihrer Meinung nach neuartige Lebensmittel gekennzeichnet werden?**

Was sagen Produzenten zur Kennzeichnung gentechnisch hergestellter Lebensmittel?

Prof. Dr. Nigel Poole, Zeneca Plant Science, UK

„... Es ist Zenecas Firmenpolitik, die Medien und die Öffentlichkeit ausführlich über die Entwicklung dieser Produkte zu informieren. Dazu gehört die Veröffentlichung von Informationsbroschüren zur Pflanzenbiotechnologie, die Teilnahme an öffentlichen Diskussionen sowie an Konsensuskonferenzen etc. Darüber hinaus finden regelmäßige Treffen mit den Medien, wichtigen Entscheidungsträgern und auch Verbrauchern statt. Im Juli 1993 hat Zeneca zum ersten Mal öffentlich darüber gesprochen, ein Tomatenmark, produziert aus gentechnisch veränderten Tomaten, auf den Markt zu bringen. ...

Der Erfolg des Produkts hing davon ab, das Vertrauen der Verbraucher zu gewinnen. Daher erschien es uns absolut notwendig, Verbraucherinformationen zur Verfügung zu stellen. Unser Produkt steht neben dem normalen Produkt im Regal. Keine spezielle Werbungskampagne wurde gestartet, um dieses Produkt hervorzuheben. ..."

Roland Stalder, Nestle AG, Lausanne

„... Die Sicherheit der Gentechnologie und deren Produkte kann mit der heute zur Verfügung stehenden Methode gezielt bewertet werden. Risiken, welche mit diesen Technologien verbunden sind, sind nicht größer als diejenigen traditioneller Technologien. Im Gegenteil, Produkte aus der klassischen Tier- bzw. Pflanzenzucht und Produkte, welche mit traditionellen Verfahren hergestellt werden, unterliegen keiner oder nur einer beschränkten Sicherheitsbewertung. Produkte gentechnologischer Herkunft werden hingegen sehr genau unter die Lupe genommen und werden von verschiedenen Sachverständigen begutachtet. ..."

Guido Boeken, PR-Manager, Monsanto Services International, Brüssel

„... Untersuchungen haben gezeigt, dass einige Verbraucher die Kennzeichnung biotechnologischer Produkte wünschen. Dieser Weg der Information ist jedoch bei Massenprodukten von zum Beispiel Sojabohnen und Mais kaum praktikabel*. ..."

* Anmerkung: Sojaöl bzw. Maisstärke sind in einer Vielzahl von Lebensmitteln enthalten, so dass deren Kennzeichnung evtl. zu einer unübersehbaren Informationsflut führen würde.

Adalbert Kienle, Deutscher Bauernverband e.V.

„... Die Frage, ob sich die Gentechnologie durchsetzen wird, wird nicht durch die Kennzeichnung entschieden. Gewiss gibt es schon heute Verbraucher, die sich in erster Linie an Produktionsmethoden oder Haltungsformen und weniger am Endprodukt orientieren. Wahrscheinlich wird diese Zahl noch zunehmen. Diese Erkenntnis ist aber nicht automatisch eine Schreckensformel, sondern kann für einen Teil der Landwirte und ebenso der Ernährungswirtschaft eine echte Chance sein! Die Mehrzahl der Verbraucher orientiert sich jedoch heute und morgen nicht in erster Linie an Technologien, sondern am Produkt - und hier wird einen Vorsprung haben, was sich qualitativ und gesundheitlich hervorragend anzubieten vermag! ..."

(Auszüge aus Statements anlässlich des Symposiums „Was ist Sache in Sachen Gentechnik?" des BLL, 17./18.4.1996 in Bonn)

Was sagt der Handel zur Kennzeichnung gentechnisch hergestellter Lebensmittel?

Gundolf Praast, Deutsche Spar-Handelsgesellschaft mbH

„... Der Lebensmittelhandel versteht sich als der Vermittler von Informationen zwischen Industrie und Verbraucher, daher spiegelt die Meinung der Lebensmittelhändler auch die Meinung der Verbraucher wider. Die Forderungen des Lebensmittelhandels nach Informationen, sowohl auf der Packung wie in zusätzlichen Informationsträgern als auch Beipackzetteln, Anmerkungen am Regal oder zusätzliche Informationen außerhalb der Kennzeichnung, sind daher Ausdruck eigener rechtlicher Verpflichtungen*. ...

Das Verlangen (des Handels) wird detailliert auch auf bisher nicht kennzeichnungspflichtige Enzyme bzw. Aromen, sofern sie gentechnisch hergestellt werden, erstreckt. Zu beachten ist dabei, dass auch jeder Inverkehrbringer, d. h., jeder Lebensmittel-Einzelhändler, Importeur und Großhändler dafür haftet, dass die Zutatenliste dem Lebensmittel- und Bedarfsgegenständegesetz (LMBG) entspricht."

* Anmerkung: Der Handel ist rechtlich ebenso wie die Produzenten für die ordnungsgemäße Kennzeichnung der Waren verantwortlich, da beide gleichermaßen die Lebensmittel in den Verkehr bringen. Bei der praktischen Umsetzung gilt das Prinzip der Stufenverantwortung: jeder ist in erster Linie dafür haftbar, was er tatsächlich zu verantworten hat. Primär wird demzufolge der Produzent bei Schadensfällen haftbar gemacht und erst dann der Handel, insofern dieser nicht selbst als Produzent auftritt wie z. B. bei „Spar"-Produkten.

Franz-Josef Möllenberg, Gewerkschaft Nahrung-Genuss-Gaststätten

„In Bezug auf die Kennzeichnung plädiere ich ebenfalls für eine differenzierte Herangehensweise. Unabhängig davon, dass eine positiv-Kennzeichnung sehr viel wirkungsvoller wäre (z. B. Reinheitsgebot beim Bier und „aus der Region für die Region", Herkunftsnachweise), ist die pauschale Kennzeichnung unter Umständen nicht nur falsch, sondern auch wirkungslos.

Unstrittig dürfte sein, dass „neue Lebensmittel" wie Flavr-Savr®-Tomate gekennzeichnet werden müssen. Aber auch hier müsste klar sein, dass Lebensmittel, die in ihrer Substanz nicht verändert worden sind, wie z. B. der Zucker, nicht der Kennzeichnung bedürfen, weil - wie schon angemerkt - Pauschalurteile kontraproduktiv sein könnten. ...

Unstrittig dürfte zwischen uns auch sein, dass es aufgrund der globalen Märkte nicht mehr möglich ist, hier einen nationalen Alleingang zu gehen. Die Beschäftigten in der Ernährungsindustrie (und auch die Verbraucher) werden das Nachsehen haben, wenn Standorte in Deutschland verloren gehen, weil die Produktion in anderen europäischen Ländern (oder darüber hinaus?) stattfinden wird. ..."

(Auszüge aus Statements anlässlich des Symposiums „Was ist Sache in Sachen Gentechnik?" des BLL, 17./18.4.1996 in Bonn)

Was sagen Verbraucher zur Kennzeichnung gentechnisch hergestellter Lebensmittel?

Prof. Dr. Heiko Steffens, Arbeitsgemeinschaft der Verbraucherverbände e. V.
„... Aus Verbrauchersicht ist bisher kein überzeugender komparativer Nutzvorteil gentechnisch veränderter gegenüber konventionellen Lebensmitteln erkennbar. Auf der anderen Seite erscheint das bei einem Kauf übernommene subjektive Risiko für Gesundheit und Sicherheit mangels wissenschaftlicher Langzeiterkenntnisse über den Novel-Food-Verzehr gerade in der ersten Phase des Innovationszyklus besonders hoch. Den Verbrauchern ist bewusst, dass die Gentechnik mit ihrem Rationalisierungs- und Optimierungspotential primär der landwirtschaftlichen und industriellen Lebensmittelproduktion nützt. ..."

Dan Leskien, Friends of the Earth
„... Verbraucher haben das Recht, in die Lage versetzt zu werden, eine informierte Wahl über das zu treffen, was sie essen. Lebensmittel, Lebensmittelzutaten, Zusatzstoffe und Enzyme, die mit Hilfe gentechnischer Verfahren produziert wurden, sollten daher nicht nur einer offiziellen Zulassungspflicht unterliegen, sondern auch entsprechend gekennzeichnet werden. Verbraucher sollten das Recht besitzen, selbst zu entscheiden, ob sie die Anwendung gentechnischer Verfahren bei der Herstellung eines bestimmten Produktes für „wesentlich" (substantiell) halten oder nicht. Wenn die Anwendung der Gentechnik im Lebensmittelbereich für den Verbraucher von Vorteil ist, so sollten die Lebensmittelhersteller selbst ein besonderes Interesse daran haben, mit der Hilfe der Kennzeichnung das Augenmerk des Verbrauchers auf diese Tatsache zu lenken. ..."

Dr. Klaus Ammann, Universität Bern, Geobotanisches Institut
„Die Eleganz der Methode ist zwar sehr vielversprechend, schnelle und ökologisch überzeugende Resultate sind jedoch schwieriger zu erbringen: Noch sind einige Probleme genauer unter die Lupe zu nehmen: z. B. Konstanz der eingebauten Gene, unerwünschte Genübertragung durch Genfluss auf die verwandten Wildarten, mögliche Allergien durch Fremd-Proteine, Veränderung der Wirt-Spezifität von Pflanzenpathogenen u. a. m. ..."

Guy Crauser, Stellv. Generaldirektor, Europäische Kommission, Brüssel
„... Ziel der Verordnung ist es auch, ein integriertes Gemeinschaftsverfahren für das Inverkehrbringen aller neuartigen Lebensmittel zu schaffen sowie ein System, das es erlaubt, zwischen wissenschaftlich eindeutigen und komplexeren Fällen zu unterscheiden. Daher ist ein vereinfachtes Verfahren für substantiell äquivalente Produkte vorgesehen. Die Kommission hat sich stets für eine umfassende Kennzeichnung ausgesprochen, die den Verbrauchern aussagekräftige Informationen liefert und die dabei gleichzeitig in den verschiedenen Stadien der Verarbeitung des Lebensmittels praktikabel und durchsetzbar bleibt. Der Gemeinsame Standpunkt verlangt eine verbindliche Kennzeichnung in einer Vielzahl von Fällen und sieht Ausnahmen nur dann vor, wenn eine verbindliche Kennzeichnung weder aussagekräftig noch praktikabel wäre.* ..."
Anmerkung: Dies gilt z. B. für gentechnisch hergestellte Produkte, die mit dem herkömmlichen Lebensmittel identisch sind.

(Auszüge aus Statements anlässlich des Symposiums „Was ist Sache in Sachen Gentechnik?" des BLL, 17./18.4.1996 in Bonn)

Public Information by SAFEWAY (Ed.)

A guide to ... **Help & advice**

Safeway Double Concentrated Tomato Puree produced from Genetically Modified Tomatoes

1. Improved foods

Ever since farming began, man has looked for ways of producing and growing new and improved crops, selecting those with the best characteristics to produce the wide range of foods available today. Biotechnology is the term we use to describe these processes of selection and crossing to improve our food, and many of the foods we enjoy and take for granted are, in fact, the result of biotechnology. Products such as beer, cheese, salami, pickles, yoghurt, soy sauce, bread, vinegar, wine and cider all rely on the processes of traditional biotechnology.

2. New Tomato Puree - what are the benefits?

These traditional processes can be slow and somewhat hit and miss. For example, it can take flower breeders 10 or more years of trial and error to produce flowers with a particular petal colour. The processes of modern biotechnology which have been used to produce our new tomato puree go simply one stage further. Instead of a process of trial and error in developing new crops, scientists can now precisely identify individual genes and modify them. The use of genetic modification means that specific changes can be made to food crops, both quickly and precisely, without making other undesired changes. This was very difficult to achieve previously.

3. Excellent taste, less waste

Scientists have now identified the gene that makes tomatoes turn soft during ripening, and they've also found a way of switching the gene off. This means that the tomatoes can be left to ripen on the plant until they have their full flavour and colour, while previously they would have been harvested. These genetically modified tomatoes with the softening gene ''switched off' remain firm after harvesting, providing greater flexibility during transport and handling, with reduced wastage. As less tomatoes go to waste, best use is made of water, a scarce commodity in California where the tomatoes are grown. In addition as the tomatoes contain less water, less energy is used during processing. Together, these improvements mean that Safeway's tomato puree, made from genetically modified tomatoes, is available at a reduced price in comparison to puree made from conventional tomatoes.

4. Is it safe?

The law requires that foods produced using genetic modification are subject to extensive review and approval by a number of committees of independent experts who ensure that the strict guidelines and legislation in force are adhered to. The tomato puree produced from genetically modified tomatoes on sale in Safeway stores has been reviewed and approved for sale in the UK and is perfectly safe to eat.

2.1.6 Zur Analyse des pflanzlichen Genoms am Beispiel des Modellorganismus Ackerschmalwand *(Arabidopsis thaliana)*

Regina Rojek und Angela Kroß

Seit dem Beginn des Ackerbaus versucht der Mensch, Nutzpflanzen für seine Zwecke durch Zucht zu verändern. Dabei geht es darum, für den Ackerbau unerwünschte Eigenschaften der Pflanzen zu reduzieren und gewünschte Eigenschaften zu verstärken. Allerdings sind die Möglichkeiten der herkömmlichen Pflanzenzucht durch den Genvorrat einer Art begrenzt.

Durch die Erkenntnisse in der Molekularbiologie und die Entwicklung von gentechnischen Methoden hat die Pflanzenzüchtung eine neue Dimension bekommen. Zum einen können mittels Gentransfer Nutzpflanzen gezielt mit einer zusätzlichen Eigenschaft ausgestattet werden, die auf natürlichem Wege nie hätte eingekreuzt werden können. Zum anderen kann durch molekularbiologische Methoden eine bessere und schnellere Selektion durchgeführt werden.

Um die Erkenntnisse aus der Molekularbiologie für die Pflanzenzüchtung anwenden zu können, war ein vertieftes Verständnis der Struktur und Funktion von Pflanzengenen notwendig. Der wissenschaftliche Fortschritt hängt dabei einerseits davon ab, dass die richtigen Fragen formuliert werden und andererseits von der Verwendung geeigneter Organismen zu deren Beantwortung. Erkenntnisse über Pflanzengene sind maßgeblich durch Forschungen am Modellorganismus *Arabidopsis thaliana* (Ackerschmalwand oder Gänserauke, (s. AB 1) gewonnen worden.

Das Ackerwildkraut *Arabidopsis thaliana* gehört zur Familie der Kreuzblütengewächse (*Brassicaceae*) und wächst weltweit an Ruderalstandorten. Für die Forschung ist diese Pflanze zum Modellorganismus geworden, da sie ein kleines und relativ einfach zu analysierendes Genom hat, leicht auf engstem Raum zu kultivieren ist, eine kurze Generationsdauer hat und eine Vielzahl von Mutanten aufweist. Im Rahmen dieser Unterrichtseinheit wird deutlich gemacht, welche Bedeutung die Forschungsergebnisse am Modellorganismus *Arabidopsis thaliana* für die Züchtungsforschung haben. Dabei handelt es sich um (1) die Charakterisierung von Mutanten zur Aufklärung von Genfunktionen und (2) den Einsatz von Mutationen, um die Veränderungen im Genom als Marker für das Auffinden von Genen zu nutzen, die daran gekoppelt sind. Darüber hinaus wird kurz auf methodische Schritte der Genisolierung als Voraussetzung für die Transformation von Pflanzen eingegangen. Abschließend werden Fragen zur Freiheit und Verantwortung von Wissenschaft thematisiert.

1. Sachinformationen

Die Bedeutung des Modellorganismus *Arabidopsis thaliana* für die Pflanzenzüchtung

Arabidopsis thaliana ist seit langem ein Standarduntersuchungsobjekt für Genetiker. Die geringe Größe von *Arabidopsis thaliana* von nur 30 cm ermöglicht es, viele Individuen auf engstem Raum zu kultivieren. Nach 8 bis 10 Wochen (abhängig von den Lichtbedingungen, der Temperatur und dem Genotyp) werden pro Pflanze Tausende von Nachkommen erzeugt, die in der Natur normalerweise durch Selbstbefruchtung entstehen. Sexuelle Kreuzungen zwischen verschiedenen Linien können jedoch im Labor leicht von Hand ausgeführt werden. In Samen von *Arabidopsis thaliana* können durch Röntgenstrahlung oder eine Behandlung mit bestimmten Chemikalien Mutationen ausgelöst werden, bevor sie zur Keimung gebracht werden. *Arabidopsis thaliana* kann auf einfachen Böden, im Dauerlicht und bei Raumtemperatur oder in Sterilkultur auf definierten Medien gut wachsen (s. Kasten 1). Es lassen sich schnell große Populationen heranziehen, die für die Durchführung genetischer Experimente benötigt werden. Die kurze Generationszeit ermöglicht die schnelle Konstruktion von Linien mit mehreren Mutationen.

Kasten 1: Bestellung und Anzucht von *Arabidopsis*-Samen

Unter http://nasc.nott.ac.uk Order Seed findet man im Internet ein Formular mit dem man *Arabidopsis*-Samen vom Arabidopsis Stock Center anfordern kann. Die Samen werden kostenlos abgegeben sofern nicht mehr als 10 Linien pro Jahr bestellt werden.

Postanschrift:
Dr. Mary Anderson,
Nottingham Arabidopsis Stock Centre,
Department of Life Science, University of Nottingham, UK-Nottingham NG7 2RD.

Für diese Unterrichtseinheit (s. AB 1) werden Samen des Wildtyps *Landsberg errecta* und Samen der Mutanten *Agamous* (NW 25), *Brevipedicellus* (NW 30), *Chlorina* (NW 41) und *Apetala* (NW 28) benötigt (vgl. Kasten 2). Die Samen des Wildtyps und der Mutanten werden angezogen. Die Anzucht erfolgt in einem 2:1 Gemisch aus Pikiererde und Sand (um Staunässe zu vermeiden) unter einem Beleuchtungsrhythmus von 16 h Licht/ 8 h Dunkel bei Raumtemperatur. Mit beginnendem Abreifen der Schoten (gelbliche Verfärbung) werden die Pflanzen in Pergamenthüllen gelegt, um sie zu trocknen. Die Samen werden nach vollständigem Trocknen der Pflanze geerntet und bei Raumtemperatur gelagert.

Für die Isolierung einzelner Gene ist das Genom des Modellorganismus günstig, weil es besonders klein ist und deshalb relativ leicht analysiert werden kann. Mit 7x107 Nukleotidpaaren ist das *Arabidopsis*-Genom nur zwanzig mal größer als das von *E. coli*, es umfasst aber nur ein Zwanzigstel des Genoms von Tabakpflanzen und nur ein Hundertstel des Genoms des Weizens. Eine Genbank, also eine Sammlung von willkürlich geschnittenen und anschließend klonierten DNA-Fragmenten, die in ihrer Gesamtheit das vollständige Genom eines Organismus ausmachen (s. Bd. 2, S. 67), kann daher aus *A. thaliana* mit relativ geringem Aufwand angelegt werden. Es kann auch besonders schnell nach bestimmten DNA-Sequenzen durchsucht werden. Darüber hinaus ist der Anteil an repetitiven DNA-Sequenzen bei A. thaliana im Gegensatz zu dem aller anderen bisher untersuchten Pflanzenspezies viel geringer.

Repetitive DNA ist eine generelle Bezeichnung für bestimmte DNA-Bereiche, die in einem Genom in vielen Kopien vorkommen. Je nach Häufigkeit ihres Vorkommens unterscheidet man 3 verschiedene Klassen von Sequenzen:

- hochrepetitive DNA oder Satelliten-DNA (ca. 105 bis 106 Kopien pro Genom), ihre Funktion ist noch unbekannt;
- mittelrepetitive DNA (ca. 102 bis 104 Kopien pro Genom), sie enthält Gene für rRNA-, tRNA- und snRNA-Moleküle (= small nuclear RNA, kleine Kern-RNA).
- Single Copy-DNA (1-102 Kopien pro Genom) enthält die eigentlichen Strukturgene.

Der relativ geringe Anteil an repetitiven Sequenzen im *Arabidopsis*-Genom und der somit relativ hohe Anteil an DNA-Bereichen, die nur einmal im Genom vorkommen, erleichtern die Isolierung aufeinander folgender überlappender genomischer Klone (zur Kartierung und Sequenzierung des Genoms s. Bd. 2, S. 60 ff.).

Als Modellorganismus für die molekularbiologische Forschung eignet sich *Arabidopsis* auch deshalb gut, weil sich ganze Pflanzen relativ leicht aus einzelnen Zellen regenerieren lassen. *Arabidopsis thaliana* lässt sich auch gut mit *Agrobacterium* infizieren (s. Kap. 2.1.1), es ist also relativ leicht möglich, Fremdgene in das Genom einzuschleusen.

Zur Familie der Kreuzblütengewächse gehören nicht nur zahlreiche Nutzpflanzen wie Gartenkresse, Meerrettich, Gemüsekohl, Senf, Raps, sondern auch Ackerwildkräuter (z. B. Hederich, Hirtentäschelkraut) und Zierpflanzen (z. B. Goldlack, Levkojen). Da die Art der Genregulation gerade in nahverwandten Pflanzenarten ähnlich ist, sind die an *Arabidopsis thaliana* gewonnenen Erkenntnisse

und das Grundlagenwissen für die gentechnische Veränderung auf die genannten Nutzpflanzen und Ackerwildkräuter übertragbar.
Durch die Analyse von *Arabidopsis*-Mutanten wird auch versucht, für die Pflanzenzüchtung wichtige Gene zu identifizieren, zu klonieren und diese dann entweder als Proben für die Klonierung entsprechender Nutzpflanzengene zu verwenden oder sie für die Transformation von Nutzpflanzen einzusetzen.

Die Bedeutung von Mutanten für die Pflanzenzüchtungsforschung

Die DNA-Sequenz eines Gens kann nur Hinweise auf mögliche Funktionen eines Gens geben, wenn diese Sequenz Ähnlichkeit mit bereits bekannten DNA-Sequenzen von Genen zeigt, deren Funktion man bereits kennt. Die Funktionsaufklärung von Genen kann auch dadurch erfolgen, dass man die Auswirkung einer genetischen Veränderung auf den Phänotyp eines Organismus untersucht.

Mutanten, bei denen eine bestimmte morphologische oder physiologische Eigenschaft gestört ist, werden analysiert, um Aufschluss über die normale Ausprägung dieses Phänomens zu gewinnen. Hierzu braucht man Mutanten, bei denen nur ein einziges am veränderten Phänotyp beteiligtes Gen mutiert ist.

Bei *Arabidopsis thaliana* versucht man solche Mutanten zu identifizieren, bei denen möglichst nur ein Gen verändert ist. Aufgrund einer Mutation kann z. B. die Blüte so verändert sein, daß statt Staubgefäßen und Narbe extra Kronblätter ausgebildet werden (vgl. Kasten 2).

Kennt man die genetische Veränderung und kann man sicherstellen, dass die Veränderung des Phänotyps nur auf die Änderung in einem Gen zurückzuführen ist, so kann man eine funktionale Beziehung zwischen der genetischen und der phänotypischen Veränderung herstellen.

Kasten 2: Steckbriefe von Mutanten
(Abbildungen der Mutanten können unter der Internet-Adresse http://nasc.nott.ac.uk gefunden und ausgedruckt werden.)

Name: *Agamous*
Charakteristika des Phänotyps:
Die Blüten haben statt Staubgefäßen und Narbe extra Kronblätter.
Name des Locus/Allels: ag/ag-1
Position: Chromosom 4 – 42.1 Centimorgan
Mutagen: EMS (Ethylmethansulphonat)

Name: *Brevipedicellus*
Charakteristika des Phänotyps:
Die Schoten zeigen nach unten und der Stiel ist verdreht.
Name des Locus/Allels: bp/bp-1
Position: Chromosom 4 – 15.0 Centimorgan
Mutagen: EMS

Name: *Chlorina*
Charakteristika des Phänotyps:
Die Blattrosette ist hell gelb-grün.
Name des Locus/Allels: ch6/ch6-1
Position: Chromosom 3 – 84.0 Centimorgan
Mutagen: Nitrosomethylurea

Name: *Apetala*
Charakteristika des Phänotyps:
Die Blüten haben keine Kronblätter.
Name des Locus/Allels: ap1/ap1-1
Position: Chromosom 1 – 99.3 Centimorgan
Mutagen: EMS

Name: *erecta*
Charakteristika des Phänotyps:
Die Pflanzenrosette ist kompakt, die Blütenblätter kurz und die Früchte stumpf.
Name des Locus/Allels: er
Position: Chromosom 2 – 43.5 Centimorgan
Mutagen: EMS oder Röntgenstrahlen

Name: *pyrimidine requiring*
Charakteristika des Phänotyps:
Die Blätter sind bis auf die Kotyledonen weiß, sie sterben schnell ab. Durch Verab-

reichung von 2,5-dimethyl1-4-aminopyrimidin kann die normale Blattfarbe wieder hergestellt werden.
Name des Locus/Allels: py
Position: Chromosom 2 – 49.1 Centimorgan
Mutagen: EMS oder Röntgenstrahlen

Name: *long hypocotyl 1*
Charakteristika des Phänotyps:
Die Pflanzen sind gelb-grün. Keimen die Sämlinge in Weißlicht so sind die Hypokotyle lang, in UV und Blaulicht verhalten sich die Hypokotyle wie beim Wildtyp. In hellrotem Licht und dunkelrotem Licht wird das Längenwachstum nicht wie im Wildtyp gehemmt. Die Mutante zeigt einen Defekt in der Phytochrombiosynthese (s. Linder/Bayrhuber/Kull 1998, S. 60).
Name des Locus/Allels: hy1-1
Position: Chromosom 2 – 43.8 Centimorgan
Mutagen: EMS

Aufklärung der Funktion des hy-1-Allels der *Long-Hypocotyl*-Mutante von *A. thaliana*

Die *Long-Hypocotyl*-Mutante von *Arabidopsis thaliana* (s. Kasten 2, AB 2) wurde durch die Behandlung der Samen der Wildtyp-Linie „Landsberg errecta" teils mit Ethylmethansylfonat (EMS, 10 mM, 24 h, 24 °C), teils mit Röntgenstrahlen erzeugt (s. Koornneef et al., 1980).

Der Phänotyp der Mutante zeichnet sich dadurch aus, dass die Pflanzen dieser Mutante, bei Anzucht unter normalem weißem Licht, ein längeres Hypokotyl aufweisen im Vergleich zu Wildtyp-Pflanzen. Kornneef et. al. (1980) zeigten, dass alle getesteten Wellenlängen (UV-Licht, blaues, grünes, hellrotes, dunkelrotes Licht) einen inhibitorischen Effekt auf das Längenwachstum der Hypokotylen von *Arabidopsis*-Wildtyp-Linien zeigen (s. AB 2).

Die größten inhibitorischen Effekte konnten durch die Bestrahlung mit dunkelrotem Licht, gefolgt von UV und blauem Licht erreicht werden. Bei der *Long-Hypocotyl*-Mutante zeigen bestimmte Wellenlängen keinen bzw. kaum einen inhibitorischen Effekt. Die Inhibition des Hypokotyl-Längenwachstums bleibt bei der Bestrahlung mit dunkelrotem bzw. hellrotem Licht fast vollständig aus.

Das hy-1-Allel wird rezessiv vererbt. Entsprechende Kreuzungen wurden durchgeführt, um festzustellen, wie viele Gene an der Ausprägung des vom Wildtyp verschiedenen Phänotyps beteiligt waren. Die hy-1-Mutante wurde mit der Ausgangslinie, dem Wildtyp, rückgekreuzt. In der F_2-Generation zeigte sich eine Aufspaltung der Merkmale, die auf eine monogene Mutation schließen lässt.

Im weiteren stellten sich folgende Fragen: Welches Gen mutierte? Welche Position hat es im Genom? Welche Funktion hat das Gen? Kopplungs-Analysen (s. Bd. 2, S. 62 ff.) mit Markern, die auf dem Chromosom 2 liegen, wie er und py zeigten, daß das hy-1-Allel ebenfalls auf Chromosom 2 lokalisiert ist (vgl. Kasten 2).

Biochemische Untersuchungen der hy-1-Mutante ergaben, daß in den Pflanzen spektrophotometrisch wenig Phytochrom nachzuweisen ist. Das wirksame Phytochrom liegt als Dimer aus zwei gleichen Untereinheiten vor; jede Untereinheit ist ein Chromoprotein, d. h., eine Kombination aus einer chromophoren Gruppe (Pigment) und einem Apoprotein. Die chromophore Gruppe besteht aus einem offenkettigen Tetrapyrrolpigmentsystem. Dieses Pigmentsystem ist für die eigentliche Lichtperzeption verantwortlich (weitere Informationen über das Phytochromsystem s. Bayrhuber/Kull 1998, S. 60).

Parks & Quail (1991) wiesen nach, dass hy-1-Mutanten zwar normale Mengen an immunochemisch nachweisbarem Phytochrom enthielten, dass aber dieses Molekül photochemisch nicht funktional ist. Sie zeigten, dass die Biosynthese des Phytochroms in der *Long-Hypocotyl*-Mutante nicht zu Ende geführt und demzufolge das Molekül nicht vollständig ausgebildet wird: die Synthese des Phytochroms wird in einem Schritt der Chromophorbiosynthese gehemmt. Das hy-1-Allel ist nach diesen Ergebnissen also wichtig für die Chromophorbiosynthese.

So wurden mittels physiologischer Experimente, biochemischer Analysen und morphologischer Beschreibungen von Mutante und Wildtyp und dem Vergleich der Ergebnisse viele Erkenntnisse über die Position und Funktion dieses Gens gewonnen.

Die Bedeutung von genetischen Markern für die Pflanzenzüchtung

Eine wichtige Aufgabe der Pflanzenzüchtung ist es, Kulturpflanzen zu erzeugen, die möglichst optimal ihrem jeweiligen Anbaugebiet und Verwendungszweck angepasst sind. Eigenschaften, die hierbei eine wichtige Rolle spielen, sind z. B. die Widerstandsfähigkeit der Pflanzen gegen Befall durch pathogene Viren, Bakterien oder Pilze, der Ertrag, die Standfestigkeit, aber auch die Zusammensetzung und der Gehalt von Protein, Stärke, Öl und anderen Inhaltsstoffen (s. Kap. 2.1.2, 2.1.3, 2.1.4).

Vielfach kennt man das Gen bzw. die Gene nicht, die die Ausprägung derartiger Eigenschaften kodieren. Zu deren Lokalisation kann man sich bereits bekannte DNA-Sequenzen zunutze machen, von denen man weiß, dass sie regelmäßig gemeinsam mit den (unbekannten) Genen für eine der genannten Eigenschaften vererbt werden. Solche DNA-Sequenzen bezeichnet man als genetische Marker oder einfach als Marker. Dazu zählen bei *Arabidopsis* z. B. die Gene für die Behaarung oder die Blattfarbe oder bestimmte biochemische Merkmale. Wenn eine dieser Eigenschaften stets zusammen mit der Eigenschaft auftritt, deren Gen gesucht wird, so darf man annehmen, dass beide Gene gekoppelt, also auf demselben Chromosom, lokalisiert sind. Eine DNA-Sequenz eignet sich dann als genetischer Marker, wenn sie in wenigstens zwei verschiedenen Erscheinungsformen (Allelen) vorliegt, wenn also auch das Merkmal, das sie kodiert im Phänotyp in unterschiedlichen Ausprägungen sichtbar wird (s. Linder, Bayrhuber/Kull 1998, S. 296 ff.).

Heute stehen allerdings auch Marker zur Verfügung, die normalerweise im Phänotyp überhaupt nicht ausgeprägt werden, so genannte RFLP-Marker (s. Bd. 2, S. 47 ff. und S. 63 ff.). Das Kürzel RFLP steht für Restriktionsfragmentlängenpolymorphismus. Dabei handelt es sich um eine spezielle Klasse von lokal auftretenden Sequenzänderungen in der DNA. Sie sind überwiegend das Ergebnis einzelner Basenaustausche, können jedoch auch durch Umlagerungen von DNA-Bereichen oder durch Deletionen (Verlust von Basenpaaren) oder Insertionen (Einfügen von Basenpaaren) entstehen.

Restriktionsfragmentlängenpolymophismen werden immer dann beobachtet, wenn durch den Basenaustausch eine Erkennungsstelle für ein Restriktionsenzym betroffen ist, so dass es zum neuen Auftreten oder Verschwinden einer Schnittstelle kommt. Dies macht sich bei der Spaltung der genomischen DNA mit dem betreffenden Restriktionsenzym in einer Verkürzung oder Verlängerung von DNA-Fragmenten und damit in einer Veränderung des Fragmentmusters bemerkbar. Dieses Muster erhält man, wenn man die DNA-Fragmente gelelektrophoretisch nach ihrer Größe auftrennt. Die Sequenzvariationen führen in den meisten Fällen zu keinerlei erkennbaren Veränderungen im Phänotyp eines betroffenen Organismus. Sie werden wie Gene entsprechend den Mendelschen Gesetzen vererbt und können daher auch als genetische Marker verwendet werden. Die RFLP-Marker erfüllen folgende Anforderungen, die an einen idealen Marker gestellt werden:

- Sie sind in praktisch unbegrenzter Anzahl verfügbar; denn es gibt über 300 verschiedene Restriktionsenzyme.
- Sie zeigen codominante Vererbung; auch heterozygote Genotypen und rezessiv wirkende Gene können erkannt werden.
- Ihre Ausprägung ist nicht umweltabhängig. Auch kann man RFLP-Analysen bereits in einem sehr frühen Entwicklungsstadium der Pflanze durchführen, man muss also nicht eine ganze Generationsdauer abwarten, um morphologische Merkmale identifizieren zu können.

Ein Nachteil von RFLP-Markern ist allerdings, dass sie nicht einfach zu erkennen sind, sondern eine aufwendige Nachweismethode erfordern (s. Bd. 2, S. 47 ff.).

Kasten 3: Das Prinzip der RFLP-Analyse im Schülerexperiment

Das Prinzip der RFLP-Analyse kann im Unterricht sehr gut mit dem Lambda-Kit verdeutlicht werden. In einem für die Schule konzipierten Versuch wird Phagen-DNA mit Restriktionsenzymen geschnitten und die verschieden großen DNA-Fragmente werden in einem Gel der Größe nach aufgetrennt (s. Band 2, S. 103 ff.).
Der Lambda-Kit kann unter folgender Adresse bestellt werden: IPN, z. Hd. Dr. Eckhard R. Lucius, Olshausenstr. 62, 24098 Kiel, Fax: 0431-8803132.

Herstellen und Durchmustern einer Genbank

Soll aus der Gesamtheit der genomischen DNA ein interessierendes Gen isoliert werden, muss man das Genom zunächst in handhabbare Stücke schneiden und diese dann klonieren.

Bei der DNA-Klonierung wird ein DNA-Stück, das ein interessierendes Gen enthält, in ein sich selbst replizierendes genetisches Element, meist ein Virus oder ein Plasmid, eingebracht. So ist es beispielsweise möglich, einen DNA-Abschnitt, der ein pflanzliches Gen einschließt, im Reaktionsgefäß in das Genom eines Bakterienvirus zu integrieren und dieses neu rekombinierte DNA-Molekül dann in eine Bakterienzelle einzuschleusen. Selbst wenn man zu Beginn nur ein einziges DNA-Molekül hat, kann der normale Replikationsmechanismus des Virus innerhalb von Bakterienzellen daraus in weniger als einem Tag mehr als 1012 identische Virus-DNA-Moleküle produzieren, in die das pflanzliche DNA-Fragment integriert ist. Ein Virus oder ein Plasmid, das in dieser Weise eingesetzt wird, bezeichnet man als Klonierungsvektor und nennt die darin integrierte und vervielfältigte DNA kloniert. Die Klonierung eines bestimmten Gens beginnt mit der Konstruktion einer Genbank (DNA-Bibliothek), einer umfangreichen Sammlung klonierter DNA-Fragmente, die wenigstens ein Fragment mit dem gesuchten Gen enthält (s. Bd. 2, S. 67). Die Bibliothek kann entweder mit einem Virus oder einem Plasmidvektor konstruiert sein und wird im Allgemeinen in einer Bakterien-Zellpopulation gehalten (s. Linder/Bayrhuber/Kull 1998, S. 352 ff.).

Der schwierigste Teil der Arbeit beim Klonieren von Genen besteht oft darin, in der Bibliothek die wenigen Kolonien zu finden, die das gesuchte DNA-Fragment enthalten.
Im Folgenden wird eine der hierfür eingesetzten Techniken erläutert:

Agarplatten, auf denen die Bakterienkolonien wachsen, werden mit einem Stück Filterpapier abgeklatscht, wobei von jeder Zellkolonie ein paar Zellen haften bleiben (s. Folie 1). Diese Kolonien auf dem Filter werden mit Alkali behandelt, um die Zellen aufzuschließen und die doppelsträngigen DNA-Moleküle in Einzelstränge aufzuspalten. Anschließend wird das Filter mit einer markierten Sonde inkubiert, die eine Teilsequenz aus dem gesuchten Gen enthält. Auf diese Weise müssen Millionen von Bakterienklone durchgemustert werden, um einen Klon zu finden, der das Gen enthält und daher mit der Sonde hybridisiert.

Wie die spezifische Sonde hergestellt wird, hängt davon ab, wieviel über das Gen, das man klonieren möchte, schon bekannt ist. Häufig ist das entsprechende Protein bereits durch biochemische Untersuchungen nachgewiesen und in kleinen Mengen gereinigt worden. Um eine Sonde herzustellen, bestimmt man eine Sequenz von ca. 30 Aminosäuren und leitet davon entsprechende Nukleinsäuresequenzen ab. Da für eine Aminosäure in der Regel unterschiedliche Basentripletts kodieren, gibt es mehrere mögliche Nukleinsäuresequenzen. Dann werden je zwei verschiedene Oligonucleotide synthestisiert, die zu zwei unterschiedlichen Abschnitten der abgeleiteten Nukleinsäuresequenzen des Gens passen. Eine Zellkolonie, deren DNA mit beiden DNA-Sonden eines solches Paares hybridisiert, enthält mit großer Wahrscheinlichkeit das gesuchte Gen. In den letzten Jahren konnte eine Vielzahl von Genen aus *Arabidopsis thaliana* identifiziert werden. Es gibt dazu mittlerweile weiterer Möglichkeiten, Sonden zu finden (z. B.

cDNA-Synthese, PCR, s. Kap. 2.3.7).

Freiheit und Verantwortung der Wissenschaft

Hierzu schreibt H. Markl (1989): „Die Begriffstriade „Freiheit, Verantwortung, Wissenschaft" kennzeichnet drei Seiten eines Ganzen, das nur Bestand hat, solange sie miteinander verbunden bleiben, denn keiner dieser Begriffe behält ohne die anderen seinen Sinn. Dies ist etwas näher zu erläutern.

Wer nicht die Freiheit hat, sich zwischen verschiedenen Denkmöglichkeiten oder Handlungsalternativen zu entscheiden, der trägt für das, was er denkt oder tut, auch keine Verantwortung – er führt höchstens Anordnungen aus. Hat er aber die Wahl- und Entscheidungsfreiheit, so ist er für das, was er denkt, sagt oder tut, notwendig verantwortlich, mag er es auch vor sich selbst und anderen noch so sehr verleugnen. Urteilsfähigkeit hat Urteilspflicht zur Folge. Von allem kann man sich emanzipieren, nur nicht von der Verantwortung für das, was man mit der gewonnenen Freiheit anstellt. Je freier, umso verantwortungsloser – das ist grundfalsch. Das Gegenteil ist richtig.

Verantwortliche Entscheidungen zu treffen setzt hinwiederum zuverlässige Wissensgrund-lagen über Bedingungen, Vorstellungs- oder Hand lungsmöglichkeiten und voraussichtliche Folgen voraus, wie sie uns Wissenschaft – im weitesten Sinne verstanden – verfügbar macht. Sonst wird die Wahl unter Handlungsalternativen zum Lotteriespiel, und damit könnte einer bestenfalls einen Glücksfall oder wahrscheinlicher sein Missgeschick erwürfeln: Ergebnis ausgeübter Selbstverantwortung wäre beides nicht.

Schließlich kann es für den, der den Menschen nicht bereits angeborenermaßen mit allem ihm überhaupt möglichen Wissen begabt glaubt, auch nicht in Frage stehen, dass Wissenschaft also der Weg zu nachweislich zuverlässigem Wissen, ohne die Freiheit, diesen Weg zu suchen und ihn, ist er gefunden, auch zu gehen, undenkbar ist und daraus folgt sogleich wieder, dass Wissenschaft auch von Verantwortung nicht zu trennen ist."

Gerade im Rahmen dieser Unterrichtseinheit, in der die Zusammenhänge von Grundlagenforschung (als Wissenszuwachs) und die mögliche Anwendung der neuen Erkenntnisse über die Struktur und Funktion von Pflanzengenen in der Pflanzenzüchtung (Freiheit der Handlungsalternativen) deutlich gemacht werden, bietet es sich an, mit Schülern über die Freiheit und Verantwortung der Wissenschaftler zu diskutieren. Aufhänger einer derartigen Diskussion könnte sein, Schüler aufzufordern, einen Hippokratischen Eid für Biologen zu formulieren (s. AB 4 und 5) unter Berücksichtigung folgender Fragen:

Wissenschaft braucht Freiheit – was ist das? Und: Wissenschaft muss Verantwortung tragen: Was heißt das? (Wofür/wem gegenüber?).

2. Fachdidaktische Informationen

Lernvoraussetzungen

Grundlagen der:
- Pflanzenentwicklung/Morphogenese;
- Struktur und Funktion der DNA;
- Morgan-Genetik;
- Struktur von Bakterien- und Pflanzenzellen.

Lernziele

Die Schüler sollen:
- die Zielsetzungen der Analyse des pflanzlichen Genoms nennen können;
- die Bedeutung von Modellorganismen für die Forschung erläutern können;
- den Begriff Mutante und deren Bedeutung für die Forschung erklären können; die Ursache für die verschiedenen Phänotypen einer Pflanze herausfinden und zwar am Beispiel *Arabidopsis thaliana*;
- ein physiologisches Experiment mit einer *Arabidopsis*-Mutante nachvollziehen, Hypothesen bilden und eine Versuchsauswertung durchführen können;
- das Prinzip von RFLP-Analysen und deren Bedeutung für die Pflanzenzüchtung erklären können;
- das Herstellen und Durchsuchen einer genomischen Genbank erklären können;
- die Verantwortung von Wissenschaftlern erläutern können.

3. Unterrichtsverlauf und Materialien

1. Genomanalyse in der Pflanzenzüchtung und die Bedeutung des Modellorganismus *Arabidopsis thaliana* (ca. 45 min)	
Einstieg: Ein Ziel der Pflanzenzüchtung mittels Gentechnik ist die Veränderung der Eigenschaften von Kulturpflanzen durch die Übertragung eines artfremden Gens. Woher stammen diese Gene und wie kommt man zu Kenntnissen über ihre Struktur und Funktion? Welche Bedeutung hat die Pflanzengenomanalyse für die klassische Züchtung (markergestützte Selektion)? **Erarbeitung:** Die Pflanze *Arabidopsis thaliana* kennenlernen und beschreiben. **Erarbeitung:** Merkmale eines Modellorganismus in der Pflanzenmolekularbiologie, Bedeutung von Mutanten für die Pflanzenmolekularbiologie **Fragen:** Wozu braucht man Mutanten in der Forschung? Welche Eigenschaften der abgebildeten Pflanze machen diese zu einem Modellsystem in der Pflanzengenetik und Pflanzenmolekularbiologie? Welche Anwendungsaspekte können sich aus der Forschung an einem Modellsystem in der Pflanzengenetik und Pflanzenmolekularbiologie für die Pflanzenzüchtung ergeben?	AB 1 Wildtyp u. Mutante von *A. thaliana* (zur Beschaffung s. Kasten 2)
2. Die Bedeutung von Mutanten für die Aufklärung von Genfunktionen am Beispiel der Long-Hypocotyl-Mutante von Arabidopsis thaliana (ca. 45 min)	
Einstieg: Forschungsergebnisse von Koorneef et al. 1980 **Erarbeitung:** Experimente, die Koorneef et al. 1980 zur Charakterisierung der *Long-Hypocotyl*-Mutante durchführten, sollen nachvollzogen werden. Die Daten sollen ausgewertet und Hypothesen formuliert werden. Zur Bedeutung des Phytochromsystems für die Pflanzenentwicklung informieren (s. Linder Bayrhuber/Kull 1998, S. 60) **Zusammenfassung:** Bedeutung der Mutanten zur Aufklärung von Genfunktionen	AB 2
3. RFLP-Analyse (ca. 45 min., mit Schülerexperiment weitere 90 + 45 min.) • Prinzip der RFLP-Analyse • Schülerexperiment: Restriktionsverdau und Auftrennen von DNA-Fragmenten durch Gelelektrophorese (Lambda-Kit)	
Wiederholung: Erstellung klassischer Genkarten durch Genkopplung; genetische Marker und ihre Aussagekraft (Dominanzeffekte, Umwelteinflüsse) **Erarbeitung:** Überwindung dieser Probleme durch RFLP-Marker, Prinzip der RFLP-Analyse und Verfahren zur Identifizierung polymorpher Sequenzen (s. Bd. 2, S. 47 ff.), **Schülerexperiment:** Durchführung eines Restriktionsverdaus und Auftrennung der DNA-Fragmente durch Gelelektrophorese (Lambda-Kit), vgl. Bd. 2, S. 104 **Zusammenfassung:** Gegenüberstellung der Verfahren zur Genkartierung **HA:** Aufgaben zur RFLP-Analyse	Kasten 3 AB 3
4. Die Isolierung von Genen (ca. 45 min) • Herstellen und Durchsuchen einer genomischen Genbank	
HA/Wiederholung: RFLP-Analysen **Erarbeitung:** Herstellen und Durchsuchen einer genomischen Genbank (s. Linder Bayrhuber/Kull, S. 352 ff.) **Zusammenfassung:** Praktische Relevanz der Erkenntnisse, evtl. Einordnung in eine Übersicht (Wann kommt was zur Anwendung?) HA: Formulieren Sie einen Hippokratischen Eid für Biologen.	AB 3 F 1 AB 4

5. Freiheit und Verantwortung der Wissenschft (ca. 45 min)	
Einstieg: Vorlesen der Hausarbeiten **Erarbeitung:** Wofür ist der Wissenschaftler verantwortlich? (z. B. Qualität seiner Arbeit; für die Methoden seiner Forschung; Folgen der Wissenschaft?) Vor wem muss der Wissenschaftler sich verantworten? Braucht Wissenschaft Freiheit? **Zusammenfassung:** Hippokratischer Eid für Biologen	AB 4 AB 5

Ein Modellorganismus in der Pflanzengenetik und Pflanzenmolekularbiologie

1. Bestimmen Sie mit einem Bestimmungsschlüssel die Ihnen vorliegende Pflanze! Es handelt sich um den Wildtyp der gesuchten Art.

   Familie: ____________________

   Gattung: ____________________

   Art: ____________________

   Vorkommen: ____________________

2. Vergleichen Sie den Phänotyp der Wildtyp-Pflanze mit der Ihnen vorliegenden Mutante und beschreiben Sie die Unterschiede! Beachten Sie dabei Wuchsform, Blattfarbe, Blütenform (Anzahl der Kelch-, Blüten-, Staub- und Fruchtblätter)!

Wildtyp	Mutante

   Name der Mutante:

3. Entnehmen Sie dem Internet unter der Adresse http://nasc.nott.ac.uk/ Informationen über genetische Merkmale der Mutante!

   Welches Gen ist mutiert?

   ____

   Auf welchem Chromosom liegt die Mutation?

   ____

   Wodurch wurde die Mutation ausgelöst?

   ____

Lösungen zu den Aufgaben s. S. 86 ff.

AB 2 a

Charakterisierung einer Arabidopsis thaliana-Mutante zur Aufklärung der Genfunktion des Allels hy-1.

Ausgangslage:

Redei und Hirono (1964) beschrieben eine *Arabidopsis*-Mutante, deren Hypokotyl doppelt so lang wie das des Wildtyps ist, sofern die Pflanzen im Weißlicht angezogen wurden. Durch entsprechende Kreuzungsanalysen wurde festgestellt, dass die Ursache für dieses Phänomen auf die Veränderung eines Gens zurückzuführen ist und dass sich das mutierte Gen im Erbgang rezessiv verhält. Durch klassische Kopplungsanalysen mit den Markern py und er wurde das Gen hy zwischen diesen beiden Markern auf Chromosom 2 lokalisiert (s. Genkartierung nach MORGAN, z. B. im Linder, Bayrhuber, Kull 1998, S. 297 ff.).

Bis zu diesem Zeitpunkt war über die Funktion von hy lediglich bekannt, dass eine Mutation in diesem Gen einen Einfluss auf die Hypokotoyl-Länge des *Arabidopsis*-Sämling unter Weißlicht hat. Koorneef et al. (1980) charakterisierten Mutanten hinsichtlich des hy-Gens zum ersten Mal physiologisch durch das folgende Experiment.

Versuchsbeschreibung:

Die *Arabidopsis*-Samen werden in Petrischalen mit 9 cm Durchmesser auf feuchtes Filterpapier gelegt (25 Samen pro Petrischale). 6 Petrischalen werden mit den Samen vom Arabidopsis-Wildtyp WT beschickt und 6 Petrischalen mit den Samen der Arabidopsis-Mutante mit dem Allel hy-1. Sie werden 15 min. bei Rotlicht (658 nm) inkubiert, um die Keimung zu induzieren. Anschließend werden die Samen in 10 Petrischalen 24 h lang im Dunkeln gehalten und danach in Kabinen mit monochromatischem Licht (spektralreines Licht einer bestimmten Wellenlänge) überführt. 2 Petrischalen (eine mit den Samen des Wildtyps und eine mit Samen der Mutante) werden bei 359 nm (UV), 2 bei 442 nm (Blaulicht), 2 bei 527 nm (Grünlicht), 2 bei 658 nm (hellrotes Licht), 2 bei 730 nm (dunkelrotes Licht), 2 Petrischalen weiterhin im Dunkeln inkubiert.

Nach 48 h wird die Hypokotyl-Länge von 10 Pflanzen pro Genotyp bestimmt und der Mittelwert der Hypokotyl-Länge berechnet. Die Ergebnisse dieses Experiments sind in Abb. 1 dargestellt.

Versuchsschema:			
Ansätze	Lichtbedingungen		
	15 min	24 h	48 h
1. Petrischale WT	bei 685 nm	im Dunkeln	bei 359 nm
2. Petrischale hy-1	bei 685 nm	im Dunkeln	bei 359 nm
3. Petrischale WT	bei 685 nm	im Dunkeln	bei 442 nm
4. Petrischale hy-1	bei 685 nm	im Dunkeln	bei 442 nm
5. Petrischale WT	bei 685 nm	im Dunkeln	bei 527 nm
6. Petrischale hy-1	bei 685 nm	im Dunkeln	bei 527 nm
7. Petrischale WT	bei 685 nm	im Dunkeln	bei 658 nm
8. Petrischale hy-1	bei 685 nm	im Dunkeln	bei 658 nm
9. Petrischale WT	bei 685 nm	im Dunkeln	bei 730 nm
10. Petrischale hy-1	bei 685 nm	im Dunkeln	bei 730 nm
11. Petrischale WT	bei 685 nm	im Dunkeln	im Dunkeln
12. Petrischale hy-1	bei 685 nm	im Dunkeln	im Dunkeln

Versuchsergebnisse:

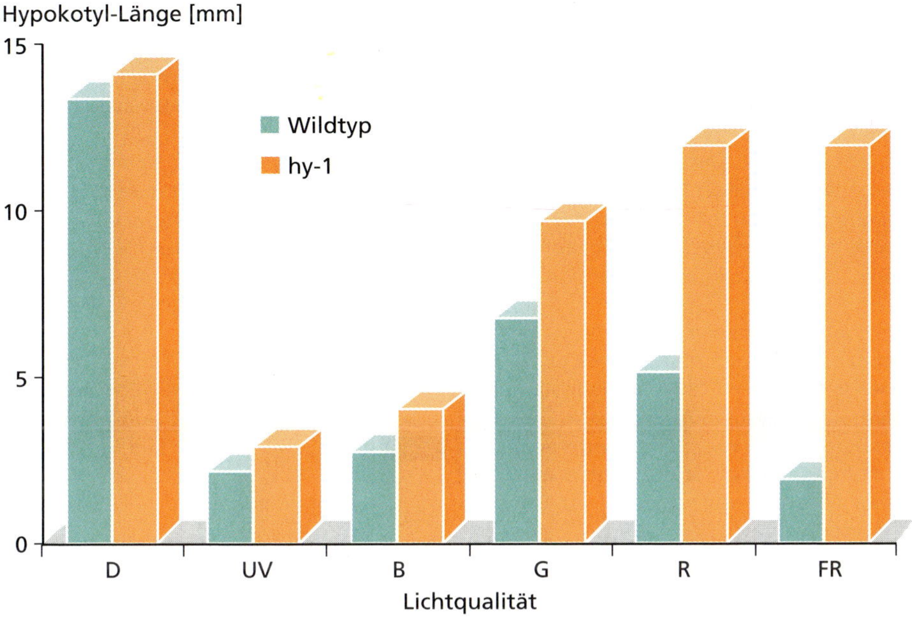

Abb. 1: Darstellung der Hypokotyl-Längen vom *Arabidopsis*-Wildtyp und der Mutante mit dem hy-1-Allel, die unter verschiedenen Lichtbedingungen angezogen wurden. D im Dunkeln, UV unter UV-Licht (359 nm), B in blauem Licht (442 nm), G in grünem Licht (527 nm), HR in hellrotem Licht (658 nm), DR in dunkelrotem Licht (730 nm) (nach Koorneef et al. 1980).

Aufgaben:

1. **Fassen Sie die Ergebnisse anhand der Abb. 1 zusammen!**
2. **Leiten Sie eine Hypothese zum Zusammenhang zwischen Lichtqualität und Hypokotyl-Länge ab (s. hierzu Fotomorphogenese im Biologiebuch)!**
3. **Setzen Sie folgende Information in Beziehung zu Ihrer oben formulierten Hypothese!**

   Die durchschnittliche Hypokotyl-Länge von Keimlingen, die im dunkelrotem Licht (DR) angezogen wurden, sind bei der Mutante mit dem hy-1-Allel etwa um den Faktor 4.8 größer als beim Wildtyp, wohingegen der Phytochrom-Gehalt bei dieser Mutante um den Faktor 4.4 erniedrigt ist.

Literatur: Koornneef, M.; Rolff, E. and Spruit, C. J. P. (1980): Genetic Control of Light-inhibited Hypocotyl Elongation in *Arabidopsis thaliana* (L.) HEYNH. Z. Pflanzenphysiol. Bd. 100, 147 – 160.
Redei, G.P. and Y. Hirono (1964): Linkage studies. Arab. Inf. Serv. 1: 9 – 10.

AB 3

Restriktionsfragmentlängenpolymorphismus-(RFLP) Analyse

RFLP-Allele werden wie Gene vererbt. Ein diploides Individuum, also eine Pflanze, ein Tier oder ein Mensch, trägt auf zwei homologen Chromosomen unterschiedliche RFLP-Allele; die beiden Chromosomen ergeben dann an einer bestimmten Stelle verschieden lange Restriktionsfragmente. Da das Individuum für die RFLP-Allele heterozygot ist, tragen die von ihm gebildeten Gameten entweder das eine oder das andere Allel, und zwar im Verhältnis 1:1. Durch Kreuzungsversuche kann der Erbgang der Allele untersucht werden. Man verwendet dazu homozygote Individuen. Bei Pflanzen nimmt man dazu sogenannte Inzuchtlinien, die man, wie der Name sagt, durch Kreuzung von Nachkommen untereinander erzeugt, was im Laufe vieler Generationen zu Homozygotie führt.

Die Abb. rechts zeigt das Ergebnis der Kreuzung zweier Eltern (P_A + P_B), die aus verschiedenen Inzuchtlinien stammen. Die RFLP-Allele sind als Bandenmuster auf einem Autoradiogramm erkennbar: die entsprechende DNA wurde mit einem Restriktionsenzym gespalten und die DNA-Fragmente wurden elektrophoretisch aufgetrennt. Je kürzer der Weg, den ein DNA-Fragment während der Elektrophorese zurücklegt, desto länger ist es.

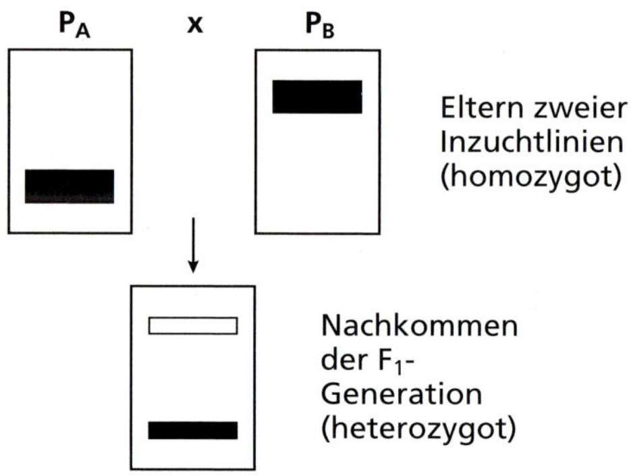

Aufgaben:

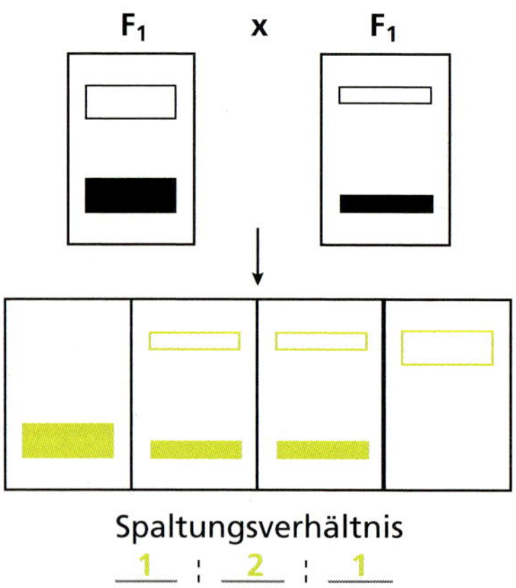

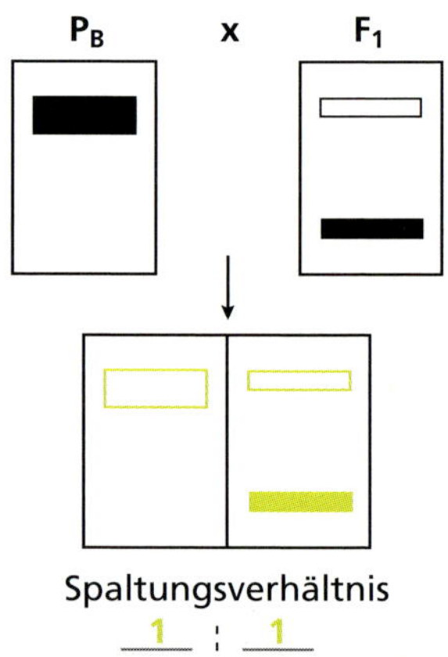

1. **Zeichnen Sie in die rechte Abb. das Bandenmuster der F_2-Generation nach Kreuzung von Individuen der F_1-Generation und geben Sie das Spaltungsverhältnis an!**
2. **Zeichnen Sie in die linke Abb. die fehlenden Bandenmuster zur Rückkreuzung der F_1-Generation mit P_B ein und geben Sie das Spaltungsverhältnis an!**

Das Durchmustern einer Genbank (modifiziert nach Alberts et al. 1995)

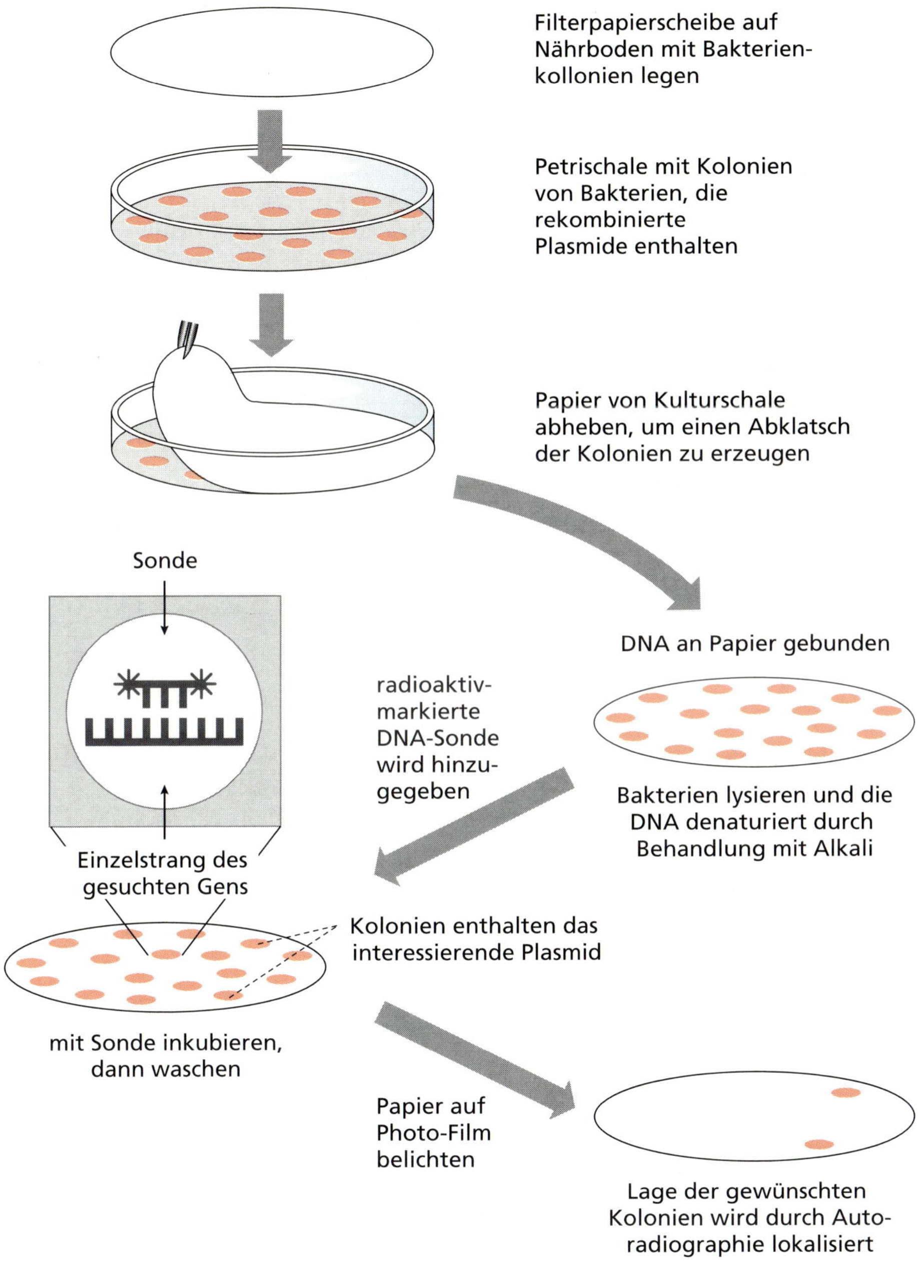

Hippokratischer Eid für Biologen?

Hippokrates war ein griechischer Arzt, der von 460 – 377 v. Chr. gelebt hat und als Begründer der klassischen Medizin gilt. Der Eid des Hippokrates gilt noch heute als sittliches Grundgesetz des Arztberufes.

Der Hippokratische Eid

Ich schwöre bei Appolon, dem Arzt, und Asklepios und Hygieia und Panakeia und allen Göttern und Göttinnen, die ich zu Zeugen anrufe, daß ich diesen Eid und diese Niederschrift nach bestem Wissen und Können erfüllen werde.
Ich werde den, der mich diese Kunst gelehrt hat, gleich meinen Eltern ehren und ihm Anteil an meinem Leben geben, und wenn er in Schulden geraten sollte, ihn unterstützen und seinen Söhne meinen Brüdern gleichhalten und sie diese Kunst lehren falls sie den Wunsch haben sollten, sie zu erlernen, und zwar ohne jede Vergütung und schriftliche Verschreibung und an Vorschriften, am Vortrag und aller sonstigen Belehrung werde ich meine Söhne und die meines Lehrers teilnehmen lassen, wie auch die mit mir eingeschriebene Jünger der Kunst, die durch den ärztlichen Eid gebunden sind, aber niemanden sonst.
Und ich werde die Grundsätze der Lebensweise nach besten Wissen und Können zum Heil der Kranken anwenden, dagegen nie zu ihrem Verderben und Schaden.
Ich werde auch niemanden eine Arznei geben, die den Tod herbeiführt, auch nicht, wenn ich darum gebeten werde, auch nie einem Rat in dieser Richtung erteilen.
Ich werde auch keiner Frau Mittel zur Vernichtung keimenden Lebens geben.
Ich werde mein Leben und meine Kunst stets lauter und rein bewahren.
Ich werde auch nicht Steinleidende operieren und Männern, die solche Praktiken ausüben, aus dem Wege gehen.
In welche Häuser ich auch gehe, die werde ich nur zum Heil der Kranken betreten, unter Meidung jedes wissenschaftlichen Unrechts und Verderbens und insbesondere jeder geschlechtlichen Handlung gegenüber weiblichen Personen wie auch gegenüber Männern, Freien und Sklaven.
Was ich in meiner Praxis sehe oder höre oder außerhalb dieser im Verkehr mit Menschen erfahre, was niemals anderen Menschen mitgeteilt werden darf, darüber werde ich schweigen, in der Überzeugung, daß man solche Dinge streng geheimhalten muß.
Wenn ich nun diesen Eid treu halte und nicht entweihe, dann möge ich von meinem Leben und meiner Kunst Segen haben, bei allen Menschen zu jeder Zeit hochgeachtet; wenn ich ihn aber verletze und eidbrüchig werde, dann möge mich das Gegenteil hiervon treffen.

(aus: Hippokrates, Artemis Verlag AG Zürich, 1955, neu übertragen von Wilhelm Capelle.)

Aufgaben: Formulieren Sie einen Hippokratischen Eid für Biologen! Überlegen Sie dabei, wofür und wem gegenüber Biologen verantwortlich sind!

Vorschläge für hippokratische Eide für Naturwissenschaftler

Gene Weltfish (1946)

„Ich gelobe, daß ich mein Wissen zum Besten der Menschheit gegen die Zerstörung und die Machtgier der Menschen gebrauchen werde, daß ich ferner mit allen Fachgenossen einer jeden Nation, eines jeden Glaubens und jeder Farbe für diese unsere gemeinsamen Ziele zusammenarbeiten werde."

Reinhold Führt (1956)

„Da ich mir bewußt bin, daß meine wissenschaftlichen Kenntnisse mir erhebliche Macht über die Naturkräfte gegeben haben, gelobe ich, diese Kenntnisse und diese Macht nach bestem Wissen und Gewissen ausschließlich für die Wohlfahrt der Menschheit anzuwenden und mich jeder wissenschaftlichen Tätigkeit zu enthalten, die, soweit es mir bekannt ist, für schädigende Zwecke bestimmt ist."

Werner A. Luck (1962)

„Nach bestem Wissen und Können will ich mich bemühen, meine Kenntnisse zum Wohl der gesamten Menschheit einzusetzen. Ich werde danach streben, ihr nie Schaden oder Unrecht anzutun. Naturwissenschaftler sein, bedeutet für mich, mit allem meinem Wissen für die Optimierung der Erkenntnis und für die weitest mögliche Erhalten der Natur einzutreten."

Conference on Scientists, Disarmament and People (Buenos Aires 1988)

„In dem Bewußtsein, daß ohne ethische Steuerung die Wissenschaft und ihre Produkte die Gesellschaft und deren Zukunft schädigen oder gar zerstören können, gelobe ich, meine eigenen wissenschaftlichen Fähigkeiten niemals nur für Entlohnung oder Prestige oder ausschließlich auf Anweisung von Arbeitgebern oder politischen Führern anzuwenden, sondern nur aufgrund meiner persönlichen Meinung und sozialen Verantwortlichkeit, gestützt auf mein eigenes Wissen und auf Abwägung der Umstände und der möglichen Konsequenzen meiner Arbeit, so daß die wissenschaftliche oder technische Forschung, die ich unternehme, wahrhaft im besten Interesse der Gesellschaft und des Friedens ist."

Hippokratischer Eid für Wissenschaftler, Ingenieure und Technologen des Institute for Social Inventions (London 1988)

„Ich gelobe, meinen Beruf mit Gewissen undWürde auszuüben; ich will streben, mein erworbenes Können nur mit dem äußersten Respekt für das Wohlergehen der Menschheit, der Erde und all ihrer Arten anzuwenden; ich will nicht zulassen, daß Überlegungen der Nationalität, Politik, des Vorurteils oder materieller Vorteile störend zwischen meine Arbeit und diese Pflicht gegenüber gegenwärtigen und künftigen Generationen treten; ich gelobe diesen Eid feierlich, frei und bei meiner Ehre."

Johannes Dullaart: Proposal of general, ethical statement for natural scientists (1970)

„Zugelassen als Naturwissenschaftler, verpflichte ich mich, mein Wissen ganz in den Dienst der Menschheit zu stellen. Ich werde meinen Beruf verantwortungsbewußt und mit Würde ausüben. Ich werde niemals bei Forschungen mitarbeiten, die zum Ziel haben, Lebewesen ungerechtfertigt auszulöschen oder das biologische Gleichgewicht zu stören, was gefährlich für die Menschheit ist, noch werde ich solche Forschung in irgendeiner Weise unterstützen.

Maßstab für meine wissenschaftliche Arbeit ist die Förderung der menschlichen Wohlfahrt, und in diesem Zusammenhang werde ich keine Lebewesen töten, noch werde ich erlauben, daß Lebewesen für niedrige, kurzsichtige oder opportunistische Gründe getötet werden.

Ich akzeptiere die Verantwortung für unvorhersehbare gefährliche Folgen, die durch meine Arbeit verursacht werden. Ich werde diese Folgen ungeschehen machen, so weit dies in meiner Macht liegt. Dies schwöre ich freiwillig und mit meinem Ehrenwort."

Meredith Thring (1973)

„Ich gelobe, mich zu bemühen, meine Fachkenntnisse nur bei solchen Aufgaben einzusetzen, die ich nach sorgfältiger Überprüfung, für vereinbar halte mit dem Ziel des Zusammenlebens aller Menschen in Frieden, Menschenwürde und Selbstverwirklichung.

Ich bin davon überzeugt, daß dieses Ziel die angemessene Bereitstellung von Lebensgrundlagen (gute Nahrung, Luft, Wasser, Kleidung und Wohnung, Zugang zu den natürlichen und den von Menschen geschaffenen Schönheiten), Erziehung und Möglichkeiten erfordert, die es jedem ermöglichen, seine Lebensziele herauszuarbeiten und Kreativität, handwerkliche Geschicklichkeit und geistige Fähigkeiten zu entwickeln.

Ich gelobe, durch meine Arbeit darauf hinzuwirken, daß Gefahr, Lärm, Druck auf oder Eindringen in die Privatsphäre des einzelnen, Verschmutzungen von Erde, Luft und Wasser, Zerstörung natürlicher Schönheiten, fossiler Rohstoffe und freier Natur möglichst klein sein werden."

2.2 Gentechnik an Nutztieren

2.2.1 Steigerung der Milchproduktion bei Kühen mit Hilfe des Rinderwachstumshormons

Ute Harms und Elle-Kari Schalow

Das Rinderwachstumshormon (BST; bovines Somatotropin) ist ein Eiweißstoff, der natürlicherweise von jedem Rind in der Hypophyse produziert wird. Es steuert bei Jungtieren das Wachstum und bei ausgewachsenen Kühen die Milchbildung. Dieses Hormon wird heute von Pharmafirmen mit transgenen Bakterien hergestellt (rBST; rekombiniertes bovines Somatotropin). Seine zusätzliche Verabreichung soll die Milchproduktion steigern (s. hierzu Bd. 2, S. 55).

In der EU darf Rinderwachstumshormon bis zum Jahr 2000 nicht angewendet werden. Die Europäische Kommission wird erst dann über die Zulassung entscheiden. Die wiederholte Verschiebung der Zulassung steht nicht zuletzt im Zusammenhang mit dem Protest vieler Verbraucher und Molkereien in der Bundesrepublik. rBST ist jedoch in einer Reihe von Ländern Osteuropas (Bulgarien, Tschechien, Ungarn) und in bestimmten Entwicklungsländern bereits zugelassen und wird dort auch eingesetzt.

1. Sachinformationen

Die Milchbildung

Die Milchbildung im Euter (Laktation) beginnt kurz vor der Geburt des Kalbes. Sie wird ausgelöst durch ein Hormon des Hypophysenvorderlappens, das Prolaktin. Die Bildung von Prolaktin wird durch die Hormone Östrogen und Progesteron beinflusst (s. hierzu Linder 1998, S. 261 ff.).

Nach dem Kalben gibt die Kuh ungefähr dreihundert Tage lang Milch, deren Menge im Laufe der Zeit zunächst steigt, dann jedoch stetig abnimmt (s. Bd. 2, S. 55). An der Aufrechterhaltung der Milchbildung ist auch das Wachstumshormon des Hypophysenvorderlappens maßgeblich beteiligt.

Das Euter besteht aus vier Milchdrüsen mit vielen Drüsenbläschen, die ihrerseits mit Milchdrüsenzellen ausgekleidet sind (s. F 1). Von den Drüsenbläschen führen enge Kanälchen in größere Milchkanäle, die in einem Hohlraum über der Euterzisterne enden. Eine wichtige Voraussetzung für die Milchbildung ist die gute Durchblutung der Milchdrüsen; denn das Blut transportiert die Stoffe heran, aus denen sich die Milch zusammensetzt. Dem Blut direkt entnommen werden Enzyme, Vitamine, Mineralstoffe sowie Glycerin und Fettsäuren. Milchproteine (z. B. Casein), Fett und Milchzucker (Lactose) werden in den Milchdrüsenzellen selbst synthetisiert. Bestimmte Außenreize beim Melken stimulieren die Ausschüttung von Oxytocin. Dieses Hormon des Hypophysenhinterlappens bewirkt, dass die Muskelzellen der Drüsenbläschen sich kontrahieren und die Milch in die Milchkanäle gedrückt wird. Nun kann das Kalb Milch saugen oder die Kuh gemolken werden (Näheres s. den Basisartikel von Gruber und Klautke „Milch und Milchprodukte“, UB 170, 1991).

Um den Milchertrag zu steigern, wurden in den letzten Jahrzehnten mit konventionellen Methoden so genannte Hochleistungskühe gezüchtet, die pro Laktationsperiode bis zu 8000 kg Milch liefern (s. Bd. 2, S. 55) Diese stehen – auch wenn sie kein zusätzliches Wachstumshormon erhalten – unter hohem physiologischen Leistungsdruck. Dieser wird auch an der relativ geringen Lebenserwartung von ca. 5 Jahren deutlich. Die Verabreichung von Wachstumshormonen bedeutet eine zusätzliche Leistungsanforderung an die Kuh. Zur Wirkung des körpereigenen Rinderwachstumshormons (Abbau von Körpersubstanz, Hemmung des Fettaufbaus) und von zusätzlich gegebenem gentechnisch hergestelltem Rinderwachstumshormon (Verhinderung des Abfalls der Milchleistung) s. Bd. 2, S. 54 ff.

Wirkungsweise von BST

Wie alle Hypophysenhormone unterliegt auch die Sekretion von BST einer hypothalamischen Kontrolle (s. AB2). Antagonistisch wirken dabei das Growth Hormon Releasinghormon (GHRH) und Somatostatin. BST kann sowohl katabol, auf das Fettgewebe des Tieres, als auch anabol wirken. Das unmittelbare Zielorgan für die anabole Wirkungsweise von BST ist die Leber, wo es die Synthese des Insulin like growth factors-1 (IGF-1) stimuliert. IGF-1 bewirkt Muskel- und Skelettwachstum, außerdem stimuliert es während der Lactationsperiode die Bildung von Milch (s. Karg 1988). Die Synthese wird, neben dem BST, noch von weiteren Faktoren beeinflusst, insbesondere von Insulin. Damit wird die Energiebilanz zum dominierenden Steuerungsprinzip für den BST-Regelkreis, denn die vom Blutglucosespiegel abhängige Insulinsekretion wird bei Nährstoffmangel unterdrückt. Die Folgen sind eine reduzierte IGF-1 Synthese und Wachstumsdepression. Auch wird das Hypothalamus-Hypophysen-System zur verstärkten BST-Sekretion angeregt. Dadurch wiederum wird die Fettsäurenfreisetzung durch Lipolyse angeregt. Es steht dann also die katabole Wirkung im Vordergrund, anabole Stoffwechselwege können wegen des anhaltenden Nährstoffmangels (Energiemangels) nicht gefördert werden. In der Lactationsperiode nutzt eine Kuh die verfügbaren Nährstoffe zur Milchbildung. Unter den Fütterungsbedingungen des Bauernhofes nimmt eine Kuh nach dem Kalben insgesamt weniger Nährstoffe auf als sie zur Produktion der Milch benötigt, die Kuh lebt zum Teil von der Körpersubstanz. Und bei einem hohen BST-Spiegel im Blut beginnen deshalb weder Muskeln noch Knochen zu wachsen. Erhöhte BST-Werte können also bei Hochleistungskühen Ausdruck eines Energiemangels sein. Steigt unter BST-Wirkung die Konzentration freier Fettsäuren im Blut an, so wird die BST-Freisetzung aus der Hypophyse gehemmt: die Fettsäuren wirken dabei direkt auf die Hypophyse ein.

Bei der Mast, wenn im Körper also ausreichend viele Nährstoffe (Energie) vorhanden sind, zeigt BST seine anabole Wirkung. So wurde in einem Kälbermastversuch (s. AB3, Tab. 1) durch BST-Behandlung 11 % Mehrzuwachs bei um 7 % verbesserter Futterverwertung erzielt (Karg 1988).

Von besonderem Interesse für die Landwirtschaft ist die milchleistungssteigernde Wirkung von BST. Stets ist Höchstleistung bei der Milchbildung von einem erhöhten Wachstumshormonspiegel des Blutes gekennzeichnet, was besonders in der Anfangsphase der Laktation zum Ausdruck kommt. Zahlreiche Versuche haben eine Erhöhung der Milchleistung von Kühen nach künstlicher Verabreichung von BST in einer Größenordnung von 6 bis 20 % gezeigt. Bei einem Überschuss an Wachstumshormon erfolgt einerseits eine Mobilisierung von Körperfett, eine Voraussetzung der Milchbildung. Andererseits kommt es in der Leber zur Bildung von IGF-1, durch das die Milchdrüse stimuliert wird (Karg 1988).

Gentechnische Herstellung von BST

Die gentechnische Herstellung von Rinderwachstumshorm erfolgt mit Hilfe von Bakterien. Als Vektoren der Genübertragung dienen Plasmide (s. F 2; zur Sequenzierung von Genen s. Bd. 2. S. 60 ff, zur PCR s. Bd. 2, S. 69 ff, zum Prinzip der Genübertragung s. Linder 1998, S. 352). Die transgenen Bakterien werden in großen Fermentern vermehrt, dann werden die Bakterienzellen aufgebrochen. Das von ihnen gebildete Hormon wird später abgetrennt und gereinigt. Die Pharmakonzerne Monsanto, Eli Lilly (Elanco), Upjohn und Cyanamid bieten so hergestelltes Rinderwachstumshormon an.

Das gentechnisch hergestellte BST besteht aus 191 Aminosäuren. Im Vergleich mit dem natürlichen Wachstumshormon besitzt es eine zusätzliche endständige Aminosäure. Zur Zeit ist noch nicht bekannt, ob diese Abweichung eine physiologische Nebenwirkung hat.

Wo wird das Hormon eingesetzt?

Das Hormon ist u.a. in Bulgarien, Tschechien und Russland zugelassen, außerdem in Mexiko, Südafrika, Brasilien und den USA. In der Europäischen Union entscheidet der Tierarzneimittel-Ausschuss über die Zulassung von Medikamenten, und zwar anhand von drei Kriterien: Wirksamkeit, Qualität und Sicherheit. Er entschied im Juli 1993, mit der Freigabe von rBST 7 Jahre zu warten. Neben den genannten Kriterien dürften auch wirtschaftliche Gründe eine Rolle gespielt haben.

In einer Umfrage hatten sich fast 90 % der bundesdeutschen Molkereien gegen die Zulassung ausgesprochen, weil sie befürchteten, dass die Verbraucher keine „Hormonmilch" kaufen würden. So hatte die Bonner Verbraucher Initiative in der Bundesrepublik zusammen mit Bauerngruppen und dem Tierschutzbund über 70000 Unterschriften gegen den Einsatz des Hormons in der EU gesammelt.

Auswirkungen des rBST-Einsatzes auf den Verbraucher

Es konnte bislang nicht festgestellt werden, dass der Verbrauch von Milch, die unter rBST-Einsatz erzeugt wurde, gesundheitliche Folgen für den Konsumenten hat. Mögliche Rückstände des Rinderwachstumshormons in der Milch blieben unter 0,5 ng/l. Von dem Hormon dürfte für den Menschen generell keine Gefahr ausgehen, weil es sich um ein Peptidhormon handelt, das im Magen-Darm-Trakt von proteolytischen Enzymen gespalten wird. Im übrigen hat Rinderwachstumshormon einen anderen Aufbau als menschliches Wachstumshormon. Rinderwachstumshormon zeigt daher beim Menschen keine hormonelle Wirkung.

Die ökonomischen Auswirkungen für die bäuerlichen Betriebe wären vielseitig:
Da die Kühe mehr Milch produzieren würden, bräuchten sie auch mehr Futter. Der erhöhte Protein- und Fettbedarf (s. Bd. 2, S. 54 ff.) wäre jedoch mit Grünfutter nicht zu decken. Die Kühe müssten also mehr Kraftfutter erhalten, das auf dem Markt besorgt werden müßte. Der Bauer könnte über dies das Grünfutter seines Grünlandes nur noch zu einem geringen Teil verwerten.

Betriebswissenschaftler haben alle Auswirkungen finanziell berechnet (Tierarzt-, Arzneimittelkosten, Kraftfutter usw.) und festgestellt, dass sich der Einsatz von rBST nur in Großbetrieben ab 50 Kühen Gewinn bringend auszahlen würde.

Ethische Analyse des Einsatzes von rBST in der Milchproduktion

1. Formulierung der Entscheidungssituation

Es stellt sich die Frage, ob rBST als leistungsförderndes Mittel in der Milchwirtschaft zugelassen werden darf.

2. Benennung der verschiedenen möglichen Handlungsoptionen in dieser Entscheidungssituation

Als mögliche Handlungsoptionen können genannt werden:
a) Zulassung von rBST ohne weitere Auflage;
b) Zulassung von rBST mit bestimmten Auflagen, wie z.B. Kennzeichnungspflicht für Produkte aus Milch von mit rBST behandelten Kühen, Verabreichung von rBST nur durch Tierärzte, genaue Beschränkung der rBST-Dosis und der Behandlungsdauer;
c) Verbot des Einsatzes von rBST.

3. Zuordnung der verschiedenen Handlungen zu Werten, die hiervon berührt werden

Beispiele solcher Werte sind
- die Gesundheit der betroffenen Tiere,
- der wirtschaftliche Nutzen,
- die Integrität eines lebenden Organismus'.

4. Treffen einer begründeten Entscheidung für eine der Handlungsoptionen und Reflexion der aus diesen Handlungen folgenden Konsequenzen

Aus den genannten drei Handlungsoptionen wird von jedem Schüler eine ausgewählt und die aus der jeweiligen Entscheidung resultierenden Konsequenzen werden formuliert und reflektiert. Im Folgenden wird für jede der drei Handlungsoptionen eine Begründung angeführt, wobei Konsequenzen der Entscheidung reflektiert werden.

Begründete Entscheidung für a:

Der Einsatz von rBST sollte ohne Einschränkung zugelassen werden, weil eine höhere Milchleistung pro Kuh bei einer durch die Quotenregelung vorgegebenen Kontingentmenge zu einer Einsparung von Tieren und damit von Futter, Gülle und Arbeitsbelastung im einzelnen landwirtschaftlichen Betrieb führen könnte (öko- und sozialethisches Argument).
Konsequenz: Zum Nutzen des Menschen wird Tieren Leid zugefügt; denn die künst-

liche Verabreichung von rBST bedeutet für die Tiere eine zusätzliche stoffwechselphysiologische Belastung. Hinzu kommt, dass die Kühe regelmäßig gespritzt werden müssten und auch dies kann für die Tiere zusätzlichen Stress bedeuten.

Begründete Entscheidung für b:

Der Einsatz von rBST sollte nur gemeinsam mit bestimmten Auflagen zugelassen werden, weil nur so eine möglichst geringe Belastung der Tiere gewährleistet wird, trotzdem aber die dann mögliche Einsparung von Tieren mit ihren positiven Auswirkungen (s. o.) erreicht werden kann (öko- und sozialethisches Argument im Zusammenhang mit einer tiermedizinethischen Argumentationsweise).
Konsequenz: Die Gesundheit des Tieres wird bei dieser Entscheidung berücksichtigt. Allerdings wird auch bei dieser Entscheidung eine gesundheitliche Belastung der Tiere und ein Eingriff in die Integrität eines Lebewesens in Kauf genommen.

Begründete Entscheidung für c:

Der Einsatz von rBST sollte verboten werden,
- weil die Produktionssteigerungsmöglichkeit pro Kuh und die damit zusammenhängenden, unter a und b genannten positiven Effekte, die den Tieren zugemutete Belastung ihrer Gesundheit nicht aufwiegen (tiermedizinethische Argumente; Kosten-Nutzen-Abwägung);
- weil die künstliche Verabreichung von rBST einen Eingriff in die Integrität des einzelnen Tieres bedeutet (biozentrisches Argument). **Konsequenz:** Auf eine mögliche Arbeitserleichterung in milchwirtschaftlichen Betrieben sowie auf eine (erwartete) Reduktion der Futter- und Güllemenge wird zu Gunsten der Milchkühe verzichtet.

5. Zuordnung der Gründe für die jeweilige Entscheidung zu den übergeordneten Argumentationskategorien

Bei dem unter c genannten biozentrischen Argument wird auf die Integrität des Tieres als letztbegründenden Wert Bezug genommen. Die öko-, sozial- und tiermedizinethischen Argumente orientieren sich am Wohlergehen des Menschen bzw. am Wohlergehen des Tieres. Um diese gegeneinander abzuwägen und so zu einer Entscheidung zu gelangen, muss zunächst eine Wertehierarchie aufgestellt werden.

2. Fachdidaktische Informationen

Im 3. Unterrichtsabschnitt (s. u.) geht es um die gentechnische Herstellung von BST (rBST). Dieser Unterrichtsabschnitt ist auf die Rekombination und Klonierung des Gens beschränkt, die Kenntnis des das BST codierenden Gens wird also vorausgesetzt. Wie die Sequenz eines Gens herausgefunden werden kann, wird in dem Modul „Herstellung von Medikamenten mit Hilfe der Gentechnik am Beispiel Blutgerinnungsfaktor VIII“ (Kapitel 2.3.4) beschrieben.

Lernvoraussetzungen

- Basiswissen der hormonellen Steuerung von Körpervorgängen;
- molekulargenetische Grundkenntnisse (Struktur der DNA, Replikation, Transkription, Proteinbiosynthese, Aufbau von Genen);
- Kenntnis des Baus der Prokaryotenzelle und der Tierzelle.

Lernziele

Die Schüler sollen:
- erklären können, unter welchen Bedingungen eine Kuh Milch produziert.
- die natürliche Wirkung des körpereigenen BST und die der künstlichen Zufuhr von rBST erläutern können.
- die Änderung der Milchleistung im Laufe der Laktationsperiode erklären können.
- die gentechnische Herstellung des Rinderwachstumshormons darstellen und erklären können.
- eine ethische Analyse durchführen können.

3. Unterrichtsverlauf und Materialien

1. Unterrichtsabschnitt: Warum gibt eine Kuh Milch? (ca. 45 Min.) Die Laktation bei der Milchkuh	Medien
Einstieg: Kurze Einführung ins Thema durch den Lehrer: Warum gibt eine Kuh Milch? **Erarbeitung:** Bearbeitung des Arbeitsblattes. **Ergebnissicherung:** Zusammentragen der Ergebnisse.	Tafel/F1 AB 1 Tafel
2. Unterrichtsabschnitt: Das Hormon BST (ca. 45 Min.) Katabole und anabole Wirkungsweise von BST	Medien
Einstieg: Wiederholung der Bedeutung von BST für die Milchproduktion. **Problemstellung/-bearbeitung:** Wie wird der BST-Spiegel im Blut der Kuh reguliert? Wie wirkt BST im Organismus? **Problemlösung:** Zusammentragen der Ergebnisse. **HA:** Bearbeitung des Arbeitsblattes Aufgabe: Auswertung der Versuche.	AB 2 AB 3
3. Unterrichtsabschnitt: Der Nutzen und die Herstellung von rBST (ca. 90 Min.) Wirkung von BST auf Wachstum und Milchleistung der Kuh, gentechnische Herstellung von BST (rBST)	Medien
Einstieg: Besprechung der Ergebnisse der HA. **Problemstellung:** Wie kann BST hergestellt werden? **Problembearbeitung/-lösung:** Erarbeitung der gentechnischen Herstellung von BST an Hand der Folie. **HA:** Bearbeitung des Arbeitsblattes	AB 3 F 2 AB 4
4. Unterrichtsabschnitt: Ethische Analyse der Zulassung von rBST (ca. 90 Min.) Ethische Analyse	Medien
Einstieg: Formulierung des zu analysierenden Problems. **Problembearbeitung:** Ausgehend von den Ergebnissen der HA wird die ethische Analyse durchgeführt. **Problemlösung:** Formulierung der individuellen Entscheidung durch die Schüler mit Begründung und Angabe der Konsequenzen dieser Entscheidung. **HA:** Schriftliche Stellungnahme zu der Frage „Zulassung von rBST: ja oder nein?" im Sinne der ethischen Analyse.	Tafel AB 4 Tafel
5. Unterrichtsabschnitt: Erkenntnisgewinnung in den Naturwissenschaften versus Erkenntnisgewinnung in Bezug auf normative Fragen (ca. 45 Min.) Verschiedene Rationalitäten in den Naturwissenschaften und der Ethik	Medien
Einstieg: Verlesen von Ergebnissen der HA. **Problemstellung:** Wie wurden die naturwissenschaftlichen Ergebnisse gewonnen? Wie sind wir zur Bewertung gelangt? **Problembearbeitung/-lösung:** Zusammentragen der verschiedenen in den Arbeitsblättern beschriebenen Verfahren und Versuche; Rekapitulation der ethischen Analyse. Gegenüberstellung der beiden unterschiedlichen Vorgehensweisen bei der Erkenntnisgewinnung.	 Tafel Tafel

Der Aufbau des Euters

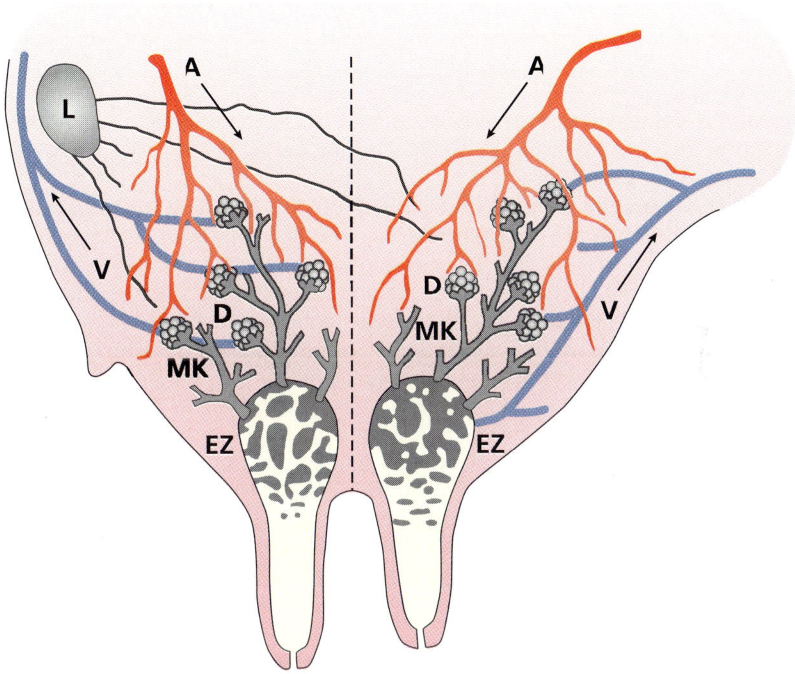

A: Arterie
D: Drüsenbläschen
EZ: Euterzisterne
L: Lymphdrüse
MK: Milchkanal
V: Vene
⟶: Fließrichtung des Blutes

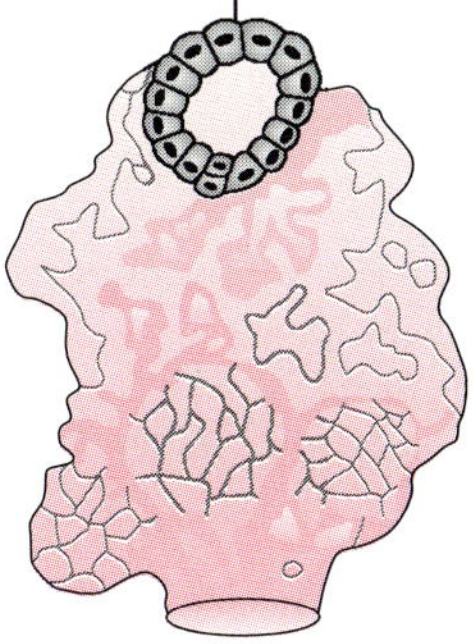

Warum gibt eine Kuh Milch?

Wie wird die Milchbildung ausgelöst?

Bevor eine Kuh Milch geben kann, muss sie zunächst gekalbt haben. Dies geschieht in der Regel in einem Alter von 2,5 Jahren. Die Milchbildung im Euter beginnt kurz vor der Geburt des Kalbes. Sie wird ausgelöst durch ein Hormon der Hypophyse, das Prolaktin. Die Bildung von Prolaktin wird durch Östrogen gefördert und durch Progesteron gehemmt. Wenige Tage vor dem Kalben steigt die Östrogen-Konzentration im Blut an. Dieses Hormon wird aus der Plazenta ins Blut abgegeben. Der Gehalt an Progesteron im Blut fällt gleichzeitig stark ab. Folglich wird Prolaktin ins Blut abgegeben und die Milchbildung wird ausgelöst.

Nach dem Kalben gibt die Kuh im Durchschnitt 300 Tage lang Milch (Laktationsperiode). Die Aufrechterhaltung der Milchbildung wird ebenfalls hormonell gesteuert. Dafür sind neben dem Prolaktin andere Hormone verantwortlich. An erster Stelle ist hier das Wachstumshormon Somatotropin (ST) zu nennen. Dieses wird ebenfalls in der Hypophyse gebildet. Es steuert beim Kalb das Wachstum, daher seine Bezeichnung. Nach seiner Herkunft wird es entweder als Bovines Somatotropin (BST; bei der Kuh) oder als Humanes Somatotropin (HAST; beim Menschen) bezeichnet.

Wie wird die Milch synthetisiert?

Die Milch wird im Euter der Kuh gebildet. Es handelt sich um ein halbkugelförmiges Organ, das durch Furchen in Viertel geteilt ist. In jedem Viertel sitzt eine Milchdrüse. Diese Milchdrüse besteht aus vielen winzigen Hohlräumen, den Drüsenbläschen, die mit Milchdrüsenzellen ausgekleidet sind. Das Milchdrüsengewebe wird sehr gut durchblutet. Von den Drüsenbläschen führen feine Kanälchen in größere Milchkanäle, die in einem Hohlraum über der Zitze enden. Ein Ringmuskel am Strichkanal verhindert das Auslaufen der Milch.

Die Bildung der Milch erfolgt während der Laktationsperiode kontinuierlich. Ein Teil der Milchbestandteile wird in den Milchdrüsenzellen synthetisiert: Milcheiweiße (z. B. Casein), Milchzucker (Lactose) und Fett. Der andere Teil wird direkt dem Blut entnommen: Enzyme, Vitamine, Mineralstoffe, Fettsäuren und Glycerin. Dies macht deutlich, dass eine gute Durchblutung des Euters für die Milchbildung notwendig ist.

Wie wird die Milch abgegeben?

Die Milch fließt nicht selbständig aus den Drüsenbläschen ab, sie muss von Muskelzellen in die Milchkanäle gedrückt werden. Dieser Vorgang wird durch das Hormon Oxytocin, das in der Hypophyse gebildet wird, ausgelöst. Oxytocin bewirkt die Kontraktion der glatten Muskelzellen, die Drüsenbläschen und Milchgänge umgeben. Die Ausschüttung von Oxytocin wird durch bestimmte Außenreize (Reinigen und Massage des Euters, Geräusche der Melkmaschine u. Ä.) stimuliert. Schmerz oder Erschrecken können andererseits die Ausschüttung von Adrenalin aus den Nebennieren bewirken, wodurch das Einschießen der Milch unterbleiben kann.

Aufgaben:

1. **Beschreiben Sie, wie die Milchbildung ausgelöst wird und welche Faktoren zur Abgabe der Milch aus dem Euter führen.**
2. **Welches Hormon spielt die zentrale Rolle für die Aufrechterhaltung der Milchbildung?**

Kontrolle und Wirkungsweise von BST

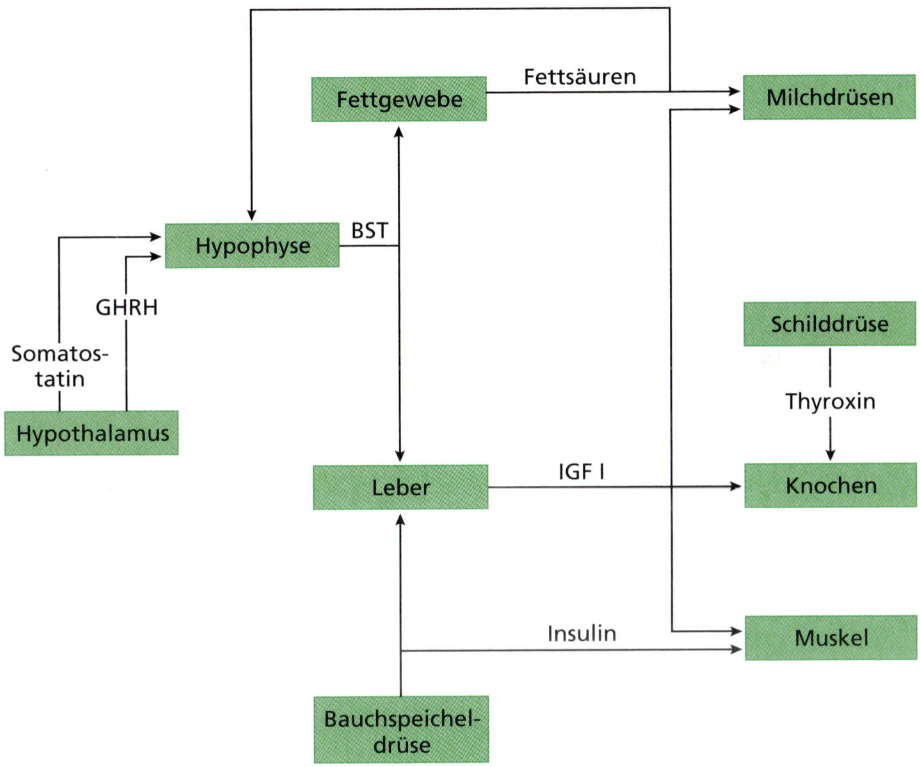

GHRH (Growth Hormon Releasinghormon) fördert die Abgabe von BST aus der Hypophyse, Somatostatin hemmt die Sekretion. BST regt im Fettgewebe die Lipolyse an, in der Leber die Synthese des IGF-1 (Insulin Like Growth Factor – 1).
IGF – 1 bewirkt Muskel- und Skelettwachstum und während der Laktationsperiode die Bildung von Milch.

Aufgaben:

1. **Erläutern Sie das Schema. Gehen Sie dabei insbesondere auf die katabole und anabole Wirkungsweise von BST ein.**
2. **Warum könnte aus ökonomischer Sicht eine künstliche Erhöhung des BST-Spiegels für einen Landwirt von Interesse sein?**

AB 3

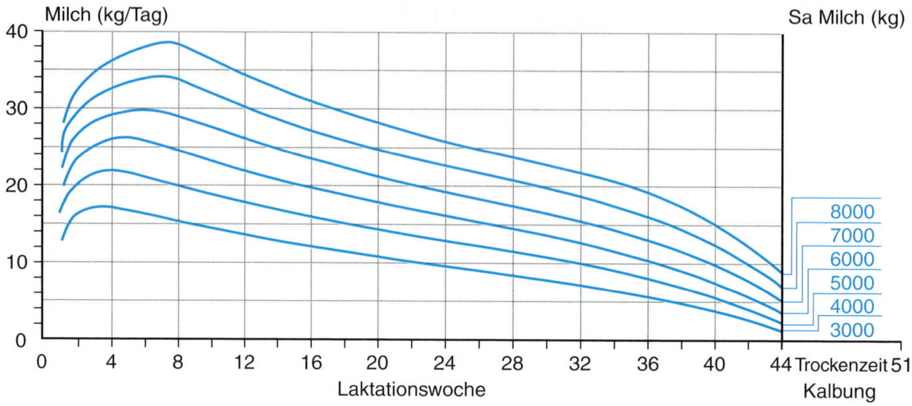

Abb. 1: Milchproduktion bei Kühen im Laufe einer Laktationsperiode (schematisch). Der Spiegel des Rinderwachstumshormons im Blut ist nicht dargestellt. Er verläuft parallel zur Laktationskurve

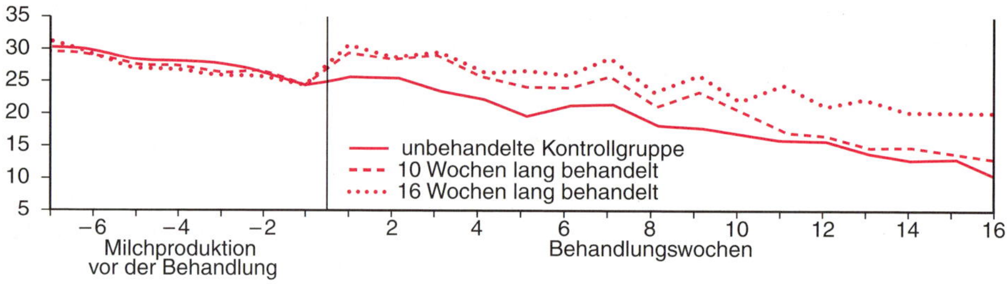

Abb. 2: Durchschnittliche wöchendliche Milchproduktion im dritten Jahr einer BST Behandlung: Nach der Behandlung geht die Milchleistung auf den vormaligen Wert zurück

Versuchsergebnisse der Behandlung von Kühen mit BST

	Kontrolle	Behandlungsgruppe	BST-Werte im Blutplasma [ng/ml]	Kontrolle	Behandlungsgruppe
Ausgangsgewicht [kg]	69.20	70.40	Nach 2 Behandlgw.	5.30	81.40
Endgewicht [kg]	145.60	155.00	Nach 5 Behandlgw.	4.40	165.20
Tägl. Zunahmen [g]	1212.00	1343.00	Nach 7 Behandlgw.	2.00	201.60
Tägl. Futteraufnahme [kg]	1.90	1.95	Nach 9 Behandlgw.	1.80	165.20
Futterverwertung (kg Aufnahmen/ kg Zuwachs)	1.57	1.46			

Tab. 1: Wachstumsversuch mit 2 x 12 weiblichen Kälbern. Mastdauer 9 Wochen. Behandlungsgruppe täglich 100 µg BST/kg Körpergewicht (verändert nach Karg 1988)

Auswirkungen des Einsatzes von rBST

Der Einsatz von rBST ist unter Fachleuten umstritten. Gegner der Zulassung befürchten die Leistungssteigerung größerer Milchbetriebe könnte kleinere und mittlere Betriebe zum Aufgeben zwingen. Auch erwarten sie, dass sich die Zusammensetzung der Milch unter den Hochleistungsbedingungen verändert und sich somit negative Folgen für die Qualität der Molkereiprodukte und sogar für die Gesundheit der Verbraucher ergeben. Befürworter führen z. B. die Möglichkeiten der Einkommenserhöhung in der Landwirtschaft ins Feld. Die Beurteilung der ökonomischen und sozialen Folgen ist allerdings äußerst schwierig, sie hängt nicht zuletzt von bestimmten Wertsetzungen in der Gesellschaft sowie von landwirtschaftspolitischen Entscheidungen der Europäischen Union ab.

Hochleistungskühe stehen offensichtlich auch schon ohne eine künstliche Hormonbehandlung unter einem hohen Leistungsdruck. Dies zeigt sich z. B. an der relativ geringen Lebensdauer von wenig mehr als 5 Jahren. Der Einsatz des Wachstumshormons stellt nun eine zusätzliche Leistungsanforderung an die Rinder dar. Während der Zeit des steilen Anstiegs der Laktationskurve direkt nach dem Kalben lebt die Kuh unter den Fütterungsbedingungen auf dem Bauernhof mit von der eigenen Körpersubstanz. Sie nimmt also mit dem Futter weniger Nährstoffe auf, als sie für die Synthese der Milch benötigt. Die Verluste werden in der Phase der geringeren Milchproduktion und vor allem in der Trockenperiode, wenn vor dem nächsten Kalben nicht mehr gemolken wird, wieder ersetzt. Der Abbau von Körpersubstanz wird natürlicherweise durch das körpereigene Rinderwachstumshormon gesteuert. Es hemmt den Fettaufbau und fördert den Fettabbau und damit zugleich die Synthese der Milch. Wird während der Trächtigkeit zu viel Körperfett gespeichert, kann es zu Beginn der Laktation zu erheblichen Belastungen des Stoffwechsels vor allem in der Leber kommen. Denn das Ausmaß des Stoffabbaus ist stärker abhängig vom Umfang der gespeicherten Substanz – vor allem des Depots an Körperfett – als von der Milchbildung selbst: Es wird im Überschuss Körperfett abgebaut, und die für die Milchbildung nicht genutzten Grundstoffe (Fettsäuren, Glycerin) werden im Zellstoffwechsel der Kuh abgebaut. Durch die Behandlung mit künstlichem Rinderwachstumshormon wird nun versucht, eine hohe Milchleistung über längere Zeit zu erhalten. Dabei verwendet man Langzeitpräparate, die z. B. nur alle 28 Tage gespritzt werden müssen. Gegen diesen Vorteil ist allerdings der Nachteil einer noch stärkeren physiologischen Belastung aufgrund der Hormonwirkung abzuwägen.

Wird Rinderwachstumshormon zu früh nach dem Kalben eingesetzt, wenn also noch hohe Fettvorräte vorliegen, kann es zu den oben beschriebenen Stoffwechselbelastungen kommen. Der richtige Zeitpunkt muss bei den einzelnen Versuchstieren individuell bestimmt werden. letztlich ist eine Auslese von geeigneten Kühen erforderlich. Ein Viehhalter, der Wachstumshormon einsetzt, benötigt besondere professionelle Kenntnisse.

Aufgaben:

1. **Kennzeichnen Sie die Argumente für bzw. gegen den Einsatz von rBST im Text.**
2. **Geben Sie für jedes Argument den jeweiligen Wert an, auf den in der Argumentation Bezug genommen wird. Ein Wert ist in diesem Zusammenhang ein als wertvoll erachtetes Gut, wie z. B. Gesundheit, wirtschaftlicher Nutzen.**

Eine Möglichkeit der Herstellung von rBST

Voraussetzung: Die Sequenz des für BST codierenden Gens und die Sequenz diesem Gen angrenzender DNA-Bereiche ist bekannt

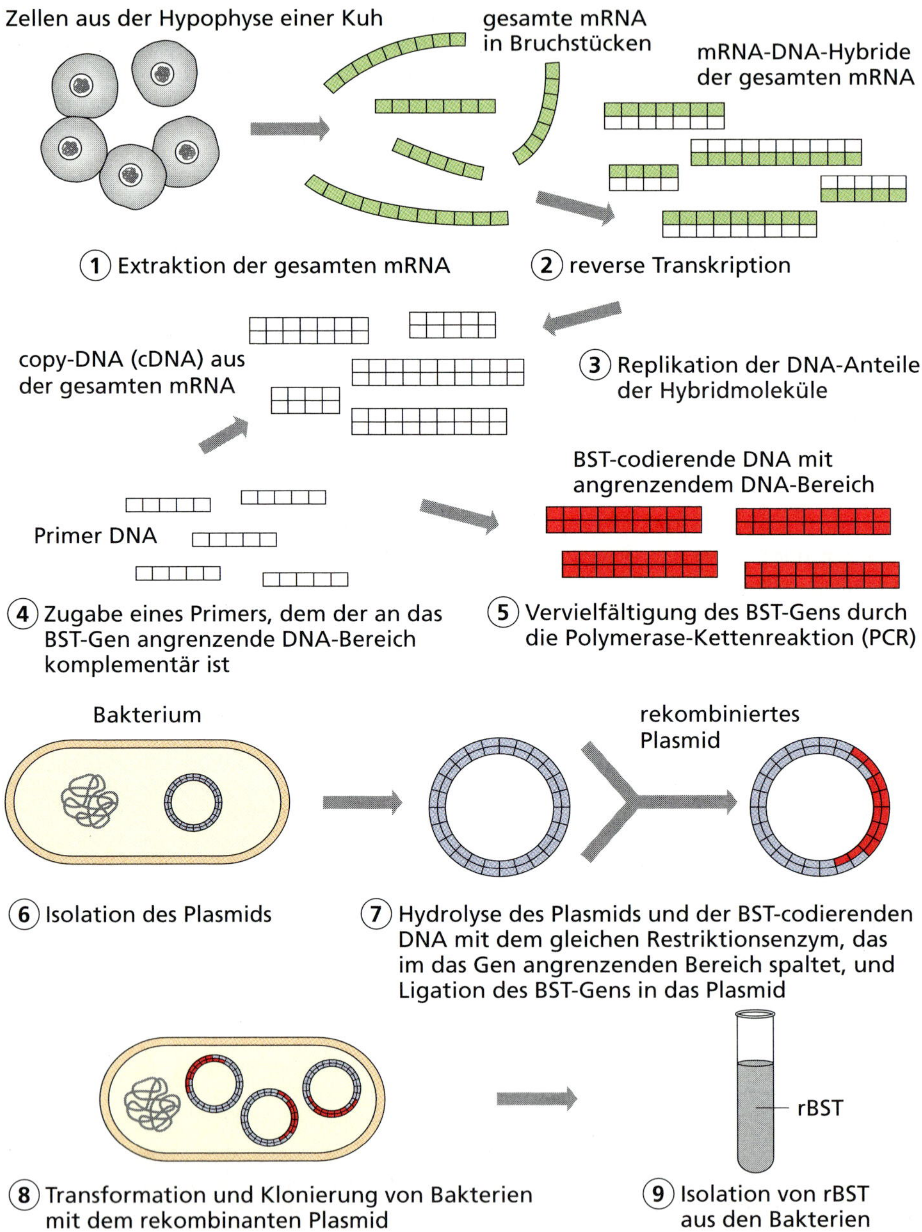

2.3 Gentechnik und Humanmedizin

2.3.1 Transgene Mäuse als Krankheitsmodell: Die Alzheimer Maus

Ute Harms

In dieser Unterrichtseinheit geht es um die Konstruktion einer Modellmaus, um die Alzheimer Krankheit sowie um den Einsatz der Maus in der Alzheimer Forschung. Darüber hinaus wird der mit der gentechnischen Möglichkeit, Lebewesen zu konstruieren, verbundene ethische Konflikt zwischen dem Prinzip der „Förderung des allgemeinen Wohlergehens des Menschen" und der „Berücksichtigung des besonderen Wertes der Maus als Lebewesen" thematisiert und eine ethische Analyse dieses Konfliktes durchgeführt.

1. Sachinformationen

Transgene Mäuse als Versuchstiere in der medizinischen Forschung

Transgene Tiere werden heute u .a. für die Erforschung grundlegender Fragen zur Genexpression, für die Entwicklung von Tiermodellen menschlicher Krankheiten sowie für die Nutzung der Milchdrüsen zur Erzeugung pharmazeutisch wirksamer Proteine (s. Bd. 2, S. 59) eingesetzt. Das Grundprinzip der Entwicklung eines transgenen Tieres lässt sich folgendermaßen zusammenfassen (s. Glick/Pasternak 1995, S. 388 und AB 2):

1. Ein kloniertes Gen wird in den Zellkern einer befruchteten Eizelle eingebracht.
2. Die Eier werden einem empfängnisbereiten Weibchen implantiert
3. Einige Nachkommen aus den implantierten Eiern tragen das klonierte Gen in jeder Zelle.
4. Aus einzelnen Tieren, bei denen das klonierte Gen in die Keimbahnzellen integriert wurde, zieht man neue genetische Linien heran.

Die für die einzelnen Schritte notwendigen Methoden wurden vorwiegend an Labormäusen erprobt und entwickelt. Bereits mit Beginn der achtziger Jahre wurden Hunderte von Genen in verschiedene Mausstämme eingeschleust. Mit Hilfe dieser Versuche konnten wichtige Erkenntnisse für das Verständnis der Genregulation, der Tumorentstehung, der Spezifität der Immunreaktion, der Molekulargenetik der Entwicklung und anderer grundlegender biologischer Prozesse gewonnen werden. Darüber hinaus spielten Untersuchungen an transgenen Mäusen eine Rolle bei der Bearbeitung der Frage, ob eine industrielle Arzneimittelproduktion mit Hilfe von Nutztieren möglich wäre, und diverse transgene Mausstämme dienen inzwischen als biomedizinische Modelle für verschiedene menschliche Erbkrankheiten.

Das Säuger-Tiermodell bietet die Möglichkeit, neben der Simulation des Ausbruchs und des Verlaufs einer Krankheit, potentielle Medikamente zu testen. Mit Hilfe des Tiermodells können Erkenntnisse über biochemische Krankheitsursachen gewonnen werden. Aus diesem Grund entwickelte man Mausmodelle sowohl für monogene als auch für polygene, multifaktorielle Krankheiten (s. Bd. 2, S. 72) wie Arthritis, Muskeldystrophie, verschiedene Krebsarten, Bluthochdruck, endokrine Störungen und Koronarerkrankungen sowie für die Alzheimer Krankheit.

Zur Erzeugung transgener Mäuse werden vor allem die folgenden Methoden genutzt:

1. Verwendung von Retrovirusvektoren, mit denen Mauszellen in einem frühen Embryonalstadium infiziert werden, bevor sie dann in ein empfängnisbereites Weibchen implantiert werden;
2. Mikroinjektion einer Fremd-DNA in den männlichen Vorkern einer befruchteten Eizelle;
3. Einbringen gentechnisch veränderter, jedoch noch undifferenzierter embryonaler Zellen (Stammzellen) in einen jungen Embryo vor dessen Implantation in ein Weibchen.

In diesem Modul wird ausschließlich die Mikroinjektion behandelt. Zur weiteren Information über die Transformation mit Hilfe von Retrovirusvektoren bzw. mit embryonalen Zellen bieten sich folgende Quellen an: Gassen und Minol 1996, Glick und Pasternak 1994, Nicholl 1995, Schellekens et al. 1994, Capecchi 1997, George-Hyslop 1997.

Die Herstellung transgener Mäuse durch

Mikroinjektion von DNA ist auf dem AB 2 b abgebildet. Mit Hilfe dieser Methode lässt sich eine gereinigte DNA direkt in eine artfremde Zelle verpflanzen. Der Einbau des fremden Gens in das Genom der Empfängerzelle erfolgt nach dem Zufallsprinzip. Soll eine transgene Maus erzeugt werden, so muß zunächst die Fremd-DNA isoliert und gereinigt werden. Dies erfolgt mit Hilfe von molekularbiologischen und gentechnischen Standardmethoden. Der Fremd-DNA werden dann Regulationselemente (Promotor, Start-, Stopcodon) eines Gens hinzugefügt. Außerdem wird die Fremd-DNA um Sequenzen (Exons) eines anderen Gens verlängert, das für ein bestimmtes Markerprotein codiert. Die Produktion dieses Proteins in den Empfängerzellen der Fremd-DNA dient später zum Nachweis ihrer Aktivität in der jeweiligen Zelle. Um viele Kopien der so veränderten DNA zu erhalten, wird diese in einen Vektor (Plasmid oder Phage) integriert. Der Vektor wird in Bakterien vermehrt und anschließend wird die Fremd-DNA mit Hilfe von Restriktionsenzymen wieder aus dem Vektor herausgetrennt. Nach weiterer Behandlung kann die DNA für die Mikroinjektion verwendet werden.

Mausembryonen erhält man, indem man Mäuseweibchen derart mit Hormonen behandelt, dass es zu einer Superovulation kommt, bei der eine hohe Anzahl Eizellen produziert wird, im Mittel 20 Eizellen pro Ovar. Wenn diese Weibchen befruchtet werden, liefern sie somit 20 bis 40 Embryonen. Ungefähr acht bis zwölf Stunden nach der Befruchtung können die Vorkerne unter einem Spezialmikroskop erkannt werden. Der von der Mutter und der vom Vater stammende Vorkern sind gut voneinander zu unterscheiden, weil der vom Vater stammende Vorkern größer ist. In ihn werden jeweils 50 bis 500 Kopien der modifizierten Fremd-DNA injiziert. Die Mikroinjektion überleben 60 bis 80 % der so behandelten Zygoten. Sie werden dann scheinträchtigen Mäuseweibchen, die anschliessend als Ammen dienen, implantiert. Scheinträchtigkeit wird durch Verpaarung von Mäuseweibchen mit sterilen Männchen erzielt. Die Weibchen geraten so in einen für eine Trächtigkeit typischen Hormonzustand, ohne jedoch trächtig zu sein (s. Linder 1998, S. 262 f.). Die implantierten Zygoten entwickeln sich in den Ammen ganz normal.

Nach der Geburt muss zunächst untersucht werden, bei welchen Mausjungen das Fremd-Gen tatsächlich in das Genom eingebaut wurde. Wenn die mikroinjizierte DNA stabil in das Mausgenom integriert wurde, dann wird sie bei jeder Zellteilung mitvermehrt und ist so in jeder Tochterzelle vorhanden. Den drei bis vier Wochen alten Mausjungen wird eine Schwanzgewebeprobe entnommen. Mit Hilfe einer molekularbiologischen Standardmethode, der Polymerase-Kettenreaktion (PCR) (s. Bd. 2, S. 69 ff}, wird kontrolliert, ob das Fremd-Gen im Genom der Maus vorhanden ist. Im Durchschnitt wird bei 15 bis 30 % der Mausjungen das Fremd-Gen nachgewiesen. Dieses befindet sich auch in den Keimzellen der Mäuse und wird so an die Folgegenerationen weitergegeben. In einem weiteren Schritt muss dann getestet werden, ob das Fremd-Gen in der transformierten Maus aktiv wird. Hierzu dient der Nachweis des Proteins für das oben erwähnte, an die Fremd-DNA angefügte Gen.

Eine genaue Beschreibung der Alzheimer Krankheit und der Alzheimer Maus befindet sich auf AB 1 und AB 2.

Durchführung einer ethischen Analyse zum Thema „Die Alzheimer Maus"

1. Formulierung der Entscheidungssituation
Die zur Entscheidung stehende Frage lässt sich wie folgt formulieren:
Darf der Mensch ein „Tiermodell" wie die Alzheimer Maus konstruieren, um damit medizinische Forschung zu betreiben?

2. Benennung der verschiedenen möglichen Handlungsoptionen in dieser Situation
Als mögliche Handlungsoptionen können genannt werden:
a) Die Konstruktion von Tiermodellen sollte verboten werden.
b) Die Konstruktion von Tiermodellen für die

Erforschung besonders bedrohlicher und bisher schwer erforschbarer Krankheiten sollte erlaubt sein.

c) Die Konstruktion von Tiermodellen sollte ohne jede Einschränkung erlaubt sein.

3. Zuordnung der verschiedenen Handlungen zu Werten, die hiervon berührt werden

Beispiele solcher Werte sind

- Integrität aller lebenden Organismen,
- Gesundheit des Menschen,
- wirtschaftlicher Erfolg der pharmazeutschen Industrie,
- Fortschritt und internationales Ansehen der medizinischen Forschung in der Bundesrepublik.

4. Treffen einer begründeten Entscheidung für eine der Handlungsoptionen und Reflexion der aus diesen Handlungen folgenden Konsequenzen

Aus den drei möglichen Handlungsoptionen wird von jedem Schüler eine ausgewählt und die aus der jeweiligen Entscheidung resultierenden Konsequenzen werden formuliert und reflektiert.

Begründete Entscheidung zu a:

Die Herstellung von Tiermodellen wie die Alzheimer Maus muss verboten werden, weil der Mensch

- die Natur nicht nach seinen Bedürfnissen verändern darf (biozentrische Argumentation) und
- andere Organismen nicht für sein eigenes Wohl leiden lassen darf (Tierschutzgedanke, biozentrische Argumentation).

Konsequenz:

Auf eine bisher nicht verfügbare Erforschungsmethode von Erbkrankheiten wird verzichtet; die Entwicklung neuer Diagnose- und Therapiemöglichkeiten für diese Krankheiten unterbleibt.

Begründete Entscheidung zu b:

Für die Erforschung der Alzheimer Krankheit sollte die Herstellung eines Tiermodells wie der Alzheimer Maus erlaubt sein, weil

- das Tiermodell gegenwärtig die einzige Möglichkeit darstellt, die molekularbiologischen Grundlagen der Alzheimer Krankheit zu erforschen (medizinethische Argumentation),
- langfristig nur mit Hilfe des Tiermodells neue Diagnose- und Therapieformen entwickelt werden können (medizinethische Argumentation).

Konsequenz:

Wenn auf die Nutzung von Tiermodellen für die Erforschung der Alzheimer Krankheit verzichtet wird, hat ein Großteil der Bevölkerung keine Chance auf Heilung oder Linderung dieser lebensbedrohlichen und die Lebensqualität massiv einschränkenden Erkrankung.

Begründete Entscheidung zu c:

Die Herstellung von Tiermodellen sollte generell erlaubt sein, weil sie eine der zurzeit besten Möglichkeiten darstellt, Erbkrankheiten zu erforschen und damit unverzichtbare Voraussetzungen für Diagnose- und Therapiemaßnahmen zu schaffen. Die Gesundheit des Menschen ist in diesem Falle wichtiger als das Wohl der dafür eingesetzten Tiere (medizinethische Argumentation).

Konsequenz:

Dem Menschen biologisch nah verwandten Tieren wird Leid zugefügt zum Nutzen des Menschen.

5. Zuordnung der Gründe für die jeweilige Entscheidung zu den übergeordneten Argumentationskategorien

Für eine Begründung, die sich am Wohlergehen orientiert, ist eine Güterabwägung zwischen dem Wohl bzw. Leiden von Menschen und dem Wohl bzw. Leiden von Mäusen erforderlich. Um zu einer begründeten Entscheidung zu kommen, bedarf es einer Wertehierarchie. Dies bedeutet, dass vor der Entscheidung festgelegt werden muss, wessen Wohl höher einzustufen ist oder ob das Wohl des Menschen und der Maus in gleichem Maße wichtig ist. Wenn die Integrität („die Würde") der Maus gegen die Konstruktion von Tiermodellen ins Feld geführt wird (biozentrische Argumentationsweise), so wird die

Maus in die moralische Gemeinschaft einbezogen. In diesem Fall wird der Maus als einem Teil der Natur oder auch als „Geschöpf" ein absoluter Wert zugesprochen. Aus dieser Sicht darf die Maus nicht als Objekt behandelt werden, also nicht transformiert werden.

6. Beschreibung der Konsequenzen der individuellen Entscheidung
Eine denkbare Konsequenz für alle drei Entscheidungen wäre eine Einflussnahme auf den Gesetzgeber im Sinne der jeweils gewählten Entscheidung.

2. Fachdidaktische Informationen

Lernvoraussetzungen

Basiswissen über
- Molekulargenetik,
- Humangenetik,
- Genexpression,
- den Aufbau des menschlichen Gehirns und von Nervenzellen.

Lernziele

Die Schüler sollen
- erläutern können, was unter einem „Tiermodell" in der humanmedizinischen Forschung zu verstehen ist und wie eine transgene Maus erzeugt wird.
- Symptome und Ursachen der Alzheimer Krankheit nennen können.
- das durch die Möglichkeit, gentechnisch gezielt kranke Tiere herstellen zu können, entstandene ethische Dilemma formulieren und erläutern können.
- eine ethische Analyse zu diesem Dilemma durchführen und in diesem Zusammenhang argumentativ begründet zu dem Dilemma Stellung nehmen können.

3. Unterrichtsverlauf und Materialien

1. Unterrichtsabschnitt: Symptome und Ursachen der Alzheimer Krankheit (ca. 45 Min.) Die Alzheimer Krankheit	Medien
Einstieg: Ein Schüler wird aufgefordert, das Zifferblatt einer Uhr mit der Uhrzeit 10 nach 10 Uhr aufzuzeichnen. Diese Zeichnung und die Zeichnung eines Zifferblatts eines Alzheimerpatienten werden nebeneinander projiziert. Die Unterschiede werden genannt, und es wird zum Phänomen Alzheimer Krankheit übergeleitet. **Erarbeitung:** Erarbeitung der Symptome und Ursachen der Alzheimer Krankheit	Tafel F 1 AB 1a/b
2. Unterrichtsabschnitt: Erzeugung einer Alzheimer Maus (ca. 90 Min.) Erzeugung einer transgenen Maus am Beispiel der Mikroinjektion	Medien
Einstieg: An Hand der Folie wird der Bezug zur vorangegangenen Stunde hergestellt. Die Merkmale der Alzheimer Krankheit werden wiederholend zusammengefaßt. Es wird zum Thema „Tiermodell" übergeleitet. **Erarbeitung:** Die Herstellung der Alzheimer Maus wird mit Hilfe des Arbeitsblattes erarbeitet. **HA:** Beantwortung der Fragen auf AB 2 a	F 1 AB 2a/b
3. Unterrichtsabschnitt: Ethische Analyse des Dilemmas „Förderungen des allgemeinen Wohlergehens des Menschen" versus „der besondere Wert der Maus als Lebewesen" Ethische Analyse zum Thema „Die Alzheimer Maus" **(ca. 90 Min.)**	Medien
Einstieg: Besprechung der Ergebnisse der HA **Problematisierung:** Rezeption der Texte 1 und 2. **Problembearbeitung und Problemlösung:** Durchführung einer ethischen Analyse an Hand der Aufgabenstellung	AB 2a/b AB 3 AB 3

Die Alzheimer Krankheit

Die Alzheimer Krankheit (Morbus Alzheimer, Alzheimersche Demenz) ist eine degenerative Erkrankung des Gehirns. Sie führt zu irreversiblen morphologischen und biochemischen Veränderungen von Gehirnarealen besonders im Bereich des Hippocampus und des Assoziationscortex (s. Abb. 2). 1907 beschrieb der Neurologe Alois Alzheimer als erster diese Erkrankung. Schätzungen zu Folge leiden ca. 1 % der Sechzig-, aber bereits 5 % der Fünfundsechzigjährigen und etwa 20 % der Achtzigjährigen an der Alzheimer Krankheit. Auf Grund der überproportionalen Zunahme alter Menschen in der Bevölkerung steigt in Deutschland die Anzahl der Alzheimer Patienten ständig an. Ist heute etwa ein Fünftel der Bevölkerung über 65 Jahre alt, so wird in wenigen Jahrzehnten ein Drittel der Bevölkerung zu dieser Altersgruppe zählen.

Der Verlauf der Krankheit kann in drei Phasen gegliedert werden:
1. Gedächtnisschwund und vermindertes Lernvermögen;
2. Sprachstörungen, Sinnestäuschungen und Orientierungslosigkeit;
3. vollständiger Verlust der Sprache, des Gedächtnisses und der Körperkontrolle.

   Diese unspezifischen Symptome können allerdings auch durch andere Krankheiten ausgelöst werden. Dazu gehören verschiedene Formen der Altersdemenz. Deshalb ist eine sichere Diagnose der Alzheimer Krankheit an Lebenden fast unmöglich. Computertomographie, Elektroencephalographie, Wahrnehmungs- und Lerntests, Hirnbiopsie und Untersuchungen der Cerebrospinalflüssigkeit werden eingesetzt, um nach dem Ausschlussverfahren die Alzheimer Krankheit zu diagnostizieren. Eine sichere Diagnose der Krankheit ist allerdings erst nach dem Tod des Patienten durch morphologische und biochemische Untersuchungen des Gehirns möglich. Im Neocortex sowie im Hippocampus von Alzheimer Patienten können typische Veränderungen nachgewiesen werden. In den Zellkörpern der Neuronen akkumulieren sich Neurofibrillenbündel (Alzheimer Fibrillen). An den Neuritenenden entstehen extrazelluläre Ablagerungen (Plaques). Darüber hinaus ist ein deutlicher Verlust an Nervenzellen erkennbar. In den Gehirngefäßen lagern sich Amyloide, pathologische Protein-Polysaccharidkomplexe, ab.

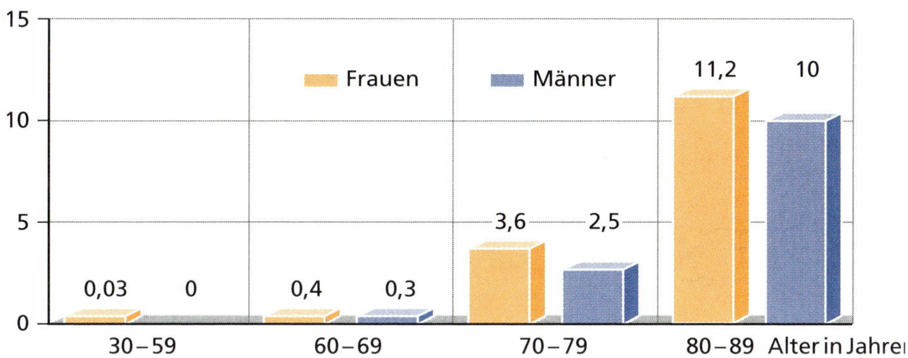

Abb. 1: Häufigkeit der Alzheimer Krankheit in Europa (nach Rocca et al. 1993)

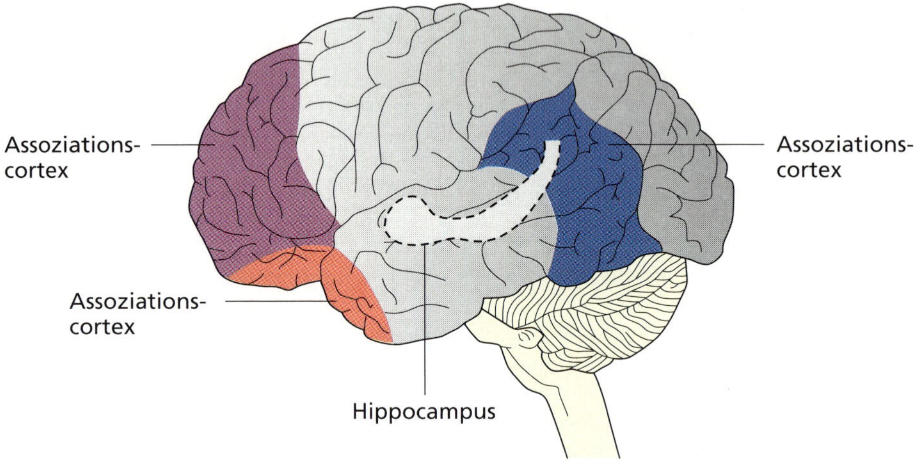

Abb. 2: Lage von Hippocampus und Assoziationscortex im menschlichen Gehirn. Der Hippocampus ist bei der Speicherung von Informationen im Gedächtnis beteiligt. Der Assoziationscortex besteht aus mehreren Assoziationsarealen auf der Hirnrinde, die der Informationsverarbeitung von Sinneseindrücken dienen.

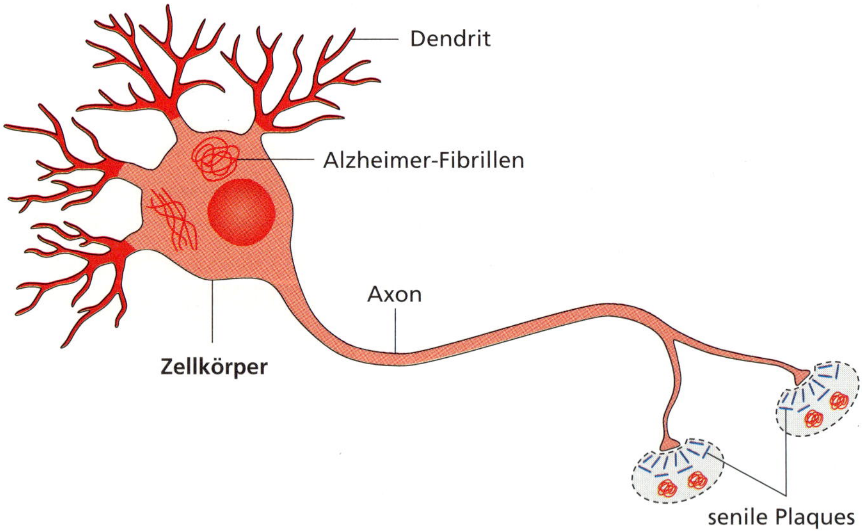

Abb. 3: Schematische Darstellung eines Neurons aus der menschlichen Hirnrinde mit Merkmalen der Alzheimer Krankheit (s.Text)

Die Alzheimer Maus

Molekulargenetische Untersuchungen an Familien, in denen die Alzheimer Krankheit gehäuft auftrat, zeigten, dass die genetischen Ursachen für diese Krankheit sehr vielfältig sein können. Durch Untersuchung von Großfamilien, in denen die Alzheimer Krankheit nach einem monogenetischen autosomal dominanten Vererbungsmuster auftrat, wurden vier verschiedene Gene identifiziert, die mit dieser Krankheit in Zusammenhang stehen. Weitere Untersuchungen zeigten jedoch, dass die Mehrzahl der familiären Häufung der Alzheimer Krankheit auf einen polygenetischen, multifaktoriellen Vererbungsmodus zurückzuführen ist. Dies bedeutet u. a., dass neben der genetischen Disposition Umwelteinflüsse für den Ausbruch der Krankheit verantwortlich sind. Als hierfür in Frage kommende Umwelteinflüsse werden zur Zeit ein noch unbekanntes Virus ähnlich dem Auslöser der Jakob-Creutzfeld Krankheit, Gehirnverletzungen, Störungen im Hirnstoffwechsel und Toxine diskutiert.

Als erstes der oben genannten vier mit der Alzheimer Krankheit in Zusammenhang stehenden Gene, wurde das Amyloid Precurser Protein Gen (βAPP-Gen) identifiziert. Es liegt auf dem linken Arm von Chromosom 21. Das βAPP ist ein membranständiges Protein in Gehirnzellen, das typische Eigenschaften eines Zelloberflächenrezeptors aufweist. Durch Spaltung des βAPP entsteht u. a. ein Protein namens βA4. Dieses ist in großen Mengen in den Plaques und Amyloidablagerungen von Alzheimer Patienten enthalten. Wie bestimmte Mutationen des βAPP-Gens den Ausbruch der Alzheimer Krankheit auslösen, ist noch unklar. Eine Vermutung ist, dass Mutationen im βAPP-Gen zu einer Überproduktion des βA4-Proteins führen. Die folgende Anhäufung des Proteins wirkt neurotoxisch, wenn das Protein, wie in den Plaques und Amyloidablagerungen, zu Fibrillen aggregiert. Dies ist nachgewiesenermaßen auch bei anderen Amyloid-Proteinen der Fall. Da es nicht möglich ist, diese beschriebenen Zusammenhänge direkt am Menschen zu untersuchen, wurde ein Mausmodell zu diesem Zweck entwickelt.

Auch bei einigen Mausstämmen bilden sich im Lebensverlauf Plaques im Gehirn, bei anderen nicht. Letztere wurden benutzt, um das Gen, das den βA4-Anteil des APP codiert, zu übertragen. Neben dem so hergestellten Mausmodell wurden zahlreiche weitere „Alzheimer Mäuse" für die Untersuchung weiterer Formen der Alzheimer-Krankheit konstruiert. Mäuse eignen sich darüber hinaus besonders als Modelltiere, weil sie sehr schnell altern und die zu untersuchenden Krankheitssymtome daher recht schnell auftreten.

Aufgaben:

1. **Beschreiben Sie schriftlich die Herstellung der Alzheimer Maus an Hand der Abbildung (s. AB 2 b).**
2. **Kann man mit Sicherheit davon ausgehen, dass Nachkommen der Alzheimer Mäuse das mutierte βAPP-Gen tragen? Begründen Sie Ihre Antwort.**
3. **Zu welchem Zweck werden die Alzheimer Mäuse entwickelt?**

AB 2b

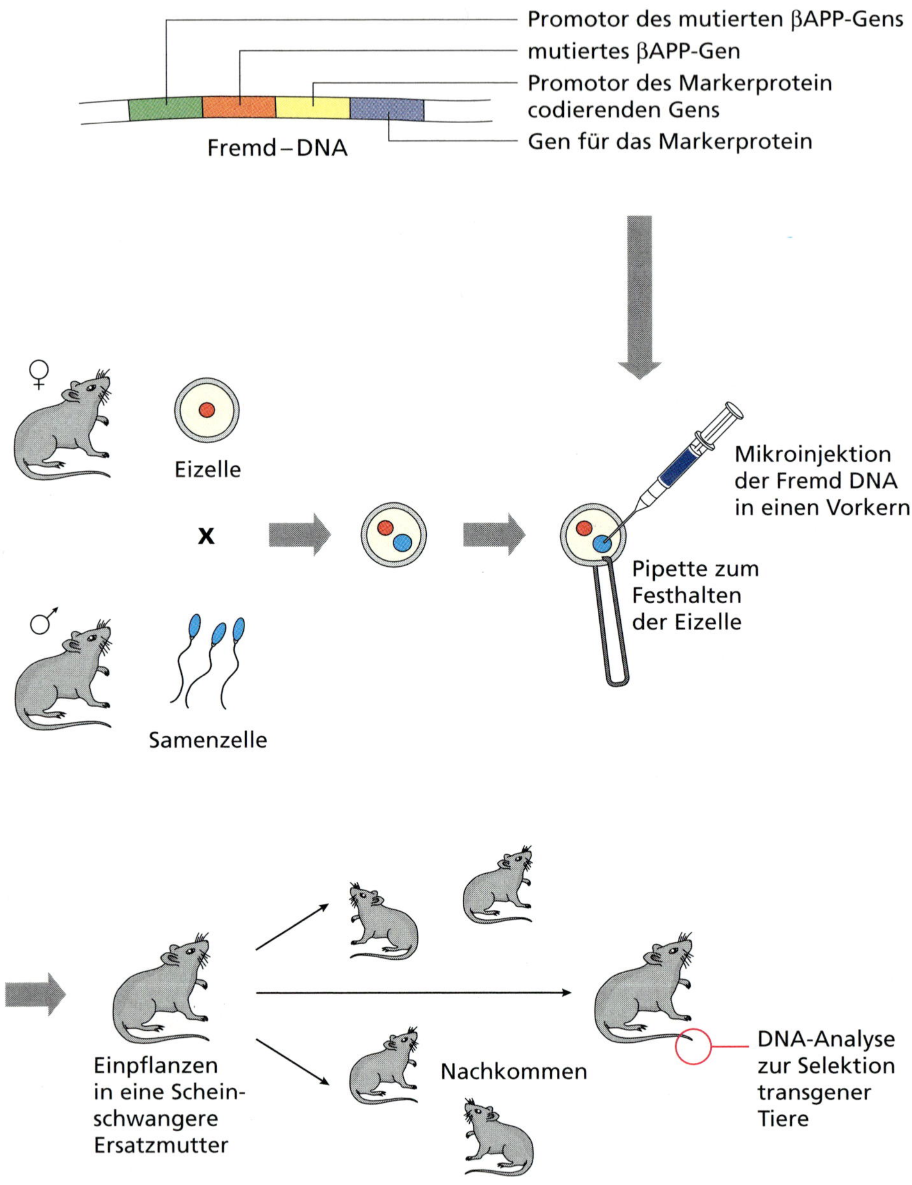

Abb. 1: Herstellung transgener Mäuse, die das mutierte βAPP-Gen tragen, durch Mikroinjektion von DNA

Alzheimer Maus - ja oder nein?

Text 1:

Wissenschaftler an der Universität von Minnesota (USA) haben ein wichtiges Werkzeug zur Erforschung der Alzheimer Krankheit entwickelt. Es handelt sich hierbei um eine gentechnisch veränderte Maus, die sowohl typische Verhaltensveränderungen als auch die pathologischen Veränderungen an den Gehirnzellen, die bei dieser Krankheit auftreten, aufweist. Dieses sogenannte Krankheitsmodell soll dazu dienen, möglichst schnell wirksame Therapieformen für diese Krankheit zu entwickeln. Nach Aussage des Direktors der Alzheimer Gesellschaft in den USA ist dieses Modell außerordentlich wichtig, um den Effekt von Medikamenten auf das Verhalten und auf biochemische Abläufe im Organismus während der Krankheit zu untersuchen. Nach Angaben der Alzheimer Gesellschaft würden Behandlungsformen, die die Symptome der Alzheimer Krankheit um fünf Jahre hinauszögerten, die Anzahl der Alzheimer Erkrankten um ca. 50 % verringern und diesen so Jahre eines lebenswerten Lebens ermöglichen. Darüber hinaus könnten so ca. 50 Milliarden Dollar bei der Krankenversorgung eingespart werden.

Text 2:

Was sagt die Ehrfurcht vor dem Leben über die Beziehungen zwischen Mensch und Kreatur?

Wo ich irgendwelches Leben schädige muss ich mir darüber klar sein, ob es notwendig ist. Über das Unvermeidliche darf ich in nichts hinausgehen, auch nicht in scheinbar Unbedeutendem. ... Diejenigen, die an Tieren Operationen oder Medikamente versuchen oder ihnen Krankheiten einimpfen, um mit den gewonnenen Resultaten Menschen Hilfe bringen zu können, dürfen sich nie allgemein dabei beruhigen, dass ihr grausames Tun einen wertvollen Zweck verfolge. In jedem einzelnen Fall müssen sie erwogen haben, ob wirklich Notwendigkeit vorliegt, einem Tiere dieses Opfer für die Menschheit aufzuerlegen. Und ängstlich müssen sie darum besorgt sein, das Weh, soviel sie nur können, zu mildern. Wie viel wird in wissenschaftlichen Instituten durch versäumte Narkosen, die man der Zeit- und Müheersparnis halber unterlässt, gefrevelt! Wie viel auch dadurch, dass Tiere der Qual unterworfen werden, nur um Studenten allgemein bekannte Phänomene zu demonstrieren! Gerade dadurch, dass das Tier als Versuchstier in seinem Schmerze so Wertvolles für den leidenden Menschen erworben hat, ist ein neues, einzigartiges Solidaritätsverhältnis zwischen ihm und uns geschaffen worden. Ein Zwang, aller Kreatur alles irgend mögliche Gute anzutun, ergibt sich daraus für jeden von uns.
(Albert Schweitzer 1981)

Aufgaben:

1. **Fassen Sie die in Text 1 und Text 2 ausgeführten Standpunkte zum Einsatz von Tieren in der humanmedizinischen Forschung zusammen.**
2. **Sind Sie für oder gegen die Herstellung und Verwendung von Tiermodellen in der medizinischen Forschung? Formulieren Sie Ihre Entscheidung und begründen Sie sie. Bedenken Sie dabei auch die persönlichen und gesellschaftlichen Konsequenzen, die Ihre Entscheidung hat, und stellen Sie die Werte heraus, auf die Sie Bezug nehmen.**

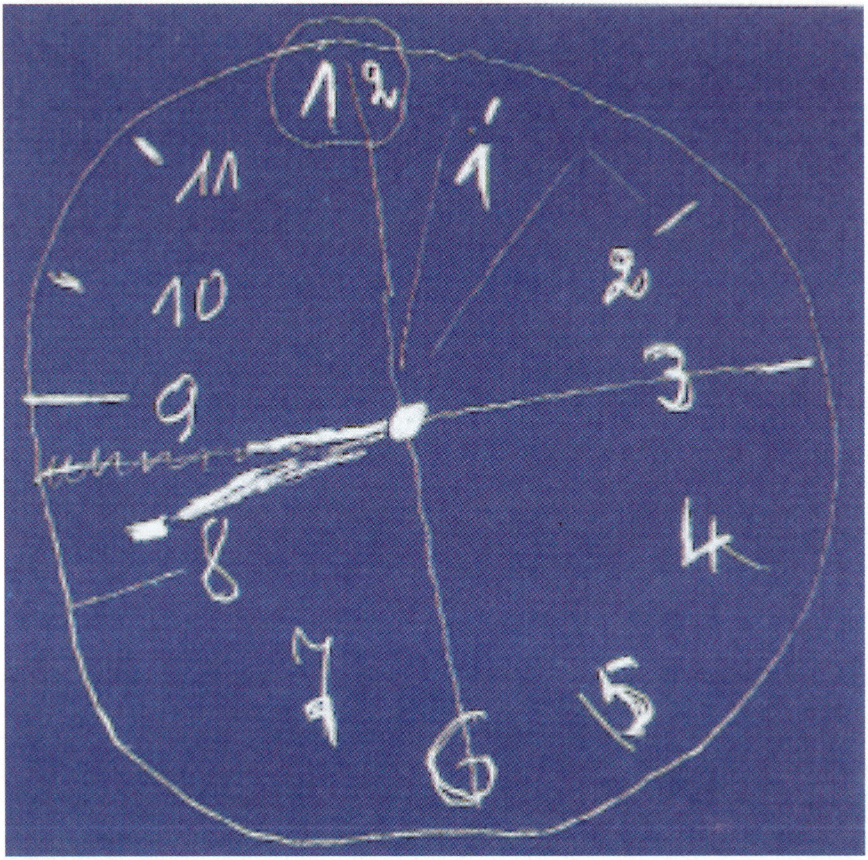

(nach Rocca et al. 1993)

2.3.2 Gentechnische Herstellung von Impfstoffen gegen Hepatitis B

Susan Jendrsczok

Während Impfstoff gegen Hepatitis B (HB) früher aus menschlichem Blutplasma gewonnen wurde, ist heute dessen gentechnische Herstellung üblich. Der Grund für dieses Vorgehen ist die damit verbundene größere Sicherheit des Impfstoffes. In dieser Unterrichtseinheit wird die gentechnische Impfstoffproduktion beschrieben. Für eine ethische Diskussion bietet sich unter anderem die Frage nach der weltweiten Verteilung des Impfstoffs an. Dritte Welt Länder sind am stärksten von HB betroffen und könnten von den Entwicklungen auf dem Impfstoffsektor der letzten zwölf Jahre profitieren. Die Schüler sollen neben dem Kennenlernen grundlegender gentechnischer Methoden durch dieses Material angeregt werden, über Lösungsansätze zur Verminderung der weltweiten HB-Infektionen nachzudenken.

1. Sachinformationen

Unter passiver Immunisierung versteht man die Verabreichung von Antikörpern. Sie dient der Heilung von Infektionen. Die aktive Immunisierung dient zur Vorbeugung von Infektionskrankheiten. Sie erfolgt durch Einspritzen des Antigens in Form des abgetöteten oder abgeschwächten Krankheiterregers (Totimpfstoff bzw. Lebendimpfstoff) oder in Form von Untereinheiten des Antigens (Untereinheitenimpfstoff). Durch aktive Immunisierung wird eine humorale Immunreaktion hervorgerufen (Antikörperbildung durch B-Lymphozyten) bzw. eine zelluläre Immunreaktion bewirkt (Zerstörung von Zellen, die ein Antigen tragen, durch T-Lymphozyten). Außerdem bildet sich ein Teil der B-Lymphozyten in Gedächtniszellen um. Diese teilen sich auch Jahre nach ihrer Bildung sehr rasch, wenn ein entsprechender Krankheitserreger in den Körper eindringt, und lösen eine schnelle und heftige Immunreaktion aus (Näheres s. Bd. 2, S. 56 ff. und Linder 1998, S. 364 ff.) Die Antikörper sind gegen bestimmte Atomanordnungen auf der Oberfläche der Antigene (Epitope) gerichtet. Zur Krankheit HB s. Tiollais et al. 1991 und AB1.

Das Genom des HB-Virus besteht aus einem doppelsträngigen DNA-Molekül, das von einer Schicht Proteine (Nucleokapsid) umgeben ist (s. AB 2). Um das Nucleokapsid befindet sich die aus Lipiden und Proteinen bestehende Virushülle. Die Eiweißstoffe der Hülle enthalten das Oberflächenantigen des Virus' (HB-surface-Antgen; HBsAG; s. Tiollais et al. 1991).

Bisher wurde HB-Impfstoff aus dem Blut von infizierten Menschen gewonnen. Darin sind neben den Viren auch kleinere Viruspartikel zu finden, die nur aus der Virushülle und den darin befindlichen Oberflächenproteinen bestehen. Diese Bestandteile sind nicht infektiös und können nach der Abtrennung von den infektiösen Viren als Impfstoff verwendet werden. Man konnte jedoch nie ganz sicher sein, dass keine infektiösen Viren mehr im Impfstoff enthalten sind. Bisher wurde HB-Impfstoff deshalb vor seiner Anwendung am Menschen an Schimpansen getestet. Dieses Verfahren wird heute nicht mehr angewandt.

HB ist, wie die Verbreitungskarte zeigt (s. AB 2), ein weltweites Problem. Um diese Krankheit effektiv zu bekämpfen, sind neben der Verbesserung der allgemeinen Lebensbedingungen der Menschen in der Dritten Welt (z. B. medizinische Grundversorgung und Bereitstellung sauberen Trinkwassers) auch Schutzimpfungen notwendig.

Der heutige HB-Impfstoff ist ein gentechnisch hergestellter Untereinheitenimpfstoff, der aus dem reinen HBsAG (dem Antigen der Virushülle) und so genannten „Adjuvantien" (Trägerstoffen) wie Aluminiumhydroxid, Silikat oder Albumin besteht. Die Herstellung des aus 226 Aminosäuren aufgebauten HBsAG erfolgt in zwei Schritten: Im ersten Schritt wird das HBsAG-Gen (226 Trinukleotide samt Steuercodogenen) isoliert, in ein Plasmid eingebaut und in *Escherichia coli*-Bakterien vermehrt (Genklonierung). Im zweiten Schritt werden die so gewonnenen HBsAG-Gene in Hefe- oder höheren Säugetierzellen expri-

miert. Dieser Schritt ist notwendig, weil nur in Eukaryontenzellen die Herstellung der natürlichen Struktur des HBsAG möglich ist und nur damit eine Immunisierung erreicht werden kann.
Dazu werden die folgenden Arbeitsschritte durchgeführt:
1. Analyse der Aminosäuresequenz des HBsAG;
2. Entschlüsselung der DNA-Sequenz (samt Start- und Stop-Codogen);
3. DNA-Isolierung;
4. Einbau des HBsAG-Gens in das Plasmid pBR322;
5. Transformation von *Escherichia coli*-Bakterien mit pBR322;
6. Screening: Kontrolle einer erfolgreichen Transformation von *Escherichia coli* durch Anzucht der Bakterien auf antibiotkahaltigem Nährboden;
7. Vermehren transformierter *Escherichia coli*-Bakterien und anschließende Isolierung der Gene.

(Näheres zu den einzelnen Arbeitsschritten s. Bd. 2, S. 38 und Linder 1998, S. 351 ff.)

Expression des HBsAG-Gens in Hefezellen

Nachdem das HBsAG-Gen in großer Menge vorliegt, wird es in Zellen der Hefe *Pichia pastoris* oder in Zellen höherer Säugetiere (z. B. Hamsternierenzellen) exprimiert. Für *Pichia pastoris* stehen geeignete Expressionsvektoren (Plasmide) zur Verfügung (s. Abb. 1). Die Plasmide stammen aus Bakterien. Ihnen werden alle nicht benötigten Gene entnommen und alle benötigten (z. B. Replikationsstart- bzw. Stopcodogene) hinzugefügt, so dass sie in das Genom von *Pichia pastoris* eingebaut werden können. Die Hefezellen ermöglichen eine hohe Proteinausbeute und lassen sich in einem Fermenter in industriellem Maßstab vermehren.

Zunächst werden Expressionsvektoren hergestellt, die jeweils das zuvor vermehrte HBsAG-Gen enthalten. Wie bei den Klonierungsvektoren müssen auch hier Markergene enthalten sein, die ein Screening der transformierten Hefezellen ermöglichen. Statt Genen für Antibiotikumresistenz können auch solche Gene als Markergene fungieren, die die Produktion bestimmter Enzyme katalysieren. Das in dem verwendeten Expressionsvektor enthaltene Gen His4 codiert für Histidinol-Dehydrogenase. Dieses Enzym katalysiert die Synthese der lebenswichtigen Aminosäure Histidin.

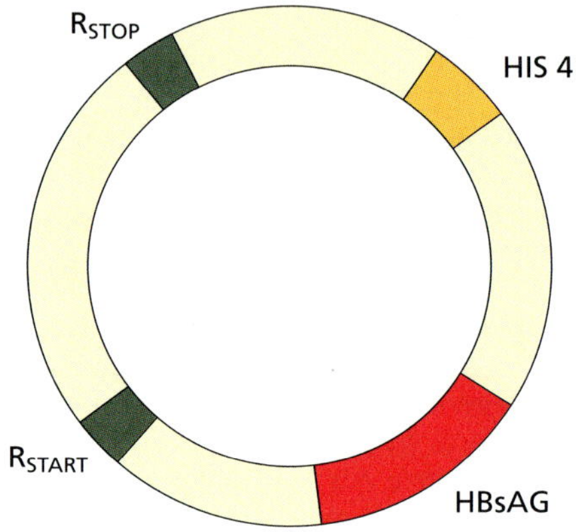

Abb. 1: Rekombinantes Plasmid für *Pichia pastoris* (Expressionsvektor; vereinfacht nach Glick et al. 1995)

Für die Transformation verwendet man ausschließlich Hefezellen, denen das His4-Gen fehlt. Diese überleben nur in einem Nährmedium, das die Aminosäure Histidin enthält. Auf einem histidinfreien Nährboden überleben nur Hefezellen, die den Expressionsvektor aufgenommen haben. Das Screening findet durch Ausplattieren der Hefezellen auf histidinfreiem Medium statt. Nach Selektion der transformierten Zellen werden diese in einem Fermenter vermehrt und anschließend aufgebrochen. Nach weiteren Präparations- und Reinigungsvorgängen liegt reines HBsAG vor. Die folgenden Arbeitsschritte sind also erforderlich:
1. Einbringen des HBsAG-Gens in ein Plasmid (Expressionsvektor) mit His4-Gen;
2. Transformation der Hefezellen mit dem Expressionsvektor; ein Teil der Hefezellen baut die Fremd-DNA in das eigene Genom ein;

3. Screening: Anzucht der transformierten Hefen auf histidinfreiem Medium;
4. Vermehrung der transformierten Hefezellen;
5. Aufbrechen, Präparieren und Reinigen des HBsAG.

Die weltweite Situation der HB-Erkrankungen und Impfungen

In einigen Ländern der Dritten Welt sind viele Menschen, besonders Kinder, deren Mütter HB positiv sind, mit HB infiziert, so dass Massenimpfungen nötig wären. In den Industrieländern werden bisher nur Risikogruppen geimpft. Dazu gehören Personen, die in HB-Endemiegebiete reisen wollen oder diejenigen, die mit menschlichem Blut in Kontakt kommen wie medizinisches Personal oder Empfänger von Blut oder Blutprodukten. In Deutschland werden neuerdings von der STIKO (Ständige Impfkommission) jedoch auch Reihenimpfungen empfohlen, weil es in den letzten Jahren zwar zu einer Reduzierung der Erkrankungszahlen in den Risikogruppen gekommen ist, nicht aber in der Allgemeinbevölkerung. Da HB besonders durch ungeschützten Geschlechtsverkehr übertragen wird, sind vor allem junge Erwachsene gefährdet. Wegen seiner hohen Infektiosität ist eine Ansteckung jedoch auch durch engen Kontakt in der Familie möglich. Eine Schutzimpfung erfolgt in drei Schritten. Zwischen der ersten und zweiten Impfung liegt ein Monat. Die zweite und die dritte liegen sechs Monate auseinander. Der Impfschutz beträgt 99 %. Auffrischimpfungen nach etwa zehn Jahren werden empfohlen.

Verschiedene Argumentationsweisen für oder gegen die gentechnische Herstellung von HB-Impfstoff

Als Hauptargumente für die gentechnische HB-Impfstoffherstellung gegenüber der Herstellung des Impfstoffes aus Blutplasma von Infizierten werden die größere Sicherheit und die langfristig geringeren Produktionskosten angeführt (s. AB 3). Diese Argumente basieren auf einer Güterabwägung. In beiden Fällen wird auf das Wohl der Betroffenen rekurriert. Wer die größere Sicherheit des gentechnisch hergestellten Untereinheiten-Impfstoffes hervorhebt, stellt den Schutz der Menschen vor einer HB-Erkrankung in den Mittelpunkt der Betrachtungen (medizinethische Argumentation).

Die politisch-ökonomisch orientierten Befürworter argumentieren mit der Notwendigkeit wirtschaftlicher Konkurrenzfähigkeit nationaler Firmen durch eine innovative Herstellung von Impfstoffen und damit mit der Sicherung von Arbeitsplätzen am eigenen Standort. Dieses Argument ist allerdings nur dann stichhaltig, wenn der durch Innovation erwirtschaftete Gewinn dem Erhalt von Arbeitsplätzen dient.

In Entwicklungsländern sind Infektionskrankheiten eine der häufigsten Todesursachen, und eine Versorgung mit Impfstoffen in noch größerem Rahmen als bisher wäre notwendig. Die vollständige Immunisierung für Erwachsene in Deutschland kostet ungefähr 400 DM. Der teuerste 1991 von der WHO (World Health Organisation) für Dritte-Welt-Länder gekaufte Impfstoff kostete ein Bruchteil des Preises, nämlich 0,13 US-Dollar (s. Nevers et al. 1991). Auf die Frage nach der weltweiten Verteilung von Impfstoff wird im AB 3 näher eingegangen. An der Verbesserung der Situation könnten sowohl die Pharma-Industrie durch Maßnahmen zur Senkung der Impfstoffpreise, die WHO, die UNO und vor allem die Entwicklungsländer selbst durch Bereitstellung von Mitteln mithelfen.

Diskursteilnehmer, die aus der ökoethischen Perspektive argumentieren, betrachten besonders das mit dem Einsatz gentechnisch veränderter Bakterien und Hefen bei der Impfstoffherstellung verbundene Umweltrisiko (s. Bd. 2, 1997, S. 91 ff.). Alle in Labors verwendeten gentechnisch veränderten Organismen werden je nach Gefährdung von Personen, Nutztieren, Nutzpflanzen oder Ökosystemen in vier unterschiedliche Risikogruppen eingeteilt. Wenn mit ihnen gearbeitet wird, müssen entsprechende Vorkehrungen (Sicherheitsstufen) in den Labors getroffen werden. Die üblicherweise im Labor für die HB-Impfstoffherstellung verwendeten Bakterien und Hefen gehören zu der Sicherheitsstufe 1. Von ihnen sind normalerweise keine gesundheitlichen Risiken zu erwarten. Ethische Einwände gegen die Produktion von HB-Impfstoffen mit Hilfe von Bakterien und Hefen gibt es also nicht. Anders verhielte es sich, wenn neue Systeme und Techniken eingesetzt würden. In diesem Falle müssten umfangreiche Untersuchungen und eine marktunabhängige Risikoforschung die Unbedenklichkeit der Produktion erst bestätigen. Dieses würde beispielsweise für den Einsatz gentechnisch veränderter Pocken-Viren (Vaccinia-Viren) als Lebendimpfstoff gegen HB gelten. An dieser Möglichkeit wird geforscht; Impfstoffe für Menschen sind auf diese Weise jedoch noch nicht hergestellt worden (s. Tiollais et al. 1991; Pasteur Mérieux MSD 1997, pers. Mitteilung).

Wird in der Produktion mit großen Mengen gentechnisch veränderter Bakterien und Hefen gearbeitet, muss darauf geachtet werden, dass diese Mikroorganismen nicht aus dem Fermenter entweichen können. Die Auswirkungen gentechnischer Unfälle könnten irreversibel sein. Um solchen Unfällen vorzubeugen, gibt es entsprechende gesetzliche Regelungen wie das Gentechnik-Gesetz (s. Bundesgesetzblatt 1993), das genaue Sicherheitsmaßnahmen im Umgang mit gentechnisch veränderten Mikroorganismen im Labor vorschreibt. Dazu gehören auch eine gute Aus- und Fortbildung der in den Labors Beschäftigten und laufende Kontrollmaßnahmen. (Näheres zur Risikodiskussion s. Bd. 2, S. 91 ff.).

2. Fachdidaktische Informationen

Lernvoraussetzungen

- Molekularbiologische und immunbiologische Grundlagen (Immunabwehr und Impfung);
- Unterschied zwischen Prokaryonten- und Eukaryontenzelle;
- Vermehrung von Viren.

Lernziele

Die Schüler sollen:
- das Krankheitsbild HB sowie den Aufbau, die Vermehrung und die Verbreitung des HB-Virus beschreiben können und auf mögliche Ursachen der Krankheit (fehlende Prophylaxe, geschwächte Immunabwehr durch Mangelernährung) schließen können.
- die klassische Herstellung von HB-Impfstoff und die damit verbundenen Probleme erläutern können.
- die gentechnische Herstellung eines HB-Impfstoffes beschreiben können.
- die Möglichkeit einer weltweiten Verringerung der HB-Erkrankungszahlen durch Impfung der Bevölkerung nennen können.
- Lösungen für eine weltweite Verteilung an Impfstoff oder für die Finanzierung von Impfprogrammen nennen können.

Hinweise auf Filme und Adressen

Video:
- Immunsystem -
  Paul Ehrlich, Elias Metschnikoff
  (Funktionsweise der menschlichen Immunabwehr)
  (FWU/Bst.-Nr. 42 02063) 15 Min (1996)
- Viren
  (Bauplan der Viren, Vermehrung und Verursachung von Krankheiten)
  (FWU/Bst.-Nr. 42 01826) 11 Min.
  in schwarz-weiß und in Farbe (1995)

Adresse:
Pasteur-Mérieux MSD;
Paul-Ehrlich-Str. 1; 69181 Leimen;
Tel. 06224/5940

3. Unterrichtsverlauf und Materialien

1. Unterrichtsabschnitt: HB - ein weltweites Problem (ca. 90 Min.) HB: Verbreitung, Ursachen, Impfung	Medien
Einstieg und Problemstellung: Fallbeschreibung und Verbreitungskarte; Beschreibung der weltweiten Verbreitung von HB-Erkrankungen **Erarbeitung:** Aufgaben auf AB2 (Wdh.: Vermehrung von Viren) Wie wirkt ein Impfstoff? Wdh.: Immunreaktion und passive/aktive Immunisierung (s. Linder 1998); klassische Impfstoffherstellung aus dem Blutplasma Infizierter. Welches Risiko könnte für die Geimpften mit der Verabreichung dieses Impfstoffs verbunden sein?	AB 1/2
2. Unterrichtsabschnitt: Impfstoffe gegen HB - gentechnisch produziert (ca. 90 Min.) Klassische Impfstoffherstellung; Genklonierung;Transformation	Medien
Einstieg: Wdh.: Klassische Impfstoffherstellung und damit verbundene Risken für die Geimpften **Problemstellung:** Welche Ansprüche müssten an einen Impfstoff gestellt werden, der die weltweite gesundheitliche Situation verbessern könnte? (Hohe Sicherheit und geringe Kosten.) Ein gentechnisch hergestellter Impfstoff enthält nur das HBsAG. Wie funktioniert die gentechnische Herstellung von HBsAG in Mikroorganismen? **Erarbeitung:** Genklonierung; der Klonierungsvektor pBR322; Einklonierung der isolierten DNA-Sequenz, Transformation der *Escherichia coli*-Bakterien; Hervorheben der besonderen Rolle der Markergene für die Antibiotikumresistenz. **HA:** Entwickeln Sie Hypothesen zur Selektion der transformierten Bakterien!	
3. Unterrichtsabschnitt: Impfstoffe gegen HB - gentechnisch produziert (ca. 90 Min.) Screening, Transformation, Expression	Medien
Einstieg: Besprechung der HA (Hypothesensammlung; Selektion transformierter *Escherichia coli*-Zellen); Vermehrung und Isolation der HbsAG-Gene **Problemstellung:** Wie wird das HBsAG hergestellt? **Erarbeitung:** Herstellung des Expressionsvektors, Screeningverfahren und Vermehrung der Hefezellen; Erklären Sie den Unterschied zwischen einem Klonierungs- und einem Expressionsvektor! **Transfer:** Für die Transformation der Expressionsvektoren werden nur Organismen von *Pichia pastoris* verwendet, denen das His4-Gen fehlt. Dieses Gen codiert die Histidinol-Dehydrogenase, ein Enzym, das die Synthese der lebenswichtigen Aminosäure Histidin katalysiert. Skizzieren Sie das Screeningverfahren zur Identifizierung der Hefezellen mit rekombinantem Plasmid! Wie wird reines HbsAG gewonnen? **HA:** schriftliche Zusammenfassung	Tafel
4. Unterrichtsabschnitt: Gentechnische Herstellung von HB-Impfstoffen? (ca. 45 Min.) Verschiedene Argumentationsweisen für den weltweiten Einsatz von HB-Impfstoff	Medien
HA-Besprechung: Zusammenfassungen werden verlesen und besprochen. **Diskussion:** Kann die gentechnische HB-Impfstoffherstellung das Wohl der Menschen besser sichern oder fördern als die Herstellung von HB-Impfstoff aus menschlichem Blutplasma? Wie könnte eine weltweite Durchimpfung der Bevölkerung gefördert werden?	AB 3

Hepatitis B (CHB) - eine weltweit verbreitete Krankheit

Ein Fall aus Ghana

Akosa heißt in Ghana soviel wie „die an einem Sonntag Geborene". Akosa ist jetzt 33 Jahre alt und wohnt mit ihren fünf Kindern in der Stadt Kumasi. Seit ihr Mann vor acht Monaten als Folge einer HB an Leberkrebs starb, ist sie mit ihren Kindern auf sich allein gestellt. Jeden Tag geht sie zum Markt, um Brot zu verkaufen, das sie und ihre beiden Ältesten backen. So kommt die Familie gut über die Runden, wenn nicht unvorhergesehene Ereignisse eintreten und wenn Akosa gesund bleibt. Letztes Jahr ist eines ihrer Kinder, ihr vierjähriger Sohn Abigidou, an einer Durchfallerkrankung gestorben, und ihre älteste Tochter, die 12-jährige Yaa, die ihren Vater gepflegt hatte, zeigt seit einigen Wochen Anzeichen einer HB-Erkrankung. Sie fühlt sich abgeschlagen, hat oft Bauchschmerzen, mag morgens nicht aufstehen, und ihre Haut ist gelblich verfärbt. Die Medizinfrau aus der Nachbarschaft kommt regelmäßig, doch der Familie geht langsam das Geld für die Behandlungen aus, obwohl auch Verwandte schon ausgeholfen haben. Akosa macht sich Sorgen.

Die Krankheit:

HB wird durch das HB-Virus ausgelöst, das nur Menschen und Schimpansen befällt. Weltweit sind etwa 300 Millionen Menschen infiziert, davon drei Viertel in Asien. 1995 sind 1,1 Millionen Menschen an HB gestorben. Das HB-Virus vermehrt sich in der Leber. Im Laufe der Zeit findet man eine große Menge Viren im Blut. In geringer Konzentration finden sie sich bei Infizierten jedoch auch im Speichel sowie in der Vaginal- und Samenflüssigkeit. Das Virus wird wie das HI-Virus vor allem durch Geschlechtsverkehr und durch das Übergehen des Virus' bei der Geburt von der Mutter auf das Kind übertragen. In Ländern mit hohem Durchseuchungsgrad sind daher besonders kleine Kinder betroffen. Die Infektiosität des Virus ist etwa 100 mal stärker als die des HI-Virus', so dass es auch durch Tröpfcheninfektion zu einer Übertragung kommen kann.

Nach einer ein- bis sechsmonatigen Inkubationszeit zeigt ein gewisser Prozentsatz der Infizierten akute Symptome, während andere trotz einer Ansteckung symptomfrei bleiben. Akute Symptome einer HB-Erkrankung sind Fieber, Bauchschmerzen und eine durch die Schädigung der Leberzellen gehemmte Umwandlung des Gallenfarbstoffs Bilirubin. Durch die Anreicherung von Bilirubin im Blut und in den Geweben kommt es zu einer gelblichen Verfärbung der Haut.

Wenn Menschen trotz einer Infektion symptomfrei bleiben, hängt dies wahrscheinlich mit einer zu schwachen Immunantwort zusammen. Bei 5 – 10 % entwickelt sich durch die Anreicherung von Giftstoffen eine Leberzirrhose (Zerstörung der Leberzellen) und anschließend häufig ein Leberzellkarzinom. 80 % aller an Leberkrebs Erkrankten haben vorher eine chronische HB durchgemacht.

Hauptverbreitungsgebiet des HB-Virus (aus Tiollais et al. 1991)

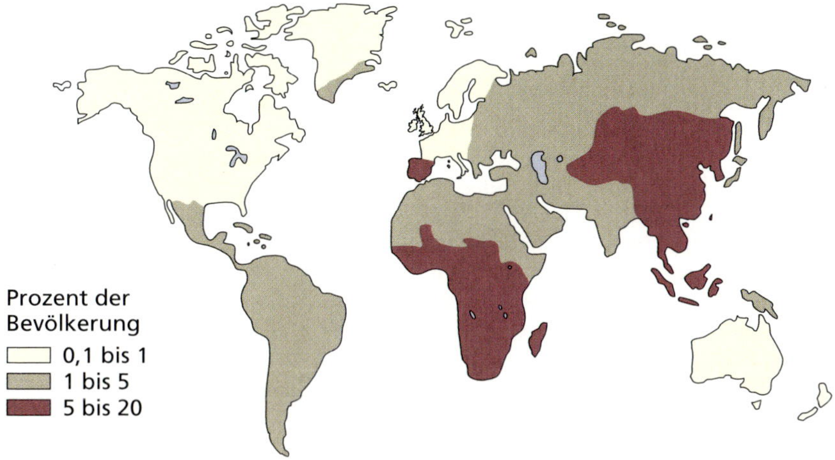

HB-Virus-Partikel mit und ohne Nukleokapsid im Blutserum infizierter Patienten.
HBsAG = HB-surface-Antigen (aus Koch-Brandt 1993) (1 : 1000000)

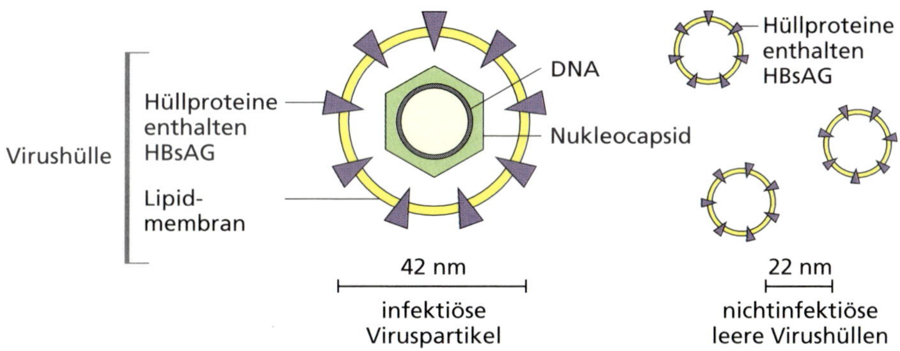

Aufgaben:

1. **Welche Maßnahmen könnte die Familie ergreifen, und welche Maßnahmen wären allgemein notwendig?**
2. **Nennen Sie Ursachen dafür, dass es in einigen Ländern der Erde solch hohe HB-Infektionsrate gibt.**
3. **Beschreiben Sie die Infektion menschlicher Zellen durch das HB-Virus und beschreiben Sie, wie es zu den besprochenen Symptomen einer HB-Erkrankung kommt.**
4. **Erläutern Sie, wie die nichtinfektiösen, leeren Virushüllen genutzt werden könnten. Welche Rolle könnte das HBsAG dabei spielen?**
5. **Diskutieren Sie Lösungsmöglichkeiten für eine weltweite Verminderung von HB-Infektionen.**

Mögliche Argumente für den Einsatz gentechnisch hergestellten HB-Impfstoffs und Vorschläge für dessen weltweit gerechte Verteilung

1. Eine HB-Erkrankung kann zu chronischen Leberschäden, sogar zu Leberkrebs führen. Mit Hilfe der Gentechnik kann HB-Impfstoff in großem Maßstab und damit kostengünstig hergestellt werden. Diese Technologie zu nutzen und weiterzuentwickeln, bedeutet auf dem Weltmarkt konkurrenzfähig zu bleiben und damit langfristig Arbeitsplätze in der Pharma-Industrie zu sichern.

2. Bei der Herstellung von Impfstoff aus dem Blut von Infizierten konnte früher die Sicherheit des Impfstoffes nicht in gleicher Weise garantiert werden wie heute. Mit Hilfe der Gentechnik ist ein Impfstoff entwickelt worden, der absolut sicher ist und der praktisch jedem Menschen eine HB-Erkrankung ersparen kann, der sich impfen lässt. Besonders weil der Mensch neben dem Schimpansen der einzige epidemiologische Wirt für den Hepatitis B-Erreger ist, könnte durch eine weltweite Impfung das Virus möglicherweise völlig zum Verschwinden gebracht werden.

3. (Ausschnitt aus einem Interview mit Herrn Prof. Stück (Kinderarzt), In: Hautnah 1/1994 Pädiatrie)
„ [...] Stellt man sich die Frage, was ein Kind mit einer chronischen Hepatitis kostet und was uns ein Screening-Programm einschließlich Impfung kostet, so ergibt sich folgende Rechnung: Bezogen auf die USA, wo die Standardimpfung in einigen Bundesländern praktiziert wird, kostet die Immunisierung eines Kindes 27 Dollar, um es vor einer Hepatitis B-Infektion zu schützen! Und wenn ich andererseits, ganz abgesehen von den psychischen Belastungen sowohl für das an einer chronischen Hepatitis B erkrankte Kind als auch für dessen Familie, daran denke, daß dieses Kind eines Tages an einer Hepatitis B vermutlich zugrunde geht, so kostet uns das nicht nur ein Menschenleben, sondern rein rechnerisch auch ein 10.000 faches von den erwähnten 27 Dollar für eine lebenslange Immunisierung! Diese Kosten entstehen aufgrund häufiger Krankenhausaufenthalte, durch Medikamente, die die Kranken benötigen oder auch wegen möglicherweise auftretender Ösophagus-Blutungen. Schließlich muss man einfach bedenken, dass es letztlich auch etwas kostet, wenn diese Menschen eines Tages nicht mehr arbeitsfähig sind. [...].“

4. Der gentechnisch hergestellte Impfstoff gegen Hepatitis B ist bereits seit 1986 auf dem Markt. Seitdem haben zunehmend mehr Länder eine generelle Hepatitis B-Impfung eingeführt. Dazu zählen allerdings noch zu wenige Staaten, die zu den Hauptepidemiegebieten für HB zählen.
In Deutschland werden die Kosten für die Impfungen für Jugendliche unter 18 Jahren von den Krankenkassen getragen. Dies gilt für Dritte Welt Länder nicht. Dort müsste die Regierung für die Impfung der Bevölkerung sorgen, um die Infektionsrate der Bevölkerung zu vermindern. Unterstützung könnten sowohl die Industrieländer, z. B. die Pharma-Industrie durch Maßnahmen zur Senkung ihrer Impfstoffpreise, liefern als auch die WHO oder die UNO durch die Bereitstellung von Mitteln.

Aufgabe: Aus welcher Perspektive werden die jeweiligen Argumente vorgebracht?

zu 1.: Dieses Argument wird aus der politisch-ökonomischen Perspektive vorgebracht. Das Wohl der in der Pharma-Industrie beschäftigten steht im Mittelpunkt.

zu 3.: Prof. Stück argumentiert aus politisch-ökonomischer Perspektive und nimmt eine Kosten-Nutzen-Rechnung vor. Für Dritte Welt Länder muss hinzugefügt werden, dass erkrankte Menschen durch den Mangel an Medikamenten und durch große Entfernungen zum nächsten Krankenhaus oft keine hinreichende medizinische Hilfe in Anspruch nehmen können. Die Art seiner Argumentation hat Appellcharakter und zielt darauf ab, andere von der Dringlichkeit einer generellen Durchimpfung der Bevölkerung zu überzeugen.

zu 2.: Dieses Argument wird aus der medizinethischen Perspektive vorgebracht. Das Wohl von Menschen, die zukünftig an einer HB erkranken könnten, steht im Mittelpunkt.

zu 4.: Diese Argumentation rückt die Verteilungsgerechtigkeit in den Vordergrund der Betrachtung. Sie wird aus der sozialethischen und aus der politisch-ökonomischen Perspektive vorgebracht. Hauptanliegen bei solch einer Argumentation ist es, das Wohl der Menschen in den Hauptepidemiegebieten zu sichern.

2.3.3 Gentechnische Herstellung von Therapeutika am Beispiel des α-1-PI-Proteins

Susan Jendrsczok und Ute Harms

Das Protein α-1-Proteinase-Inhibitor (α-1-PI) oder auch α-1-Antitrypsin ist ein körpereigenes Enzym, das Menschen als Therapeutikum verabreicht wird, wenn sie von einem α-1-PI-Mangel betroffen sind. Es wird versucht, das bisher aus menschlichem Blut gewonnene Medikament durch transgene Schafe herzustellen, die dieses Protein in ihrer Milch erzeugen. Zwei solcher Schafe sind als „Tracy" und „Polly" bekannt geworden. Die Nutzung dieser Schafe als „Bioreaktoren" bietet Anlass zu der Frage, ob solch ein Vorgehen ethisch vertretbar ist oder nicht.

1. Sachinformationen

Zu Ursachen und Symptomen des durch α-1-PI-Mangel bedingten Lungenemphysems s. AB 1 und 2 (a u. b) sowie Konietzko et al. 1995. Zur gentechnischen Herstellung transgener Tiere für die Gewinnung des α-1-PI-Proteins s. AB 3 sowie Bd. 2, S. 58 ff. und Kapitel 2.3.1 und 3.1.

Ethische Aspekte der Herstellung transgener Tiere für das Gene-Farming

Bei der ethischen Diskussion um die Herstellung transgener Tiere für die Medikamentenproduktion werden das Wohl des Tieres und das Wohl des Menschen gegeneinander abgewogen. Es besteht ein Interessenkonflikt. Sind in der Argumentation die Leidensfähigkeit oder arttypische Bedürfnisse von Tieren für die Entscheidung bestimmend, ob transgene Tiere produziert werden sollen oder nicht, ist die Perspektive pathozentrisch. Die Herstellung transgener Schafe für die Medikamentenproduktion ist dann abzulehnen, wenn das Tier dadurch Schmerz erleiden oder in seinen arttypischen Bedürfnissen beträchtlich eingeschränkt würde. Die Auskünfte darüber, ob Schafe durch den Eingriff in ihr Erbgut oder die dadurch erzeugten stoffwechselphysiologischen Veränderungen beeinträchtigt werden, sind in der Fachliteratur bisher nicht einheitlich (s. AB 3), da noch zu wenige Forschungsergebnisse darüber vorliegen.
Aus anthropozentrischer Perspektive, die das Wohl des Menschen über das der Tiere stellt, ist der Eingriff dann zulässig, wenn er dem menschlichen Wohl in besonderem Maße dient, und zwar auch dann, wenn ein Tier dafür leiden muss. α-1-PI würde Menschen verabreicht, die an einem ererbten oder an einem durch Inhalieren beim Zigarettenrauchen erworbenen α-1-PI-Mangel leiden. Die Frage, ob der Bedarf an α-1-PI gedeckt werden kann, wenn es aus menschlichem Blutplasma gewonnen wird, wird ebenfalls unterschiedlich beantwortet (s. AB 2).
Biozentrisch ist die Argumentation, wenn auf die Integrität eines Lebewesens Bezug genommen oder ihm ein absoluter Wert zugesprochen wird. Aus dieser Perspektive wird ein Eingriff in das Genom des Tieres kategorisch abgelehnt.

2. Fachdidaktische Informationen

Lernvoraussetzungen

- Grundlagen der Immunbiologie;
- Aufbau der Lunge in Bronchien, Bronchiolen und Alveolen.

Lernziele

Die Schüler sollen:
- den Interessenkonflikt zwischen Mensch und Tier (Herstellung transgener Tiere vs. Medikamentenherstellung für Menschen) benennen können.
- die Herstellung transgener Schafe sowie die Ursachen und das Krankheitsbild des α-1-PI-Mangel bedingten Lungenemphysems beschreiben können.
- die patho-, anthropo- und biozentrische Perspektive voneinander unterscheiden können.
- diesen Perspektiven Argumente zuordnen und diese kritisch reflektieren können.
- mit Bezug auf einen höchsten Wert eine eigene Entscheidung treffen können.

3. Unterrichtsverlauf und Materialien

1. Unterrichtsabschnitt: Transgene Schafe stellen menschliche Proteine her (ca. 90 Min.) Lungenemphysem; Herstellung von α-1-PI in der Milch transgener Tiere; Beschreibung des Dilemmas	Medien
Einstieg: Zeitungsartikel **Problem:** Es gibt Menschen, die keine ethischen Probleme in diesem Vorgehen sehen und andere, die dagegen große ethische Vorbehalte haben. Benennen Sie den vorliegenden Interessenkonflikt! (Herstellung von Medikamenten für kranke Menschen vs. genetische Unversehrtheit der Schafe). **Erarbeitung:** Präsentation des Krankheitsbildes „Lungenemphysem" und dessen Entstehung durch ein gestörtes Enzymgleichgewicht **HA:** Text lesen. Genetische und andere Ursachen für α-1-PI-Mangel.	F1 Tafel AB 1 AB 2 a + b
2. Unterrichtsabschnitt: Die Erzeugung transgener Tiere (ca. 90 Min.) Gewinnung des Medikamentes α-1-PI aus der Milch transgener Tiere	Medien
Einstieg: Besprechung der Hausaufgaben **Problem:** Wie kann α-1-PI hergestellt werden, wenn es nicht aus menschlichem Blutplasma gewonnen wird? **Erarbeitung:** Herstellung transgener Schafe (hierzu s. auch UE 3.1)	AB 2, F 2/3 AB 3 F 4
3. Unterrichtsabschnitt: Herstellung transgener Tiere – illegitim oder legitim? Die normative Seite der Herstellung transgener Tiere **(ca. 90 Min.)**	Medien
Einstieg: Welches moralische Dilemma ergibt sich aus der Herstellung von Therapeutika durch transgene Tiere? Interessenkonflik zwischen Mensch und Tier, Streben nach einem leidfreien Leben. Der Mensch ist jedoch unter Umständen nicht auf die Nutzung des Tieres angewiesen, sondern kann andere Möglichkeiten finden, seine Interessen zu verwirklichen. Welche Handlungsmöglichkeiten gibt es? Wie beurteilen Sie die Herstellung transgener Schafe für die Medikamentenherstellung? **Diskussion:** Zusammenfassung der Diskussionsergebnisse. Jeder Schüler notiert sich die ein oder zwei für ihn wichtigen Argumente. Eine Klassifizierung von Argumenten (s. S. 2 ff.) wird vorgestellt, die zugrunde liegenden Werte werden genannt. Die Argumente der Schüler werden verlesen und entsprechend klassifiziert. **HA:** Lesen des Textes und Bearbeitung der Aufgaben.	Tafel AB 4
4. Unterrichtsabschnitt: Untersuchung moralischer Begründungen (ca. 90 Min.) Argumentationsweisen und Handlungsmöglichkeiten pro und kontra Herstellung transgener Tiere	Medien
Einstieg: Besprechung der HA **Problem:** Welche anderen Argumente werden vertreten? **Erarbeitung:** Lesen Sie den Text von Schweitzer und vergleichen Sie ihn mit dem Text von Schlitt! **Zusammenfassung:** Wie beurteilen Sie abschließend die Herstellung transgener Tiere zur Produktion von α-1-PI? Vergleichen Sie Ihre Beurteilung mit derjenigen, die Sie in der letzten Stunde abgegeben haben!	AB 4 AB 3, Text 2 Kap. 2.3.1

Lungenemphysem - wenn das Atmen schwerfällt

Die menschliche Lunge besitzt etwa 300 Millionen Lungenbläschen (Alveolen) mit einem Durchmesser von 0,06 bis 0,2 mm. Die Alveolen sind durch Trennwände, die Alveolarsepten, voneinander abgegrenzt, stehen jedoch durch Poren miteinander in Verbindung, die für Luftaustausch sorgen. Bei der Einatmung werden die Alveolen ausgedehnt. Bei der Ausatmung ziehen sie sich wieder auf ihr Eigenvolumen zusammen. Dieses ist durch das Vorhandensein elastischer Fasern in den Alveolarsepten möglich.

Kommt es zu einem krankheits- oder altersbedingten Abbau der Alveolarsepten und damit zu einer Verringerung der Alveolenzahl, wird die gasaustauschende Fläche kleiner und die Atemleistung der Lunge vermindert. Es kommt zur Überblähung der Alveolen, und im extremen Fall zur Atemnot. Diese degenerativen Erscheinungen werden als Lungenemphysem bezeichnet (s. Abb. 2). Besonders Menschen mit einem Mangel an dem Enzym α-1-Proteinase-Inhibitor (α-1-PI) erkranken häufig daran. Dieser Mangel kann altersbedingt sein, wird aber auch durch Umweltfaktoren wie Inhalieren beim Zigarettenrauchen gefördert. In seltenen Fällen ist der α-1-PI-Mangel auch genetisch bedingt. Dann weist das im Körper gebildete Enzym eine leicht veränderte Struktur auf, wodurch dessen Transport aus den Leberzellen heraus behindert wird. Dadurch wird α-1-PI in der Leber angesammelt und es entsteht ein α-1-PI-Mangel im Blut und in den Organen z. B. der Lunge.

Das Enzym α-1-PI hemmt über das Enzym Elastase den Abbau von Elastin. Elastin ist wiederum ein Protein, aus dem die ealstischen Fasern der Alveolen bestehen und das die Alveolen auskleidet. α-1-PI kann an die Elastase binden, sie damit inaktivieren und so das Lungengewebe schützen. Im Falle eines α-1-PI-Mangels wird das Lungengewebe durch die Elastase angegriffen.

Dringen Mikroorganismen in die Lunge ein, werden sie u. a. von der Elastase, die von bestimmten weißen Blutzellen, den Makrophagen, gebildet wird, angegriffen. Das Enzym katalysiert den Abbau von Proteinen der Zellen der Mikroorganismen. Je mehr Fremdproteine in der Lunge vorhanden sind, desto mehr Elastase wird produziert. Durch den Antagonisten α-1-PI wird verhindert, dass die Elastase nicht zusätzlich zu den Fremdproteinen das Elastin der Alveolen abbaut und so der Körper die eigene Lunge verdaut.

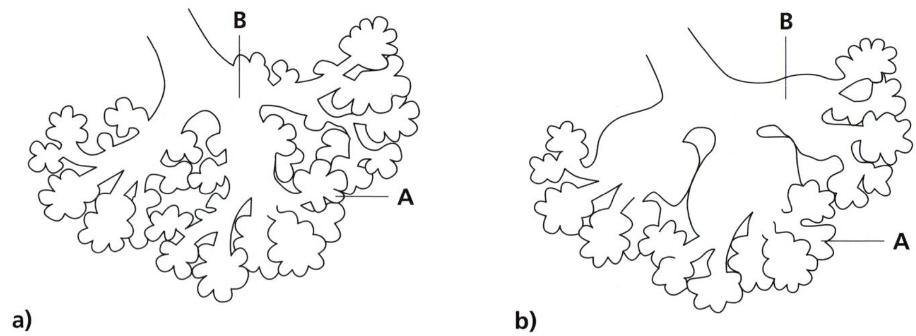

Abb. 1: Schematische Darstellung gesunder (a) und teilweise zerstörter Lungenbläschen (b; Lungenemphysem); A: Alveolen, B: Bronchiolen.

α-1-PI-Mangel kann vererbt werden

Von dem genetischen Defekt des α-1-PI-Mangels sind etwa 6000 Patienten in der Bundesrepublik Deutschland betroffen. Dieses sind 1–2 % aller an einem Lungenemphysem Erkrankten.

Wie bei jedem Protein wird die Produktion des α-1-PI genetisch kontrolliert. Die Gene für das α-1-PI befinden sich auf dem 14. Chromosom. Hier soll das normale Gen für die α-1-PI-Produktion M heißen. Das Gen kann mutieren und dann nicht mehr für die α-1-PI Produktion codieren. Das mutierte Gen heißt hier z. Auf dem zweimal in einem Chromosomensatz vorhandenen 14. Chromosom gibt es also insgesamt zwei Ausprägungsformen des gleichen Gens (zwei Allele) für α-1-PI. 95 % der mitteleuropäischen Bevölkerung besitzt die Genkombination MM und ist relativ sicher vor Lungenemphysemen, wenn die Lunge nicht durch Rauchen oder andere Außenfaktoren belastet wird. Etwa 5–10 % der Bevölkerung trägt eine Mutation des Gens auf einem der beiden 14. Chromosomen und sind daher vom Typ Mz. Etwa 9 % der Iren trägt wenigstens eines der z-Gene, während unter Italienern und den amerikanischen Indianern diese Mutation selten auftritt. Menschen mit der Genkombination Mz produzieren weniger α-1-PI als Menschen mit der Genkombination MM. Etwa 0,03 % der Bevölkerung trägt beide Kopien des mutierten Gens. Menschen mit diesen Mutationen sind vom Typ zz und produzieren so gut wie kein α-1-PI. Bei diesen Menschen kommt es durch einen α-1-PI-Spiegel unter 35 % des Sollmittelwerts (2,12 +/- 0,32 g/l) im mittleren Alter zu schwerwiegenden Lungenschäden.

Forschungsergebnisse bestätigen, dass die Ursache für die durch Elastinabbau bedingten Lungenschäden nicht nur eine genetische ist, sondern ein eindeutiger Zusammenhang zwischen der Erkrankung und Umweltfaktoren besteht:

Es ist herausgefunden worden, dass ...:

1. zz Raucher durchschnittlich 9 Jahre eher ein Lungenemphysem entwickeln als Nichtraucher;
2. zz Individuen im allgemeinenen empfindlicher gegenüber einer großen Anzahl an industriellen Gasemissionen sind;
3. bei Mz Individuen, die Zigarettenrauch oder anderen Irritationen ausgesetzt sind, eher Atemwegsprobleme auftreten als bei MM Individuen;
4. eine große Anzahl von Tuberkulose-Patienten in Griechenland sehr niedrige α-1-PI-Werte hatten. Genauere Zusammenhänge sind noch nicht erforscht worden.

Die Arbeit in bestimmten Berufssparten kann zu Lungenkrankheiten führen. So können beispielsweise bei Winzern durch faulige Korken, bei Meiereiarbeitern durch bestimmte Pilzsporen vom Käse, bei Landwirten durch faulendes Heu und bei Vogelzüchern durch Mikroorganismen im Vogelkot eher Irritationen auftreten als bei anderen Berufsgruppen.

Die Gabe von insgesamt etwa 4 Gramm α-1-PI einmal wöchentlich als Aerosol ist eine Möglichkeit, die degenerativen Symptome aufzuhalten. α-1-PI kann einerseits aus dem Blut von Menschen und andererseits durch transgene Tiere hergestellt werden. Einige Wissenschaftler behaupten, durch menschliches Blutplasma stehe genügend α-1-PI für alle Patientinnen und Patienten zur Verfügung (Konietzko et al. 1988), anderen Angaben zufolge reichen die zur Verfügung stehenden Mengen nicht aus (Bayer 1995, S. 95).

AB 2 b

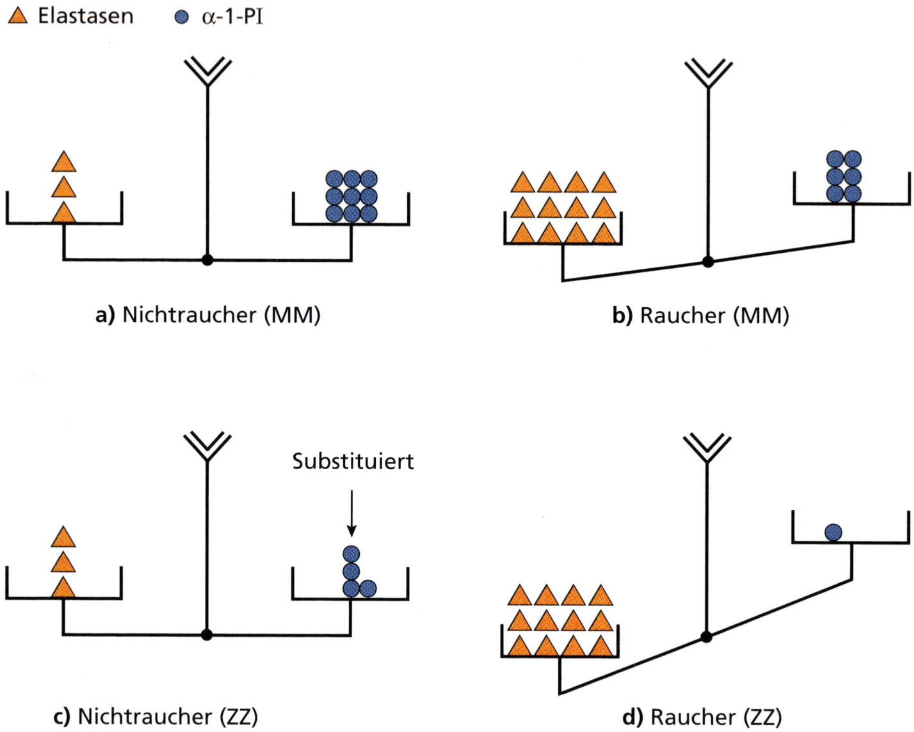

Abb. 1: Störung des Elastasen/α-1-PI-Gleichgewichts durch Zigarettenrauchen ,oder durch angeborenen α-1-PI-Mangel

Eine Möglichkeit, den angeborenen α-1-PI-Mangel zu behandeln, könnte die Verabreichung von α-1-PI als Aerosol sein, das durch einen Inhalator eingeatmet würde, wie ihn auch Asthmapatienten benutzen. Pro Person würden 4 Gramm α-1-PI pro Woche benötigt. Normalerweise wurde α-1-PI aus menschlichem Blutplasma gewonnen. Es bestünde die Möglichkeit, α-1-PI von transgenen Schafen in der Milch produzieren zu lassen.

Aufgaben:

1. **Beschreiben Sie die im Text genannten und in der Abbildung dargestellten Ursachen und Krankheitssymptome eines Lungenemphysems.**
2. **Welche Aufgabe hat das körpereigene α-1-PI?**
3. **Nennen Sie mögliche Ursachen eines α-1-PI-Mangels.**
4. **Welcher Zusammenhang besteht zwischen einem verschobenen Enzymgleichgewicht und dem Zigarettenrauchen (s. Abb. 1)?**
5. **Skizzieren Sie die Verhältnisse für MZ-Raucher und MZ-Nichtraucher.**

Gentechnische Herstellung transgener Schafe zur Gewinnung des α-1-PI-Proteins:

Es ist möglich, das Gen für α-1-PI aus dem menschlichen Genom zu isolieren, zu klonieren und in das Genom von Schaf-Embryonen einzubringen. Resultiert aus diesem Eingriff ein lebensfähiges transgenes Tier, bei dem α-1-PI in den Milchdrüsen exprimiert wird, kann α-1-PI aus Schafsmilch gewonnen werden. Durch den Aufbau einer Herde oder die Klonierung des transgenen Tieres könnte der gesamte α-1-PI Bedarf gedeckt werden. Dieses Vorgehen wird als Gene-Farming bezeichnet. Bisher ist diese Methode bei den Schafen Tracy und Polly gelungen.

Im Tierversuch werden transgene Tiere bisher mit einer Erfolgsquote von unter 1 % erzeugt, indem in besamte Eizellen (Zygoten) fremde DNA eingebracht wird. Dies kann durch Mikroinjektion in den Zellkern (Injektion von Fremd-DNA mit einer Mikrokapillare) oder mit Hilfe von Retroviren erfolgen.

Zur Gewinnung von mehreren Eizellen pro Eisprung wird beim Schaf durch eine Hormonbehandlung eine Superovulation ausgelöst, die entstandenen Eizellen durch Punktion der Bauchdecke aus dem Eileiter abgesaugt und in vitro besamt. Bevor es zur Verschmelzung der Zellkerne von Ei- und Samenzelle kommt, werden 50 bis 500 Kopien des vorher identifizierten, isolierten und vermehrten menschlichen Gens für α-1-PI samt entsprechender Steuerungs-Codogene in den männlichen Vorkern der Zygoten mikroinjeziert (In-vitro-Rekombination). Nur etwa 50 % der Zygoten überleben den Eingriff. Nach mehreren Zellteilungen in vitro werden drei bis vier Embryoblasten in ein Ammenschaf eingepflanzt, das durch eine Hormonbehandlung scheinträchtig gemacht wurde (Embryotransfer). Etwa 15 % bauen die Gene in die eigene DNA ein. Es kann nicht sicher vorhergesagt werden, an welchem Genort sich die injizierten Gene integrieren und ob die Genexpression in den Zellen normal verläuft. Wenn das Fremdgen innerhalb der codierenden Region eines anderen Gens eingebaut wird, verliert das entspreche Allel seine Funktion. Daraus können kranke oder nicht lebensfähige Tiere resultieren.

Gelingt das Experiment, so entsteht ein gesundes transgenes Tier. Handelt es sich um ein Weibchen, so bildet dieses in ihren Euterzellen α-1-PI-haltige Milch. Diese Milch enthält mehr als 30 Gramm α-1-PI pro Liter. Versuche an Mäusen haben ergeben, dass α-1-PI auch in anderen Geweben, zum Beispiel den Speicheldrüsen, gebildet wird. Erst nach dem Versuch kann festgestellt werden, ob sich die genetische Veränderung negativ auf das Tier auswirkt.

Unter den vier Nachkommen Tracys, die 35 Gramm α-1-PI pro Liter Milch erzeugt, hatte nur ein Nachkomme das Gen geerbt. Aus diesem Grund sollen die transgenen Schafe durch Klonierung vermehrt werden, damit das Verfahren rentabler wird. Bis heute (1998) konnte noch kein pharmazeutisches Protein, das in der Milchdrüse eines Tiere produziert wurde, als Arzneimittel zugelassen werden.

Aufgaben:

1. **Beschreiben Sie, wie ein transgenes Schaf hergestellt wird.**
2. **Warum will man die transgenen Schafe klonieren?**

Darf der Mensch Pflanzen und Tiere gentechnologisch verändern?

Pragmatisches Argument:

Gentechnologische Veränderungen an Tieren und Pflanzen sind deshalb ethisch nicht grundsätzlich unerlaubt, „weil die dem Menschen vorgegebene Schöpfung nicht an sich unantastbar und für immer in der vorgegebenen Form zu erhalten ist. Wäre dies der Fall, stünde der Mensch der Natur handlungsunfähig gegenüber. Jede Art von Züchtung oder etwa schon die Domestizierung von ehemals wildlebenden Tieren zu Haustieren müsste als unerlaubter Eingriff in die Natur gelten."

Schöpfungstheologisches Argument:

Alle Tiere und Pflanzen sowie die ganze übrige Schöpfung sind auf den Menschen hingeordnet. Dies ergibt sich jedenfalls aus der heiligen Schrift und den kirchlichen Stellungnahmen – übrigens den Stellungnahmen aller Kirchen. Der Mensch hat eine Sonderstellung gegenüber den anderen Geschöpfen und darf sie dementsprechend für seine Zwecke gebrauchen. Dazu gehört auch die (gentechnologische) Züchtung von Tieren und Pflanzen.

Anthropologisches Argument:

Der Mensch ist von Natur aus Kulturwesen. Er selbst muss seine Welt zur Kulturwelt gestalten. Erst dadurch wird sie zum menschlichen Lebensraum. Es ist geradezu ein Kennzeichen des Menschen als Kulturwesen, dass er die Natur durch Vernunftsgebrauch überformt und für seine Zwecke nutzt. Dazu gehört auch die (gentechnologische) Züchtung von Tieren und Pflanzen.

Der Mensch als Kulturwesen hat, seitdem er sesshaft wurde, durch Auswahl und Züchtung auf die artspezifischen Merkmale der Pflanzen und Tiere Einfluss genommen. Auch hat er mit Hilfe der konventionellen Züchtung Organismen, die nicht evolutionär sind, neu geschaffen. Zwar waren dies keine transgenen Tiere und Pflanzen, aber doch Organismen, deren Eigenschaften gegenüber vergleichbaren Wildformen in vielerlei Hinsicht neuartig waren. (aus Schlitt 1996)

Aufgaben:

1. **Geben Sie die drei ausgeführten Argumente mit eigenen Worten wieder.**
2. **Auf welchen höchsten Wert bzw. welche höchsten Werte beziehen sich die Argumente?**
3. **Nehmen Sie Stellung zu den Argumenten. Nennen Sie in Ihrer Stellungnahme präzise den konkreten Wert, auf den sich Ihre Argumentation stützt.**

F 1 Schaf mit menschlichen Genen geboren

Milch des schottischen Tieres enthält Proteine, aus denen Medikamente hergestellt werden sollen

Edinburgh - erstmals haben schottische Wissenschaftler erfolgreich ein Schaf hergestellt, dem menschliche Gene eingepflanzt wurden. Das Tier kann mit seiner Milch menschliche Eiweiße ausscheiden. Diese können als Medikamente für Menschen mit einer Enzymmangelkrankheit, die zur Zerstörung des Lungengewebes führt, gebraucht werden. Damit wurde erstmals ein Weg zur Produktion von Arzneimitteln, die in großen Mengen benötigt werden, mit Hilfe von Säugetieren beschritten.
(gekürzt und verändert nach Süddeutsche Zeitung, 25.07.97)

F 2

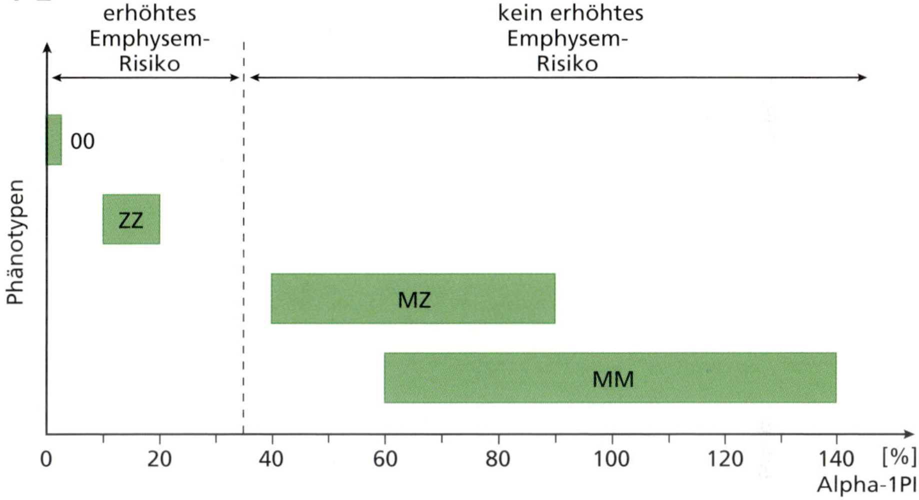

Abb. 2: Beziehungen zwischen α-1-PI-Phänotyp und Serumspiegel in % des Sollwertes. Die Risikoschwelle liegt bei 35 % des Sollmittelwertes (verändert nach Konietzko 1995)

F 3

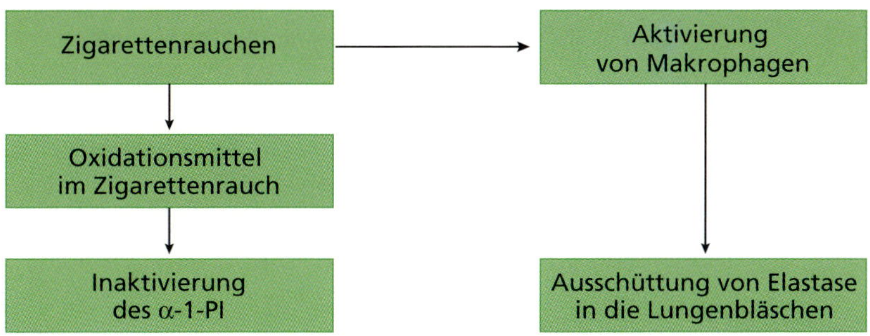

Abb. 3: Erniedrigung der α-1-PI-Konzentration und Erhöhung der Elastasekonzentration

Die Herstellung transgener Schafe zur Gewinnung von α-1-PI

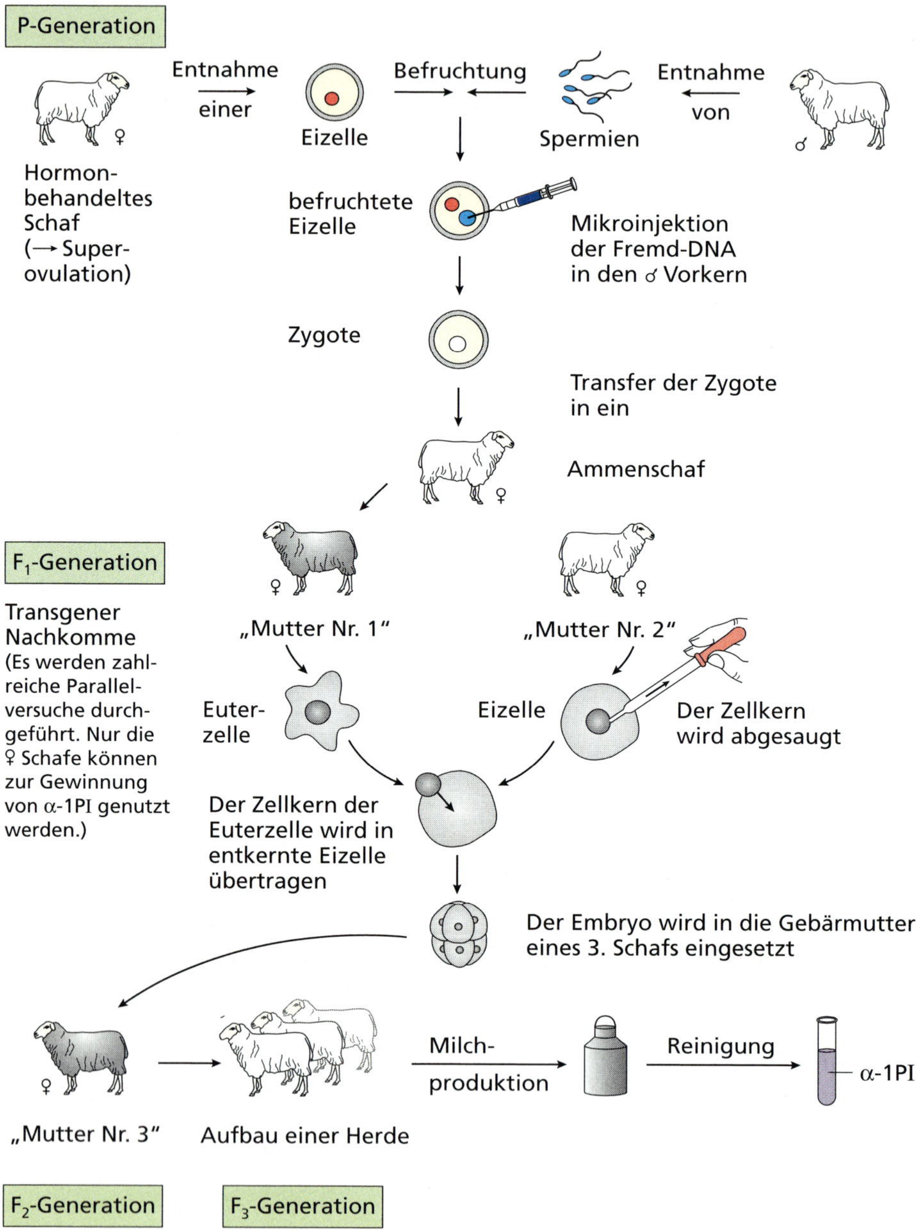

2.3.4 Herstellung von Medikamenten mit Hilfe der Gentechnik am Beispiel Blutgerinnungsfaktor VIII

Ute Harms und Elle-Kari Schalow

Der Gerinnungsfaktor VIII ist Bestandteil der Kaskadenreaktion bei der Blutgerinnung. Fehlt dieser Faktor, kann die Blutgerinnung nicht oder nur sehr verzögert stattfinden. Aus Blutspenden wird mit aufwendigen Verfahren dieser Gerinnungsfaktor isoliert und den Hämophilen verabreicht. So können die Bluterkranken ein fast normales Leben führen. Aber Blutkonserven sind außerordentlich teuer und nicht immer frei von Krankheitserregern. Die Möglichkeit, das Protein gentechnisch in unbegrenzter Menge und annähernd risikolos herstellen zu können, erscheint deshalb viel versprechend.

Die vorliegende Unterrichtseinheit soll den Schülern zunächst einmal ermöglichen, Ursache und Auswirkungen der Krankheit Hämophilie zu verstehen. In einer zweiten Phase des Unterrichts beschäftigen sich die Schüler mit der konventionellen Behandlung dieser Erbkrankheit und den mit dieser verbundenen Probleme. Dann befassen sich die Schüler mit der Frage, welche Voraussetzungen geschaffen werden mussten, um das Faktor VIII-Protein gentechnisch produzieren zu können. Schließlich stehen das eigentliche industrielle biotechnische Produktionsverfahren und die dabei berücksichtigten Sicherheitsaspekte im Mittelpunkt. Abschließend werden ökonomische Aspekte der Herstellung des Faktors VIII diskutiert und eine ethische Analyse der gentechnischen Herstellung des Faktors VIII wird durchgeführt.

1. Sachinformationen

Die Bluterkrankheit

Bluter leiden an einer Störung der Blutgerinnung, die durch den Mangel eines Blutgerinnungsfaktors verursacht wird. Bei der Hämophilie A handelt es sich um den Gerinnungsfaktor VIII; ungefähr 85 % aller Bluterkranken leiden unter dieser Form der Hämophilie. Fast allen übrigen Bluterkranken mangelt es am Faktor IX, sie leiden an Hämophilie B. In dieser Unterrichtseinheit geht es ausschließlich um die Hämophilie A.

Die Blutgerinnung

Die Blutgerinnung besteht aus einer Kette hintereinander geschalteter Umwandlungen von Proenzymen zu Enzymen. Dabei steigt von Reaktion zu Reaktion die Masse des Produkts. Man bezeichnet diese Kette von Umwandlungen deshalb auch als Enzymkaskade (s. Schema F 1). Das Produkt der einen Reaktion innerhalb der Kette wirkt als Enzym in der nächstfolgenden. Das entscheidende Endprodukt dieser Reaktionsfolge ist ein Netzwerk von Fibrinfäden, die die festen Blutbestandteile festhalten und zusammen mit ihnen verklumpen. An einigen Schritten sind Cofaktoren der betreffenden Enzyme beteiligt, die selbst wieder in aktiver und inaktiver Form vorliegen können. Der Faktor VIII ist beispielsweise ein solcher Cofaktor (s. Lawn/Vehar 1986).

Die Enzymkaskade wird folgendermaßen in Gang gesetzt: Blutplättchen besitzen an ihrer Außenseite Rezeptoren für Thrombin und Kollagen. Daher bleiben Blutplättchen außerhalb der Blutbahn am Kollagen des Gewebes „kleben". Die Blutstillung beginnt also dadurch, dass die Wunde durch eine große Zahl von Blutplättchen „verstopft" wird („Thrombocyten-Aggregation"). Im Gewebe, das die Blutgefäße umgibt, sind immer geringe Mengen an Thrombin vorhanden. Bei Kontakt mit Blut - also bei einer Verletzung - aktiviert Thrombin den im Blut gelösten Faktor V zu Va und außerdem die am Kollagen haftenden Blutplättchen. Die aktivierten Blutplättchen geben daraufhin in Granula gespeicherte Stoffe ab, die die Enzymkaskade aktivieren (s. Strengers van Aken 1996).

Außerdem enthält die Kaskadenreaktion Rückkopplungsschleifen: positive, um die Gerinnung zu beschleunigen, wenn es notwendig ist, und negative Rückkopplungsschleifen, die die Gerinnung stoppen; sonst könnte jede kleine Wunde eine massive Thrombose verursachen.

Zur Vertiefung wird das Buch „Blut" von

Strengers und van Aken (1996) empfohlen.

Das Krankheitsbild

Ein Bluter kann schon an einer kleinen Wunde verbluten. Doch äußerliche Verletzungen, etwa ein Schnitt in den Finger, bergen, entgegen landläufiger Meinung, nur ein kleines Risiko. Denn kleinere Blutungen werden auch durch eine Kontraktion des verletzten Gewebes beendet. Auf diese Weise wird auch die Blutung bei der Menstruation bluterkranker Frauen gestillt. Gefährliche Blutungen treten u. a. bei Prellungen und Überlastungen von Gelenken, hauptsächlich der Knie, der Ellenbogen und der Sprunggelenke, auf. Sie sind äußerst schmerzhaft und verursachen Gelenkschäden, die sich mit der Zeit verschlimmern und zur Invalidität führen können.

Notwendige Operationen oder zahnärztliche Behandlungen sind sehr problematisch. Auch Blutungen im Magen- und Darmbereich können lebensbedrohlich sein.

Bei leichteren Erscheinungsformen der Hämophilie treten schwer stillbare Blutungen nur nach einer starken Verletzung oder einer Operation auf.

Behandlung der Krankheit

Heutzutage lässt sich das fehlende Protein durch regelmäßige intravenöse Zufuhr eines Konzentrats des fehlenden Gerinnungsfaktors ersetzen. Patienten, bei denen der Mangel sehr ausgeprägt ist, wenden sie daher zwei- bis dreimal in der Woche an, um Blutungen vorzubeugen. Denn die Halbwertzeit von Faktor VIII im Blut beträgt etwa zwölf Stunden. Bei einer solchen Vorsorgebehandlung muss die Konzentration jedoch nicht auf den Normalwert angehoben werden; es genügt in der Regel eine Steigerung auf ungefähr 30 % des Normalwertes (s. Strengers van Aken 1996). Seit dies Anfang der sechziger Jahre möglich wurde, hat sich die Lebensqualität der Bluter in den Industriestaaten erheblich verbessert. Ihre Lebenserwartung - vorher ungefähr 20 Jahre - ist inzwischen fast normal.

Diese Gerinnungsfaktorkonzentrate werden aus menschlichem Blutplasma gewonnen, gereinigt und aufbereitet. Dafür werden jedoch große Mengen Spenderblut benötigt.

Durch diese Behandlung mit Gerinnungsfaktorkonzentraten lassen sich Blutungen so schnell wie bei Gesunden zum Stillstand bringen.

Die Behandlung wirkt sich nicht nur positiv auf die Lebenserwartung aus, sondern auch auf den körperlichen Allgemeinzustand und die sozialen Beziehungen der Hämophiliepatienten. Häufigkeit und Dauer von Krankenhausaufenthalten wie auch Fehlzeiten in der Schule und am Arbeitsplatz lassen sich durch diese Behandlung erheblich verringern.

Probleme bei der Behandlung

Die Behandlung mit Gerinnungsfaktorkonzentraten zieht jedoch auch unerwünschte Komplikationen nach sich: Bei etwa 10 % der Patienten erkennt das Immunsystem den verabreichten Gerinnungsfaktor, z. B. den Faktor VIII, als Fremdprotein und entwickelt dagegen Antikörper. Welcher Teil des Faktor VIII-Konzentrates (Epitop, s. Band 2, S. 57) als fremd erkannt wird, ist noch nicht geklärt. Die entstehenden Antikörper führen zur Unverträglichkeit des Gerinnungsfaktorkonzentrats.

Überdies wurde ein Teil der Patienten mit dem Aids-Virus (HIV) infiziert, weil die Blutspenden anfangs nicht auf HIV überprüft werden konnten und später in einigen Fällen trotz der vorhandenen Möglichkeit nicht getestet wurden. Vor allem Anfang der achtziger Jahre haben sich viele Bluter durch verseuchte Gerinnungsfaktorpräparate mit dem HIV infiziert. Der Grund dafür war, dass die meisten deutschen Pharmaunternehmen die großen Mengen des benötigten Blutplasmas aus den USA importierten. Dort haben US-Firmen in den Slums der Großstädte Blutspenden gesammelt. Weder die Spender noch das Spenderblut wurden gründlich untersucht. Abgesehen davon wurden zu Beginn der achtziger Jahre allgemein keine routinemäßigen HIV-Kontrollen durchgeführt.

Auch Hepatitis-Viren (s. S. 121 ff.) wurden auf viele Bluterkranke mit den Gerinnungsfaktorpräparaten übertragen. Weitere Fälle von Infektionen mit diesen Viren sind nicht zu erwarten, denn seit 1985 werden Gerinnungsfaktorkonzentrate routinemäßig auf Antikörper gegen das Hepatitis B Virus getestet und sind daher in dieser Hinsicht auch sicher; seit 1991 gilt entsprechendes auch für den Erreger der Hepatitis C. Jedoch lässt sich ein wenn auch sehr geringes Restrisiko, sich als Bluter bei der Behandlung zu infizieren, nicht völlig ausschließen (s. Strengers van Aken 1996).

Da bei der Isolierung von Gerinnungsfaktoren mittlerweile virusinaktivierende Verfahren zwischengeschaltet und verbesserte Techniken zur Gewinnung eines möglichst reinen Präparates eingesetzt werden, ist der Herstellungsprozess sehr aufwendig. Die Aufbereitung von Plasmaprodukten ist bei Strengers van Aken (1996) detailliert dargestellt.

Gentechnische Herstellung des Gerinnungsfaktors VIII

Aufgrund der dargestellten Probleme bei der konventionellen Behandlung der Bluterkranken erschien die gentechnische Produktion des Gerinnungsfaktors den Pharmafirmen verheißungsvoll. Aus diesem Grunde wurde die Forschung auf diesem Gebiet sehr intensiv betrieben. Den Forschern der kalifornischen Firma Genentech gelang es bereits 1984, das Gen für den Blutgerinnungsfaktor VIII vollständig zu klonieren. Das heißt, das Faktor VIII-Gen wurde aus den Zellen Gesunder isoliert. Die geklonte Erbinformation wurde in das Genom von Säugetierzellen übertragen, die in einer Zellkultur vermehrt wurden. Die Zellen produzierten den Faktor VIII und gaben ihn in die Kulturflüssigkeit ab. Von diesem Zeitpunkt an dauerte es noch einige Jahre, bis das begehrte Medikament industriell produziert und vermarktet werden konnte. 1993 kam dann das erste Präparat in Deutschland auf den Markt.

Klonierung des Blutergens

Die Gen-Klonierung umfasst die Methoden der Identifizierung, Isolierung und Vermehrung eines Gens mit dem Ziel, entweder die Basensequenz des Gens selbst zu analysieren oder durch Expression des Gens das entsprechende Protein herzustellen (s. F 2).

Das Kernproblem bei der gentechnischen Proteinherstellung war zunächst, das richtige Gen im Genom einer Zelle herauszufinden. Beim Faktor VIII wussten die Forscher nicht, auf welchem Chromosom das Gen liegt. Deshalb musste das gesamte menschliche Genom untersucht werden. Dazu haben die Wissenschaftler zunächst die Chromosomen aus den Zellen isoliert und eine Bibliothek des Genoms oder Genbank (s. Band 2, S. 67 und F 2, angelegt, indem sie mit Hilfe von Restriktionsenzymen die DNA zerschnitten. Die so gewonnenen Teilstücke baute man in Lambda-Phagen ein (s. AB 3).

Bei der Suche nach dem den Faktor VIII codierenden Gen bediente man sich des Hybridisierungsverfahrens (s. Bayrhuber/Lucius 1997, S. 38ff.). Bei dieser Technik wird die in Einzelstränge zerlegte DNA mit radioaktiv markierten Sonden zusammengebracht. Diese Gensonden bestehen aus einsträngigen DNA-Stücken, die bestimmten Abschnitten des gesuchten Gens entsprechen. Kommen diese Sonden nun mit der komplementären Basensequenz in Berührung, so erfolgt eine Hybridisierung: ein partieller Doppelstrang bildet sich. Aufgrund einer radioaktiven Markierung der Gensonde können diese Abschnitte auf einem Autoradiogramm (s. Band 2, S. 40, Abb. 40.1), einer Art Röntgenbild, sichtbar gemacht werden (s. Yalkinoglu/Bayer 1995).

Um eine solche Sonde herstellen zu können, musste zunächst ein Teil der Aminosäuresequenz des Faktors VIII entschlüsselt werden. Dies gelang Mitarbeitern der Firma Genentech Anfang der achtziger Jahre. Im nächsten Schritt musste diese Aminosäuresequenz in DNA zurückübersetzt werden. Für eine solche Übersetzung gibt es immer mehrere Möglichkeiten, weil der genetische Code „degeneriert" ist, eine Aminosäure also von mehreren Basentripletts verschlüsselt werden kann. Allerdings gibt es bestimmte Basentripletts, die jeweils artspezifisch wahrscheinlicher sind als andere. In diesem Fall wurde aus 147456 möglichen Kombinationen von Basentripletts von den Forschern die wahrscheinlichste Basenabfolge für ein 36 Basen langes Fragment ausgewählt. Dieses künstlich hergestellte und radioaktiv markierte DNA-Stück wurde im Folgenden als Sonde verwendet.

Die zuvor beschriebenen Lambda-Phagen, die die verschiedenen DNA-Fragmente tragen, wurden getrennt voneinander in Kulturschalen mit einem Bakterienrasen gegeben, wo sie sich innerhalb der von ihnen befallenen Bakterienzelle vermehrten. Ihre DNA wurde schließlich freigelegt, die radioaktiven Sonden wurden dazugegeben. In einem Fall hybridisierten die Sonden mit einem Teil der Faktor VIII-DNA. Das ganze Gen ist jedoch viel zu lang, als dass es in einen einzigen Phagen hineinpasste. Um auch den Rest zu finden, wurden nun Teile der im ersten Schritt identifizierten Genabschnitte als Sonden verwendet. Durch die Methode des Wanderns auf dem Chromosom (s. Bayrhuber/Lucius 1997, S. 64 und Kapitel 2.3.7) wurde das gesamte Gen identifiziert.

Es ist 186000 Basen lang. Die eigentliche Information für den Faktor VIII verteilt sich auf 26 Exons (codierende Sequenzen), die weniger als 5 % der gesamten Genlänge ausmachen. Zwischen diesen Exons liegen Abschnitte, die nicht codierend sind, die Introns. Für die Expression wird das Gen ohne Introns benötigt. In einer lebenden Zelle werden diese bei der Umschreibung in die entsprechende mRNA herausgeschnitten (s. Linder 1998, S. 337, Abb. 337.1).

Mit Hilfe von Sonden aus der genomischen DNA wurde durch die Analyse der mRNA aus verschiedenen Zelltypen mit der Hybridisierungstechnik herausgefunden, dass Faktor VIII in Leberzellen produziert wird. Aus diesen wurde die gesamte mRNA isoliert und mit Hilfe des Enzyms Reverse Transkriptase in cDNA (copy-DNA, komplementäre DNA) umgeschrieben und eine cDNA-Bibliothek oder cDNA-Bank hergestellt. Diese cDNA-Bank wurde wiederum mit DNA-Sonden nach dem Faktor VIII-Gen untersucht. Nach vielen Wiederholungen erhielt man schließlich das Faktor VIII-Gen ohne Introns, das nur noch aus 9000 Basenpaaren besteht und für 2332 Aminosäuren codiert. Damit ist der Faktor VIII das bei weitem größte Protein, das bislang kloniert und in einer Wirtszelle exprimiert worden ist.

Rekombinierte Hamsterzellen

Das klonierte Gen in eine Bakterienzelle einzuschleusen, die ihrerseits das Protein exprimiert, war nicht möglich. Faktor VIII ist als Protein zu groß, um von einer Bakterienzelle produziert werden zu können. Außerdem handelt es sich um ein Glykoprotein, so dass das in der Zelle produzierte Protein noch glykosiliert, das heißt kovalent mit einem Kohlenhydratmolekül verknüpft wird. Bakterien besitzen nicht die hierfür erforderlichen Enzyme. Deshalb wurde das Gen in eine Säugetierzelle eingeschleust. Die Forscher wählten hierfür Hamsternierenzellen, die sich leicht im Labor kultivieren lassen. Tatsächlich schütteten die transformierten Hamsterzellen schließlich den menschlichen Faktor VIII in die Kulturflüssigkeit aus, der im Versuch das Blut Hämophiler gerinnen ließ. Damit war die Grundlagenforschung erfolgreich abgeschlossen.

Entwicklung eines gentechnischen Arzneimittels

Der folgende Schritt war die Entwicklung der industriellen Produktion des Gerinnungsmittels.

Für die Vermehrung des Wirtsorganismus wurden technische Kultursysteme konstruiert und ein Verfahren für die spätere Abtrennung des Gen-Produkts vom Kulturmedium entwickelt. Anschließend musste das Protein zahlreiche aufwendige Reinigungsschritte durchlaufen.

An vielen Stellen mussten Sicherheitsaspekte berücksichtigt werden: Säugetierzellen wurden z. B. vor ihrer Verwendung als Produktionsorganismen auf die Abwesenheit von pathogenen Viren geprüft. Dann erfolgten zunächst die experimentelle pharmakologische und toxikologische Prüfung sowie weitere tierexperimentelle Tests und später die klinische Prüfung auf Wirksamkeit, Sicherheit und Verträglichkeit des Arzneimittels (s. AB 5 a u. b).

Die Vermarktung gentechnisch produzierter Arzneimittel

Der Anteil gentechnisch produzierter Arzneimittel am Weltpharmamarkt wird in den nächsten Jahren sprunghaft steigen. Das vorliegende Beispiel zeigt aber, wie langwierig und aufwendig die Grundlagenforschung auf diesem Gebiet ist. Dies zeigt auch die Graphik „Entwicklungszeiten biotechnischer Pharmazeutika" (s. AB 5). Vor der eigentlichen Produktion eines gentechnischen Arzneimittels sind ungeheure Investitionen nötig. Die Kosten hierfür müssen mit dem Verkauf des schließlich produzierten Wirkstoffes wieder eingebracht werden. In Deutschland müssen außerdem zeitaufwendige Genehmigungsverfahren durchlaufen werden, bevor ein Pharmaprodukt endgültig auf den Markt kommen kann. Die großen Pharmakonzerne befinden sich ständig im Wettlauf um die Patentierung gentechnisch hergestellter Arzneimittel. Der Verlierer im Konkurrenzkampf erleidet u. a. aufgrund der hohen Forschungs- und Entwicklungskosten einen hohen Verlust.

Ethische Analyse der gentechnischen Herstellung des Blutgerinnungsfaktos VIII

Die zu dieser Thematik zu formulierende Entscheidungssituation kann in folgende Frage gefasst werden: Darf der Mensch DNA gentechnisch verändern, um den Blutgerinnungsfaktor VIII herzustellen? Der Mensch hat als Antwort auf diese Frage zwei Handlungsmöglichkeiten. Entweder er entscheidet sich gegen die gentechnische Herstellung des Faktors VIII und gewinnt dieses Protein weiterhin aus Blutkonserven, oder er stellt Faktor VIII mit gentechnischen Methoden her. Gleichgültig für welche der beiden Verfahrensweisen man sich entscheidet, das gewonnene Protein ist sowohl dem individuellen Wohlergehen (Lebensqualität und -erwartung) als auch dem allgemeinen Wohlergehen nützlich. Die Würde des Menschen (oder eines Lebenwesens) als dem Wohlergehen gegenüberstehender „letztbegründender" Wert wird durch keine der beiden Handlungsmöglichkeiten berührt.

Das heisst, dass zu der zur Debatte stehenden Frage kein ethisches Dilemma formuliert werden kann. Zu klären ist aber in diesem Zusammenhang, ob es ethisch vertretbar oder vielleicht sogar wünschenswert ist, dass der Blutgerinnungsfaktor VIII gentechnisch hergestellt wird. Als ein Gegenargument könnten Kritiker anführen, dass durch die Verwendung gentechnisch veränderter *E. coli* Bakterien in den gentechnischen Produktionsanlagen für den Faktor VIII Umweltgefahren (z. B. durch eine unfallbedingte Freisetzung der transformierten Bakterien) und Gefahren für den Menschen nicht ausgeschlossen werden können (ökoethisches Argument). Befürworter der Gentechnik gehen dagegen davon aus, dass die bestehenden Sicherheitsrichtlinien und - konzepte ausreichen, um derartige Gefahren zu minimieren (ökoethische Argumentationsweise). Für die gentechnische Herstellung lassen sich folgende Argumente anführen: Bei der Behandlung mit Faktor VIII aus Blutkonserven treten in etwa 10 % der Fälle Unverträglichkeiten auf, weil das Immunsystem das Präparat als Fremdprotein abstößt (medizinethisches Argument). In der Vergangenheit waren relativ viele Präparate aus Blutkonserven mit HIV- oder Hepatitis-Viren verseucht. Auch in Zukunft kann eine Verunreinigung mit Krankheitserregern nicht völlig ausgeschlossen werden (medizinethisches Argument). Es werden für die Herstellung der Präparate aus Blutkonserven große Mengen an Blutplasma aus menschlichem Spenderblut verbraucht, die auch in anderen medizinischen Bereichen dringend benötigt werden (medizinethisches Argument). Die Behandlung mit aus Blutplasma gewonnenen Gerinnungsfaktorkonzentraten ist außerordentlich teuer (politisch-ökonomisches Argument). Darüber hinaus zeigt die Entwicklung auf dem Weltpharmamarkt, dass der Anteil gentechnologisch hergestellter Arzneimittel generell ansteigt. Wenn die Bundesrepublik Deutschland international in diesem für die deutsche Wirtschaft wichtigen Bereich konkurrenzfähig bleiben will, muss (z. B. aufgrund der langen Entwicklungszeiten biotechnisch produzierter Pharmazeutika) sowohl die Forschung als auch die Produktion gentechnisch hergestellter Arzneimittel weiter betrieben werden (politisch-ökomonisches Argument). Wenn das nicht geschieht, ergeben sich negative Folgen für die gesamte wirtschaftliche Lage des Landes haben (z. B. Anstieg der Arbeitslosenzahlen in diesem Bereich).

2. Fachdidaktische Informationen

Lernvoraussetzungen

Basiswissen über
- den Prozess der Blutgerinnung;
- DNA-Aufbau, Transkription;
- Proteinaufbau, Proteinbiosynthese;
- Gentechnik: u. a. Restriktionsenzyme, Transformation.

Lernziele

Die Schüler sollen:
- das Krankheitsbild der Hämophilie beschreiben können.
- die konventionelle Behandlung der Bluter beschreiben und die Problematik dieser Therapieform erläutern können.
- die Klonierung des Faktor VIII-Gens darstellen und erklären können.
- die industrielle Produktion des gentechnischen Arzneimittels schildern können.
- mit der Produktion und der Vermarktung des Faktor VIII-Medikamentes verbundene Probleme nennen können.
- eine ethische Analyse der gentechnischen Herstellung des Faktors VIII durchführen können.

Hinweis auf Medien

VHS 42 00 641 / FWU
Biotechnologie
Folge 10: Planspiele mit Genen: Ungefähr 6000 Bluterkranke sind allein in der Bundesrepublik Deutschland auf die dauernde Versorgung mit einem sehr seltenen Protein, dem Faktor VIII, angewiesen. Der Film zeigt, wie die Gentechnologie einen billigen und effektiven Herstellungsweg für die Substanz - wie auch für Insulin - eröffnet hat.

3. Unterrichtsverlauf und Materialien

1. Unterrichtsabschnitt: Biologie der Bluterkrankheit **(ca. 45 Min.)** Krankheitsbild der Bluterkrankheit, Verlauf der Blutgerinnung	Medien
Einstieg: Bearbeitung des Textes „Spender aus den Slums“. **Erarbeitung:** Das Krankheitsbild der Bluterkrankheit. **Fragestellung:** Aus AB 1 geht hervor, dass die Bluterkrankheit durch einen Mangel an Faktor VIII hervorgerufen wird. Frage: „Wie verläuft die Blutgerinnung?“ **Ha:** Kurze schriftliche Beschreibung des Verlaufs der Blutgerinnung.	AB 1 Tafel F 1

2. Unterrichtsabschnitt: Die Behandlung der Hämophilie (ca. 45 Min.) Substitutionstherapie als konventionelle Behandlung der Hämophilie, Probleme dieser Therapieform	Medien
Einstieg: Anknüpfung an die Vorstunde durch Vorlesen der Lösungen der Hausaufgaben. **Erarbeitung:** Bearbeitung des Arbeitsblattes „Behandlung mit Faktor VIII". **Problematisierung:** Die vorangegangene Phase macht deutlich, dass die konventionelle Behandlung der Hämophilie schwer wiegende Probleme mit sich bringt. Hieraus folgt die Frage, welche Alternativen der Behandlung möglich sind. Sammlung und Diskussion möglicher Alternativen (z. B. Gentherapie, gentechnische Herstellung des Faktor VIII).	 AB 2
3. Unterrichtsabschnitt: Vom unbekannten Gen zum Faktor VIII (ca. 135 Min.) Klonierung des Faktor VIII-Gens, Hybridisierung, Expression von Faktor VIII in Hamsterzellen	Medien
Einstieg: Welche Versuchsschritte sind notwendig, um den Faktor VIII gentechnisch herzustellen? **Problemstellung:** Überblick über den gesamten Versuchsablauf anhand der Folie „Vom unbekannten Gen zum Faktor VIII". **Problembearbeitung:** „Genom- und cDNA-Klonierung" und „Hybridisierung". Bearbeitung der Versuchsschritte 2 bis 6 (s. F 2). (Sollte auf die Schritte 3 und 6 im Detail eingegangen werden, so kann dafür das Arbeitsblatt zum „Wandern auf dem Chromosom" (s. Kap. 2.3.7) verwendet werden.) **Problemlösung:** Sammlung der Ergebnisse, Ergänzung der Ziele auf Folie 2, Erläuterung der Expression des Faktors VIII durch Säugetierzellen.	Tafel F 2 AB 3 u. AB 4 F 2
4. Unterrichtsabschnitt: Industrielle Produktion und Vermarktung des Arzneimittels Industrielle Produktion, Sicherheitsaspekte, kommerzielle Aspekte **(ca. 45 Min.)**	Medien
Einstieg: Der Weg vom Forschungsprodukt zum gentechnisch hergestellten Arzneimittel. **Fragestellung:** Welche Gefahren sind im Zusammenhang mit der gentechnischen Herstellung des Faktors VIII möglich? **Erarbeitung:** Bearbeitung des AB 5 **Ergebnissicherung:** Auflistung der einzelnen Sicherheitsprüfungen und ihrer Ziele sowie Zusammenfassung der Kernaussagen der Grafiken.	F 3 Tafel AB 5 a/b Tafel
5. Unterrichtsabschnitt: Ethische Analyse der gentechnischen Herstellung des Blutgerinnungsfaktors VIII (ca. 45 Min.) Ethische Analyse, Argumentationstypen	Medien
Einstieg: Problemstellung „Darf der Mensch DNA gentechnisch verändern, um den Blutgerinnungsfaktor VIII herzustellen? Nennen Sie Argumente für Ihre Antwort". Zur Vorstrukturierung der Problembearbeitung werden die Begriffe „Wohlergehen des Menschen" und „Würde des Menschen" einander gegenübergestellt. **Problembearbeitung:** Schriftliche Beantwortung der Frage, Sammlung und Zuordnung zu dem jeweiligen letztbegründenden Wert (Würde/Wohlergehen), Benennung der Argumentationstypen und Klärung der einzelnen Wertehierarchien der Schüler, die zur individuellen Entscheidung geführt haben.	Tafel Tafel

Spender aus den Slums

3000 Bluter sind aidsinfiziert, weil unsauberes Plasma auf den Markt kam. Pharmahersteller und Versicherer müssen mit Entschädigungen in Milliardenhöhe rechnen.

Am Freitag den dreizehnten hatte Aids endgültig auch die deutsche Pharmaindustrie erreicht.

Von zehn Uhr früh bis in den Nachmittag hinein berieten Ende letzter Woche 18 Topmanager der Arzneimittelbranche über den Umgang mit der Seuche. „Was da auf uns zukommt", sorgte sich ein Teilnehmer hinterher, „könnte zur Katastrophe schlechthin werden."

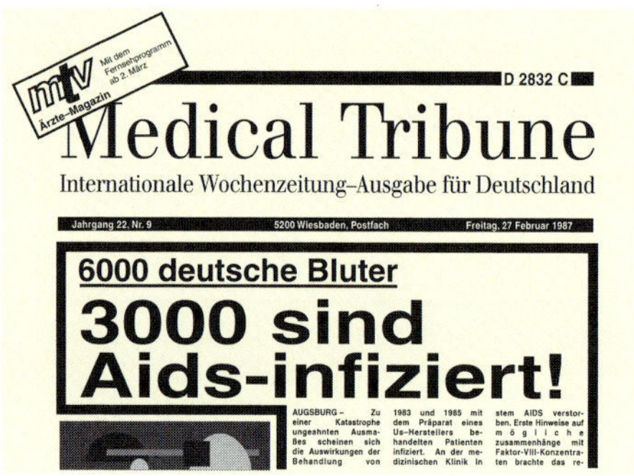
mtv Ärzte-Magazin Mit dem Fernsehprogramm ab 2. März

D 2832 C

Medical Tribune

Internationale Wochenzeitung–Ausgabe für Deutschland

Jahrgang 22, Nr. 9 | 5200 Wiesbaden, Postfach | Freitag, 27 Februar 1987

6000 deutsche Bluter

3000 sind Aids-infiziert!

AUGSBURG – Zu einer Katastrophe ungeahnten Ausmaßes scheinen sich die Auswirkungen der Behandlung von 1983 und 1985 mit dem Präparat eines Us-Herstellers behandelten Patienten infiziert. An der medizinischen Klinik in stem AIDS verstorben. Erste Hinweise auf mögliche zusammenhänge mit Faktor-VIII-Konzentraten brachte das re-

Aids-Warnung in Ärztezeitung:
Tödliche Welle rollt an

Die Katastrophe ist schon da, wird aber in einem Ausmaß von Verursachern und Mitwissern noch verschwiegen. Es wird viele Tote geben, Pharmakonzernen und Versicherern drohen Entschädigungssummen in Milliardenhöhe.

Das Aids-Problem, das in vertraulicher Runde beim Chemiemulti Bayer-Leverkusen diskutiert wurde, betrifft 6000 Bürger der Bundesrepublik unmittelbar: die Bluter. Sie wurden jahrelang mit einem Spezialmittel, dem gerinnungsförderden Faktor VIII, versorgt.

Doch dieses Plasmakonzentrat war häufig, wie sich nun heraustellt, vom tödlichen HIV-Virus verseucht.

Rund die Hälfte der 6000 Bluterkranken hat sich mittlerweile angesteckt. Allein in Bonn mit knapp 800 Patienten das größte Behandlungszentrum der Welt, liegt die Quote bei 60 %.

29 Bluter sind bereits an Aids gestorben, zuletzt einer Ende Februar. Auch Partner der Kranken haben sich infiziert, nach Schätzungen jeder zehnte.

Seit 1968 wird der Faktor VIII-Mangel durch Übertragung eines speziellen Plasmas bekämpft. Der Wirkstoff ist ein flüssiger Bestandteil des Blutes und wird, vereinfacht, durch Zentrifugieren gewonnen: Die schweren Blutkörperchen setzen sich nach unten ab (und werden dem Spender zurückgespritzt), das leichtere Plasma einschließlich Faktor VIII schwimmt oben.

Plasma wird in vielen Ländern gewonnen, dann getrocknet, gefroren und pulverisiert. „Die Vereinigten Staaten", sagt ein Produzent, „sind die Opec des Plasmas. Sie bluten sozusagen für den Rest der Welt". Auch die deutschen Pharmaunternehmen bedienten sich bis in die jüngste Vergangenheit zum größten Teil aus Übersee. Doch die Vormachtstellung der USA war kein Garant für saubere Ware. Die US-Firmen, klagt der Siegener Rechtsanwalt Karl-Hermann Schulte-Hillen, Berater der Deutschen Hämophiliegesellschaft, hätten sich in den Slums der Großstädte „des schlechtesten Spenderpotentials" bedient.

(Der Spiegel: Heft 12/1987)

Aufgaben:

1. **Um welche Erbkrankheit geht es in diesem Text? Wodurch wird sie hervorgerufen?**
2. **Fassen Sie in Stichworten zusammen, was Sie bereits über diese Krankheit wissen.**

Die Blutgerinnung (nach Campbell 1997)

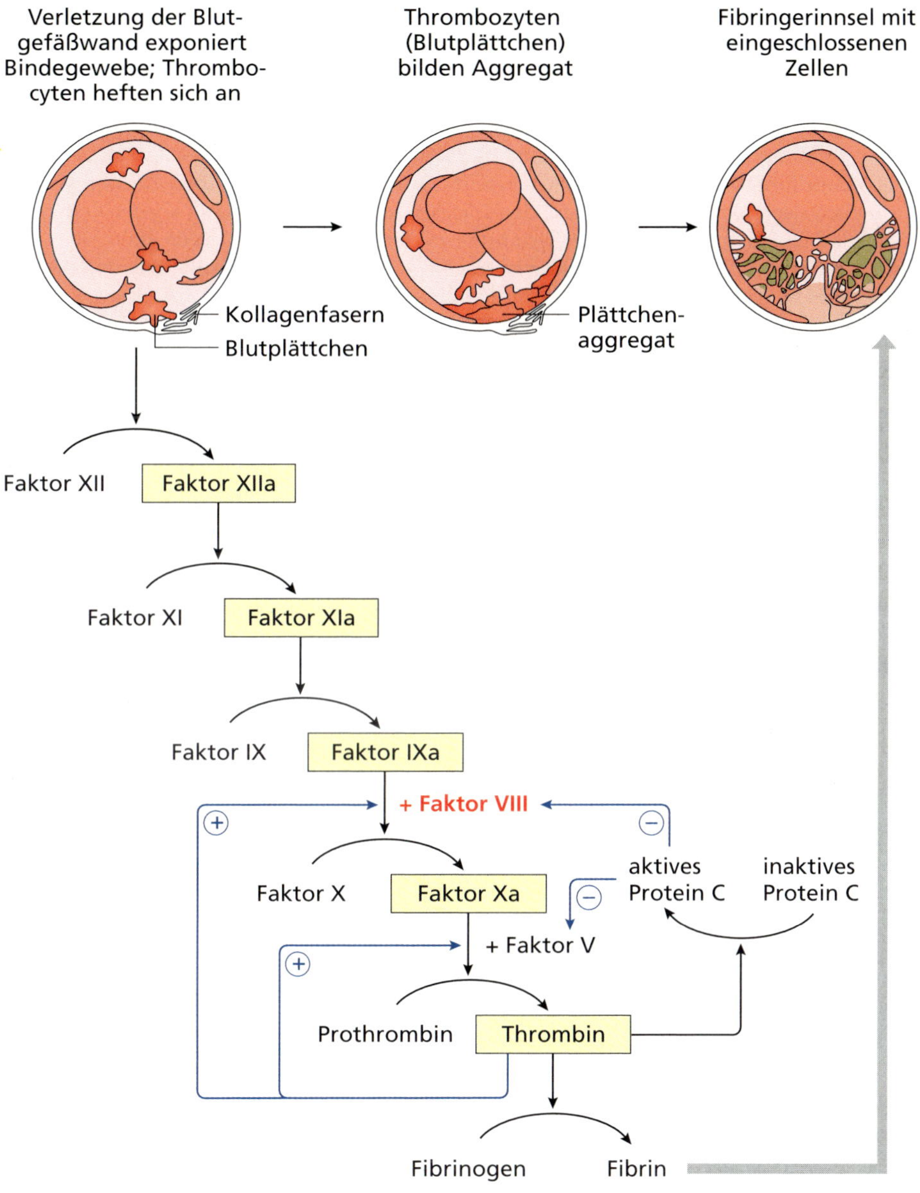

⊕ je mehr – desto mehr
je weniger – desto weniger

⊖ je mehr – desto weniger
je weniger – desto mehr

Behandlung mit dem Faktor VIII

Dieter Hohmann gehört zu den rund 6000 bis 8000 Menschen in Deutschland, die an Hämophilie A leiden. Ihm fehlt ein lebenswichtiger Eiweißstoff – der Faktor VIII. Er sorgt bei Gesunden dafür, dass bei inneren oder äußeren Verletzungen das Blut gerinnt und so die Wunde verschließt. Laufen, Schwimmen, Stöße, abrupte Bewegungen oder einfach ein starker Händedruck können Bluter in gefährliche Situationen bringen, falls kleinste Gefäße platzen. Die Blutungen breiten sich dann bis in die Gelenke aus. Auf Dauer kann dies dazu führen, dass das Gelenk versteift. Hämophile müssen ihrem Körper ständig künstlich den Faktor VIII zuführen, damit leckgeschlagene Blutgefäße wieder verheilen. Seit rund 25 Jahren werden diese Gerinnungsfaktoren aus Blutkonserven gewonnen. Die mitunter darin enthaltenen Krankheitserreger gefährdeten jedoch die Patienten. Durch Aids kam es dann zur Katastrophe: In den achtziger Jahren infizierten sich in Deutschland 1843 Bluter. Und fast alle Hämophilen infizierten sich früher oder später mit dem gelbsuchterregenden Hepatitis-Virus.

1983 verringerte ein neues Verfahren wenigstens das Aids-Risiko bei der Gabe von Gerinnungsfaktoren aus Blutspenden fast vollständig. Die ersten „sauberen" Faktor-VIII-Präparate waren testreif. Alle Krankheitserreger werden seither durch Hitze abgetötet. Dennoch steckten sich weitere Bluter mit Gelbsucht an – weil nicht alle Hersteller eine sichere Hitzebehandlung einsetzten. Auch im Blut von Dieter Hohmann fanden sich Viren von Hepatitis B und C. Weil er seit mehr als zwei Jahrzehnten spritzt, hatte er sich noch mit herkömmlichen Präparaten angesteckt.

Seit 1985 werden alle Blutspenden auf HIV-Antikörper getestet, alle nicht eindeutig negativen Blutspenden vernichtet. Dieser Test kann allerdings versagen, wenn der Zeitpunkt der Ansteckung erst kurz zurückliegt, Antikörper noch nicht gebildet worden sind. Durch sorgfältige Auswahl der Blutspender, wie sie z. B. das Deutsche Rote Kreuz vornimmt, ist die Gefahr der Übertragung jedoch extrem gering.

Quelle: Deutsches Rotes Kreuz

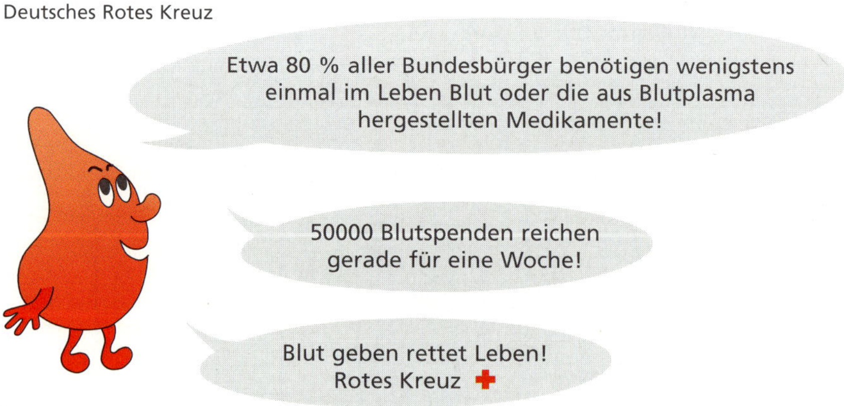

Aufgaben:

1. **Die Behandlung der Hämophilie erfolgte traditionell durch Substitutionstherapie. Erläutern Sie, was hierunter zu verstehen ist.**
2. **Welche Probleme sind mit der Bekämpfung der Hämophilie mittels eines aus Blutkonserven gewonnen Faktor VIII verbunden?**

Vom unbekannten Gen zum Faktor VIII

Die Ausgangssituation
1. Faktor VIII wird in ganz geringen Mengen im Körper hergestellt. 2. Die Organe, in denen Faktor VIII produziert wird, sind deshalb unbekannt. 3. Das für Faktor VIII codierende Gen ist unbekannt. 4. Der Faktor VIII liegt in gereinigter Form isoliert vor.

Versuchsschritte	Ziele
1. Herstellung der DNA-Sonden auf der Grundlage eines Teils der Aminosäuresequenz von Faktor VIII.	Herstellung eines Instruments zum Herausfinden von Abschnitten des Faktor VIII Gens.
2. Herstellung einer Bibliothek des Genoms	Aufbereitung der DNA für die Untersuchung mit den Sonden.
3. Untersuchung der Bibliothek des Genoms mit den DNA-Sonden	Herausfinden des Faktor VIII codierenden Gens.
4. Untersuchung der mRNA verschiedener Zelltypen mit Teilen des wirklichen Gens als Sonde.	Herausfinden des Zelltyps, in dem der Faktor VIII vorwiegend exprimiert wird.
5. Herstellung einer cDNA-Bibliothek aus mRNA des Zelltyps, der in Schritt 4 identifiziert wurde.	Herstellung einer DNA, die ausschließlich aus codierenden Sequenzen (Exons) besteht.
6. Untersuchung der cDNA-Bibliothek mit Teilstücken des klonierte Gens als Sonde.	Herausfinden der codierenden Sequenzen des Faktor VIII Gens.
7. Transformation von Hamsterzellen mit dem aus der cDNA-Bibliothek heraus gefundenen Gen, das für den Faktor VIII codiert.	Herstellung von Zellen, die das vollständige, glykosilierte Protein synthetisieren können.
8. Synthese des Faktors VIII durch die Hamsterzellen.	Herstellung des als Medikament verwendbaren Faktor VIII.

Genom und cDNA-Klonierung (nach Lawn/Vehar 1986)

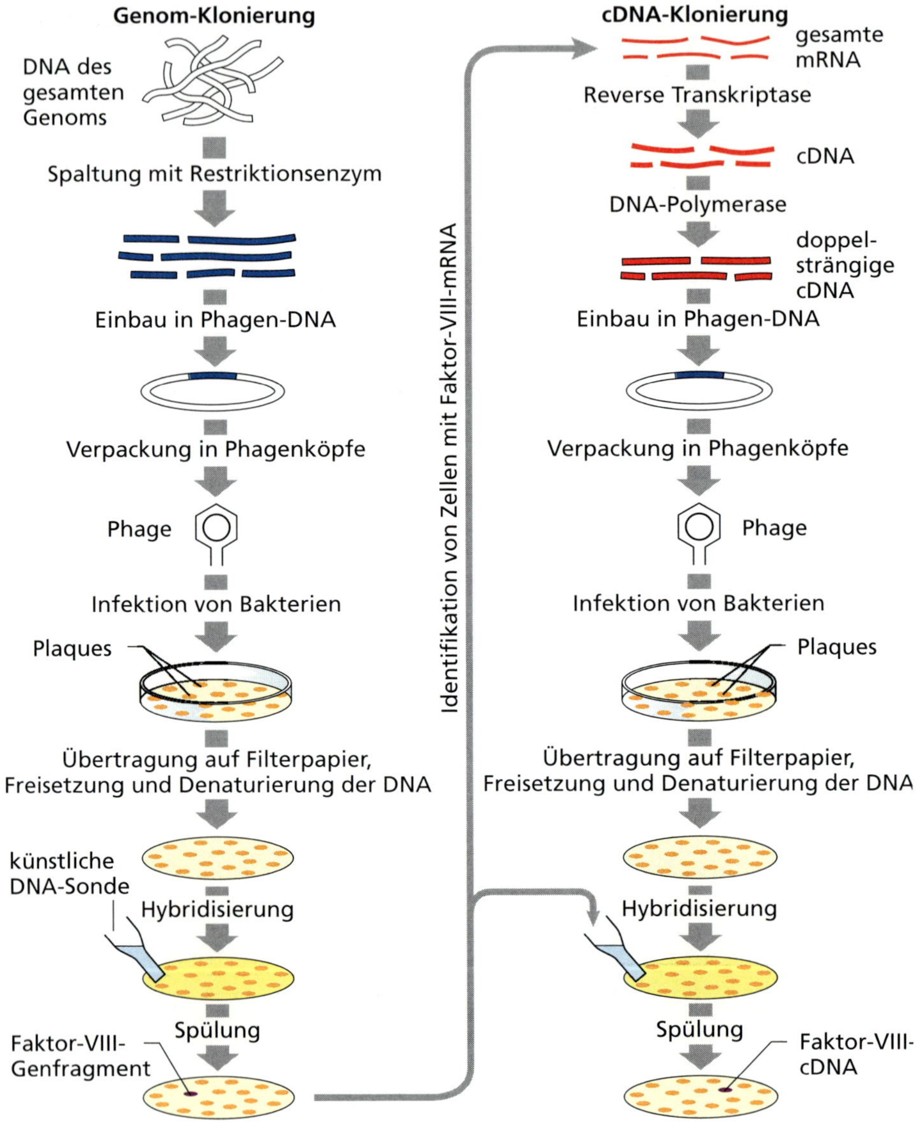

Aufgaben:

1. **Beschreiben Sie die Genom- und cDNA-Klonierung mit eigenen Worten.**
2. **Welche Ziele werden mit diesen beiden Versuchsabschnitten verfolgt?**
3. **Nach welcher Vorlage werden die Sonden für die Hybridisierung in der Genom-Klonierung hergestellt? Welche Schwierigkeiten ergeben sich dabei?**

Hybridisierung

Durch eine Hybridisierung kann man aus einer großen Anzahl verschiedener DNA-Proben ganz spezielle DNA-Fragmente herausfinden. Man braucht dazu eine DNA-Sonde, die radioaktiv markiert ist. Die Methode der Hybridisierung kann in folgende Schritte eingeteilt werden:

① Fixierung von Zellen auf einer Membran,

② Behandlung der Zellen mit Alkali,

③ Zugabe radioaktiver Sonden-DNA,

④ Hybridisierung der Virus DNA mit der Sonden DNA,

⑤ Autoradiographischer Nachweis.

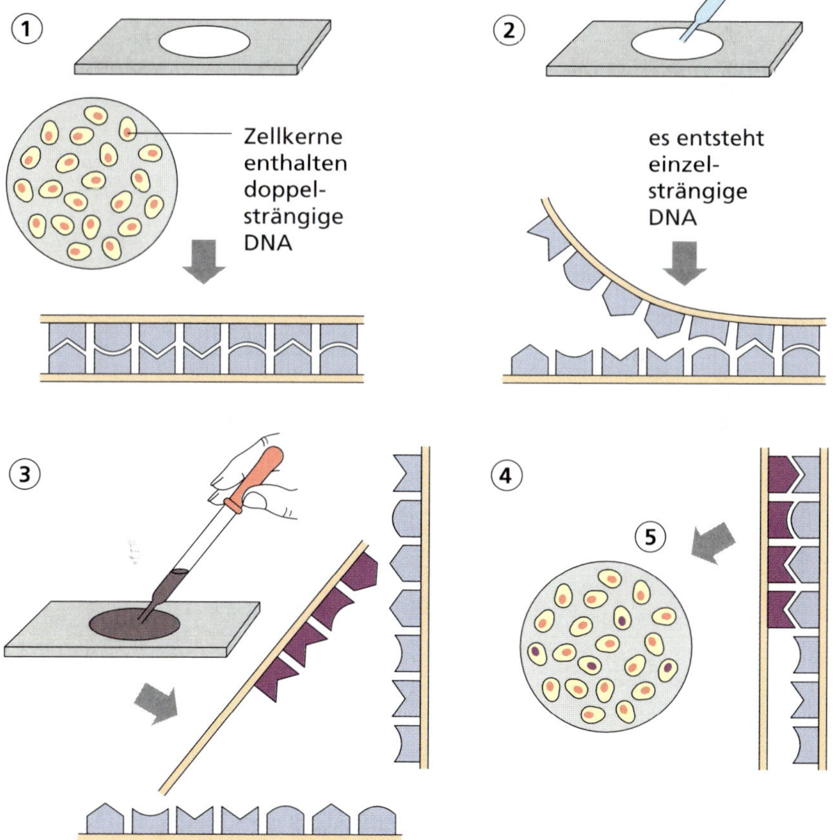

Aufgabe:

1. Beschreiben Sie die einzelnen Schritte anhand der Abbildung so genau wie möglich.

Entwicklung eines gentechnischen Arzneimittels (nach Bayer AG 1995)

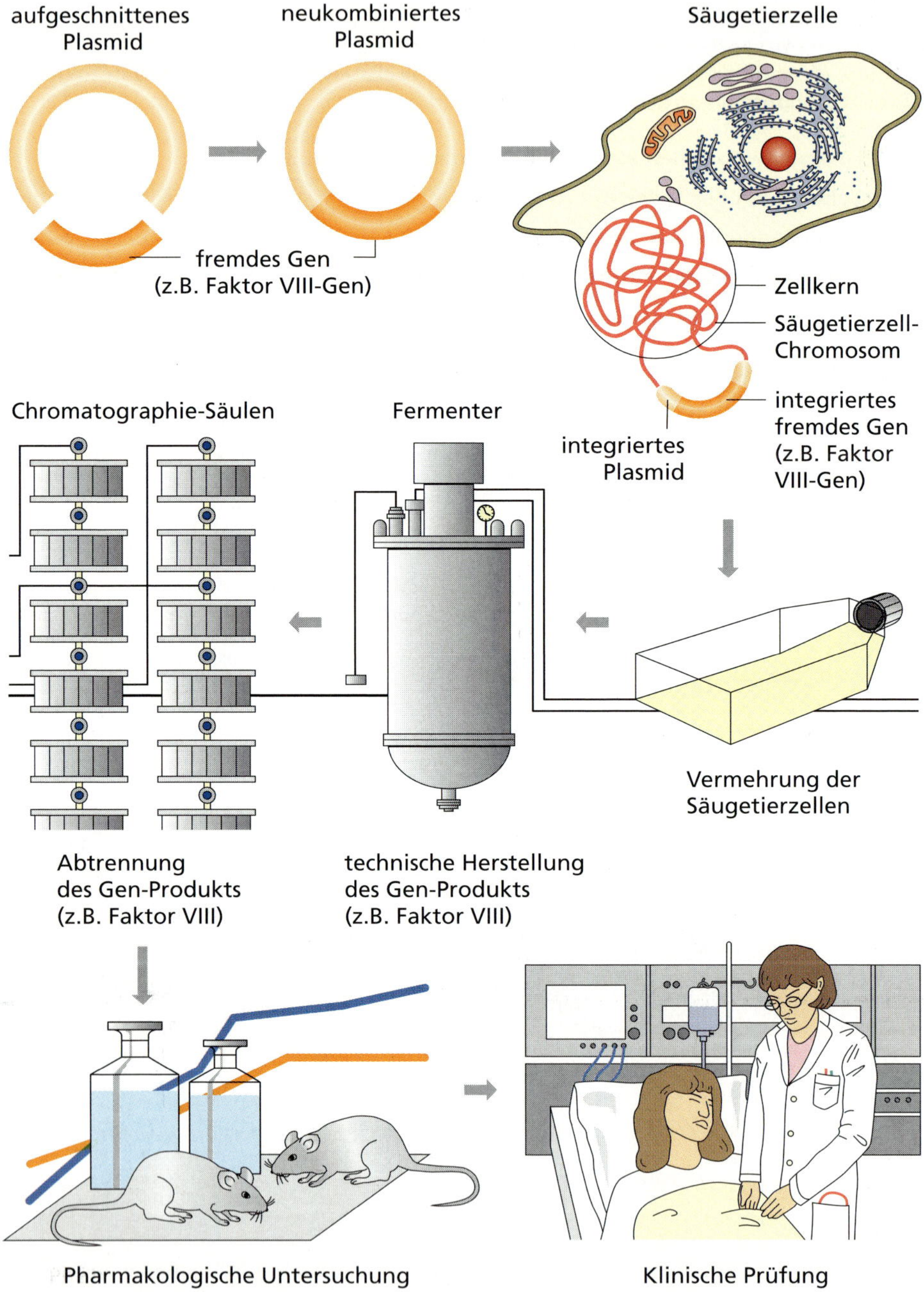

Produktionsverfahren und Sicherheitsprüfungen bei der gentechnischen Proteinherstellung

Wie hat man sich nun den technischen Ablauf der Proteinherstellung, zum Beispiel die des rekombinanten Blutgerinnungsfaktors VIII mit Hilfe von Säugetierzellen, bis zum therapeutisch anwendbaren Endprodukt vorzustellen?

Die Produktionszellen werden in kleinen Plastikflaschen, so genannten Zellkulturflaschen, unter sterilen Bedingungen vermehrt. Ist eine ausreichende Zellmenge erreicht, legt man eine Zellbank an, die aus mehreren hundert in flüssigem Stickstoff tiefgefrorenen Glasampullen mit identischem Zellmaterial besteht und über viele Jahre als Ausgangsmaterial für die Produktion verwendet werden kann.

Vor der weiteren Vermehrung der Produktionszellen für die Herstellung eines klinisch einsetzbaren Arzneimittels – in unserem Beispiel des Faktor VIII – ist es notwendig, sie genetisch zu charakterisieren, ein Aufwand, der auch heute noch einige Monate in Anspruch nimmt. Was heißt das? Man taut den Inhalt einer Ampulle auf und weist nach:

- wieviel Kopien des Genkonstrukts sich in einer Zelle befinden,
- In welcher Form sich die genetische Information in das Genom der Zelle eingefügt hat (Integrationsstatus),
- ob die codierende Gensequenz unverändert (nicht mutiert) ist und
- ob die Erbinformation innerhalb der Zelle über lange Zeit (einschließlich der Zeit, in der die Zellen für die Produktion verwendet werden) stabil ist.

Um die biologische Sicherheit der Produktionszellen zu gewährleisten, werden auf Zellbankebene und auch nach einem typischen Produktionsablauf zahlreiche aufwendige, nochmals einige Monate dauernde Sicherheitsprüfungen eingeschaltet. Sie haben den Nachweis zu erbringen, dass die zelluläre wie auch die integrierte DNA keine Tumoren erzeugen kann und die DNA nicht fähig ist, andere Zellen zu Tumorzellen zu transformieren, die Zellen mikrobiologisch, d. h. mit Bakterien, Pilzen oder Mykoplasmen, nicht kontaminiert sind und die Zellen keine endogenen oder zufällig erworbenen Viren, insbesondre Retroviren, enthalten.

Nun erst werden die Zellen zu Produktionszwecken vermehrt, zunächst wiederum in Kulturflaschen, dann in größeren Systemen, zum Beispiel kleinen Fermentern (5 bis 20 l), denen regelmäßig die für die Zellen notwendigen Nährstoffe und Sauerstoff zugeführt werden. Nach dem Erreichen einer ausreichenden Zellmasse gelangen die Zellen dann in die eigentlichen Produktionsfermenter (50 bis mehrere 1 000 l). Während der Fermentation, die u. U. kontinuierlich über mehrere Monate betrieben werden kann, werden die Fermentationsbedingungen sehr genau kontrolliert. Hierzu gehört auch die Einhaltung von Sicherheitsmaßnahmen, wie die garantierte Freiheit des Fermenters von mikrobiologischen Kontaminationen.

Das Rohprodukt, das entweder diskontinuierlich (in einem „batch"-Verfahren) oder, wie bei Bayer, kontinuierlich aus dem Produktionsfermenter entfernt wird, wird zunächst weiteren Sicherheitsprüfungen unterzogen und schließlich chromatographisch von Fremdbestandteilen, wie zum Beispiel Zellproteinen und zellulärer DNA, gereinigt. Das so gewonnene hochgereinigte Protein muss chemisch, biochemisch und immunologisch charakterisiert und auf Konsistenz von Herstellungspartie zu Herstellungspartie geprüft werden, ehe es mit Hilfsstoffen versetzt und in optimaler Darreichungsform für den klinischen Einsatz abgefüllt wird. (aus Bayer 1995)

AB 5 b

Vermarktung gentechnisch produzierter Arzneimittel

Anteil gentechnologisch hergestellter Arzneimittel am Weltpharmamarkt in %
(nach Verband dt. Arzneimittelhersteller 1996)

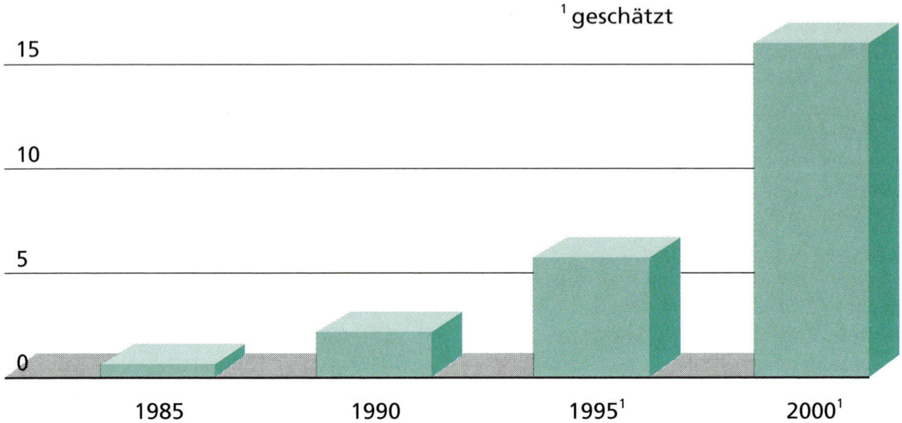

Entwicklungszeiten biotechnischer Pharmazeutika
(nach Roche 1993)

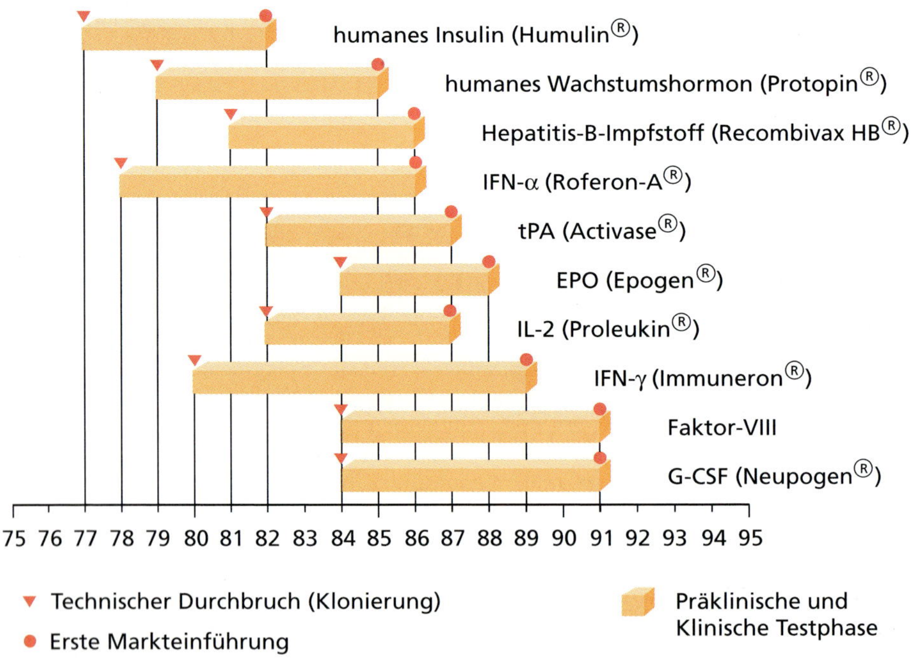

2.3.5 Somatische Gentherapie

Susan Jendrsczok

In den USA wurde erstmals im Jahre 1989 der Versuch einer somatischen Gentherapie am Menschen unternommen. Zwar ist die Anzahl der Versuchspatienten bis heute (1998) auf 1500 angestiegen, die somatische Gentherapie befindet sich jedoch nach wie vor in einem experimentellen Stadium und hat noch nicht die erwarteten Heilungserfolge erbracht. In diesem Modul geht es zum einen um die Beschreibung des Vorgehens bei der somatischen Gentherapie sowie technische Probleme, die damit verbunden sind, und zum anderen um ethische und rechtliche Fragen, die durch Forschung und Anwendung entstehen. In diesem Zusammenhang wird auch auf das mit der Verwendung von Retroviren als Vektoren verbundene Risiko für die Patienten und Fragen des Patientenschutzes bei klinischen Versuchen eingegangen.

1. Sachinformationen

Bei der somatischen Gentherapie wird versucht, eines oder mehrere Fremdgene in bestimmte Körperzellen eines Organismus einzubringen. Das Ziel ist, dadurch eine Erbkrankheit zu heilen. Durch eine veränderte Genexpression sollen Erbschäden wie zum Beispiel der Mangel an einem bestimmten Protein kompensiert oder Zellen des Immunsystems neue Eigenschaften für eine verbesserte Abwehr verliehen werden. Die somatische Gentherapie ist auf Körperzellen (Somazellen) begrenzt. Diese sind im Gegensatz zu den Keimbahnzellen nicht an der Reproduktion des Individuums beteiligt. Im Vergleich zur Organtransplantation besteht ein qualitativer Unterschied: Es wird nicht eine geschlossene Funktionseinheit (Organ) übertragen, sondern genetische Information in Form klonierter DNA oder RNA.

Methoden des Gentransfers

Zur Zeit sind zwei Methoden des Gentransfers in Körperzellen bekannt (s. F 1): Bei der ersten werden Fremdgene in Zellen eingeschleust, die dem menschlichen Körper vorher entnommen worden sind (In-vitro-Gentherapie). Dabei kann es sich z. B. um Zellen aus dem Knochenmark, der Leber oder der Haut handeln, weil diese besonders langlebig sind. Nach einer Selektion der genetisch veränderten Zellen, ihrer Vermehrung in vitro und ihrer Rückführung in den Patienten sollen die eingeführten Gene in diesen Zellen aktiv werden. Ein Problem dabei ist, dass in diese Zellen transferierte Gene im Körper bisher nur schwach exprimiert wurden (s. Verma 1991).

Die zweite Möglichkeit ist die In-vivo-Gentherapie, bei der Fremdgene in Zellen eingebracht werden, die sich nach wie vor im Körper des Menschen befinden. Diese Methode wird für die Therapie von Zellen angewandt, die nach einer Behandlung in vitro nicht mehr in das entsprechende Organ des Patienten eingefügt werden können (z. B. Nervenzellen). In beiden Fällen soll das injizierte genetische Material in das Genom der Körperzellen integriert werden, ohne durch das Immunsystem als fremd erkannt und zerstört zu werden, und es soll dort fehlerfrei exprimiert werden.

Zu den Verfahren der Genübertragung gehören die Mikroinjektion (direkte Injektion nackter DNA in den Zellkern durch feine Glaskapillaren) (s. Kap. 2.3.1. und 2.1.2.), die Elektroporation (Durchlässigmachen der Zellmembran für DNA durch Stromstöße), die Verwendung von Liposomen als künstliche DNA-Vehikel (kleinen Hohlkügelchen mit einer Lipidhülle) und die Verwendung von Viren als Vektoren, die spezifisch an Zellen binden. Die zuletzt genannte Methode gilt als die erfolgversprechendste. Für die ersten Eingriffe am Menschen sind gentechnisch veränderte Retroviren (RNA-Viren) verwendet worden, die die Zielzellen befallen und RNA in diese Zellen mit einbringen (s. Verma 1991 und s. Bd. 2, S. 58 f.). Im Gegensatz zu DNA-Viren können Retroviren größere Mengen an fremdem genetischem Material aufnehmen und vielerlei Zelltypen infizieren. Bevor es zu einer Integration in das Genom der Wirtszelle kommt, wird die Virus-RNA durch das virale Enzym Reverse Transkriptase in DNA umgeschrieben. Problematisch an der Verwendung von Viren als Vektoren sowie an allen anderen Methoden ist die Tatsache, dass die Integration der DNA an einem definierten Ort des Wirtszellgenoms nicht möglich ist (s. Bd. 2, S. 59). Falls die Fremd-DNA in der Nähe oder innerhalb eines Gens eingebaut wird, das das Wachstum oder auch die Differenzierung von Zellen steuert, können Krebserkrankungen auftreten (s. Verma 1991). Nach dem heutigen Stand der medizinischen Kenntnisse wird dieses Risiko als gering eingeschätzt (s. Tsichlis et al. 1991). Im übrigen kann die Entstehung von Tumoren mehrere Jahre bis Jahrzehnte dauern, so dass die Beurteilung des Krebsrisikos heute nicht vollständig abgeschätzt werden kann.

Ein für die somatische Gentherapie verwendbares Retrovirus darf sich im Menschen nicht vermehren können. Um einen solchen Vektor herzustellen, werden aus dem Genom des Virus' die Gene für die Synthese aller viralen Proteine entnommen, so dass es schließlich nur die therapeutische RNA überträgt. Jedoch kann auf virale Proteine bei der Herstellung vollständiger therapeutischer Retroviren nicht verzichtet werden (s. Verma 1991). Dieses Problem wird wie folgt gelöst (s. AB 4):

Zunächst wird die Virus-RNA in DNA umgeschrieben. Dann werden alle viralen Gene, die für die viralen Proteine codieren, gegen ein therapeutisches Gen ausgetauscht. Die auf der DNA vorhandene psi-Region wird nicht entfernt. Sie dient der späteren Verpackung der RNA in Viruspartikel. Das jetzt vorliegende therapeutische Provirus aus DNA wird in eine Verpackungszelle eingeschleust. Als Verpackungszellen werden unreife Bindegewebszellen (Fibroblasten) verwendet. In deren Genom ist bereits ein Helfer-Provirus ohne psi-Region eingebaut. Dieses codiert für die viralen Proteine, die zur Herstellung des Vektors benötigt werden. Seine eigene RNA kann das Helfer-Provirus aufgrund der fehlenden psi-Region nicht in einen Vektor verpacken.

Nachdem in den Verpackungszellen eine Vielzahl von therapeutischen Retroviren erzeugt worden ist, wird die zu therapierende Zelle infiziert (s. F 2). Darin wird die therapeutische RNA in therapeutische DNA umgeschrieben und diese im Idealfall an der gewünschten Stelle des Genoms der zu therapierenden Zelle eingebaut. Die Entwicklung neuer Viruspartikel sollte nicht mehr möglich sein, weil das Retrovirus keine Gene enthält, die für virale Proteine codieren. Durch Kontamination retroviraler Vektoren mit vermehrungsfähigen Retroviren besteht je nach Verpackungszell-Linie allerdings das Risiko, dass die vorher entfernten Gene wieder ersetzt werden (s. Otto et al. 1994; Scholl/Schmidtke 1995 und F 3). Es müssen geeignete technische und organisatorische Vorkehrungen getroffen werden, um dieses Risiko möglichst gering zu halten (zur Krebsauslösung durch infektiöse Retroviren s. Linder, 1998, S. 345).

Beispiele für die Gentherapie am Menschen

Forschungen zur somatischen Gentherapie erfolgen bisher an Fällen monogener Erbkrankheiten wie zum Beispiel Mucoviszidose, ADA-Mangel (ADA = Adenosindesaminase), Retinitis pigmentosa (s. Kap. 2.3.6) oder Duchenne Muskeldystrophie (DMD). Monogene Erbkrankheiten gehen auf die Mutation eines einzigen Gens zurück. Menschen, die von DMD, der häufigsten monogenen Erbkrankheit, betroffen sind, fehlt das Enzym Dystrophin. Der Enzymmangel bewirkt eine zunehmende Muskelschwäche, die durch Versagen der Atemmuskulatur und des Herzens zwischen dem 15. und 25. Lebensjahr zum Tode führt. Bisher werden krankengymnastische, psychologische und orthopädische Therapien eingesetzt, die zwar die Symptome lindern, nicht jedoch die Krankheit selbst heilen. Durch somatische Gentherapie soll das funktionstüchtige Dystrophin-Gen in das Genom einzelner Muskelzellen eingebracht werden, damit in diesen Zellen das Enzym synthetisiert wird. In Tierversuchen sind bereits Erfolg versprechende Ergebnisse erzielt worden (s. Scholl/Schmidtke 1995).

Das durch HI-Viren ausgelöste „Acquired Immunodeficiency Syndrome" (AIDS) hat durch die Zerstörung von T-Helferzellen funktionelle Störungen des Immunsystems zur Folge (Näheres s. Linder 1998, S. 377). Die bisherige AIDS-Behandlung kann das Leben der Infizierten verlängern, diese jedoch nicht heilen. Unter anderem wird das Medikament Azidothymidin (AZT) gegeben, das die reverse Transkription des Erregers hemmt, jedoch nicht dessen Ausbreitung im Körper der Befallenen verhindert. Diese Substanz hat außerdem starke Nebenwirkungen, und ein Impfstoff gegen HIV ist noch nicht entwickelt worden. Eine somatische Gentherapie gegen HIV könnte an Zellen des Immunsystems ansetzen (s. Scholl/Schmidtke 1995): Erstens könnten patienteneigene T-Lymphozyten (Unterdrücker- oder Killerzellen) (s. Linder 1998, S.369) mit zytotoxischen Eigenschaften gegen HIV-infizierte Zellen ausgerüstet werden. Zweitens könnte eine verstärkte Aktivierung des Immunsystems gegen das Hüllprotein des HIV (gp 160) dadurch erfolgen, dass patienteneigene Fibroblasten dazu veranlasst werden, Teile des gp 160 zu produzieren.

Krebserkrankungen sind polygene, multifaktorielle Krankheiten, bei deren Entstehung Umweltfaktoren eine maßgebliche Rolle spielen (s. Bd. 2, S. 72 f. und AB 2). Neben vielen anderen Therapieformen wird heute auch versucht, bei krebskranken Menschen somatische Gentherapie anzuwenden (s. Friedmann 1997 und F1). Eine davon ist die Veränderung von T-Lymphozyten aus dem Tumor (tumorinfiltrierende Lymphozyten (TIL). Durch gentechnische Veränderung und nach Injektion in die Blutbahn sollen die TIL Stoffe abgeben, die Tumorzellen angreifen. Dazu gehören cytostatische Gewebshormone (Tumornekrose-Faktoren), die das Wachstum von Karzinomen in der Anfangsphase verhindern können, und Antikörper gegen bestimmte Tumorzellen (s. Strachan 1994 und Scholl/Schmidtke 1995). Eine andere Strategie sieht die Veränderung von Tumorzellen durch Injektion von Genen vor, die für das Enzym Thymidinkinase codieren. Thymidinkinase setzt ein sonst unschädliches Medikament in einen Stoff um, der für sich teilende Zellen toxisch ist, so dass die Krebszellen zugrunde gehen (s. Hobom 1995).

Die somatische Gentherapie gegen Krebs befindet sich in einem experimentellen Stadium. Viele methodische Probleme sind noch nicht gelöst. Dazu gehören die mangelnde Effektivität der Vektoren, die gezielte Injektion der gentechnisch veränderten Zellen bei der In-vivo-Gentherapie, die Bestimmbarkeit der Stabilität der Integration und die Regulation der Expression. Erste gentherapeutische Versuche sind an Menschen, die sich im weit fortgeschrittenen Krankheitsstadium unter anderem von Brustkrebs, Leukämie und Hautkrebs befanden, unternommen worden. Mit einer Heilung konnten diese Patienten nicht mehr rechnen. Ob dieses Vorgehen daher ethisch vertretbar ist und wie Menschen in der biomedizinischen Forschung gesetzlich geschützt werden, soll in dieser Unterrichtseinheit thematisiert werden. Zu den gesetzlichen Regelungen von klinischen Versuchen s. Schreiber et al. 1995 und AB 5.

Aspekte der ethischen Auseinandersetzung mit der somatischen Gentherapie

In einem Diskurs über die ethische Bewertung der somatischen Gentherapie stehen die Fragen nach dem Risiko, nach dem gesetzlichen Schutz von Versuchspersonen der biomedizinischen Forschung und nach den möglichen gesellschaftlichen und ökonomischen Auswirkungen im Vordergrund. Die Frage, ob die somatische Gentherapie angewendet werden soll oder nicht, ist durch Bezugnahme auf unterschiedliche Werte differenziert zu beantworten. Die einen Diskursteilnehmer stellen die Würde des Menschen, dessen Integrität und Selbstbestimmung als höchste Werte in den Mittelpunkt ihrer Betrachtungen und überprüfen, ob die Anwendung oder die Unterlassung der somatischen Gentherapie diese Werte verletzt. Ein über den Eingriff hinreichend aufgeklärter Patient kann sich für oder gegen eine somatische Gentherapie entscheiden. In diesem Falle bliebe seine individuelle Menschenwürde unangetastet.

Der Eingriff wäre im Idealfall auf die Körperzellen des Patienten begrenzt, würde also nicht an dessen Nachkommen weitergegeben. Eine ungewollte genetische Veränderung von Keimbahnzellen ist jedoch nicht vollkommen ausgeschlossen (Wilmott et al. 1996, s. Schreiber et al. 1995). Allerdings gilt das nur, wenn der Transfer der Fremd-DNA im Körper des Patienten (In-vivo-Methode) stattfindet, und zwar im Eierstock oder im Hoden (s. F 3).

Steht für Diskussionsteilnehmer das allgemeine Wohl der Menschen im Mittelpunkt der Betrachtungen, muss zunächst eine Entscheidung über eine Hierarchie von Werten getroffen werden; es ist dann also eine Güterabwägung erforderlich (s. Einführung und AB 6). Die ökonomisch-politisch orientierten Diskussionsteilnehmer argumentieren mit der Notwendigkeit von Innovationen für die Konkurrenzfähigkeit der Pharmaindustrie auf dem internationalen Markt. Dem halten diejenigen, die nicht von den zukünftigen Erfolgen der somatischen Gentherapie überzeugt sind, entgegen, dass Forschungsgelder, die in anderen Bereichen der Medizin Gewinn bringender eingesetzt werden, dem allgemeinen Wohl besser dienen.

Menschen, die die medizinethische Perspektive einnehmen, argumentieren mit den großen Hoffnungen der Patienten auf eine Chance der Heilung und damit der Leidminderung. Kritiker führen dagegen mögliche Risiken der somatischen Gentherapie beim derzeitigen Entwicklungsstand an wie zum Beispiel die mögliche Krebsentstehung durch die für den Gentransfer verwendeten retroviralen Vektoren.

Mit der Anwendung der somatischen Gentherapie sind auch Fragen nach den Kriterien der Auswahl der Patienten verbunden. Die Entscheidung über die Auswahl der Patienten trifft eine örtliche Ethik-Kommission, die sich überwiegend aus Medizinern, aber auch aus Theologen, Juristen und Philosophen zusammensetzt. Derzeit besteht weitgehend Konsens darüber, dass in klinischen Versuchen nur solche Patienten durch somatische Gentherapie behandelt werden dürfen, bei denen die üblichen Therapieansätze versagt haben und die sich freiwillig zur Verfügung stellen. Sollte die somatische Gentherapie künftig durchschlagende Erfolge erzielen, so läge die Entscheidung, ob Patienten mit somatischer Gentherapie oder anderen Therapieformen behandelt werden, nur noch im Ermessen der Ärzte, die ihre Patienten beraten.

Aus sozialethischer Perspektive stehen die durch die Anwendung der somatischen Gentherapie bedingten gesellschaftlichen Veränderungen im Vordergrund. In diesem Falle könnten sich möglicherweise in der Bevölkerung die Vorstellungen von Gesundheit und Krankheit ändern, und es könnte sich der Streit zwischen Vertretern der so genannten Schulmedizin und Befürwortern alternativer Heilmethoden verschärfen.

2. Fachdidaktische Informationen

Lernvoraussetzungen

- Molekularbiologische und immunbiologische Grundlagen;
- Vermehrung von Viren.

Lernziele

Die Schüler sollen:
- das Dilemma von Krebspatienten, die durch eine somatische Gentherapie behandelt werden könnten, formulieren können sowie einige Krankheitsursachen und verschiedene Therapieansätze zur Behandlung von Krebserkrankungen nennen können.
- in-vitro- und In-vivo-Gentherapie voneinander unterscheiden können.
- die somatische Gentherapie definieren und von der Keimbahntherapie abgrenzen können.
- zwei Möglichkeiten der somatischen Gentherapie gegen Krebs beschreiben können.
- Gentransfermöglichkeiten in die Körperzellen und damit verbundene Risiken nennen können.
- die Herstellung eines 'therapeutischen Retrovirus' erläutern können.
- die Verwendung des Vektors skizzieren und die gesetzlichen Regelungen zur somatischen Gentherapie erläutern können.
- die eigene Meinung zu ethischen Problemen der somatischen Gentherapie in Diskussionen begründen und die der eigenen Meinung zugrundeliegenden Werte formulieren können.
- verschiedene Argumentationsweisen voneinander unterscheiden, ihnen Argumente

zuordnen und diese kritisch diskutieren können.

Hinweise auf Filme und Adressen

Filme:

- Wissenschaft - Fortschritt um jeden Preis? Gentechnik; ZDF/3sat 1994, 50 Min.

Nach einem zwanzigminütigen Filmbeitrag (Entwicklung der Gentechnologie und ihre Anwendung am Menschen) folgt eine Studiodiskussion mit Klaus Sperling (Humangenetiker aus Berlin) und Kurt Bayertz (Philosoph aus Münster)

- Grenzenlos - Genversuche am Menschen (Thomas Weidenbach) WDR 1993

Experimente mit Leukozyten, die eine Markierungsgen enthalten, an älteren Krebspatienten 1992 in Frankreich (Lyon); Genetisch bedingter ADA-Mangel bei Kindern (USA, Niederlande); Keimbahntherapie; Interview mit Dr. W. French Anderson (USA) „Gentherapie-Pionier“

Adressen:

- Bundesärztekammer, Herbert-Lewin-Str. 1, 50931 Köln Tel. 0221/40040, Fax: 0221/4004388
- Deutsche Krebshilfe e. V. (Pressestelle), Thomas-Mann-Str. 40, 53111 Bonn, Tel.: 02328/729900
- Frauenselbsthilfe nach Krebs, Bundesverband e. V.; 68159 Mannheim, Tel.: 0621/24434, Fax: 0621/154877
- Robert-Koch-Institut; Stresemannstr. 90-102, 10963 Berlin, Tel.: 030/45473400, Fax 030/45473566
- Paul-Ehrlich-Institut; Paul-Ehrlich-Str. 51, 63225 Langen Tel.: 06103/77-03.

3. Unterrichtsverlauf und Materialien

1. Unterrichtsabschnitt: Krebs - „Eine Krankengeschichte" **(ca. 45 Min.)** Krebs: Krankheitsbild, Ursachen, Therapiemöglichkeiten	Medien
Einstieg: Fallbeschreibung **Problemerarbeitung:** Verlesen einiger Dialoge und Beschreiben des Dilemmas; Was könnten Irene und Klaus in nächster Zeit tun? **Erarbeitung:** Ursachen, Verlauf und Behandlungsmöglichkeiten von Brustkrebs	AB 1 a Tafel AB 1 a/b
2. Unterrichtsabschnitt: Was bedeutet „somatische Gentherapie"? (ca. 90 Min.) Abgrenzung der somatischen Gentherapie von der Keimbahntherapie; somatische Gentherapie gegen Krebs	Medien
Einstieg: Wdh.: gängige Krebstherapien **Wdh.:** Die Rolle von T-Lymphozyten für das Immunsystem **Problemstellung:** Welches ist der Unterschied zwischen der somatischen Gentherapie und der Keimbahntherapie? Welche Veränderungen könnten an T-Lymphozyten vorgenommen werden, um Krebs zu behandeln? **Erarbeitung:** Def. der somatischen Gentherapie und Abgrenzung zur Keimbahntherapie; Möglichkeiten der somatischen Gentherapie gegen Krebs	Tafel F 1 F 1

3. Unterrichtsabschnitt: Wie werden Viren „entschärft"? (ca. 90 Min.) Vermehrung von Retroviren; Herstellung und Verwendung therapeutischer Retroviren	Medien
Einstieg: Wdh.: Das Vorgehen bei der somatischen Gentherapie **Problemstellung:** Die Fremdgene werden mit Hilfe von Viren in das Genom der fremden Zellen geschleust. Nennen Sie Probleme, die bei der Verwendung normaler Viren auftreten würden! Machen Sie einen Vorschlag zur Lösung! **Erarbeitung:** Normaler Vermehrungszyklus eines Retrovirus'; Herstellung therapeutischer Retroviren **HA:** Skizzieren Sie den Vorgang in der zu therapierenden Zelle bei Verwendung des therapeutischen Retrovirus'! (AB 3, Aufgabe 4)	F 1 AB 2/3
4. Unterrichtsabschnitt: Somatische Gentherapie - gesetzliche Regelungen (ca. 45 Min.) Gesetze, die den Umgang mit der somatischen Gentherapie regeln	Medien
Einstieg: Besprechung der HA: Verwendung therapeutischer Retroviren anhand der Schülerskizzen (SK) **Problemerarbeitung:** Welche Probleme könnten bei der Integration der therapeutischen DNA auftreten? **Problemstellung:** Die behandelnden Ärzte im Krankenhaus dürften an Irene nicht ohne deren Einverständnis eine Methode der somatischen Gentherapie ausprobieren. Welche Vorschriften müssen sie außer der Zustimmung der Patientin berücksichtigen? **Erarbeitung:** Gesetze, die den Umgang mit der somatischen Gentherapie regeln	SK F 2 AB 4
5. Unterrichtsabschnitt: Somatische Gentherapie - Pro und Kontra (ca. 45 Min.) Ethische Fragen der somatischen Gentherapie	
Einstieg/Problemstellung: Würden Sie die Einverständniserklärung unterschreiben? Soll die somatische Gentherapie angewendet werden? Begründen Sie Ihre Entscheidung! **Erarbeitung:** Diskussion; Argumente werden stichwortartig auf Folie gesammelt und die wesentlichen Punkte der Diskussion zusammengefasst. Es wird definiert, was die Schülerinnen und Schüler unter dem Begriff „Wert" verstehen. Die einzelnen Argumente werden in Hinblick auf die Werte, die ihnen zugrunde liegen, analysiert. **HA:** Bearbeitung des AB 5	AB 5
6. Unterrichtsabschnitt: Somatische Gentherapie - verschiedene Argumentationsweisen Untersuchung verschiedener Argumentationsweisen **(ca. 90 Min.)**	Medien
Einstieg: Besprechung der HA **Erarbeitung:** Argumentationsweisen (s. Einführung) Ordnen Sie die Argumente der Texte den verschiedenen Argumentationsweisen zu! Analysieren Sie die Stichhaltigkeit der Argumente! **HA:** schriftliche Zusammenfassung: Würden Sie die Einverständniserklärung für eine Durchführung einer somatischen Gentherapie unterschreiben? Begründen Sie Ihre Meinung! Die Zusammenfassungen werden zu Beginn der nächsten Stunde verlesen.	 AB 5 a/b

F 1 Verschiedene Möglichkeiten der Gentherapie gegen Krebs

1. In-vivo-Therapie
Einbringen von bestimmten Genen in Tumorzellen

Direkte Injektion von DNA in Tumorzellen. Nach Einbau der DNA, die für Thymidinkinase codiert, wird das Enzym in den Zellen produziert. Thymidinkinase bewirkt die Umsetzung eines sonst unschädlichen Medikaments in einen Stoff, der für sich teilende Zellen giftig ist.

2. In-vitro-Therapie
Veränderung von T-Lymphozyten

Entnahme von T-Lymphozyten aus dem Tumor (TIL=Tumorin-filtrierende Lymphozyten), Stimulation der Zellvermehrung durch Zugabe von Interleukin

⬇

gentechnische Veränderung der (TIL*) zur Produktion von Antikörpern oder von Stoffen, die gegen spezifische Tumorantigene gerichtet sind.

⬇

Rückführung der veränderten T-Lymphozyten in die Blutbahn des Patienten.

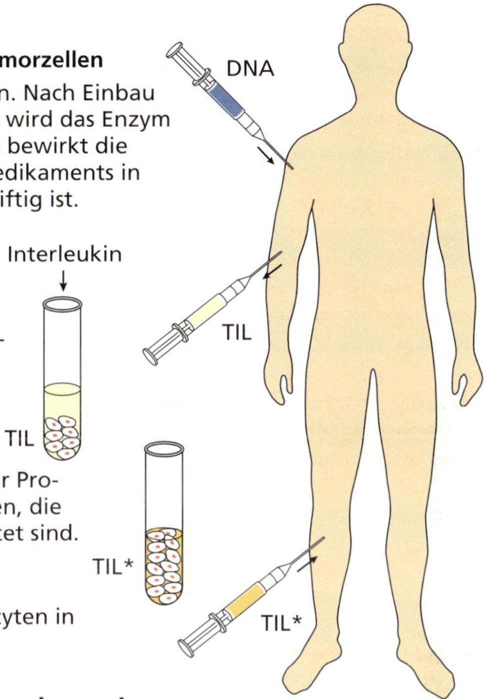

F 2 Risiken der somatischen Gentherapie

(gekürzt nach: Bund-Länder-Arbeitsgruppe „Somatische Gentherapie“ Abschlussbericht 30. Mai 1997)

Risikofeld	theoretisches Risiko	Wahrscheinlichkeit bei sachgemäßer Anwendung
Patient	Krebsentstehung durch Insertionsmutagenese	gering
	Krebsentstehung durch Kontamination retroviraler Vektoren mit vermehrungsfähigen Viren	weitestgehend auszuschließen
	Entzündungsreaktionen	in Einzelfällen
	Entstehung vermehrungsfähiger Viren	Retroviren (in vivo): sehr gering Adenoviren (in vivo): gering
	Veränderung der Keimbahnzellen	In vitro: keine In vivo: sehr gering
	unbekannte gesundheitliche Auswirkungen	wie bei anderen Arzneimitteln, z. B. Impfstoffen
Dritte	genetische Veränderung von Körperzellen Dritter	sehr gering
Umwelt	keine absehbaren Risiken	keine

Eine Krankengeschichte

Irene ist 45 Jahre alt und arbeitet als Krankenschwester im Städtischen Krankenhaus in H.. Nach einer gescheiterten Ehe ist sie mit ihrem jetzigen Mann Klaus seit fünf Jahren verheiratet. Eines morgens spürt Irene eine knotenartige Verdickung in ihrer linken Brust. Zunächst denkt sie an eine Lymphknotenschwellung, denn sie war ohnehin in der letzten Zeit erkältet, doch will sie sicher sein und holt sich am nächsten Tag einen Termin bei ihrer Gynäkologin, die eine Brustuntersuchung durchführt und anschließend eine Gewebeprobe an ein Untersuchungslabor schickt. Das Untersuchungsergebnis - Mammakarzinom (bösartiger Tumor) in der linken Brust - löst bei Irene und ihrer Familie einen Schock aus.

Nach einer Phase tiefer Depression schöpft Irene neuen Mut und informiert sich über mögliche Therapien. Sie entscheidet sich für die konventionellen Formen der Therapie, Bestrahlung und Chemotherapie. Auch eine Teilamputation ihrer einen Brust bleibt ihr nicht erspart. Sie hält die Therapie durch und geht regelmäßig zur Nachuntersuchung. Als sich herausstellt, dass Irene unheilbar krank ist und keine Heilungschance besteht, wird ihr die Teilnahme an einer klinischen Studie angeboten. In dieser Studie soll die Wirksamkeit der somatischen Gentherapie erforscht werden. Irene wird gesagt, dass bisher noch kein Mensch mit der somatische Gentherapie geheilt werden konnte, dass man aber hoffe, bald erste Fortschritte zu erzielen. Eventuell habe sie eine kleine Chance auf eine Verlängerung des Lebens oder sogar auf eine Heilung.

Als Klaus zu Besuch ins Krankenhaus kommt, sprechen beide darüber, ob Irene die Einverständniserklärung zur Teilnahme an der klinschen Studie unterschreiben will.

Aufgabe: Geben Sie ein kurzes Gespräch zwischen Irene und Klaus wieder!

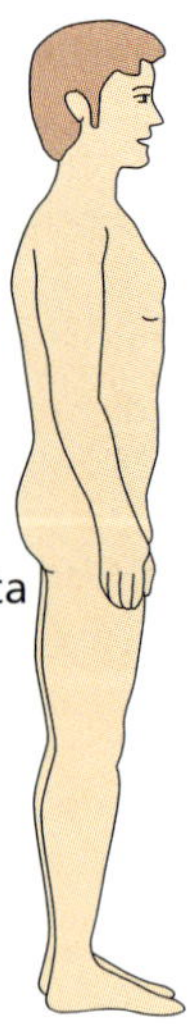

27 %	Luftröhre, Bronchien, Lunge	8 %
7 %	Magen	7 %
4 %	Leber, Gallenblase und Gallenwege	5 %
5 %	Bauchspeicheldrüse	6 %
8 %	Dickdarm	12 %
7%	Harnblase, Nieren und sonstige Harnorgane	5 %
4 %	Mastdarm	5 %
7 %	Lymphatisches und blutbildendes Gewebe z.B. Leukämien	7 %
20 %	sonstige Organe	16 %

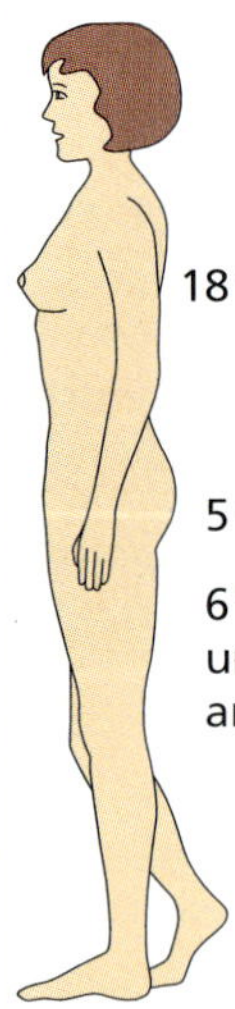

Abb. 1: Todesursachen nach Organen In: Statistisches Bundesamt Wiesbaden (1995)

Krebs - Ursachen, Verlauf und Behandlung einer Krankheit

Krebs ist ein Begriff dafür, dass Zellen eines Organismus ihre kontrollierte Teilungsfähigkeit verlieren und sich unkontrolliert vermehren (entarten). Dieses kann durch die Mutation von Proto-Onkogenen zu Onkogenen (Krebsgene) geschehen. Proto-Onkogene dienen normalerweise der Herstellung von Proteinen mit regulatorischer Funktion. Nach einer Mutation zu einem Onkogen kommt es zu einer vermehrten Ablesung der regulatorischen Proteine und damit zu einer Erhöhung der Zellteilungsrate. Die Umwandlung von Proto-Onkogenen zu Onkogenen kann durch infektiöse Retroviren ausgelöst werden. Die zellteilungshemmenden **Tumorsuppressor-Gene** verhindern die Tumorbildung. Durch eine somatische Mutation kann diese Funktion ausgeschaltet werden. Die Inaktivierung dieser Gene kann ebenfalls zu Krebs führen. Wenn ein Tumor über die Gewebegrenzen hinauswächst und entartete Zellen in die Blutbahn oder in die Lymphe abgibt, so dass sich an anderen Orten im Körper Metastasen bilden, wird von einem bösartigen (malignen) Tumor gesprochen.

Die meisten Krebserkrankungen gehen auf die Wirkung bestimmter Risikofaktoren zurück (z. B. Rauchen als Risikofaktor für Krebs). Fast zwei Drittel aller Krebstodesfälle sind auf Tabakkonsum und bestimmte Ernährungsgewohnheiten zurückzuführen. Auch besondere Chemikalien und radioaktive Strahlen stellen Riskofaktoren für Krebs dar.

Mit den gängigen Krebstherapien wird versucht, das Wachstum von Tumoren, deren Hineinwachsen in umliegende Gewebe und die Bildung von Metastasen zu verhindern. Die **operative Entfernung** eines Tumors in einem frühen Entwicklungsstadium ist bisher die erfolgreichste Methode. Diese kann jedoch die Funktion von Organen stark schädigen und ist dann für den Patienten mit schwerwiegenden Folgen verbunden. Hat schon eine vermehrte Metastasenbildung stattgefunden, ist eine Operation oft nicht mehr erfolgreich.

Eine andere Behandlungsmethode, die in den letzten Jahren zunehmend verbessert wurde, ist die **Bestrahlung** von Tumoren mit Röntgen- oder Gammastrahlen. In diesem Fall bleibt das gesunde Gewebe um den Tumor erhalten, und nur das genetische Material kranker Zellen wird derart geschädigt, dass diese absterben. Oft werden nicht alle entarteten Zellen erfasst, so dass später ein neuer Tumor entstehen kann. Auch die **Chemotherapie** ist eine gängige Methode der Krebsbehandlung. Es werden den Patienten Cytostatika verabreicht, die die DNA-Replikation und damit deren Zellteilung hemmen. Die Nebenwirkungen von Cytostatika sind groß, weil auch gesunde Zellen an der Zellteilung gehindert werden. Die **Immuntherapie**, die vorsieht, monoklonale Antikörper zu verabreichen, die gegen Antigene auf Tumorzellen gerichtet sind, oder die das Immunsystem aktiviert, macht Fortschritte. Die **somatische Gentherapie** ist ein noch im expermintellen Stadium befindlicher Therapieansatz gegen Krebs. Alle Therapieansätze sind besonders erfolgversprechend, wenn sie auf Tumore in einem frühen Stadium angewendet werden. Insgesamt liegt die Fünf-Jahre-Überlebensrate in der EU für Lungenkrebs unter 10 %, für Dickdarmkrebs bei 30–45 %, für Brustkrebs bei 60–70 %, für Prostatakrebs knapp über 50 % und für Hautkrebs über 80 %.

Aufgaben:

1. **Beschreiben Sie Risikofaktoren für Lungenkrebs, Dickdarmkrebs und Prostatakrebs!**
2. **Nennen und erläutern Sie die gängigen Behandlungsmethoden von Krebs!**

AB 2

Normaler Vermehrungszyklus von Retroviren

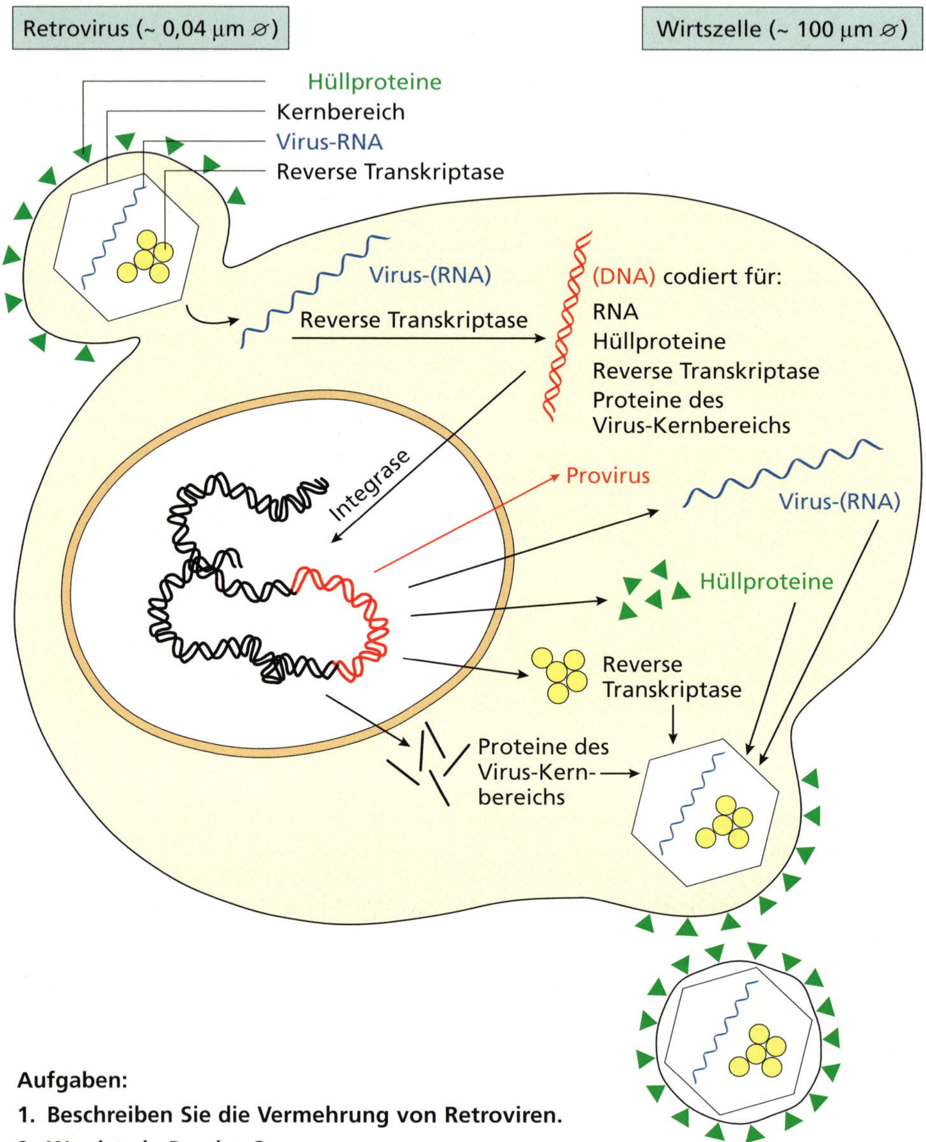

Aufgaben:

1. **Beschreiben Sie die Vermehrung von Retroviren.**
2. **Was ist ein Provirus?**
3. **Erklären Sie anhand dieser Abbildung, warum unveränderte Retroviren nicht als Vektoren verwendet werden dürfen.**
4. **Welche Eigenschaften müssen ihnen genommen werden, damit sie als Vektoren dienen können.**

Herstellung therapeutischer Retroviren

1. Konstruktion eines Provirus

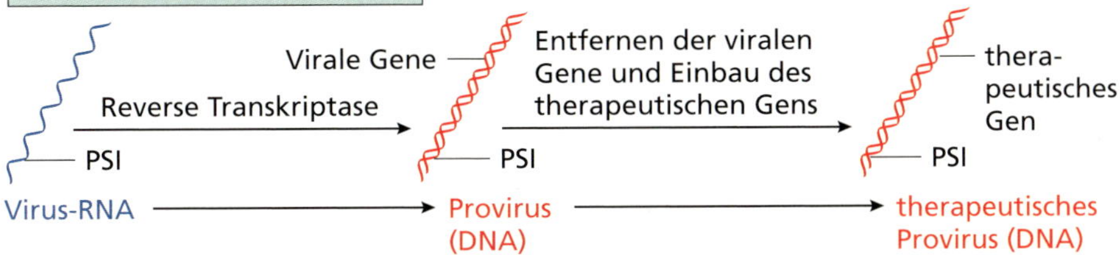

2. Einbau des Provirus in eine Verpackungszelle

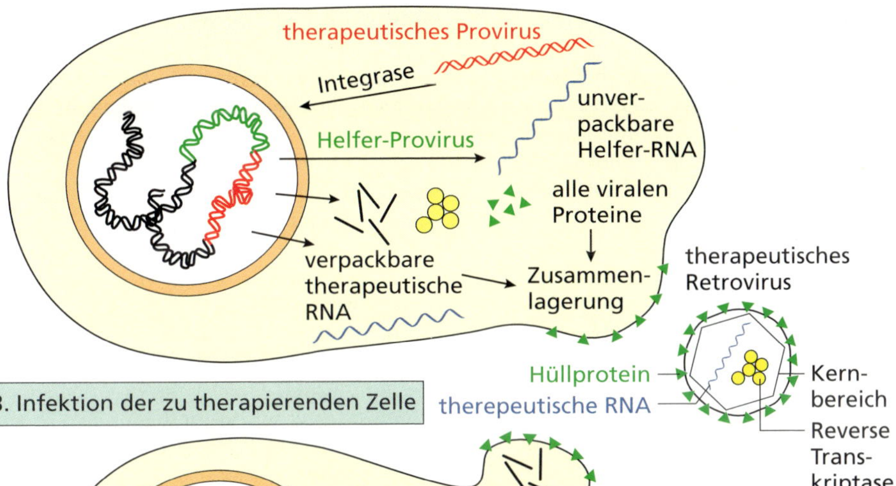

3. Infektion der zu therapierenden Zelle

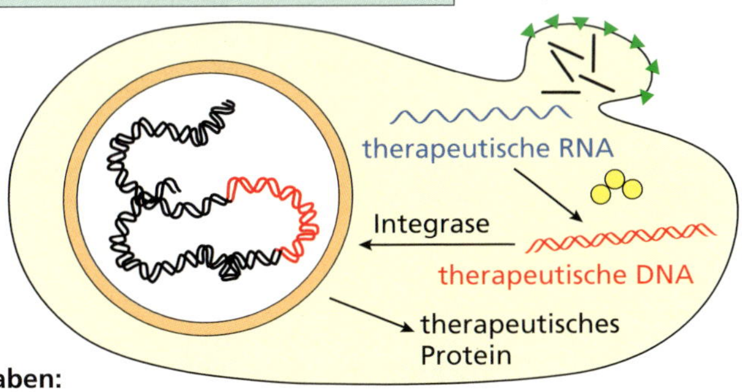

Aufgaben:

1. **Beschreiben Sie unter Verwendung der vorgegebenen Begriffe, wie therapeutische Retoviren hergestellt werden.**
2. **Welche Funktion hat der Helfervirus?**
3. **Erläutern Sie den materiellen Unterschied zwischen einem normalen und einem therapeutischen Retovirus.**
4. **Skizzieren Sie die Wirkung des therapeutischen Retrovirus in der zu therapierenden Zelle.**

Gesetze, die den Umgang mit der somatischen Gentherapie regeln

Die menschliche Würde, die menschliche Entwicklung und Individualität gelten als höchste zu schützende Grundrechte und werden durch das **Grundgesetz (Art. 1 Abs. 1 S. 2 GG)** geschützt. Weitere Grundrechte sind das Recht auf Leben und körperliche Unversehrtheit (Art.2 Abs. 2 GG). So könnte sich jede Ärztin und jeder Arzt laut Strafgesetzbuch (§§ 223 – 226 StGB) der Körperverletzung strafbar machen, wenn sie die körperliche Unversehrtheit eines Patienten oder einer Patientin durch eine Behandlung beeinträchtigen. Dies gilt nicht, wenn eine Behandlung und ihre Ausführung den Erkenntnissen der Wissenschaft entspricht oder wenn der Patient oder dessen Angehörige in das Heilverfahren nach zureichender Aufklärung über Risiken und Erfolgsaussichten eingewilligt haben (§ 34 StGB). Weil die somatische Gentherapie erst im experimentellen Stadium ist, gilt sie einerseits als Heilversuch und andererseits als Humanexperiment. Eine speziell auf sie abgestimmte gesetzliche Regelung wie ein Humangenetik-Gesetz gibt es in Deutschland nicht.

Das **Gentechnikgesetz (GenTG)** regelt allgemein das gentechnische Arbeiten mit menschlichen Zellen und Zell-Linien unter Laborbedingungen, jedoch nicht in der Klinik. Für die Genehmigungsverfahren zur Erprobung eines gentherapeutischen Versuchs greift das **Arzneimittelgesetz (AMG)**, weil mit der Übertragung von DNA ein Arzneimittel im weitesten Sinne verabreicht wird. Arzneimittel im Sinne des Arzneimittelgesetzes sind Stoffe und Zubereitungen aus Stoffen, die dazu bestimmt sind, durch Anwendung am oder im menschlichen Körper dem Zwecke der Heilung, Linderung oder Verhütung von Krankheiten zu dienen (s. §3, Nr.1 AMG). Stoffe im Sinne des Gesetzes sind chemische Elemente und chemische Verbindungen sowie deren natürlich vorkommende Gemische und Lösungen (s. §3, Nr.1 AMG), Körperteile wie Drüsen, Haut und Knochen, Körperbestandteile von Mensch oder Tier (z.B. Blut) in bearbeitetem oder unbearbeitetem Zustand (§3, Nr.3 AMG) sowie Mikroorganismen einschließlich Viren sowie deren Bestandteile oder Stoffwechselprodukte (§3, Nr. 4 AMG). Funktionstüchtige Gene sind laut Arzneimittelgesetz als komplexe chemische Verbindung bzw. als Körperteil oder -bestandteil definiert.

Wenn geplant wird, Patienten mit noch wenig erprobten Methoden wie der somatischen Gentherapie zu behandeln, ist es gesetzlich vorgeschrieben, eine unabhängige örtliche Ethik-Kommission einzuschalten. Der Antrag an diese Kommission enthält Angaben, die einen Nachweis umfangreicher vorklinischer Studien an Tieren und zahlreichen Verfahren zur Qualitätskontrolle erbringen, die über den Forschungs- und Therapieplan am Patienten aufklären, eine patientenbezogene Risiko-Nutzen-Abwägung zeigen, alternative Behandlungsmethoden aufzeigen, eine klare medizinische Begründung für die Behandlung nachweisen, Kriterien für das Auswahlverfahren der in Frage kommenden Patienten angeben, die Zustimmung des Patienten oder seiner gesetzlichen Vertreter nach dessen/deren Aufklärung nachweisen und die den Datenschutz garantieren.

Aufgaben:

1. **Was unterscheidet DNA von Arzneimitteln im engeren Sinne?**
2. **Definieren Sie den Begriff „Krankheit".**
3. **Wer sollte Ihrer Ansicht nach Mitglied in der genannten Ethik-Kommission sein?**

Text 1: „Relativ sicher aber noch sehr ineffizient" - so lautet das Urteil der Experten, wenn sie den derzeitigen Stand der Gentherapie zu beurteilen haben. Die somatische Gentherapie versucht den Menschen mit einem „gesunden" Gen zu heilen. Damit das funktionieren kann, braucht man ein zuverlässiges Vehikel, ein molekulares Transportmittel, das die heilsamen Gene dorthin schafft, wo sie im Körper gebraucht werden ....

Alle bisher verwendeten Vektoren erfüllten die genannten Sicherheitsanforderungen. Sie zeigen aber noch deutliche Mängel, wenn man ihre Transporteigenschaften unter die Lupe nimmt. Nach einer Gentherapie-Behandlung findet man das therapeutische Gen nur in wenigen Zielzellen, und es ist auch nicht sicher, dass die Gene, die tatsächlich ankommen, über einen längeren Zeitraum aktiv sind. In Zukunft muss deshalb auch die Kontrolle über die therapeutischen Gene verbessert werden. Sie sollen an ihrem Wirkort gezielt an- oder abgeschaltet werden können, und im optimalen Fall sollte auch die Menge des gebildeten therapeutischen Proteins steuerbar sein.

... Da Gentherapie auf soliden wissenschaftlichen Grundlagen basiert, kann man davon ausgehen, dass die bisherigen Misserfolge nur Anfangsschwierigkeiten einer grundsätzlich neuen Therapieform widerspiegeln. Mit der Entschlüsselung der gesamten menschlichen Erbinformation wird sich eine ganze Fülle neuer Behandlungsmöglichkeiten ergeben. Wenn wir das drei Milliarden-Teile-Puzzle unserer Eigenschaften erst einmal verstanden haben und die Anfangsschwierigkeiten der Gentherapie überwunden sind, kann eine Vielzahl neuer Behandlungsmöglichkeiten entwickelt werden – einige davon für Krankheiten, die heute noch unheilbar sind. (gekürzt nach: Future – Biotechnologie Spezial II/Hoechst 1997)

Aufgaben:

1. **Welche Perspektiven über die Zukunft der somatischen Gentherapie werden in diesem Text entwickelt, und wie werden sie begründet?**
2. **Nehmen Sie Stellung zu den Begriffen „gesundes" bzw. „heilsames" Gen".**

Text 2: „.... Viele Krankheiten sind durch falsches Verhalten oder schädliche Umwelteinflüsse bedingt. Wenn wir nur 10 Prozent des Geldes nehmen würden, das jetzt in moderne molekularbiologische Ansätze fließt, und in die Beantwortung ganz einfacher Fragen stecken würden wie zum Beispiel: 'Wie kann ich jemanden davon abbringen, Kokain zu nehmen, zu rauchen, oder ihn dazu bringen, sich vernünftig zu ernähren?', wären wir in der Lage, die Gesundheit der Bevölkerung massiv zu verbessern ...." (John Fagan aus: Publik-Forum Spezial 1995).

AB 5 b

Text 3: „ ... Das Konzept der somatischen Gentherapie ist zweifellos revolutionär und wird zu einem völlig neuen Verständnis der Therapie von Krankheiten führen. Während mit den traditionellen Arzneimitteln abnorme Zellfunktionen lediglich vorübergehend modifiziert werden können, hat die somatische Gentherapie das Potential, viele Krankheiten definitiv zu heilen. ... Die initialen Studien zeigen, dass das Prinzip der somatischen Gentherapie richtig ist. Mit neuen Erkenntnissen und neuen Methoden sollte es möglich sein, das Prinzip der Gentherapie in 10 bis 15 Jahren in die Realität umzusetzen ....“
(aus: Friedmann, T. in: Nature Med.2, 144, 1996)

Text 4: „ ... Wenn man komplexe Krankheitsgeschehen auf einzelne Gene reduziert oder mit Hilfe einzelner Gene behandeln möchte, blendet man notwendigerweise Wechselwirkungen im zellulären Geschehen aus. Darum erfährt die Gentherapie auch Kritik von wissenschaftlicher Seite: Richard Strohmann zum Beispiel, Professor für Molekularbiologe an der Universität von Kalifornien in Berkeley, warnt vor dem gefährlichen, genetischen Determinismus, der bei diesen Versuchen zutage treten würde. Strohmann sieht eine immer größer werdende Kluft: Auf der einen Seite gibt es die von den Molekularbiologen erarbeiteten Daten, die eindeutig auf ein Netzwerk und auf Wechselwirkungen von vielen genetischen Faktoren und Umwelteinflüssen hinweisen. Auf der anderen Seite gibt es den Versuch, die Krankheiten auf einen einzelnen genetischen Hauptfaktor zu reduzieren, der dann gentherapeutisch behandelt werden soll ....“
(Tappeser, B. und Panholzer, B. in: GID 100, Dez. 1994).

Text 5: „ ... Die Sicherheitsprobleme aller Methoden zum Gentransfer sind bisher noch keinesfalls gelöst. Werden Gentherapien mit viralen Vektoren in der Medizin etabliert und werden standardisierte Gentherapieverfahren entwickelt, um häufig vorkommende, erworbene Krankheiten zu behandeln, dann würden sehr viele Patienten mit gentechnisch verändertem viralen Erbmaterial behandelt werden. Nach dem heutigen Stand der Wissenschaft ist abzusehen, daß sich diese Vektoren verändern können. Dies kann gefährliche Auswirkungen für die Patienten haben, die nicht mehr rückgängig zu machen sind. Das Gefahrenpotential der zur Zeit angewendeten Gentransfermethoden ist nicht kalkulierbar ....“
(Tappeser, B. und Panholzer, B. in: GID 100, Dez. 1994).

Aufgaben:

1. **Welche Chancen und welche Risiken der somatischen Gentherapie werden in den Texten 1 – 5 genannt?**
2. **Aus welcher Perspektive werden die einzelnen Argumente entwickelt?**
3. **Untersuchen Sie die einzelnen Argumente auf ihre Stichhaltigkeit und darauf, ob sie begründet sind.**

Text 1: Hier werden die Chancen der somatischen Gentherapie aus medizinethischer Sicht im Wesentlichen sachlich richtig dargestellt. Die Entschlüsselung des menschlichen Genoms s. Kapitel 2.3.7 dürfte allerdings zunächst zu einer Erweiterung der diagnostischen Möglichkeiten führen. Wann und ob sich „eine ganze Fülle neuer Behandlungsmethoden" ergibt, ist eine offene Frage. Den Begriff „gesundes „ bzw. „heilsames Gen" gibt es so nicht. Gesund bzw. heilsam sind Umwelteinflüsse oder Verhaltensweisen, nicht Gene. (s. auch Text 4 sowie die Anmerkungen zu diesem Text). Auch der Begriff des „Drei-Milliarden-Teile-Puzzles unserer Eigenschaften" verwischt den Unterschied zwischen Genotyp („Drei-Milliarden-Teile-Puzzle") und Phänotyp („unsere Eigenschaften").

Text 2: Fagan äußert seine Haltung aus medizinethischer Sicht. Ihm geht es darum, die Gesundheit der Bevölkerung und damit deren Wohlergehen nicht durch somatische Gentherapie, sondern durch Prävention zu sichern. Er konstatiert, dass moderne molekularbiologische Ansätze und präventive Medizin einander ausschließen und letztere durch Mangel an Geldern vernachlässigt würden. Es fehlen allerdings Angaben dazu, wieviel Geld tatsächlich jährlich für Prävention (zum Beispiel Antiraucherkampagnen, Diätberatung, etc.) ausgegeben wird und wieviel für die Erforschung der somatischen Gentherapie. Fagan führt eine Güterabwägung durch. Im Ergebnis spricht er sich für die Förderung der Präventionsforschung aus. Die „einfachen Fragen", zu deren Beantwortung er den Einsatz von Forschungsmitteln fordert, sind tatsächlich im wesentlichen bereits beantwortet. Zur Verhaltensänderung, die eine unverzichtbare Bedingung der Verbesserung der „Gesundheit der Bevölkerung" darstellt, bedarf es jedoch nicht nur präventiver Stragien sondern auch des Einverständnisses der Betroffenen (s. Selbstbestimmung, Würde des Menschen) und der Kraft des einzelnen, sein Leben zu ändern.

Text 3: Friedmann äußert sich aus medizinethischer Sicht zugunsten der somatischen Gentherapie und betont das in ihr liegende Potential für die Heilung von Krankheiten. Seine Prognose, die somatische Gentherapie in 10 bis 15 Jahren in die Realität umzusetzen, ist eine bloße Vermutung, denn viele technische Probleme sind bisher nicht gelöst.

Text 4: Tappeser und Panholzer nehmen Bezug auf einen Molekularbiologen, der vor einem „genetischen Determinismus" warnt. Aus der Sicht der Naturwissenschaft bzw. aus medizinethischer Perspektive kann dieses Argument nicht akzeptiert werden, weil zwischen monogenen Erbkrankheiten und polygenen, multifaktoriellen Erkrankungen unterschieden wird (s. Sachinformationen und Bd. 2, S. 72 f.). „Komplexe Krankheitsgeschehen" wie im Falle von Krebs gelten als polygen und multifaktoriel. Es besteht allgemeiner Konsens darüber, dass sie auch andere Ursachen als genetische haben. Aus sozialethischer Sicht ist dieses Argument jedoch ernst zu nehmen. Einem Großteil der Bevölkerung ist der Unterschied von monogenen und polygenen Erkrankungen nicht geläufig. Deshalb kann die falsche Vorstellung entstehen, durch das Einfügen eines Gens in das Genom von Körperzellen könne jede Krankheit geheilt werden. In der Tat handelt es sich dabei um die Vorstellung vom genetischen Determinismus .

Text 5: Auch diese Argumentation wird aus medizinethischer Sicht geführt. Es wird auf Sicherheitsprobleme der somatischen Gentherapie verwiesen, insbesondere auf Risiken, die mit Vektoren verbunden sind. Das Risiko wird jedoch zu hoch angesetzt (s. Sachinformationen; s. AB 4).

2.3.6 Ethische Analyse der Gentherapie an Keimbahnzellen des Menschen

Susan Jendrsczok und Corinna Hößle

Keimbahnzellen sind Zellen der Zell-Linie von der befruchteten Eizelle an, die zu den Ei- und Samenzellen des aus ihr hervorgegangenen Organismus führen. Bei einer Gentherapie an menschlichen Keimbahnzellen würde versucht, Erbkrankheiten bereits in einem frühen Entwicklungsstadium zu verhindern. Dabei kämen auch Eingriffe in Furchungszellen in Frage, bei denen es sich nicht um Vorläufer der Keimbahnzellen handeln muss. Der Eingriff wäre irreversibel, und der aus diesen Zellen entstehende Mensch würde das Erbgut in der veränderten Form auf die nächsten Generationen übertragen (s. Bd. 2, S. 86 ff.).

Bisher wurde eine Gentherapie an Keimbahnzellen noch nicht durchgeführt. Durch In-Vitro-Fertilisation, Präimplantationsdiagnostik, die steigende Erfolgsquote bei der Herstellung transgener Tiere (s. Kap. 2.3.1.) sowie durch die in einigen Ländern (z. B. Großbritannien) gesetzlich erlaubte Embryonenforschung liegen jedoch Erfahrungen vor, die den Eingriff in die menschliche Keimbahn möglich werden lassen. Es dürfte dann zu einer intensiven Diskussion der Frage kommen, ob das bestehende gesetzliche Verbot der Therapie an menschlichen Keimbahnzellen aufgehoben werden soll. In diesem Falle wäre es für alle Betroffenen wichtig, eine moralisch begründete Entscheidung zu treffen. Im Unterricht soll am Beispiel der Krankheiten Retinitis pigmentosa und Mucoviszidose der mögliche technische Eingriff beschrieben und anschließend ethisch analysiert werden. Zur Einübung des Argumentierens wird am Beispiel der Krankheit Chorea Huntington ein Rollenspiel durchgeführt.

1. Sachinformationen

Fachliche Grundlagen des gentechnischen Eingriffs

Nach dem Embryonen-Schutz-Gesetz liegt zum Zeitpunkt der Befruchtung der Eizelle (Kernverschmelzung) ein Embryo vor. Ferner wird vom Gesetz auch jede einem Embryo entnommene totipotente Zelle, also eine Zelle, die sich teilen und sich zu einem Individuum entwickeln kann, als Embryo bezeichnet (s. Keller et al. 1992). In der Entwicklungsphysiologie wird die befruchtete Eizelle Blastocyste genannt. Diese besteht aus Trophoblast, Embryoblast und Keimhöhle. Aus dem Embryoblasten entwickelt sich der Embryo ab dem 6. Tag nach der Befruchtung. Die Einnistung der Blastocyste in die Gebärmutter ist 14 Tage nach der Befruchtung abgeschlossen (s. Linder 1998).

Die Forschung mit Tierembryonen liefert die technische Voraussetzung für eine mögliche Gentherapie an menschlichen Keimbahnzellen. Die Herstellung transgener Tiere zur Erforschung bestimmter Krankheiten wie z. B. Krebs (s. Kap. 2.3.5) oder zur Gewinnung bestimmter Medikamente (s. Kap. 2.3.3) wird bereits vorgenommen. Bisher liegt die Erfolgsquote für die Herstellung transgener Mäuse unter 1 %; denn viele der Embryoblasten überleben den Eingriff nicht oder bauen die Fremd-DNA nicht in ihr Genom ein. Kopien der neu eingeführten Gene sind an unterschiedlichen Positionen in den Chromosomen der therapierten Zellen nachgewiesen worden (Ibelgaufts 1993), was als so genannter „Schrotschusseffekt“ bezeichnet wird. Außerdem erfolgt bei künstlichen Genveränderungen die Genexpression in den Zellen oft nicht auf normale Weise.

Eine Gentherapie an menschlichen Keimbahnzellen wäre immer mit einer In-vitro-Fertilisation und mit Präimplantationsdiagnostik verbunden. Beim Menschen würden vermutlich Embryoblasten aus dem Achtzellstadium zur Gentherapie verwendet. Eine Zelle würde daraus entnommen und auf den möglichen Gendefekt hin untersucht (s. AB 2). Dies wäre dann erforderlich, wenn nur ein Partner Träger eines Gendefekts ist; dann lägen in vitro gleichzeitig sowohl Embryoblasten mit diesem Gendefekt als auch ohne vor. Die restlichen sieben würden durch eine Gentherapie verändert.

Zur Gewinnung mehrerer Eizellen werden nach einer Hormonbehandlung der Mutter, die bei ihr zu einer „Superovulation“ führt

(Freisetzen von ca. 20 bis 40 Eizellen), die freigesetzten Eizellen durch Punktion der Bauchdecke aus den Ovarien abgesaugt und in vitro mit den Spermien ihres Partners besamt. Der dritte Teilungsschritt ist nach ca. 30 Stunden abgeschlossen.

Nach der Integration von Fremd-DNA würden beim Menschen drei Embryoblasten in die Gebärmutter implantiert (= Embryotransfer). Durch den Transfer von drei „Embryoblasten" soll die Chance auf eine Schwangerschaft erhöht werden (allerdings steigt auch das Risiko von Mehrlingsschwangerschaften). Die Erfolgsquote für den Embryotransfer in der Bundesrepublik Deutschland lag 1990 bei 5,4 % pro Behandlungszyklus (s. Freudenberg et al. 1990). Weil diese Quote relativ gering ist, wird ein Teil der Embryoblasten in flüssigem Stickstoff bei -196 °C aufbewahrt und steht im Falle eines Aborts erneut für einen Transfer zur Verfügung. Im Falle von Schwangerschaft und Geburt werden die zuvor aufbewahrten Embryoblasten getötet.

Eine Gentherapie an menschlichen Keimbahnzellen käme aus technischen Gründen nur für die etwa 400 bisher bekannten monogenen Erbkrankheiten wie z. B. für Chorea Huntington, *Retinitis pigmentosa* (s. AB 1 a), Phenylketonurie oder Mucoviszidose (s. AB 1 b) in Frage (s. Sommer 1995; Gebhard/Johannsen 1990). Polygen bedingte Erbkrankheiten entziehen sich aus technischen Gründen weitgehend dem Zugriff. Im übrigen entstehen polygene Krankheiten im Zusammenwirken von Erb- und Umweltfaktoren, und ihre Penetranz ist im Gegensatz zu den monogenen relativ gering (s. Linder 1998 S. 315). Beispiele für polygene Erbkrankheiten sind Schizophrenie, Klumpfuß und Anencephalus.

Das Embryonenschutzgesetz (ESchG)

Vor 1991 regelten in Deutschland allein die §§ 218 ff. Strafgesetzbuch (StGB) den Schutz ungeborenen Lebens. Danach ist ein Embryo nach Abschluss der Einnistung in die Gebärmutter (Nidation), also erst etwa 14 Tage nach der Befruchtung, geschützt. Ausnahmen lässt das Gesetz aufgrund besonderer Indikationen zu. Im Falle der Diagnose einer schwerwiegenden Erbkrankheit dürfen Eltern nach dem § 218 a Abs. 2 StGB per Gerichtsbeschluss eine Schwangerschaft aus Gründen kindlicher Indikation bis zur 22. Schwangerschaftswoche abbrechen lassen. Aufgrund der Entwicklung neuer Fortpflanzungstechniken war eine weitere Gesetzgebung zum Schutz von Embryonen notwendig geworden. Am 01.01.1991 wurde das Embryonen-Schutz-Gesetz als strafrechtliches Nebengesetz erlassen. Wer gegen das Gesetz verstößt, wird mit einer Freiheitsstrafe von drei bis fünf Jahren oder einer Geldstrafe bestraft (s. auch AB 3, Bayrhuber 1991 und Keller et al. 1992).

Allerdings werden durch dieses Gesetz auch Forschungsfreiräume eingeräumt; und zwar werden Experimente an Keimzellen gestattet. Diese müssen sich jedoch außerhalb des menschlichen Körpers befinden und dürfen nicht für eine Befruchtung benutzt werden. Experimente mit Keimbahnzellen in vivo sind also nicht erlaubt, auch nicht Eingriffe in die befruchtete Eizelle.

In mehreren europäischen Ländern ist die Veränderung menschlicher Keimbahnzellen ebenfalls nicht erlaubt und wird unter Strafe gestellt (Resolution des Europaparlaments, s. Sass 1991). Allerdings sind die Schutzgesetze für Embryonen weltweit nicht einheitlich.

Ethische Analyse der Keimbahntherapie am Menschen

In Band 2 (S. 87-91) wird eine detaillierte ethische Analyse durchgeführt, deren Schritte geringfügig anders gestaltet sind als im Einführungskapitel von Band 4 beschrieben.

2. Fachdidaktische Informationen

Lernvoraussetzungen

- Kenntnisse der Grundlagen, der Proteinbiosynthese und der Grundzüge der somatischen Gentherapie.

Lernziele

- Die Schüler sollen lernen, eine ethische Analyse der Gentherapie an Keimbahnzellen des Menschen durchzuführen. Diesem allgemeinen Lernziel dienen die folgenden Einzelziele:

Die Schüler sollen:

- die wesentlichen Unterschiede der Gentherapie an Keimbahnzellen und an Somazellen sowie den Stand der Entwicklung der beiden Therapieformen nennen können (s. AB 2);
- die Aussagen des Embryonen-Schutz-Gesetzes zur künstlichen Veränderung von Keimbahnzellen nennen können;
- die moralische Dilemmasituation benennen können, vor die unsere Gesellschaft oder Eltern, die Träger eines Gens für eine Erbkrankheit sind, gestellt sind;
- persönliche und gesellschaftlich-politische Handlungsmöglichkeiten nennen können;
- die beiden Werte der normativen Ethik „Wohlergehen" und „Würde" des Menschen voneinander unterscheiden können;
- den beiden Werten Argumente zuordnen und erkennen können, dass die Entscheidung für einen der beiden Werte Konsequenzen für die Argumentation und für die Gesamtentscheidung hat;
- einen Naturalistischen Fehlschluss als unlogisches ethisches Argument erkennen und dessen Unzulässigkeit begründen können;
- sich anhand der Argumentation über die eigene ethische Grundhaltung klar werden und diese reflektieren können;
- die genannten Handlungsmöglichkeiten analysieren können und anhand des Beispiels „Keimbahntherapie an Nachkommen eines an Chorea Huntington Erkrankten" Lösungen entwickeln und detailliert begründen können;
- eine Meinung in einem Diskurs vertreten können sowie die Bereitschaft entwickeln, Fragestellungen kennen zu lernen und Argumente kritisch zu reflektieren.

Hinweise zur Durchführung des Rollenspiels:

In Rollenspielen werden Situationen des wirklichen Lebens in einem einfachen Modell simuliert, zum Beispiel durch ein Fallbeispiel und eine daran gekoppelte Entscheidungssituation. Im Gegensatz zu Planspielen sind dabei die Regeln, der Verlauf und die Handlungsweisen nicht festgelegt (s. Taylor et al. 1972).

Die Schüler schlüpfen in eine neue Rolle (zum Beispiel die Rolle einer Wissenschaftlerin oder die eines Behindertenvertreters) und argumentieren aus dieser Perspektive. Dabei können sie ihre eigene Position durch das Angebot vieler Perspektiven neu überdenken und im Probehandeln eine Argumentation einüben. Die Verinnerlichung der ethischen Argumentation und der Lernprozess vollziehen sich durch Diskussion und die Reflexion dieser Diskussion. Lernziele des Rollenspiels sind die Einübung von Argumentationsfähigkeit und die Entwicklung kommunikativer Kompetenz, nicht zuletzt auch die Verbesserung von Ausdrucksfähigkeit. Auch Toleranz und Empathie, Selbstdenken und Kreativität sollen gefördert werden. Eine gute Vorbereitung und Vorstrukturierung ist die Voraussetzung für eine angeregte Diskussion, in der nicht vordergründige Meinungsäußerung überwiegt. Vor dem Unterricht sollte geklärt werden, ob Schüler von der Krankheit, um die es im Fallbeispiel geht, familiär betroffen sind.

Die Sitzordnung während der Diskussion sollte auf jeden Fall einem Stuhlkreis entsprechen, in der sich alle Mitglieder sehen und sich gegenseitig zuhören können. Der Diskussionsleiter muss an problematischen Punkten des Spiels eingreifen, entweder die Diskussion unterbrechen (bei Naturalistischem Fehlschluss) oder in eine andere Richtung lenken, falls vom Thema abgewichen wird. Die Schüler sollen nicht dazu angehalten werden, eine bestimmte Argumentationsweise zu übernehmen. Sie sollen also auf keinen Fall indoktriniert werden, sondern die Dilemmasituation aufnehmen und die angeführten Argumente reflektieren.

Vor allem müssen die Konsequenzen, die sich aus den Argumenten ergeben, reflektiert werden (Folgenreflexion). Nach Beendigung des Rollenspiels ist also eine systematische Rekapitulation (evtl. auch mit Hilfe eines Video-Mitschnitts) sinnvoll. Hier werden Erfahrungen ausgewertet und das Verhalten der Spieler analysiert und bewertet.

Mögliche Fragen und Anregungen zur Reflexion des Rollenspiels:

1. Was ist Ihnen während des Spielverlaufs aufgefallen?
2. Schildern Sie den Diskussionsverlauf aus ihrer Sicht nochmals unter den folgenden Aspekten:

- Von welchen Werten, Interessen und Zielen waren die Personen der verschiedenen Rollen geleitet?
- War die Argumentation stichhaltig und sachlich?
- Habe ich den Eindruck, dass die Motive, Ziele sowie meine Argumente den anderen deutlich geworden sind? Bin ich mit dem Ablauf der Diskussion zufrieden?
- Welche Rollen wurden mit besonders guten Argumenten vertreten?

Hinweise auf Filme und Adressen

Filme:
1. „Genanalyse“ Arbeitstitel (1995), FWU VHS 42 01814, 25 Minuten, Farbe oder ARD 1995, 45 Minuten; verschiedene Positionen gegenüber Themen der Gentechnik.
2. „Nächster Zyklus-Neue Hoffnung" (1985) von Christian Hölzle, Dr. Belkin IWF-Göttingen, 95 Minuten; Das Ehepaar Stein ist gegen ihren Wunsch kinderlos geblieben. Nun möchte es durch eine In-Vitro-Befruchtung dieses Schicksal ändern. Der Film zeigt die medizinischen und psychologischen Aspekte der In-vitro-Fertilisation.
Adressen:
Deutsche Retinitis pigmentosa Vereinigung e.V.; Ernst-Ludwig-Ring 44; 61231 Bad Nauheim; Fax: 06032/32172

3. Unterrichtsverlauf und Materialien

1. Unterrichtsabschnitt: Keimbahntherapie an Embryonen von Trägern der Erbkrankheit Retinitis pigmentosa (R. p.)? – Handlungsmöglichkeiten auf der Grundlage fachlicher Aspekte (ca. 90 Min.) Entscheidungssituation, Unterschied zwischen somatischer Gentherapie und Keimbahntherapie; Herstellung transgener Mäuse	Medien
Einstieg: Informationen über die Krankheit *Retinitis pigmentosa* (R. p.) Fallbeschreibung und Schülerversuch (GA) (eventuell Aufbau eines Fahrradparcours und Testen des Gesichtsfeldes beim Radfahren). Alternativ könnte auch das Krankheitsbeispiel Mucoviszidose bearbeitet werden (s. Ab 1 b u. c).	AB 1a F 1
Problemstellung: Eine fiktive Situation	AB 1a
Erarbeitung der fachlichen Grundlagen: Herstellung transgener Mäuse; beschreiben Sie den Eingriff und stellen Sie die Unterschiede zwischen einer somatischen Gentherapie und diesem Eingriff dar! Begriff Keimbahntherapie.	2.3.1 u. 2.3.5 F 1
HA: Bearbeitung der Aufgaben und Fragen des AB 2.	AB 2

2. Unterrichtsabschnitt: **Das Embryonen-Schutz-Gesetz schützt die Würde des Menschen (ca. 90 Min.)** Embryonen-Schutz-Gesetz; ethische Diskussion um die Werte „Würde" und „Wohlergehen"	Medien
Einstieg: Besprechung der HA **Problemerarbeitung:** Inhalte des Embryonen-Schutz-Gesetzes. In welchem Dilemma befinden sich John und Hertha? Welche Handlungsmöglichkeiten gäbe es? **Problem:** Halten Sie die Anwendung der Keimbahntherapie für ethisch vertretbar? Welche Bedeutung haben die Begriffe „Wohlergehen" und „Würde" für Sie persönlich? Siehe hierzu Einführungskapitel und Bd. 2, S. 87 ff. **Erarbeitung:** Diskussion Welche Konsequenzen für die Argumentation ergeben sich, wenn ich einerseits die menschliche Würde als meinen höchsten Wert erachte oder andererseits das menschliche Wohlergehen? **HA:** Bearbeitung der Aufgaben des AB 4 (s. dazugehörige Lehrerinformation)	AB 2 AB 3 AB 4
3. Unterrichtsabschnitt: Eine kritische Untersuchung der Argumentation (ca. 45 Min.) Untersuchung der Argumentation; Naturalistischer Fehlschluss; Analyse der Handlungsmöglichkeiten	Medien
Einstieg: Besprechung der Hausaufgabe Was halten Sie von dem folgenden Argument? „Mutationen kommen auch in der Natur vor, also ist der Eingriff in die menschliche Keimbahn legitim." **Erarbeitung:** Schüler beschreiben Naturalistischen Fehlschluss und erarbeiten eine Definition. Wie beurteilen Sie die Aussage: „Das ist nicht natürlich." oder „Das ist natürlich."? Siehe hierzu Einführungskapitel **Wiederholung:** der bereits genannten Handlungsmöglichkeiten (Folie aus vorheriger Unterrichtsstunde) und deren Analyse	AB 4 Tafel
4. Unterrichtsabschnitt: Analyse der Handlungsmöglichkeiten und Vorbereitung eines Rollenspiels (ca. 45 Min.) Die Krankheit Chorea Huntington, Vorbereitung der Argumentation	Medien
Einstieg: Fassen Sie zusammen, wie eine ethische Analyse durchgeführt wird! **Vorbereitung des Rollenspiels:** Spielregeln; Ablauf; leitende Kriterien einer Diskussion; **Fallbeschreibung;** Informationen zur Krankheit Chorea Huntington	 AB 5
5./6. Unterrichtsabschnitt: Rollenspiel: Keimbahntherapie an Nachkommen eines Trägers der Erbkrankheit Chorea Huntington (ca. 45 Min.) Ethische Diskussion im Rollenspiel	Medien
Verteilung der Rollen und der Rollenkarten, Einführung durch den Diakon und **Durchführung des Spiels** **Auswertung des Rollenspiels und Reflexion der Rollen:** a) Wodurch haben wir versucht, zu einer Lösung zu kommen? Durch die Einbeziehung vieler Perspektiven und Meinungen. b) Wie beurteilen Sie diese Methode? Kein gemeinsamer Konsens oder gar Kompromisse möglich, weil sich Diskussionsteilnehmer auf einander ausschließende Werte beziehen; jedoch ist vorerst Kommunikation möglich.	Rollen- spiel

Die Krankheit Retinitis pigmentosa (R. p.)

R. p. ist eine erblich bedingte Netzhaut-Degeneration, die rezessiv autosomal vererbt wird und an der etwa jedes dreitausendste Neugeborene erkrankt. R. p. kann durch Genmutationen an unterschiedlichen Genorten, dem Vorhandensein von R. p.-Genen auf den Chromosomen drei, sechs oder acht, ausgelöst werden (Heterogenie). Je nach Mutationsort hat die Degeneration der Lichtsinneszellen verschiedene Ausprägungsformen, führt jedoch auf jeden Fall zur Erblindung.

Der Verlauf der Krankheit, ist sie erstmal im Alter zwischen 20 und 30 Jahren ausgebrochen, schreitet unaufhaltsam fort. Sie beginnt mit Nachtblindheit und Blendempfindlichkeit. Schließlich tritt ein Gesichtsfeldverlust von außen nach innen auf, und die Betroffenen entwickeln einen sogenannten „Tunnelblick". Im späteren Stadium kommt noch der Verlust der Sehschärfe und des Farbensehens hinzu, bis die betroffene Person endgültig erblindet. Heilungsmöglichkeiten gibt es nicht, jedoch wird versucht durch die Förderung der Netzhautdurchblutung die Verschlechterung der Sehfähigkeit zu verlangsamen. Ein weiterer therapeutischer Ansatz ist der Ersatz erkrankten Gewebes (Transplantation).

Fallbeschreibung: Das Bild der Welt verengt sich zum mikroskopischen Ausschnitt. Dunkelheit ringsum, nur durch diesen engen Tunnel, rechts unten, dringe ich noch vor zum Licht des Tages. Unwillkürlich drehe ich meinen Kopf, langsam, von rechts nach links, nach oben, nach unten. Ich sehe die Kaffeetasse rechts neben mir. Jetzt ist sie im Dunkel verschwunden. Der Tunnel umfasst, gleich daneben, den Fuß einer Vase. Ich versuche aufzustehen. Aufpassen, denke ich, nicht Tasse und Vase herunterfegen mit meinen Armen, die sich wie von selbst nach vorne gestreckt haben. War da nicht ein Stuhl? Hilflos tastend beginne ich, den Tisch zu umrunden; den Kopf ständig in Bewegung, um Ausschnitt für Ausschnitt die Welt zusammenzufügen zum Gesamtbild, das ich vordem kannte und das mir jetzt in Splitter zerfallen ist. Rechts unten, im Tunnel, erscheint eine Katze. Schnell zieht sie durch den lichten Kreis. Mein Blick versucht, ihrem Lauf zu folgen, doch es gelingt nicht. Die Unsicherheit wächst. Da reiße ich mir die Demonstrationsbrille vom Kopf. Das gewohnte Bild von der Welt kehrt zurück. Erleichtert blicke ich hinüber zu Lucy McNellen, 46 Jahre alt und in London zu Hause, die an R. p. leidet. Wenn sie vor zwanzig Jahren „hundertprozentig" gewusst hätte, dass sie die Krankheit in sich trage, meint Lucy McNellen, dann hätte sie auf ein Kind verzichtet. Bewußt das Risiko einzugehen, ein Baby in die Welt zu setzen, das die gleichen Probleme haben wird wie sie, hält sie für unverantwortlich. Ihr Sohn John, heute 21 Jahre alt, ist von der Krankheit verschont geblieben. Er weiß, wenn er eine Familie gründet, werden er und seine zukünftige Frau sich einem Gentest unterziehen. (verändert nach: Eberhard-Metzger, Claudia; Farenholtz, Jürgen. In: Natur 7/1995, S. 30)

Eine fiktive Situation: Zwei Jahre später bei der genetischen Beraterin: John und seine Frau haben sich beide einem Gentest unterzogen, weil sie gerne ein Kind bekommen wollen. Das Testergebnis: Beide sind Überträger von R. p.. Herthas Großvater war ebenfalls an R. p. erkrankt. Angenommen, John und seiner Frau würde angeboten, das Gen eines in Bezug auf das R. p.-Gen reinerbigen Nachkommen schon in einem frühen Entwicklungsstadium gezielt zu verändern, so dass er auf keinen Fall an R. p. erkranken würde, welche Überlegungen der potentiellen Eltern wären wichtig?

Anleitung zur Herstellung von Simulationsbrillen

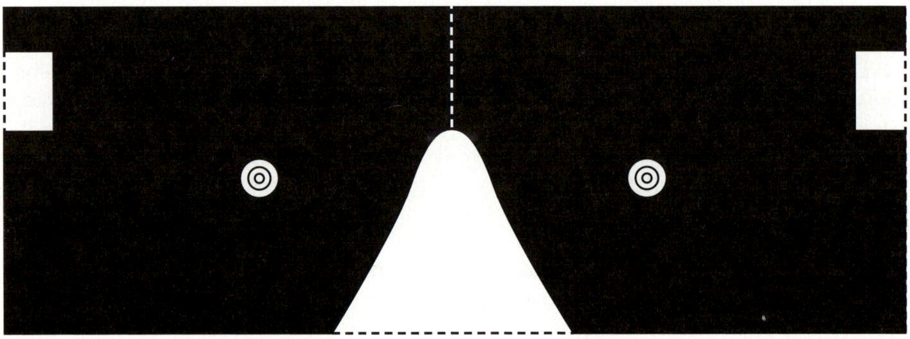

Aufgaben:

1. **Nehmen Sie eine DIN A 6 Karteikarte und halbieren Sie diese längs.**
2. **Knicken Sie die halbierte Karte quer und bohren Sie ca. 32 mm vom Mittelknick mit einer Nadel oder Schere ein Loch ca. 2 mm Durchmesser hinein.**
3. **Schneiden Sie die halbe Nasenform und die seitliche Öffnung für den Brillenbügel aus.**
4. **Klemmen Sie die Pappe der Testperson hinter eine Brille (ggf. Sonnenbrille oder Laborbrille) und passen Sie die Pappe nochmals individuell an.**

Informationen zur Krankheit Mukoviszidose

Der Kuss auf die Stirn eines erkrankten Kindes schmeckt salzig. Mit diesem einfachen Verfahren haben die ehrwürdigen Schwestern am Hofe des spanischen Königs eine Krankheit diagnostiziert, die im Mittelalter mit Dämonen und Hexen in Verbindung gebracht wurde: die Mucoviszidose oder Cystische Fibrose (CF). Diese Erbkrankheit tritt nur bei Homozygotie auf und muss daher nicht in jeder Generation in Erscheinung treten. Heterozygote Träger des Gens erkranken demnach nicht. Die Vererbung erfolgt in einem rezessiv-autosomalen Erbgang.

Heute ist die Mucoviszidose die häufigste genetisch bedingte Stoffwechselkrankheit in West- und Mitteleuropa. In Deutschland ist ein Kind von 2500 Neugeborenen betroffen. Chloridionen können im Falle von Mucoviszidose nicht effektiv durch die Zellmembranen transportiert werden, so dass es zu Veränderungen in den Zellen kommt. Besonders betroffen sind die Bauchspeicheldrüsenzellen und die schleimproduzierenden Epithelzellen der Atemwege. Diese Drüsen von Mucoviszidose-Kranken produzieren ein zähes, eiweißreiches Sekret, das nicht abfließen kann und die Drüsenausführgänge verstopft (mucus = lateinisch „Schleim"; daher der Name Mucoviscidose). An ihren eigentlichen Wirkorten aber fehlen die Sekrete. Zugleich werden durch den Aufstau die Drüsen selbst geschädigt. Sie werden mit der Zeit durch Bindegewebszellen ersetzt. Zudem stellt das eiweißreiche Sekret einen Nährboden für Krankheitserreger, besonders Bakterien, dar. Chronische Entzündungen sind die Folge. In erster Linie sind davon die Atemwege und die Lunge betroffen. Die Patienten leiden deshalb häufig an Bronchitis und Lungenentzündung. Da das Sekret der Bauchspeicheldrüse nicht in den Dünndarm abfließen kann, fehlen hier die Verdauungsenzyme, so dass schwere Verdauungsstörungen die Folge sind. Weil auch die Speichel- und Schweißdrüsen krankhaft verändert sind, enthält der Schweiß von Mucoviszidose-Kranken wesentlich mehr Natriumchlorid als der von Gesunden, so dass er stark salzig schmeckt.

(verändert nach Haas, L.: Das Mucoviszidose-Gen. In: Unterricht Biologie Nr. 209, 11/1995, 45)

AB 1 c

Fallbeschreibung: Henry McNellen lebt mit der Krankheit Mucoviszidose. Diese Krankheit ist unheilbar, und früher erreichten Betroffene kaum das Erwachsenenalter. In den letzten zehn Jahren haben sich die Chancen auf Heilung durch die Entwicklung neuer Arzneimittel und Therapieverfahren leicht verbessert. „Aber trotz allem habe ich Glück", sagt der 26-jährige, „nur ein Drittel aller Mucoviszidosekranken wird so alt wie ich. Und einige wenige werden 40. Er sagt das ganz ruhig. Vor zehn Jahren wurde bei ihm der genetische Defekt entdeckt, der die Lunge verschleimen lässt und „so ein Gefühl erzeugt, das sich kein Gesunder vorstellen kann". Henry hält sich strikt an die Regeln: dreimal täglich inhalieren, dabei mit einer speziellen Atemtechnik den Schleim lösen und aus der Lunge befördern. Bloß nicht husten, das könnte Schäden im Gewebe verursachen. Dazu ständig Antibiotika einnehmen, die Keime in der Lunge abtöten. Ein Drittel der 25 Tabletten, die er täglich schluckt, sind für das Atemorgan gedacht. Er muss auf jeden Fall verhindern, daß Teile der Lungenflügel absterben. „Die Zellen wachsen nicht wieder nach."

Henry erzählt dies nebenbei. Er ist keiner, der sich wichtig tut. „Erst mit 18 Jahren konnte ich über meine Krankheit reden", sagt er, „und ich habe es lange abgelehnt, mit anderen in Kontakt zu kommen, die das haben." Vielen Muko-Patienten geht es in diesem Alter sehr schlecht, etliche sterben mit 17 Jahren. „Ich hatte Angst, mich sozusagen selbst zu sehen."

„Wenn es einem schlecht geht, dann sieht man viele Dinge aus einer anderen Perspektive." Wer so angegriffen ist, dass ihm nur noch die Transplantation einer Lunge helfen kann, der wird sich an jede mögliche Hilfe klammern.

Henry hält sich fit. Er spielt zwei- bis dreimal in der Woche Tischtennis, wandert, schwimmt, radelt mit dem Mountainbike, geht zum Squash und Skifahren, was ihm Spaß macht. Und weil er Eltern mit „Muko-Kindern" Mut machen will. Deshalb engagiert er sich auch in der Mukoviszidose-Hilfe, einem Verein, der Familien bei der Pflege unterstützt und die Forschung fördert. Er tut es aber auch, „um dabei zu sein, wenn etwas gefunden wird, das mich heilen kann oder zumindest meine Situation verbessert."

(verändert nach Mandl, H.: Ein Sturmlauf aufs Paradies. In: Natur 7/1995, 34ff.)

Fiktive Situation (einige Jahre später): Durch die Mucoviszidose-Hilfe lernt Henry ein Paar kennen, das bereits ein erkranktes Kind hat und vor der Frage steht, ob es noch ein zweites (hoffentlich gesundes) Kind zeugen soll. Dem Paar ist angeboten worden, das Mucoviszidose-Gen eines ebenfalls reinerbigen Nachkommen schon in einem frühen Entwicklungsstadium gezielt zu verändern, so dass es auf keinen Fall erkranken würde. Welche Überlegungen der Eltern wären wichtig?

Die theoretische Möglichkeit der Veränderung menschlicher Keimbahnzellen

Bisher ist eine Veränderung von Keimbahnzellen nur an Tieren vorgenommen worden. Gezielte Eingriffe auf menschliche Keimbahnzellen sind in Deutschland gesetzlich verboten.

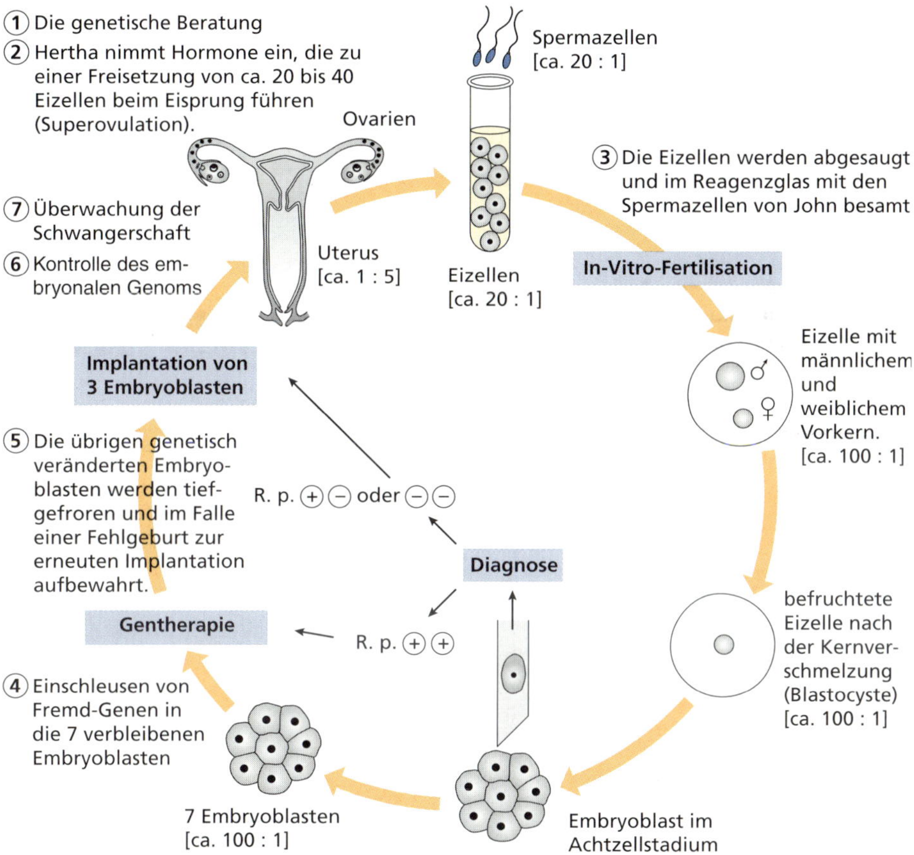

Anm.: R. p. + : Retinitis-pigmentosa-Gen vorhanden
R. p. – : Retinitis-pigmentosa-Gen nicht vorhanden

Aufgaben:

1. **Hertha und John sind Überträger der Krankheit. Wie hoch ist das Risko, dass der Nachwuchs von John und Hertha an R. p. erkrankt?** (25 %)
2. **Beschreiben Sie die Behandlung von der genetischen Beratung bis zur Schwangerschaft!**
3. **Wie oft müsste die Superovulation bei Hertha wiederholt werden, wenn die Erfolgsquote der Keimbahnzellveränderung bei 1 %, die Erfolgsquote für die Reimplantation bei 5,4 % liegt und pro Superovulation ca. 40 Eizellen freigesetzt werden?** (47 x)

Embryonenschutzgesetz - ESchG (vom 13. Dezember 1990, gekürzt)

§1 Mißbräuchliche Anwendung von Fortpflanzungstechniken
(1) Mit Freiheitsstrafe bis zu drei Jahren oder mit Geldstrafe wird bestraft, wer es unternimmt, mehr Eizellen einer Frau zu befruchten, als ihr innerhalb eines Zyklus übertragen werden sollen oder einer Frau einen Embryo vor Abschluss seiner Einnistung in der Gebärmutter entnimmt, um diesen auf eine andere Frau zu übertragen oder ihn für einen nicht seiner Erhaltung dienenden Zweck zu verwenden.
(2) Ebenso wird bestraft, wer künstlich bewirkt, dass eine menschliche Samenzelle in eine menschliche Eizelle eindringt, ohne eine Schwangerschaft der Frau herbeiführen zu wollen, von der die Eizelle stammt.
§2 Mißbräuchliche Verwendung menschlicher Embryonen
(1) Wer einen extrakorporal erzeugten oder einer Frau vor Abschluss seiner Einnistung in der Gebärmutter entnommenen menschlichen Embryo veräußert oder zu einem nicht seiner Erhaltung dienenden Zweck abgibt, erwirbt oder verwendet, wird mit Freiheitsstrafen bis zu drei Jahren oder mit Geldstrafe bestraft.
(2) Ebenso wird bestraft, wer zu einem anderen Zweck als der Herbeiführung einer Schwangerschaft bewirkt, dass sich ein menschlicher Embryo extrakorporal weiterentwickelt.
(3) Der Versuch ist strafbar.
§5 Künstliche Veränderung menschlicher Keimbahnzellen
(1) Wer die Erbinformation einer menschlichen Keimbahnzelle künstlich verändert, wird mit Freiheitsstrafe bis zu fünf Jahren oder mit Geldstrafe bestraft.
(2) Ebenso wird bestraft, wer eine menschliche Keimzelle mit künstlich veränderter Erbinformation zur Befruchtung verwendet.
(3) Der Versuch ist strafbar.
(4) Absatz 1 findet keine Anwendung auf
1. eine künstliche Veränderung der Erbinformation einer außerhalb der Körpers befindlichen Keimzelle, wenn ausgeschlossen ist, dass diese zur Befruchtung verwendet wird;
2. eine künstliche Veränderung der Erbinformation einer sonstigen körpereigenen Keimbahnzelle, die einer toten Leibesfrucht, einem Menschen oder einem Verstorbenen entnommen worden ist, wenn ausgeschlossen ist, dass
a) diese auf einen Embryo, Foetus oder Menschen übertragen wird oder
b) aus ihr eine Keimzelle entsteht sowie
3. Impfungen, strahlen- oder chemotherapeutische oder andere Behandlungen, mit denen eine Veränderung der Erbinformation von Keimbahnzellen nicht beabsichtigt ist.
§8 Begriffsbestimmung
(1) Als Embryo im Sinne dieses Gesetzes gilt bereits die befruchtete, entwicklungsfähige menschliche Eizelle vom Zeitpunkt der Kernverschmelzung an, ferner jedem einem Embryo entnommene totipotente Zelle, die sich bei Vorliegen der dafür erforderlichen weiteren Voraussetzungen zu teilen und zu einem Individuum zu entwickeln vermag.
(2) In den ersten vierundzwanzig Stunden nach der Kernverschmelzung gilt die befruchtete menschliche Eizelle als entwicklungsfähig, es sei denn, dass schon vor Ablauf dieses Zeitraums festgestellt wird, dass sich diese nicht über das Eizellstadium hinaus zu entwickeln vermag. (3) Keimbahnzellen im Sinne dieses Gesetzes sind alle Zellen, die in einer Zell-Linie von der befruchteten Eizelle bis zu den Ei- und Samenzellen des aus ihr hervorgegangenen Menschen führen, ferner die Eizelle vom Eindringen der Samenzelle an bis zu der mit der Kernverschmelzung abgeschlossenen Befruchtung.

Verschiedene Urteile gegenüber dem zukünftigen Einsatz der Keimbahntherapie an menschlichen Embryonen

Text 1: „ [...] Unsere so völlig enttabuisierte Welt muss angesichts ihrer neuen Machtarten freiwillig neue Tabus aufrichten. Wir müssen wissen, dass wir uns weit vorgewagt haben, und wieder wissen lernen, dass es ein Zuweit gibt. Das Zuweit beginnt bei der Integrität des Menschenbildes, das für uns unantastbar sein sollte. Nur als Stümper könnten wir uns daran versuchen, und selbst Meister dürften wir dort nicht sein. Wir müssen wieder Furcht und Zittern lernen, selbst ohne Gott, die Scheu vor dem Heiligen bewahren... Versuchen wir zu helfen... aber versuchen wir nicht, ...Schöpfer zu sein."
(Jonas, H. 1988, S. 23)

Text 2:„ [...] Soweit Keimbahnmanipulationen auf die Verminderung krankheitsbedingten menschlichen Leidens gerichtet sind, handelt es sich um ein spezifisches therapeutisches Verfahren, das nach den gleichen Kriterien zu bewerten ist wie jede andere Form der Therapie. Dies gilt insbesondere für den Vergleich mit der somatischen Gentherapie: „Als medizinische Technik kann Keimbahntherapie nicht anders bewertet werden als somatische Therapie (van Daele 1985, 193)." Die Tatsache, dass der eine Eingriff auf Körperzellen zielt und der andere auf Keimzellen, macht eo ipso keinen moralisch relevanten Unterschied." (Bayertz, K. In: Sass 1991, 294)

Text 3: „ [...] Die Verwendung von Embryonen zu Forschungszwecken tut der menschlichen Würde Gewalt an. Das muss gerade auch in Hinblick auf die in vielen Ländern bereits stattfindende Experimentierpraxis unterstrichen werden. Maßstab ist auch hier die Integrität menschlicher Existenz im Sinne einer unverwechselbaren Personenwürde."
(Altner, G. 1988, S. 175)

Text 4: „ [...] Die keimfreie Welt, die Welt ohne Leiden und Schmerz - abgesehen davon, dass es sie niemals geben wird - ist für mich eine Schreckensvision, (...).Was aber bedeutet Behinderung? Nach meinem Dafürhalten verbindet die Öffentlichkeit - und ich schließe die Humangenetiker dabei bewusst ein - stets mit dem Begriff „Behinderung" die Idee des Defizits, nicht der legitimen Andersartigkeit. (...). Ich wäre nicht das, was ich bin, wenn ich laufen könnte, keine deformierten Knochen hätte, nicht von vielen Frakturen gekennzeichnet wäre. Ich hätte wahrscheinlich nicht studiert, wäre nicht zu einer gewissen Bekanntheit aufgestiegen, hätte vieles nicht kompensieren müssen durch Fähigkeiten, die ich erst in meinem Behindertsein entwickelt habe. Anderen Menschen ging es ähnlich, und vielleicht kann man sogar die gewagte These aufstellen: Unsere Kultur beruht zu einem Großteil auf Persönlichkeiten, die nach herkömmlichen Kriterien der Ausmerzung durch die Gentechnik anheimfallen würden. Zurück zu meiner Person: Ich wurde, was und wie ich bin, weil mich unter anderem meine Behinderung geformt hat - und ich bin in gewisser Weise stolz darauf [...]." (Radtke, P. In: Zerres, K. et al. 1993, S. 66)

Aufgaben:

1. **Formulieren Sie die für oder gegen die Keimbahntherapie vorgebrachten Argumente mit Ihren eigenen Worten.**
2. **Auf welchen höchsten Wert berufen sich die Autoren jeweils?**
3. **Welche nachgeordneten Werte (z. B. Gesundheit) sind den Autoren besonders wichtig? Welche sind ihnen weniger wichtig?**

zu Text 1: Jonas stellt die Würde des Menschen in den Mittelpunkt. Er fürchtet bei einem Eingriff in die menschliche Keimbahn um die Selbstbestimmung, Integrität und Einzigartigkeit des Menschen, die ihm heilig sind und die im Falle einer Veränderung menschlicher Embryonen seiner Ansicht nach verletzt würden (kritische Anmerkungen hierzu s. Text 3 und Bd. 2, S. 88, „Schritt 6").

Ein Tabu ist eine sittliche, konventionelle Schranke, die dazu führt, dass bestimmte Handlungen ohne Diskussion akzeptiert werden. Jonas führt dementsprechend keinen rationalen Diskurs, sondern plädiert dafür, das Genom des Menschen, das er als von Gott geschaffen und damit als heilig betrachtet, nicht anzutasten. Für viele Menschen sind alle Handlungen, die die Würde des Menschen angreifen, tabu. Außerdem sind sie in Deutschland gesetzlich verboten.

zu Text 2: Hier wird das Wohl des Menschen, und zwar aus medizinethischer Perspektive, in den Mittelpunkt gestellt. Keimbahntherapie ist für Bayertz dann zulässig, wenn sie der Verhinderung von Krankheit und nicht der Verbesserung der genetischen Ausstattung dient (s. hierzu Bd. 2; 88, „Wiederholung von Schritt 3").

zu Text 3: Altner berücksichtigt nicht den Eingriff an einem bestimmten Embryo, der im Idealfall erfolgreich verändert würde, sondern er richtet das Augenmerk auf die vielen Embryonen, die für die Erforschung der Gentherapie an menschlichen Keimbahnzellen getötet werden müssten, und auf die Embryonen, die im Falle eines erfolgreichen Embryotransfers nicht in die Gebärmutter implantiert und deshalb getötet würden. Dieser Text regt die Frage nach dem Beginn menschlichen Lebens sowie nach der Definition und dem Wert eines menschlichen Embryos an. Vergleichbare Fragen werden auch im Zusammenhang mit der Abtreibung diskutiert.

zu Text 4: *)Radtke betrachtet das Wohl des Menschen als höchsten Wert. Er äußert seine Argumente vor allem aus sozialethischer Perspektive. Dabei geht es ihm insbesondere um Einstellungsänderungen gegenüber Behinderten als Folge einer möglichen Freigabe der Gentherapie an menschlichen Keimbahnzellen. An dieser Argumentation wird deutlich, dass eine Entscheidung, die letztlich mit dem Wohl des Menschen begründet wird, einer Wertehierarchie bedarf.

Wichtig ist auch zu berücksichtigen, dass Radtke aus der Sicht eines Betroffenen urteilt. „Ich wäre nicht das, was ich bin, wenn ich laufen könnte...." ist eine Feststellung, die auf ihn selbst aber nicht in jedem Fall auf alle anderen Menschen mit vergleichbaren Behinderungen zutrifft. Der Text macht deutlich, dass moralische Äußerungen auch von persönlichen Beweggründen eines Menschen mitbestimmt sein können.

*) P. Radtke ist Schauspieler und Autor. Er leidet an der Glasknochenkrankheit und ist Vorsitzender der Gesellschaft für Osteogenesis Imperfekta Betroffene e. V.

Chorea Huntington

Krankheitsbild und Verlauf

Die Huntington Krankheit (auch früher Veitstanz genannt) ist eine schwere neuropsychiatrische Erkrankung, die in den meisten Fällen zwischen dem 25. und dem 60. Lebensjahr beginnt. Das Krankheitsbild ist durch Bewegungsstörungen gekennzeichnet, die, dadurch dass sich Muskelgruppen unwillkürlich und schnell kontrahieren, faxenhaft und ungeschickt wirken. Im fortgeschrittenen Stadium werden die Bewegungsabläufe ausfahrender und unkoordinierter. Der Gang gleicht dem eines Betrunkenen, und Schluckstörungen kommen hinzu. Später liegen die Schwerkranken im Bett, können kaum noch essen und sich kaum noch verständlich machen. Dazu kommen psychische Störungen, Störungen der Merkfähigkeit und des Gedächtnisses, Persönlichkeitsveränderungen und körperlicher Verfall. Die Erkrankung führt nach einem durchschnittlichen Verlauf von ca. 13 bis 15 Jahren zum Tode. Bis heute kann man weder vorbeugende Maßnahmen gegen die Krankheit ergreifen noch steht eine wirkungsvolle Behandlungsmöglichkeit zur Verfügung, wenn es auch viele Maßnahmen wie Krankengymnastik, Sprachheiltherapie und Medikamente gibt, die das Leben von Betroffenen und damit auch ihrer Familien erleichtern können. (gekürzt nach: Kattmann 1987)

Genetische Ursachen der Krankheit und ihre Vererbung

Das Gen für die Chorea Huntington Krankheit wurde 1983 auf dem kurzen Arm des 4. Chromosoms gefunden. 1993 konnte man die genaue DNA-Sequenz der Genmutation ermitteln. Während auf Chromosom 4 normalerweise die Basensequenz CAG etwa 11 bis 33 mal hintereinander vorliegt, enthalten die Chromosomen von Chorea Huntington Betroffenen 38 bis über 100 mal mehr dieser wiederholten Basentripletts (Repeats). Das Triplett CAG codiert im Normalfall die Aminosäure Glutamin. Beim Chorea-Huntington-Gen ist die Codierung gestört. Was aber genau zur Degeneration der Gehirnzellen bei den Erkrankten führt, ist bisher nicht bekannt. Die Huntington Krankheit folgt einem autosomal dominanten Erbgang mit vollständiger Penetranz; das heißt, wer diese Genrepeats auf Chromosom 4 trägt, erkrankt in jedem Fall. Jedes Kind eines/einer Betroffenen hat deshalb ein Risiko von 50 %, das veränderte Gen zu erben und selbst zu erkranken.

Eine fiktive Situation:

Herr und Frau Schmidtke sind bisher kinderlos geblieben, da bei Herrn Schmidtke die Krankheit Chorea Huntington diagnostiziert wurde. Herr Schmidtke hat bereits den schweren Verlauf der Erbkrankheit bei seiner Mutter kennengelernt und möchte die Krankheit nicht weitervererben. Da er jedoch Erbträger dieser Krankheit ist, besteht eine 50 %ige Wahrscheinlichkeit, dass seine Kinder ebenfalls betroffen sein würden. Trotzdem möchte er auf eigene Kinder nicht verzichten und das Angebot einer Keimbahntherapie an seinem potentiellen Nachwuchs durchführen lassen. Frau Schmidtke ist anderer Meinung, denn sie hat starke Bedenken.

Das Paar entschließt sich, Menschen mit unterschiedlichen Positionen gegenüber diesem Thema um Rat zu fragen, bevor sie zu einem eigenen reflektierten Urteil gelangen. In einer Gesprächsrunde, die im Gemeindehaus der Kirche stattfinden soll, werden die einzelnen Personen nun selbst zu Worte kommen und ihre Argumente vorbringen, Kritik und Zustimmung entgegennehmen und dem Ehepaar Schmidtke zu einem Urteil verhelfen. Ein Diakon hat sich bereiterklärt, die Diskussion zu leiten.

Rollenkarten für das Rollenspiel

Diakon: Meine Aufgabe ist es, die Diskussion zu leiten und in Gang zu halten. Am Anfang sollten sich alle Teilnehmer kurz vorstellen. Danach werde ich das Problem des Ehepaares Schmidtke erläutern und die Diskussionsteilnehmer um hilfreiche Stellungnahmen bitten. Sollte die Diskussion ins Stocken geraten, muss ich Impulse geben und weitere Fragen stellen. Am Ende wird es meine Aufgabe sein, die Ergebnisse der Diskussion kurz zusammenzufassen. Ich darf nicht vergessen, dass ich als neutrale Person die Diskussion leite.

Philosoph: Man darf nicht vergessen, dass durch eine Veränderung am Erbgut eines Unbefragten ein Eingriff in sein Selbstbestimmungsrecht stattfindet. Und gleichzeitig wird mit der Veränderung der DNA auch die Identität und Individualität eines Menschen manipuliert. Bei der Keimbahntherapie werden fundamentale moralische Werte verletzt. Sollten wir soweit gehen? Ich bin gegen diesen Eingriff!

zum Philosophen: Der Philosoph sieht in der Anwendung der Keimbahntherapie die Gefahr, dass fundamentale ethische Werte verletzt werden. Diese Argumentation lässt sich der personalistischen Richtung zuordnen, da die vom Philosophen genannten Werte laut Definition der Menschenwürde zuzuschreiben sind. Es handelt sich deshalb um eine personalistische Argumentationweise mit Bezug auf Menschenwürde. Recht auf Leben, Freiheit der Person, Autonomie, Kontingenz, Recht auf Unversehrtheit; dies sind Rechte, die unter dem Dach des höchsten Wertes unserer Gesellschaft, der Menschenwürde stehen und laut Menschenrecht und Grundgesetz geschützt werden sollen. Die vom Philosophen angesprochenen Werte Identität und Individualität fallen unter den im Wert Menschenwürde ausgedrückten Begriff der Kontingenz des Menschen. Der Philosoph lehnt sich in seiner Argumentation an die Worte des Theologen R. Löw an: „Wenn an der befruchteten Eizelle ein gentechnologischer Eingriff erfolgt, und sei es mit medizinischer Zielsetzung, dann wird nicht eine existierende Person geheilt, sondern ihre Identität und Individualität manipuliert. Der Eingriff in befruchtete menschliche Eizellen, egal ob zur Forschung oder zur Therapie, ist ethisch nicht zu rechtfertigen. Experimente mit mongoloiden Föten sind auch dann nicht gerechtfertigt, wenn sie zum Ziel haben, eines Tages Mongoloismus heilen zu können. Kein noch so guter Zweck kann ein Mittel heiligen, das in seinem Grunde-als Eingriff in den Personcharakter eines menschlichen Lebens-schlecht ist. Hier wird nicht die Heilkunde verbessert, sondern ihr fundamentales Gebot verletzt." (Reinhard Löw, Biologie heute, Nr. 370, 1989, S. 13 f.).
Der Philosoph vollzieht einen sehr differenzierten Perspektivenwechsel, da er den Wert Menschenwürde als ein für alle Menschen gültiges Recht einfordert. Es stehen dabei keine persönlichen oder utilitaristischen Gründe im Vordergrund, sondern allein die Forderung, die Menschenwürde einer jeden Person zu wahren. Zu betonen ist in diesem Zusammenhang, dass der Philosoph, ähnlich wie im Embryonenschutzgesetz und dem Grundgesetz, bereits der befruchteten Eizelle, d. h. der Zygote den vollen Personenstatus und die damit verbundenen Rechte zuspricht. Es muss jedoch erwähnt werden, dass es auch Positionen gibt, die dem Menschen erst zu einem späteren Zeitpunkt den Personstatus zusprechen (z. B. Zeitpunkt der Nidation oder der differenzierteren Gehirnausbildung).

Frau Schmidtke: Ich möchte ein gesundes Kind, aber ich weiß nicht, ob man so in die Natur eingreifen sollte. Also, ich glaube, dass man der Natur freien Lauf lassen sollte und sein Kind so akzeptieren sollte, wie es die Natur erschafft. Ich bin gegen die Keimbahntherapie.

zu Frau Schmidtke: Frau Schmidtke spricht sich gegen die Keimbahntherapie aus, weil sie darin einen unzulässigen Eingriff in die Natur sieht. Da sie aber die Stellung der Natur in ihrer Argumentation nicht weiter erläutert und somit der Natur keinen Selbstzweck zuspricht, kann man diese Argumentation als einen naturalistischen Fehlschluss entkräften. Das heißt, dass diese Argumentation unzulässig im Rahmen eines rationalen Diskurses ist.
Würde Frau Schmitdke hingegen der Natur einen Selbstzweck zusprechen, läge hier eine personalistische Argumentation vor mit Bezug auf die Natur. Die Natur würde dann als absoluter Wert auftreten, der als unumstößlich gälte.

Behindertenvertreter: Mit der Anwendung der Keimbahntherapie wird uns indirekt das Lebensrecht abgesprochen. Krankheit und Behinderung werden dadurch in unserer Gesellschaft immer mehr zur Ausnahme werden. Es entsteht der soziale Druck, dass Behinderung heute nicht mehr nötig und umgehbar ist. Aber Krankheit gehört zum Menschsein dazu. Wir werden als Behinderte immer mehr zur Randgruppe werden, wenn Krankheit zum Tabu-Thema wird. Das wird zur Folge haben, dass Sozialgelder zunehmend gestrichen werden und sämtliche soziale Einrichtungen abnehmen werden. Wollen wir das wirklich? Sind wir nicht alle irgendwann einmal in unserem Leben darauf angewiesen? Ich bin eindeutig gegen die Keimbahntherapie!

zum Behindertenvertreter: Der Behindertenvertreter spricht sich gegen die Keimbahntherapie aus, da er dadurch die Gefahr sieht, dass Behinderte zur gesellschaftlichen Randgruppe degradiert werden könnten und soziale Mittel weiter gekürzt werden. Er ist vielmehr der Auffassung, dass Krankheit zum Menschsein dazu gehört und somit akzeptiert werden sollte. Während die ersten beiden Argumente der utilitaristischen Richtung zuzuordenen sind, da die Folgen der Therapie das Urteil bedingen, kann das dritte Argument der personlistischen Ethik zugesprochen werden, da Kankheit in dieser Argumentation zum Menschenbild dazugehört und den Eingriff in dieses Menschenbild nicht rechtfertigt. Die Verneinung der Keimbahntherapie wird somit durch Argumente gestützt, die sowohl utilitaristisch als auch personalistisch sind.
Es ist jedoch sehr in Frage zu stellen, ob die Heilung von Krankheiten, soweit die Menschenwürde des Patienten nicht verletzt wird, in jedem Falle abzulehnen ist, wie dies hier gefordert wird. Die Behauptung, dass Krankheit zum Menschensein dazu gehört, rechtfertigt nicht, jeglichen heilenden medizinischen Eingriff zu unterdücken. Medizinische Eingriffe, die keine Gefährdung der menschlichen Würde darstellen und allein zu Heilungszwecken eingesetzt werden, sind in jedem Fall zu rechtfertigen. Krankheit gehört zwar zum Menschsein dazu, aber die Forderung, medizinische Hilfe aus Solidaritätsgründen abzulehnen, ist ethisch unvertretbar.
Der vollzogene Perspektivenwechsel erfolgt differenziert, da sowohl die Rolle der Behinderten, das heißt, die eigene Rolle, als auch die Rolle der anderen Menschen in das Urteil einbezogen wird. Weiterreichende gesellschafltiche Folgen wie Einsparungen in sozialen Bereichen und Entstehung von Randkgruppen, werden antizipiert und in das Urteil einbezogen.

Gentechniker (kontra): Ich arbeite auf einem anderen Gebiet der Gentechnik, und zwar beschäftige ich mich mit der Entwicklung von Impfstoffen. Wenn es tatsächlich um das Wohlergehen vieler Menschen gehen soll, wäre eine Investition auf diesem Sektor eher lohnend als ein Eingriff in die Keimbahn zur Verhinderung von Krankheiten. Besonders in der Dritten Welt haben viele Menschen an den Folgen einer Hepatitis B Erkrankung zu leiden. Mit der Keimbahntherapie sollen Individuen „geheilt" werden, die noch gar nicht existieren. Wäre es nicht viel sinnvoller, die Kraft auf solche Forschungszweige zu lenken, die den tatsächlich existierenden Menschen ein besseres Leben ermöglichen?

zum Gentechniker: Der Gentechniker spricht sich gegen die Keimbahntherapie aus und begründet dies damit, dass mit den finanziellen Mitteln, die für die Therapie aufgewendet werden, mehr Menschen in der Dritten Welt geholfen werden kann. Das heißt, dass durch den gleichen finanziellen Aufwand das Wohlergehen einer größeren Menschenmenge gesteigert werden kann. Von den Folgen des Eingriffs ausgehend argumentiert der Gentechniker utilitaristisch unter Bezug auf die ökonomische Verteilungsgerechtigkeit. Seiner Auffassung nach wäre es gerechter, die finanziellen Ressourcen so zu verteilen, dass denjenigen Menschen geholfen wird, die bereits erkrankt sind und deren akutes Leid heute zu mindern sei.
Der Gentechniker vollzieht einen differenzierten Perspektivenwechsel, bei dem er den Standpunkt der Weltbevölkerung, in diesem Falle den Standpunkt der Bedürftigen in der Dritten Welt, einnimmt und deren Wohlergehen zu fördern versucht durch Betonung der Verteilungsgerechtigkeit.

Versicherungsvertreter: Ist es nicht unzumutbar, die in Versicherungen zusammengeschlossenen Solidargemeinschaften weiterhin für vermeidbare Gesundheitsschäden aufkommen zu lassen? Ich bin für die Keimbahntherapie, weil dadurch Krankheiten verhindert werden können und die Krankenkassenbeiträge für alle fallen.

zum Versicherungsvertreter: Der Versicherungsvertreter bringt zwei Argumente ein, die seine Verteidigung der Keimbahntherapie begründen sollen. Zum einen plädiert er für die Keimbahntherapie, da dadurch die finanzielle Belastung der Solidargemeinschaft aller Versicherten gesenkt werden könnte. Zum anderen kann durch die Keimbahntherapie der Ausbruch von Krankheiten verhindert werden und somit das Wohlergehen vieler verbessert werden. Während das erste Argument der utilitaristischen Richtung mit Betonung der ökonomischen Komponente zuzuordnen ist, würde das zweite Argument ebenfalls in die utilitaristischen Richtung mit Betonung des Wohlergehens der größeren Menschenmenge eingegliedert werden. Der Versicherungsvertreter argumentiert somit sehr einseitig unter vollständiger Vernachlässigung des Wertes Menschenwürde bezüglich des Embryos. Für den Vertreter stehen eindeutig finanzielle und wohlbefindlichkeitsorientierte Werte im Vordergrund. Hinsichtlich des Perspektivenwechsels liegt ein differenziertes Denken vor, dass zwar die Gesellschaft als Ganzes in das Urteil miteinbezieht, dies jedoch nur auf rein utilitaristischer Ebene unter Verletzung der Rechte einer Minderheit, nämlich der Gruppe der Embryonen.

Herr Schmidtke: Ich möchte ein gesundes Kind. Bereits bei meiner Mutter musste ich den schweren Verlauf der Krankheit miterleben. Meine Mutter hat zwar bis zum Ausbruch der Krankheit genauso viel Spaß und Freude am Leben gehabt wie jeder andere Mensch, aber in den letzten Jahren nahm der körperliche und geistige Verfall durch die Krankheit stark zu. Ich möchte meinen zukünftigen Kindern das nicht antun. Darum möchte ich eine Keimbahntherapie durchführen lassen.

Gentechniker (pro): Wir haben lange geforscht und viel Geld ausgegeben, um den heutigen Erkenntnisstand zu erreichen. Das alles stand unter der Prämisse, menschliches Leid zu verhindern und das Wohlergehen des Menschen zu sichern. Warum soll man die positiven Ergebnisse heute nicht einsetzen, um das menschliche Leid zu mindern?

zu Herrn Schmidtke: Herr Schmitdke argumentiert utilitaristisch mit Bezug auf das Wohlergehen seiner Kinder. Von der Schwere des Krankheitsverlaufs ausgehend und das damit verbundene Leid betonend, kommt Herr Schmidtke zu dem Schluss, dass der Wert Wohlergehen und eine Leidverminderung den Eingriff in die Keimbahn rechtfertigen. Herr Schmidtke berücksichtigt in seiner Urteilsfällung keine personalistischen Argumente. Hinsichtlich des Perspektivenwechsels vollzieht er lediglich einen wenig differenzierten Rollenwechsel, der auf Personen seines familiären Umkreises begrenzt bleibt.

zum Gentechniker: Der Gentechniker befürwortet die Durchführung der Keimbahntherapie, da nach seiner Auffassung durch den Eingriff menschliches Leid verhindert werden kann und Wohlergehen gesteigert wird. Der Gentechniker argumentiert utilitaristisch mit Bezug auf Wohlergehen und Leidverminderung. Aber der Wissenschaftler vergisst, dass Leidverminderung und Förderung des Wohlergehens nicht die Verletzung der Menschenwürde des Embryos rechtfertigen. Der Gentechniker argumentiert insofern sehr einseitig und würde derzeit mit dieser Argumentation in Konflikt mit dem Grundgesetz und dem Embryonenschutzgesetz geraten. Es wird ein wenig differenzierter Perspektivenwechsel vollzogen, der lediglich die Rolle des Gentechnikers und der Eltern berücksichtigt, nicht aber an gesellschaftliche Konsequenzen denkt.

Träger des Chorea Huntington-Gens (pro):
Ich habe einen Gentest machen lassen und weiß heute, dass ich das Chorea Huntington-Gen trage. Ich habe eine wahnsinnige Angst vor dem Ausbruch der Krankheit. Manchmal überlege ich mir schon, ob ich mir nicht doch vorher das Leben nehmen sollte, um dem mir bevorstehenden Leid zu entgehen. Hätten meine Eltern die Möglichkeit zu einer Keimbahntherapie gehabt, so hätte ich Ihnen geraten, diese Methode anwenden zu lassen.

zum Chorea Huntington-Träger:
Angesichts der eigenen Betroffenheit argumentiert der Erbkranke gegen die Durchführung der Keimbahntherapie. Hierbei handelt es sich um keine fiktive Argumentation, sondern um das Zitat eines tatsächlich Betroffenen, der im Video „Die neuen Wahrsager" Stellung zu seiner Situation nimmt. Der Betroffene argumentiert utilitaristisch, da er die Folgen der Nicht-Durchführung der Keimbahntherapie als Argumente für sein Urteil aufführt. Diese Folgen sind ein bewusstes und lebenswertes Leben.
Der Betroffene hat die Krankheit als sein Schicksal angenommen und gelernt, damit zu leben und dieses Leben bewusst zu leben, was vielen Menschen heute nicht mehr möglich ist. Die Identifikation mit der Krankheit ist zu vergleichen mit Albert Camus Werk „Sisyphos". Sisyphos wurde dazu verdammt, einen Stein den Berg raufzurollen mit dem Bewusstsein, dass der Stein am Gipfel von selbst wieder herunterrollt. Camus macht in seinem Essay zu diesem antiken Mythos deutlich, dass die scheinbare Sinnlosigkeit kein Einwand gegen das Leben ist. Sie gibt ihm erst Tiefe und Abgrund und damit die Möglichkeit, sich am Abgrund zu bewähren. Es macht die einzigartige Würde des Menschen aus, am Leiden nicht zu zerbrechen (Kommentar zum Sisyphos, Südwestfunk, Horst Krüger).
Der Perspektivenwechsel erfolgt angesichts der persönlichen Betroffenheit undifferenziert. Es wird lediglich die eigene Rolle, das Selbst, in das Urteil einbezogen.

Chorea Huntington Erkrankter (kontra):
Bei mir zeigen sich bereits die ersten Krankheitssymptome. Ich habe seit ungefähr sechs Monaten Koordinations- und Sprechstörungen. Zuerst war das natürlich ein großer Schock, doch in der Selbsthilfegruppe habe ich gelernt, mich auf den Ausbruch und die Veränderungen vorzubereiten. Ich weiß, dass die nun kommende Zeit für mich sehr schwer werden wird. Selbst mit dem ständigen Bewusstsein, dass die Krankheit ausbrechen wird, habe ich mein Leben genossen, intensiv gelebt und würde es im Rückblick noch einmal genauso leben. Ich habe die Krankheit als Chance gesehen, intensiver zu leben als es vielleicht andere Menschen unbewusst tun.

zum Chorea Huntington-Erkrankten:
Angesichts der starken persönlichen Betroffenheit befürwortet der Erbkranke die Keimbahntherapie. Als Argument führt die Person die Angst vor dem Leid, was mit dem Krankheitsausbruch verbunden ist, an. Dieses Argument stammt aus der utilitaristischen Richtung mit Bezug auf Leidverminderung. Aufgrund der persönlichen Betroffenheit wiegt das Argument im Rahmen der Diskussion sehr schwer. Allein das Gegenargument, dass durch die Keimbahntherapie ein Eingriff in die Menschenwürde stattfindet, dessen Folgen nicht eindeutig antizipierbar wären, wiegt zwar hinsichtlich seiner philosophischen Werthaftigkeit mehr, wird aber angesichts der persönlichen Betroffenheit zunächst nicht überzeugend erscheinen.

Der vollzogene Perspektivenwechsel ist wenig differenziert, da lediglich die eigene Person, das Selbst, in das Urteil miteinbezogen wurde.

zum Psychologen: Der Psychologe begründet seine Ablehnung der Keimbahntherapie mit zwei Argumenten. Zum einen ist er der Auffassung, dass ein Kind ein Produkt der Liebe sein sollte. Zum anderen betont er, dass die Eltern das Kind zum Objekt ihres egoistischen Wunsches nach einem gesunden Kind machen. Das heißt, dass die Eltern das Kind nicht als eigene Person und um seiner selbst willen lieben (Subjekt), sondern als ein Objekt, das zu Stillung ihres Bedürnisses dient. Dieses Bedürfnis ist gekoppelt mit dem Wunsch nach einem gesunden Kind. Das kann die Keimbahntherapie in den Augen der Eltern gewährleisten.
Sollten die Eltern das Kind zu einem Objekt degradieren, so verstößt das gegen das kantianische Prinzip „handle so, dass du die Menschheit, sowohl in deiner Person als in der Person eines jeden anderen jederzeit zugleich als Zweck, niemals als Mittel brauchst."

Der Philosoph betont, dass ein Kind, an dem eine Keimbahntherapie durchgeführt wurde und das somit durch eine IVF „entstand", kein Kind der Liebe mehr sei. Dieses Argument ist unlogisch, da durch die körperliche Zeugung nicht zwangsläufig gewährleistet ist, dass die Eltern das Kind mehr lieben oder mehr für das Kind empfinden, als wenn das Kind in vitro gezeugt wird. Vermutlich lieben die Eltern dieses Kind genauso wie ein auf natürlichem Wege gezeugtes, da die Liebe zwischen Eltern und Kind erst in der Schwangerschaft bzw. nach der Geburt und nicht mit der Befruchtung entsteht.
Der Philosoph vollzieht in seiner Urteilsfällung einen relativ differenzierten Perspektivenwechsel, da er alle vom Eingriff Betroffenen mit in sein Urteil einbezieht und zudem noch eine Alternativlösung anbietet, nämlich die Trauerbewältigung über die Kinderlosigkeit.

Psychologe: ein Kind sollte immer ein Produkt der Liebe sein und nicht ein Objekt der Forschung. Wird das Kind zum Objekt Ihres Egoismus' und zum Objekt der Forschung, dann verstößt dieser Eingriff gegen das Prinzip der Menschenwürde. Sie sollten lernen, mit Ihrer Trauer und dem Verzicht auf ein Kind umzugehen, oder anderen Alternativen suchen.

2.3.7 Die Kartierung und Sequenzierung des menschlichen Genoms

Ute Harms

Im Mittelpunkt dieses Unterrichtsmaterials zum Thema der Kartierung und Sequenzierung des menschlichen Genoms steht das Humangenom Projekt. Das Material behandelt molekularbiologische Methoden (DNA-Fingerprinting, Polymerase-Ketten-Reaktion, genetische und topografische Kartierung, Sequenzierung nach Sanger), die in diesem Projekt verwendet werden, Anwendungsmöglichkeiten der Ergebnisse dieses Projektes (Gendiagnose) und mit dieser Anwendung in Zusammenhang stehende ethische, soziale und rechtliche Probleme (Patentierung von DNA).

1. Sachinformationen

Im Jahr 1988 wurde das „Human Genome Project" (HGP) mit der Gründung der „Human Genome Organisation" (HUGO) initiiert. Von dieser Organisation sollte das gesamte menschliche Genom dechiffriert werden. Zahlreiche Projekte wurden darüber hinaus begonnen, die sich mit der Aufklärung der Zusammenhänge zwischen Struktur und Funktion des Genoms und der Gene beschäftigen.

Das Humangenom Projekt ist das größte und vermutlich teuerste Projekt, das auf dem Gebiet der Gentechnik durchgeführt wird. Gleichzeitig ist es eines der umstrittensten. Von der Kartierung und Sequenzierung des menschlichen Genoms erhofft man sich bedeutende Fortschritte für das Verständnis von Erbkrankheiten, die zu neuen Formen der Krankheitsdiagnose und der Therapie führen sollen. Gegner dieses Projektes jedoch befürchten, die Genomanalyse werde zu neuen Formen der Eugenik führen, zur Diskriminierung Behinderter und vielleicht gar zu prenataler Selektion. Sie befürchten zurzeit noch unvorhersehbare Folgen für das biologische und soziale Leben des Menschen.

Restriktions-Fragment-Längen-Polymorphismus (RFLP) und DNA-Fingerprinting

Wird eine DNA mit Restriktionsenzymen geschnitten, so ergibt sich in einer anschließenden gelelektrophoretischen Auftrennung der einzelnen entstandenen DNA-Fragmente ein spezifisches Muster, da die Anzahl der entstandenen Fragmente und die Fragmentlängen in einem bestimmten Verhältnis zur Anzahl und zur Lage der Schnittstellen des verwendeten Enzyms auf der DNA stehen. Findet innerhalb der DNA, zum Beispiel durch eine Punktmutation, eine Sequenzveränderung in der DNA statt, so führt dies zu Veränderungen in dem ursprünglichen Muster von Restriktionsfragmenten bei der Hydrolyse der DNA mit einem bestimmten **R**estriktionsenzym. Dieses Phänomen wird als Restriktions-**F**ragment-**L**ängen-**P**olymorphismus (RFLP) bezeichnet. Die Änderungen sind vor allem auf Basenaustauschmutationen in den Erkennungsstellen für die jeweils eingesetzten Enzyme zurückzuführen; sie können aber auch durch Umlagerung innerhalb der DNA wie Insertionen, Deletionen und Duplikationen zu einem RFLP führen. Findet ein einfacher Basenaustausch in der DNA statt, so führt dieser nur zu einem Polymorphismus, wenn dieser Austausch innerhalb der Erkennungssequenz des verwendeten Restriktionsenzyms stattgefunden hat oder wenn durch diesen Basenaustausch eine weitere, neue Schnittstelle für das Enzym entsteht. Beides führt zum Verlust oder zum neuen Auftreten eines DNA-Fragments und zur Veränderung der Länge der übrigen Fragmente. Die Veränderung in Bezug auf die Spaltungsmuster von DNA werden durch vergleichende Gelelektrophoresen untersucht. Ein Problem hierbei ist jedoch, dass bei der Spaltung genomischer DNA so viele Fragmente entstehen, dass diese nicht mit dem bloßen Auge voneinander unterschieden werden können. Deshalb wird diese Vorgehensweise mit der Hybridisierungsmethode kombiniert. Unter Hybridisierung ist die Basenpaarung zwischen komplementären DNA- und RNA-Sequenzen zu verstehen. Das in der Gelelektrophorese entstandene Bandenmuster wird nach Übertragung auf eine Membran (z. B. Nitrocellulose; Southern Blotting) mit DNA- oder RNA-Sonden, die gegen bestimmte Sequenzen oder gegen ein bestimmtes Gen gerichtet sind, hybridisiert.

Die Sequenzunterschiede, die die Grundlage der RFLPs darstellen, führen meistens nicht zu phänotypischen Veränderungen des Individuums oder gar zu einem pathologischen Erscheinungsbild. Allerdings werden sie, da sie auf der DNA manifestiert sind, vererbt und können daher als genetische Marker genutzt werden. Auch Verwandtschaftsanalysen können mit Hilfe der RFLPs durchgeführt werden. Wenn die durch Basenaustausch veränderten Sequenzen innerhalb von Genen liegen, die als genetische Ursache einer bestimmten Erbkrankheit bekannt sind, so kann ein RFLP dieses Gens einen genetischen Defekt anzeigen. Mit Hilfe dieser Methode ist zum Beispiel eine pränatale Diagnostik in Bezug auf genetische bedingte Krankheiten wie z. B. die Sichelzellanämie möglich. RFLPs eignen sich besonders gut als genetische Marker, weil auch bei heterozygoten Individuen das Vorkommen sowohl des dominanten als auch des rezessiven Allels, das heißt beider Formen des Gens, nachgewiesen werden kann.

Analyse der genetischen Prädisposition für Erbkrankheiten mit Hilfe von RFLPs

Der erste Schritt bei der molekularbiologischen Analyse einer Erbkrankheit ist die Lokalisierung des betroffenen Gens. Einen Hinweis auf die Position des defekten Gens bekommt man, indem man den Erbgang dieses Gens innerhalb einer Familie mit der Vererbung anderer phänotypischer Auffälligkeiten, deren genetische Lokalisierung bereits bekannt ist, vergleicht. Derartige Gene werden dann als Marker bezeichnet. Je kleiner die Distanz zwischen Marker und fehlerhaftem Gen auf der DNA ist, desto geringer ist die Wahrscheinlichkeit, dass diese beiden Gene während der Meiose voneinander getrennt werden. Beide Merkmale werden dann mit einer hohen Wahrscheinlichkeit gemeinsam vererbt, die Merkmale sind miteinander gekoppelt. Die Methode, die verwendet wird, um die Rekombinationshäufigkeit zwischen Markern zu untersuchen, wird als Kopplungsanalyse bezeichnet. Sie kann dazu verwendet werden, um Chromosomen zu charakterisieren. Es kann zum Beispiel mit Hilfe der Kopplungsanalyse herausgefunden werden, ob das zu untersuchende Individuum Träger des rezessiven Allels einer autosomal vererbten Krankheit ist, selbst wenn die Sequenz des entsprechenden Gens nicht bekannt ist. Ausschlaggebend ist, dass ein RFLP-Marker gefunden wird, der immer mit dem betrachteten Phänotyp oder dem zu untersuchenden Gen vererbt wird. Verschiedene Gene für Erbkrankheiten, wie zum Beispiel für die Duchenne Muskeldystrophie, konnten mit dieser Methode ausfindig gemacht werden.

„DNA-Fingerprinting": der genetische Fingerabdruck

Das DNA-Fingerprinting ist eine Sonderform des 'Restriktions-Fragment-Längen-Polymorphismus'. Das Ergebnis dieses Fingerprinting ist ein Bandenmuster aus verschieden großen DNA-Fragmenten, dessen Variabiltät so groß ist, dass es für jedes Individuum einzigartig ist. Dieses Bandenmuster wird auch als „genetischer Fingerabdruck" bezeichnet.

Ca. sieben Milliarden Nukleotide bilden das menschliche Genom, aber nur ein Teil hiervon codiert für die Synthese von Proteinen. Wenn innerhalb der Information tragenden Nukleotidsequenzen, also den Genen, eine Mutation auftritt, so kann die Information des jeweiligen Gens zerstört werden, was negative Auswirkungen für den Organismus haben kann. Häufig führen diese Mutationen zum Tode. Der Anteil des menschlichen Genoms, der Proteine codiert, macht ca. 5 % aus. Da Mutationen innerhalb dieser 5 % der DNA meist zum Tode des betroffenen Individuums führen, ist die Variabilität innerhalb dieser Genabschnitte auf der menschlichen DNA vergleichsweise gering. Welche Bedeutung die restlichen 95 % der DNA haben, ist bisher noch nicht geklärt. Im Gegensatz zu Mutationen innerhalb der Gene wirken sich Veränderungen in diesen übrigen DNA-Abschnitten nicht negativ auf den Organismus aus. Im Verlauf der Evolution konnten sich deshalb Mutationen in diesem Teil des Genoms vermehrt anhäufen. Eine Folge davon ist, dass innerhalb der nicht codierenden DNA-Sequenzen erhebliche Unterschiede zwischen Individuen auch derselben Art auftreten. Dies wird beim DNA-Fingerprinting ausgenutzt.

Bei der Methode des DNA-Fingerprinting werden Oligonukleotidsequenzen aus nichtcodierenden Bereichen genutzt. Darüber hinaus zeichnen sich diese DNA-Sequenzen dadurch aus, dass sie mehrere Kopien einer relativ kurzen Grundsequenz, die in gleicher Orientierung tandemartig hintereinander gereiht sind, enthalten. Derartige DNA Abschnitte werden als repetitive DNA bezeichnet. Diese Tandemwiederholungen sind zumeist polymorph, das heißt, sie variieren stark in der Anzahl der Wiederholungseinheit („variable number tandem repeats": VNTR). Diese Wiederholungseinheiten werden durch die von ihnen verursachten RFLPs nachgewiesen. Wird mit Restriktionsenzymen an beiden Seiten eines solchen Wiederholungsabschnitts geschnitten, so entstehen Fragmente, deren Längen bei verschiedenen Personen verschieden sind, da sie von der Anzahl der jeweiligen Sequenzwiederholungen abhängen. Die Variabilität einer Serie von verwandten VNTR-Sequenzen an verschiedenen Loci kann zur eindeutigen Identifizierung einer Person eingesetzt werden. Dazu hat man DNA-Sonden entwickelt, die mit vielen dieser Loci gleichzeitig hybridisieren können.

Die Methode des DNA-Fingerprinting ist auf dem AB 7 schematisch dargestellt. Die DNA wird aus irgendeiner Sorte kernhaltiger Zellen isoliert, wie zum Beispiel aus Blut, Speichel, Urin oder aus einer Haarwurzel. Mit Hilfe eines Restriktionsenzyms wird die DNA an spezifischen Stellen hydrolysiert. Aus der enzymatischen Reaktion gehen DNA-Fragmente verschiedener Länge hervor. Diese werden dann in einer Gelelektrophorese aufgetrennt. Anschließend wird die DNA durch das Anlegen eines Vakuums fixiert und die DNA mit Hilfe eines alkalischen Reagenzes denaturiert. Um in der Vielzahl der Fragmente diejenigen sichtbar zu machen, die bestimmte einfach repetitive Sequenzen enthalten, wird eine markierte Oligonukleotidsonde, die komplementär zu diesen repetitiven Sequenzen ist, zum Gel gegeben. Die Markierung erfolgt zum Beispiel durch radioaktive Phosphorisotope (^{32}P), durch bestimmte Farbreaktionen oder Chemolumineszenz. Nach der Hybridisierung, in der sich komplementäre DNA-Abschnitte an die Sonde lagern, wird das überschüssige Sondenmaterial durch mehrmaliges Waschen entfernt. Anschließend werden die Stellen, an denen sich die Sonde angelagert hat, mittels einer für die jeweilige Markierung spezifischen Methode nachgewiesen. Im Fall der radioaktiven Markierung geschieht dies durch die Autoradiografie (s. AB 7). Bei der Wahl geeigneter Kombinationen von Restriktionsenzym und Oligonukleotidsonde sind die dabei auf dem Röntgenfilm sichtbar werdenden Bandenmuster individualspezifisch. Alle Individuen einer Art weisen verschiedene Bandenmuster auf und lassen sich daher eindeutig identifizieren. Durch Ausprobieren wird ermittelt, welche Kombination dies für die jeweilige Tier- oder Pflanzenart ist. Anhaltspunkte ergeben sich häufig schon durch Ergebnisse bereits untersuchter Arten der gleichen Ordnung oder Gattung. Hierdurch kann die Anzahl der in Frage kommenden Kombinationen bereits stark eingegrenzt werden.

Die Polymerase-Ketten-Reaktion

Die Polymerase-Ketten-Reaktion (engl.: Polymerase-Chain-Reaction; PCR) ist ein biochemisches Verfahren zur Vervielfältigung definierter DNA-Abschnitte. Dieses Verfahren wurde 1983 vom Biochemiker Kary B. Mullis (Kalifornien, USA) herausgefunden (zur Methode s. Bd. 2, S. 69 ff. und Linder 1998, S. 328 ff.). Heute hat die PCR-Methode Bedeutung für zahlreiche Anwendungsbereiche gewonnen. In der biomedizinischen Grundlagenforschung wird sie zur Analyse, zum Vergleich und zur Veränderung genetischen Materials eingesetzt. Im Zusammenhang mit dem Humangenom Projekt wird sie für die gezielte Vermehrung bestimmter DNA-Fragmente verwendet. Diese Vermehrung der DNA dient der Bereitstellung von homogenem Material, das für die Bestimmung der Basensequenzen eines Gens notwendig ist. Weiterhin findet die PCR-Methode Anwendung bei der Diagnose von Infektionskrankheiten, der Identifikation genetischer Defekte, in der Krebsdiagnostik, bei der Organtransplantation sowie in der Gerichtsmedizin, hier im Zusammenhang mit dem genetischen Fingerabdruck (s. AB 6 u. 7).

Die genetische Kartierung (Kopplungsanalyse) des menschlichen Genoms

Der erste Schritt bei der Kartierung des menschlichen Genoms ist die Lokalisierung von ca. 3000 genetischen Markern. Dies sind bereits bekannte Gene oder andere identifizierbare Loci auf der DNA, die gleichmäßig auf den Chromosomen verteilt sind. Dieses Vorgehen wurde durch die Vielfalt der RFLPs im menschlichen Genom möglich, die einen großen Teil der verwendeten Marker darstellen. Auf der genetischen Karte sind die relativen Positionen bekannter genetischer Marker und Gene wiedergegeben, von denen man manchmal nur weiß, dass es sie gibt, deren Funktion aber unbekannt ist. Befindet sich ein Marker in der Nähe eines mutierten Gens, so kann der ungefähre Ort dieses Gens bestimmt werden (eine detaillierte Beschreibung der Methode der genetischen Kartierung findet sich in Bd. 2, S. 62 ff., s. auch Linder 1998, S. 358 ff.). Für die genaue Bestimmung des Genorts muss dann eine topografische Karte erstellt werden.

Die topografische Kartierung des menschlichen Genoms

Bei der topografischen Kartierung des menschlichen Genoms wird jedes Chromosom mit ausgewählten Restriktionsenzymen hydrolisiert, so dass eine überschaubare Anzahl von Restriktionsfragmenten entsteht. Anschließend wird deren Anordnung auf dem Chromosom bestimmt. Hierfür werden verschiedene molekularbiologische Methoden verwendet. Eine der gebräuchlichsten ist das so genannte Chromosomenwandern ('chromosome walking', s. Bd. 2, S. 64 und S. 66, s. auch Linder 1998, S. 358 ff. und AB 3).

Die Sequenzierung des menschlichen Genoms

In diesem Teil des HGPs wird die exakte Nukleotidabfolge der DNA jedes Chromosoms bestimmt. Da der haploide Chromosomensatz des Menschen ungefähr 3 Milliarden Basenpaare enthält, ist dies der aufwendigste Teil des Projektes. Eine übliche Sequenzierungsmethode ist das Verfahren nach Sanger (s. Bd. 2, S. 68 ff. und AB 4).

Gendiagnose als ein Beispiel der Anwendungsmöglichkeiten von Ergebnissen des HGPs – ethische und gesellschaftliche Implikationen

An die vom HGP erwarteten Ergebnisse knüpfen sich zahlreiche Hoffnungen und Befürchtungen. Ausführungen hierzu finden sich u.a. bei Bayrhuber/Lucius 1997 (Bd. 2, S. 60–62 und 70ff. sowie bei Mieth und Haker 1995). Im Folgenden wird exemplarisch auf die Gendiagnostik als einer Anwendungsmöglichkeit von Ergebnissen des HGPs und auf die mit dieser Anwendung verbundenen ethischen und gesellschaftlichen Implikationen eingegangen.

Mit Hilfe der Kartierung und Sequenzierung des menschlichen Genoms konnte bereits eine große Zahl von Genen und DNA-Sequenzen identifiziert und isoliert werden, deren Veränderung zur Entstehung einer Erbkrankheit führen kann. Nach dem heutigen Kenntnisstand wird geschätzt, dass es 5000 Erbkrankheiten gibt, die auf der Veränderung nur eines Gens beruhen. Derartige Erbkrankheiten werden monogene Erbkrankheiten genannt. Sie sind zum größten Teil außerordentlich selten, jedoch gibt es ein paar Ausnahmen. Zu diesen gehören die Muskeldystrophie (Typ Duchenne), die zystische Fibrose (auch Mucoviszidose genannt), die Bluterkrankheit und die Chorea Huntington. Sie kommen mit einer Häufigkeit zwischen 1:2000 und 1:20000 vor. Im Rahmen einer Pränataldiagnose können heute ca. 50 Erbkrankheiten auf der DNA-Ebene erfasst werden.

Neben der Erforschung der „klassischen" Erbkrankheiten beschäftigen sich Wissenschaftler auch mit so genannten „Krankheitsveranlagungen". Derartige Veranlagungen können auf der Veränderung eines Gens beruhen, dessen Wirkung von anderen Genen verändert werden kann, auf der Veränderung mehrerer Gene (polygen) oder auf einer

Wechselwirkung zwischen einem oder mehreren Genen und Umweltfaktoren (multifaktoriell). Eine genaue Trennung zwischen polygenen und multifaktoriellen Erkrankungen ist allerdings schwierig, weil bei den meisten hier eingeordneten Krankheiten Umweltfaktoren beteiligt sind. Im Vergleich zum Durchschnitt der Bevölkerung haben Menschen mit derartigen Veranlagungen ein erhöhtes Erkrankungsrisiko. Zumeist wirkt sich das Vorhandensein der veränderten Gene nicht negativ auf die Gesundheit dieser Menschen aus. Unter bestimmten Bedingungen, beispielsweise durch ein bestimmtes Ernährungsverhalten, kann es jedoch zum Ausbruch der entsprechenden Krankheit kommen. Die Identifizierung der Gene, die bei solchen Krankheitsanfälligkeiten eine Rolle spielen, kann einerseits helfen, die biochemischen Aspekte der Krankheit aufzuklären. Dies kann zur Entwicklung neuer Therapien führen. Andererseits ermöglicht sie, Risiken, die einen Ausbruch der Krankheit begünstigen können, zu vermeiden und auf Symptome zu achten, um eine frühzeitige Behandlung einleiten zu können.

Fraglich ist allerdings, ob die Diagnose von Erbkrankheiten durchgeführt werden sollte, auch wenn es noch keine Therapie für diese Krankheit gibt. Dies gilt sowohl für den einzelnen Menschen als auch für die denkbare Vorgehensweise, ganze Bevölkerungsgruppen auf bestimmte genetische Prädispositionen hin zu untersuchen. Notwendig erscheint hier eine deutliche Verbesserung der genetischen Beratung durch Experten, damit Menschen, bei denen eine Erbkrankheit diagnostiziert wird, nicht mit ihren Ängsten und Fragen allein gelassen werden, sondern ihnen sachkundige Aufklärung zur Verfügung steht. In diesem Zusammenhang steht auch die Frage, ob der Staat genetische Reihenuntersuchungen in Bezug auf bestimmte genetisch bedingte Krankheiten zukünftig rechtlich erzwingen können sollte, z. B. wenn es sich um Krankheiten handelt, deren Folgekosten – die zu einem großen Teil von der gesamten Bevölkerung getragen werden müssen – besonders hoch sind. In diesem Zusammenhang sind vor allem auch datenschutzrechtliche Fragen zu klären: Darf ein Arbeitgeber im Einstellungsverfahren von den Bewerbern ein genetisches Profil verlangen? Wie kann gesichert werden, dass nachgewiesenermaßen genotypisch von einer Erbkrankheit Betroffene von Krankenversicherungen versichert werden?

Neben diesen gesellschaftlich-rechtlichen Fragen stehen aber auch neuartige Fragen für jeden einzelnen Menschen. Wenn es möglich ist, Kenntnis darüber zu gewinnen, ob man von einer bestimmten genetisch bedingten Krankheit oder Veranlagung betroffen ist, so muss jeder einzelne für sich entscheiden, ob er diese Möglichkeit der Information nutzen oder er lieber gar nicht wissen möchte, ob er genotypisch Träger einer bestimmten Krankheit ist, die möglicherweise irgendwann in seinem Leben ausbrechen kann. Auch auf die Familienplanung kann die Gendiagnostik entscheidende Auswirkungen haben. Da Ergebnisse aus dem HGP eine pränatale Diagnose krankheitsbedingter Gene ermöglicht, könnten sich immer mehr Eltern für eine Untersuchung des Fötus im Mutterleib entscheiden. Fraglich ist, wie sich dies auf die Abtreibungspraxis auswirken würde. Sollte gesetzlich geregelt werden, bei welchen Krankheiten eine Abtreibung dann zulässig ist und bei welchen nicht? Hier wäre zunächst eine präzise Definition des Begriffs „Krankheit" notwendig, um z. B. beurteilen zu können, ob eine genetische Veranlagung zur Fettsucht, die bereits gendiagnostiziert werden kann, schon eine Legitimation für das Abtreiben des Fötus sein darf. In diesem Zusammenhang steht auch die noch offene Frage, ob der Gesetzgeber per Gesetz fordern sollte, dass Partner, die aus Familien abstammen, die von einer Erbkrankheit betroffen sind, ihr genetisches Profil untersuchen lassen müssen, bevor sie sich für ein Kind entscheiden.

Bei den hier ausgeführten Fragen handelt es sich um ethisch-moralische, deren Beantwortung einer ethischen Bewertung bedarf. Im Folgenden wird dies exemplarisch in Form einer ethischen Analyse des Problems, ob ein Paar, in dessen Familie die Erbkrankheit Mukoviszidose auftritt, eine pränatale Gendiagnose durchführen lassen sollte oder nicht, behandelt.

Ethische Analyse zum Thema pränatale Gendiagnose am Beispiel der Erbkrankheit Mukoviszidose

Ausgangslage: Ein Paar erwartet ein Kind. Die Mutter ist im zweiten Monat schwanger. In der Familie des Vaters des Kindes sind mehrere Fälle von Mukoviszidose (s. AB 2a u. b) aufgetreten. Das Gen, das zum Ausbruch dieser Krankheit führt, ist bekannt.

1. Formulierung der Entscheidungssituation:

Die zur Entscheidung stehende Frage ist die, ob das Paar eine pränatale Gendiagnose in Bezug auf das Mukoviszidose Gen am Fötus durchführen lassen soll oder nicht.

2. Benennung der verschiedenen Handlungsoptionen in dieser Situation

In dieser Situation stehen zwei Handlungsoptionen zur Wahl:

a) Es wird eine pränatale Gendiagnose durchgeführt.

b) Es wird keine pränatale Gendiagnose durchgeführt.

3. Zuordnung der möglichen Handlungen zu Werten, die hiervon berührt werden

Beispiele für Werte, die von den genannten möglichen Handlungen berührt werden:

- die Gesundheit eines Menschen;
- der absolute Wert, die Integrität jedes einzelnen Menschen;
- soziale Autonomie;
- Gerechtigkeit (allgemeines Recht auf Leben).

4. Treffen einer begründeten Entscheidung für eine der Handlungsoptionen und Reflexion der aus diesen Handlungen folgenden Konsequenzen

Entscheidung für a, Begründungsmöglichkeiten und Konsequenzen der Entscheidung:
Eine pränatale Gendiagnose sollte in diesem Fall durchgeführt werden, weil
(1.) - so möglicherweise gezeigt werden kann, dass der Fötus nicht von der Erbkrankheit betroffen ist.
Konsequenz: Den Eltern bleiben unnötige Ängste und Sorgen erspart.
(2.) - die Eltern sich im Falle einer positiven Diagnose für eine Abtreibung entscheiden würden. Diese Begründung kann durch den Bezug auf verschiedene Werte zustande kommen. Hier kann zum einen mit der Gesundheit des Kindes argumentiert werden; die Eltern wollen ihrem Kind ein schweres, durch Mukoviszidose belastetes Schicksal ersparen (medizinethische Argumentation). Zum anderen können die Eltern ihre Begründung daraus ableiten, dass für sie ihr persönliches Recht auf ein möglichst unbeschwertes Leben, das durch ein krankes Kind belastet würde, an erster Stelle steht; sie deshalb die Abtreibung vorziehen (sozialethisches Argument).
Konsequenz: Ein lebensfähiges, aber erbkrankes Kind wird nicht ausgetragen. Einem Menschen (dem Kind) wird zwar Leid erspart, andererseits wird ihm die Chance verwehrt, überhaupt zu leben. Die Eltern greifen somit in die Autonomie eines menschlichen Wesens ein und verneinen damit zugleich den absoluten Wert des Menschen unabhängig von seinem „Gesundheitsgrad".
(3.) - die Eltern ihre Lebensumstände im Falle einer positiven Diagnose auf das Leben mit einem kranken Kind frühzeitig einstellen könnten (z. B. durch berufliche Veränderungen, um die Pflege des Kindes zu ermöglichen; durch Vorbereitung frühzeitiger Therapiemaßnahmen; durch versicherungstechnische Überlegungen und Maßnahmen). In der Begründung für diese Entscheidung steckt die Überzeugung, dass der absolute Wert des Menschen nicht angetastet werden darf (substantialistisches Argument). Das grundsätzliche Recht des Kindes auf Leben wird hier (u.a.) über den Wert „Gesundheit" gestellt.
Konsequenz: Ein krankes Kind wird wissentlich zur Welt gebracht. Aber auf Grund der frühzeitigen Information über die Gesundheit des Kindes können Vorbereitungen getroffen werden, die allen Betroffenen helfen können.
Entscheidung für b, Begründungsmöglichkeiten und Konsequenzen der Entscheidung:
Eine pränatale Gendiagnose sollte in diesem

Fall nicht durchgeführt werden, weil
(1.)- die Eltern nicht das Recht haben in das werdende Leben auf irgendeine Art und Weise einzugreifen (substantialistische Argumentation).
Konsequenz: Ein mit großer Wahrscheinlichkeit von einer schweren Erbkrankheit betroffener Mensch wird zur Welt gebracht.

5. Zuordnung der Gründe für die verschiedenen Entscheidungen zu den über geordneten Argumentationskategorien

Die kategorischen Begründungen, die aus dem absoluten Wert des Menschen abgeleitet werden, beziehen sich auf die unantastbare Integrität des Menschen als höchsten Wert (a. 2 und b. 1). Die übrigen Begründungen lassen sich auf eine Bewertung der Konsequenzen der jeweiligen Handlung und damit auf eine Güterabwägung ein.

6. Beschreibung der Konsequenzen der individuellen Entscheidung

Eine denkbare Konsequenz aus der Entscheidung gegen die pränatale Diagnostik wäre die Forderung an den Gesetzgeber, diese zu verbieten. Eine Konsequenz aus der Entscheidung für die pränatale Diagnostik wäre z. B. vom Gesetzgeber zu fordern, eine Gesetzeslage zu schaffen, die Eltern, die sich auch bei positiver Diagnose des Fötus für ihr Kind entscheiden, vor möglichen Krankenversicherungsproblemen schützt.

Zur Frage der Patentierung im Bereich der biologischen Forschung

Die Entwicklung molekularbiologischer Methoden und ihre vielseitigen Einsatzmöglichkeiten in verschiedensten Anwendungsbereichen als Gentechnik wirft neuartige ethische, soziale, wirtschaftliche und rechtliche Probleme auf. Ein zentrales Problem, das sich aus der Anwendung der Gentechnik ergeben hat, ist die Frage nach der Patentierbarkeit gentechnisch veränderter Organismen und natürlicher DNA-Sequenzen (s. Bd. 2, S. 81 ff.).

Ethische Analyse zum Thema der Patentierbarkeit menschlicher DNA-Sequenzen

1. Formulierung der Entscheidungssituation

Die hier zur Entscheidung stehende Frage ist, ob es rechtlich möglich sein soll, ein Patent auf menschliche DNA-Sequenzen zu bekommen oder nicht.

2. Benennung der verschiedenen möglichen Handlungsoptionen in dieser Situation

Drei mögliche Handlungsoptionen stehen bei dieser Frage zur Auswahl:
a) Es sollte rechtlich möglich gemacht werden, ein Patent auf menschliche DNA-Sequenzen anzumelden, gleichgültig ob ihre Funktion bekannt oder nicht bekannt ist.
b) Es sollte ausschließlich ermöglicht werden, solche menschlichen DNA-Sequenzen patentieren zu lassen, deren Funktion bekannt ist.
c) Es sollte grundsätzlich nicht möglich sein, Patente auf menschliche DNA-Sequenzen anmelden zu können.

3. Zuordnung der verschiedenen Handlungen zu Werten, die hiervon berührt werden

Beispiele für Werte, die von diesen Handlungen berührt werden, sind z. B. das Recht auf Selbstbestimmung, die Integrität des Menschen, wirtschaftlicher Gewinn (z. B. der deutschen Pharmaindustrie) und die Gesundheit des Menschen.

4. Treffen einer begründeten Entscheidung für eine der Handlungsoptionen und Reflexion der aus diesen Handlungen folgenden Konsequenzen

Entscheidung für a, Begründungsmöglichkeiten und Konsequenzen der Entscheidung: Es sollte rechtlich möglich gemacht werden, ein Patent auf menschliche DNA-Sequenzen anzumelden, gleichgültig ob ihre Funktion bekannt oder nicht bekannt ist, weil
(1.)- die Kenntnis dieser Sequenzen, auch wenn ihre Funktion zur Zeit noch unbekannt ist, eine Voraussetzung dafür sein kann, dass von ihnen ausgehend, in (absehbarer) Zukunft Gendiagnosemöglichkeiten entdeckt oder gen- technisch Medikamente hergestellt wer-

den können (medizinethisches Argument). Möglicherweise könnten sogar Medikamente zur Linderung oder gar Heilung von Erbkrankheiten entwickelt werden, die heute noch gar nicht behandelt werden können. Wird die rechtliche Möglichkeit, Patente auch auf solche DNA-Sequenzen anzumelden, deren Funktion zur Zeit noch nicht bekannt ist, verwehrt, so werden Unternehmen möglicherweise nicht weiter in diesen Forschungszweig investieren. Dies könnte zu einem wirtschaftlichen Nachteil für die Bundesrepublik im internationalen Vergleich führen (politisch-ökonomisches Argument).

Konsequenzen:

(1.) Derjenige, der das Patent bekommt, kann über einen langen Zeitraum hinweg (nach dem aktuellen Patentrecht 20 Jahre lang) monopolistisch über den Preis der aus der Kenntnis einer beliebigen DNA-Sequenz resultierten Gendiagnose- oder Therapiemöglichkeit bestimmen. Dies kann dazu führen, dass die Nutzung dieser Möglichkeiten nur bestimmten sozialen Schichten zugänglich gemacht wird.

(2.) Geldgeber (z. B. die Industrie) werden weiterhin Interesse an diesem Forschungsbereich haben und in ihn investieren, weil ihnen durch das Recht der Patentierung die Möglichkeit, (evtl. hohe) Gewinne zu erzielen, eingeräumt wird.

(3.) Wenn mit dem Ziel geforscht wird, das Endergebnis patentieren zu lassen, so werden die Zwischenergebnisse unter Verschluss gehalten, um zu verhindern, dass andere Forschungsgruppen diese zu ihrem Vorteil nutzen können. Dies könnte dazu führen, dass zu gleichen Fragestellungen parallel in verschiedenen Gruppen gearbeitet wird. Dies bedeutete eine unnötige Verschwendung von Zeit, Geld und anderen Resourcen.

(4.) Mit dem Aspekt der Geheimhaltung ist weiterhin verbunden, dass die rezenten Ergebnisse nur von einem Teil der Experten genutzt werden können. Eine optimale Nutzung von Forschungsergebnissen, um in der Sache voranzukommen, kann dadurch möglicherweise behindert werden.

Entscheidung für b, Begründungsmöglichkeiten und Konsequenzen der Entscheidung:

Es sollte rechtlich ausschließlich ermöglicht werden, menschliche DNA-Sequenzen patentieren zu lassen, deren Funktion bekannt ist.

Die Begründung entspricht der für die Entscheidung zu a (s. o.). Die Konsequenzen sind bis auf die erstgenannte ebenfalls identisch, da bei Kenntnis der Funktion der DNA-Sequenz, die patentiert wird, vorher bekannt ist, für welches Gen und damit verbunden für welche Krankheit dem Patentinhaber das Monopol über 20 Jahre eingeräumt wird.

Entscheidung für c, Begründungsmöglichkeiten und Konsequenzen der Entscheidung: Es sollte grundsätzlich nicht möglich sein, Patente auf menschliche DNA-Sequenzen anmelden zu können, weil

(1.)- die DNA nicht als organisches Molekül betrachtet werden darf, das zu bestimmten Zwecken genutzt werden kann. In der DNA eines jeden Menschen steckt die Einzigartigkeit der jeweiligen Person. Indem – wie es bei der Patentierung der DNA der Fall ist – Nutzen aus der Kenntnis über DNA-Abschnitte gezogen wird, wird die Integrität des Menschen verletzt (substantialistisches Argument).

Konsequenz: Es wird in Kauf genommen, dass bestimmte Diagnose- und Therapiemöglichkeiten nicht oder nur sehr langsam entwickelt werden.

5. Zuordnung der Gründe für die verschiedene Entscheidungen zu den übergeordneten Argumentationskategorien

Die Begründungen zu der Entscheidung für die Patentierbarkeit menschlicher DNA-Sequenzen (s. a. und b.) lassen sich auf eine Güterabwägung ein. Die Gesundheit des Menschen und der wirtschaftliche Vorteil der Bundesrepublik sind hier die letztbegründenden Werte, auf die diese Entscheidung sich stützt. Die kategorische Entscheidung gegen die Patentierbarkeit menschlicher DNA-Sequenzen gründet sich auf den absoluten Wert des Menschen.

6. Beschreibung der Konsequenzen der indviduellen Entscheidung

Eine mögliche Konsequenz wäre die Forderung an den Gesetzgeber, eine Gesetzeslage entsprechend der individuellen Entscheidung zu schaffen.

2. Fachdidaktische Information

Im Zusammenhang mit der Vermittlung der deskriptiven Seite des HGPs bietet sich die Durchführung folgender Unterrichtsversuche an:
- der λ-Kit (Hydrolyse der DNA mit Restriktionsenzymen und Auftrennung der DNA-Fragmente in der Gelelektrophorese; s. Bd. 2, S. 104)
- Polymerase-Kettenreaktion mit DNA von λ-Phagen (s. Jaeschke/Uhlmann 2000)

Lernvoraussetzungen

Basiswissen über
- genetisch bedingte Krankheiten,
- Stammbaumanalyse,
- den Aufbau der DNA,
- DNA-Replikation,
- die Funktion vom Restriktionsenzymen,
- die Methode der Gelelektrophorese,
- die Hybridisierung von DNA.

Lernziele

Die Schüler sollen:
- die Ziele des Human Genomprojektes (HGP) nennen können;
- das Prinzip der Methoden der topografischen und genetischen Kartierung, der Sequenziermethode nach Sanger und der Polymerase-Kettenreaktion (PCR) erläutern können;
- erklären können, zu welchem Zweck diese Methoden jeweils im HGP eingesetzt werden,
- erklären können, was ein genetischer Fingerabdruck ist, wie er hergestellt wird und wie durch ihn ein bestimmtes Individuum identifiziert werden kann;
- eine ethische Analyse zu der Frage „Pränatale Gendiagnose ja oder nein?“ und/oder der Frage "Patentierung menschlicher DNA-Sequenzen ja oder nein?" durchführen können.

3. Unterrichtsverlauf und Materialien

1. Unterrichtsabschnitt: Das Human Genom Projekt (HGP) **(ca. 90 Min.)** Überblick über das HGP (inhaltlich und methodisch)	Medien
Einstieg: Text über das HGP	AB 1
Erarbeitung: Ziele, Hoffnungen/Befürchtungen	AB 1/ Tafel
Überleitung: Übersicht über die im HGP angewendeten Methoden	F 1
HA: Das Mukoviszidose Gen	AB 2 a/b

2. Unterrichtsabschnitt: Kartierung I (ca. 90 Min.) Die genetische Kartierung und der Restriktions-Fragment-Längen-Polymorphismus (RFLP)	Medien
Einstieg: Zusammentragen der Ergebnisse der HA **Lehrervortrag** Die 3 Schritte der Kartierung des Mukoviszidose-Gens (s. Linder 1998, S. 360/361) **Überleitung:** Die Bedeutung des RFLPs für die genetische Kartierung (Bd. 2, S. 62 ff.)	AB 2a/b Tafel F 2
3. Unterrichtsabschnitt: Kartierung II (ca. 45 Min.) Die topografische Kartierung und das „Chromosomenwandern"	Medien
Einstieg: WH der bisherigen Inhalte **Problematisierung:** Wie kann die Reihenfolge von Restriktionsfragmenten ermittelt werden? **Erarbeitung:** Bearbeitung von AB 3 im Plenum **HA:** Beantwortung der Fagen auf AB 3	F 1 AB 3 AB 3
4. Die DNA-Sequenzierung nach Sanger (ca. 45 Min.) Die DNA-Sequenzierung nach Sanger	Medien
Einstieg: Zusammentragen der Ergebnisse der HA **Überleitung:** DNA-Sequenzierung zur Bestimmung der Basensequenz der einzelnen DNA-Fragmente **Erarbeitung:** Bearbeitung von AB 4 und Zusammentragen der Ergebnisse von Aufgabe 1 und 2	AB 3 AB 4 a/b AB 4 a/b
5. Unterrichtsabschnitt: Ethische Analyse zum Thema pränatale Gendiagnose am Beispiel der Erbkrankheit Mukoviszidose (ca. 45 Min.) Ethische Analyse	Medien
Problemstellung: Ihre Freundin bzw. Sie sind schwanger. In Ihrer und der Familie Ihres Mannes/Ihrer Frau sind Fälle von Mukoviszidose bekannt. Würden sie eine pränatale Diagnose durchführen? **Einzelarbeit:** Kurze schriftliche Stellungnahme jedes einzelnen **Diskussion:** Sammlung der Argumente. Abarbeiten der einzelnen Punkte der ethischen Analyse in der Diskussion	Tafel Tafel
6. Unterrichtsabschnitt: Ethische Analyse zum Thema Patentierung menschlicher DNA-Sequenzen ja oder nein? (ca. 45 Min.) Ethische Analyse	Medien
Einstieg: Lesen des Textes „Der Fall John Moore"; Information über Patente **Problemstellung:** Patente auf menschliche DNA-Sequenzen ja oder nein **Diskussion:** Vorteile/Nachteile der Legalisierung von Patenten auf menschliche DNA-Sequenzen; mit welchem Wert wird jeweils argumentiert? (Abarbeiten der einzelnen Punkte der ethischen Analyse in der Diskussion, **HA:** Verfassen eines Leserbriefes zur Problemstellung	AB 5 Tafel Tafel
Exkurs: RFLPs in der forensischen Medizin	AB 6/7

Das Human Genomprojekt

Nehmen wir einmal an, dass in absehbarer Zukunft Wissenschaftler in der Lage sein werden, die Gene zu identifizieren, die die Veranlagung zu Herz-Kreislauf-Erkrankungen oder zur Alzheimer Krankheit bedingen. Wenn Sie wüssten, welche Gene Sie besitzen und welche genetisch bedingten Krankheiten sie bei Ihnen auslösen können, würde dies einen Einfluss auf Ihre persönliche Lebensplanung haben? Würde dies Ihre Entscheidung, eine Familie zu gründen, beeinflussen? Nehmen wir einmal an, dass ein Arbeitgeber Zugang zu Ihren genetischen Daten hätte. Könnte dies dann nicht möglicherweise dazu führen, dass Ihnen bestimmte Berufe verschlossen blieben? Wenn Sie wüßten, dass Ihr ungeborenes Kind das Gen für eine schwere Krankheit trägt, würden Sie den Fötus dann austragen oder eine Abtreibung vorziehen?

Mit Fragen dieser Art werden wir alle in naher Zukunft konfrontiert werden. Sie resultieren aus den bereits gewonnenen und noch zu erwartenden Ergebnissen des 1990 begonnenen, bisher größten wissenschaftlichen Projektes der Menschheit, dem Human Genomprojekt (HGP). Das HGP hat sich zum Ziel gesetzt, die gesamte genetische Information der menschlichen Zelle, die in den Chromosomen enthalten ist, zu entschlüsseln. D. h. es müssen ca. 3 Milliarden Basenpaare identifiziert werden, die 50000 bis 100000 Gene (5 % der ges. DNA) einschließen. Die zur Analyse verwendeten DNA Proben stammen von etlichen verschiedenen Personen. Es wird also nicht die Basensequenz eines einzigen Menschen ermittelt. Vielmehr geht es um die Entschlüsselung des Genoms der Spezies Homo sapiens. Das HGP hat schon jetzt zur Identifikation zahlreicher krankheitsauslösender oder – beeinflussender Gene geführt (z. B. des Gens für Mukoviszidose). Neben diesen Erkenntnissen für die Humanmedizin hoffen die Wissenschaftler darauf, dass das HGP darüber hinaus Antworten auf grundsätzliche biologische Fragen möglich macht, wie z. B. solche, die die Evolution, die Entwicklungsbiologie oder die Regulation von Genen betreffen.

Der erhoffte Nutzen steht grundsätzlichen Bedenken gegenüber, die sich an das HGP knüpfen. Kritiker des Projektes meinen, dass die Kosten des Projektes (ca. 3 Milliarden Dollar) in keinem Verhältnis zu dem zu erwartenden Ertrag stehen. Dieses Geld hätte nach ihrer Auffassung sinnvoller für andere medizinische Aufgaben verwendet werden können (z. B. für die AIDS-Forschung). Bei dem Ausbruch einer Krankheit wären neben den Genen immer auch äußere Faktoren von Bedeutung. Diese Tatsache würde im HGP vollständig vernachlässigt. Problematisch erscheint den Kritikern ebenfalls, dass durch das HGP die genetische Prädisposition eines Menschen, an einer bestimmten Krankheit zu erkranken, diagnostiziert werden könnte, bevor Therapiemöglichkeiten für diese Krankheit entwickelt worden seien. Fraglich ist, wie mit solchen Situationen umgegangen werden sollte. Andererseits könnte die genetische Früherkennung einer bestimmten Erbkrankheit sinnvoll auf die Familienplanung angewendet werden. Weitere kritische Bedenken knüpfen sich daran, wie der Datenschutz genetische Informationen gewährleisten wird und ob es möglich gemacht werden sollte, Personen in bestimmten Situationen (z. B. bei der Arbeitsplatzsuche oder bei dem Abschluss einer Krankenversicherung) zur Analyse ihres genetischen Profils rechtlich zwingen zu können.

Aufgaben:

1. **Fassen Sie die Ziele des HGPs sowie Hoffnungen und Befürchtungen, die sich an das Projekt knüpfen, stichwortartig zusammen.**
2. **Wie bewerten Sie das HGP? Begründen Sie Ihre Antwort.**

Übersicht über die im HGP angewendeten Methoden

(Bayrhuber/Lucius 1999)

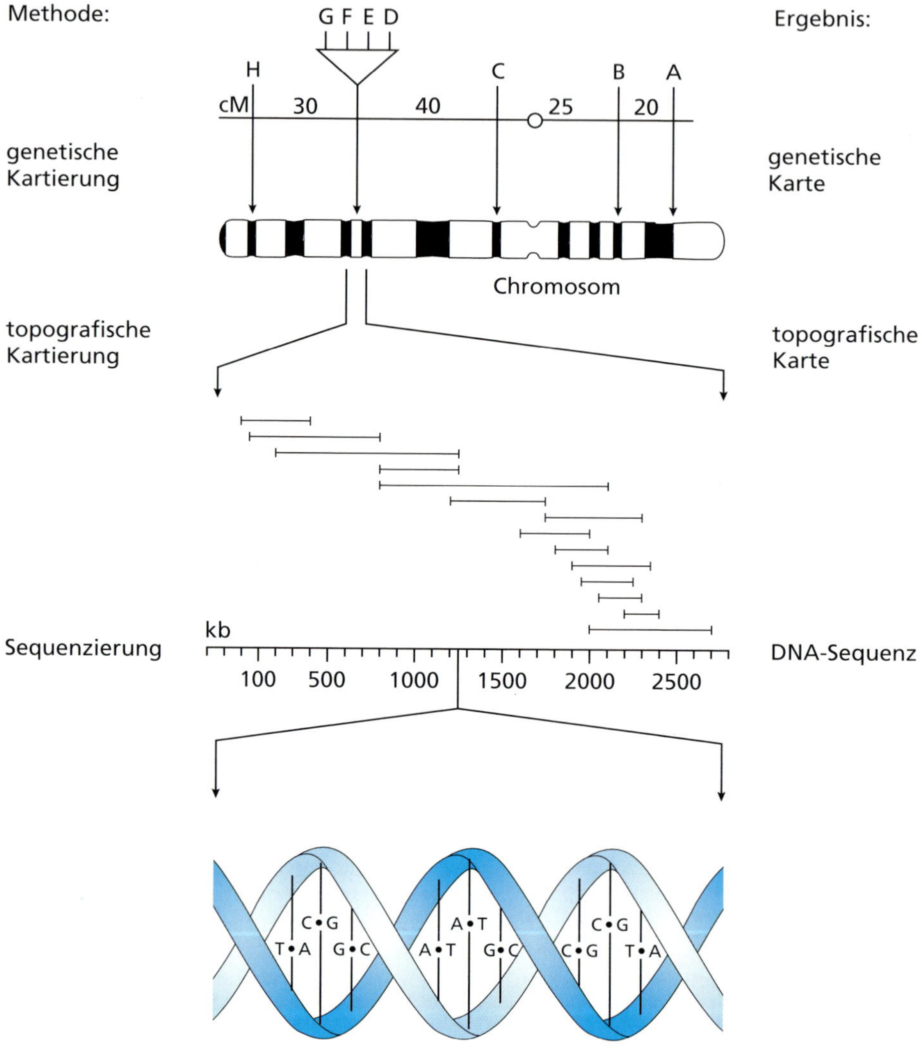

Die genetische Karte des Chromosoms zeigt die Lage von acht Markern (A–H), die bestimmten Merkmalen zugeordnet werden können. Die Entfernungen werden in Centimorgan gemessen. 1 cM entspricht einer Million Basenpaare. Die topografische Karte zeigt sich überlappende Teilstücke der DNA des Chromosoms. Die Länge der Fragmente wird in Kilobasen (kb) gemessen. Die Basensequenz kann zum Beispiel mit Hilfe der Sequenzierungsmethode nach Sanger ermittelt werden.

Der Restriktions-Fragment-Längen-Polymorphismus (RFLP)

1. RFLP

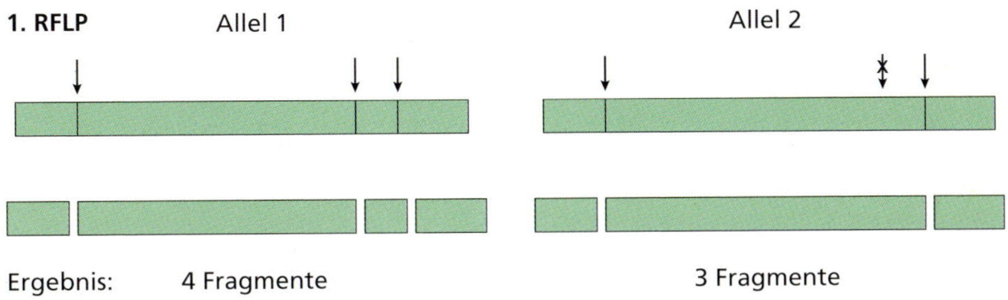

→ : Ansatzstelle für das Restriktionsenzym

2. Erbgang eines RFLPS in einer kinderreichen Familie

Das Fragment tritt in acht verschiedenen Größen auf. Jede Person besitzt zwei dieser Varianten.

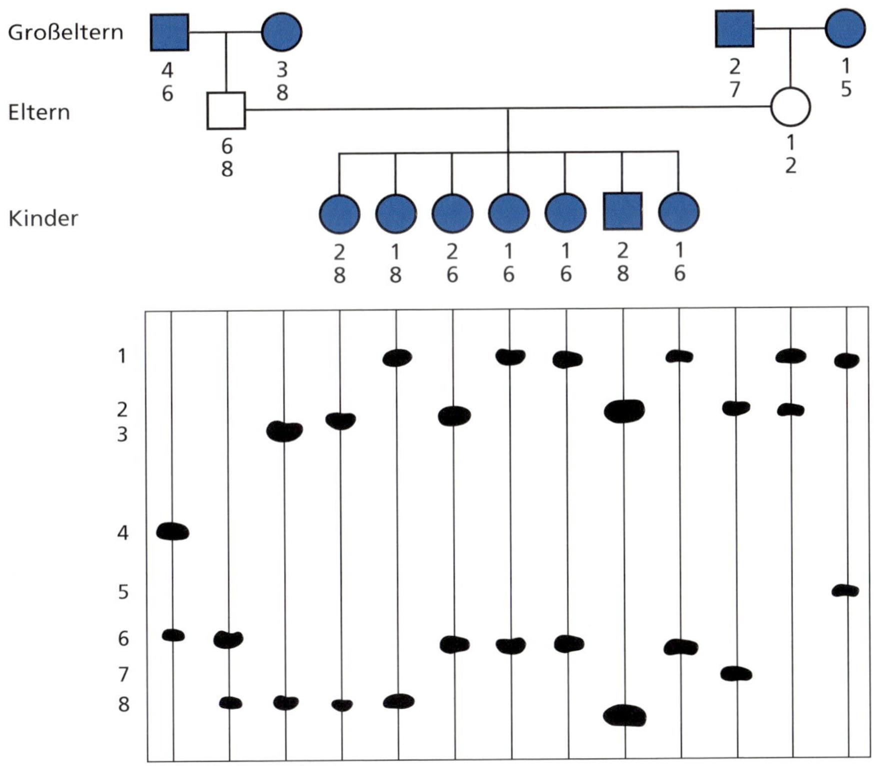

Wahrscheinlichkeit 1 : 2000 ... !
Mukoviszidose, eine häufig vorkommende Erbkrankheit

Was ist Mukoviszidose?

Die Mukoviszidose – auch cystische Fibrose genannt – ist die häufigste tödliche, genetisch bedingte Krankheit in Europa. Statistisch ist jedes 2000 ste Neugeborene mit dieser Krankheit erblich belastet. Die Hauptsymptome dieser Krankheit sind schwere Störungen der Verdauung und der Atmung sowie ein extrem salzhaltiger Schweiß. Diese Symptome resultieren aus einer Störung exokriner Drüsen in der Form, dass der Transport von Chloridionen aus der extrazellulären Flüssigkeit in die Zellen beeinträchtigt wird oder sogar ganz unterbleibt. Dies führt zu einer extrem hohen extrazellulären Chloridkonzentration, die wiederum dazu führt, dass die Schleimschicht bestimmter Zellen ungewöhnlich zäh und dick wird. Der Schleim sammelt sich in Pankreas, Lunge, Verdauungstrakt und anderen Organen an, wodurch die Gefahr einer Lungenentzündung und anderer Infektionen steigt. Die ersten Symptome der Krankheit werden meist innerhalb der ersten drei Lebensjahre diagnostiziert. Behandelte man diese Kinder nicht, so würden sie innerhalb der ersten fünf Lebensjahre sterben. Durch eine spezielle Diät, tägliche Antibiotikagaben zur Infektionsprophylaxe und andere vorbeugende Maßnahmen kann dieses Alter jedoch weit überschritten werden. Die durchschnittliche Lebenserwartung von Menschen mit Mukoviszidose beträgt heute in den Industrieländern ungefähr 27 Jahre.

Das Mukoviszidose-Gen

Um das Gen, das für die Erkrankung an Mukoviszidose (MV) verantwortlich ist, zu identifizieren, benutzten die Genetiker zunächst eine genetische Karte, um das Chromosom zu bestimmen, auf dem das MV-Gen liegt. Sie suchten zuerst einmal nach sogenannten (RFLP-) Markern (Abschnitte mit bereits bekannten DNA-Fragmenten) auf bestimmten Chromosomen und vergleichen die DNA von MV-Erkrankten mit denen ihrer Eltern, Verwandten und Individuen anderer Familien im Hinblick auf diese Marker. So fanden sie heraus, dass das MV-Gen auf Chromosom 7 liegt. Die genaue Position des Gens auf dem Chromosom im Verhältnis zu den Markern wurde ebenfalls bestimmt.

Im nächsten Schritt wurde eine topografische Karte angelegt. Dies war notwendig, um das exakte DNA Stück aufzuspüren, auf dem das Gen liegt, und um es dann für weitere Untersuchungen (z. B. zur Sequenzierung) isolieren zu können. Die entsprechenden DNA-Fragmente (das „MV-Gen") von MV-Erkrankten und von Gesunden wurden sequenziert. Es zeigte sich, dass ca. 70 % der an MV-Erkrankten dieselbe Mutation in ihrer Basensequenz aufweisen.

Erbgang der Mukoviszidose

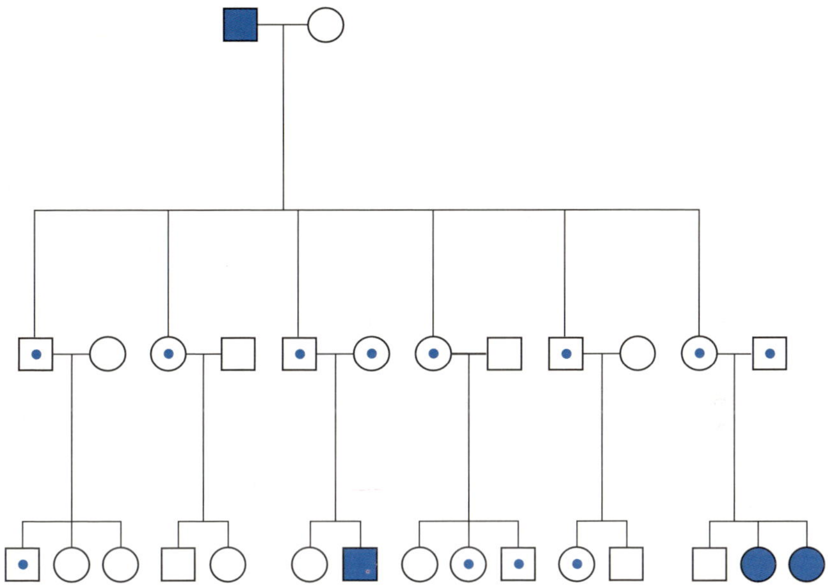

□ männlich

■ männlich, phänotypisch krank

⊡ männlich, Konduktor

○ weiblich

● weiblich, phänotypisch krank

⊙ weiblich, Konduktorin

Aufgaben:

1. **Wie wird das Mukoviszidose-Gen vererbt? Begründen Sie Ihre Antwort.**
   (autosomal-rezessiv; ♂und ♀sind gleichermaßen betroffen; das Merkmal tritt nicht in jeder Generation auf; nur homozygote Individuen weisen das Merkmal auf; das Merkmal tritt auch bei Kindern auf, deren Eltern phänotypisch gesund sind; hat ein Elternteil das Merkmal, so sind phänotypisch gesunde Kinder i. b. auf das Gen hetrozygot.).
2. **Was ist das Ziel der genetischen, was das Ziel der topografischen Kartierung**
   (g. K. : Analyse der Abfolge der Gene auf einem Chrosom; t. K.: Analyse der Abfolge bestimmter Restriktionsfragmente eines Chromosoms)

Wandern auf dem Chromosom

Ziel: Die gesamte genomische DNA in Fragmente zu zerlegen, die physikalisch handhabbar sind, und ihre Reihenfolge auf den Chromosomen zu bestimmen. Die Bestimmung der Reihenfolge der Fragmente ist eine Voraussetzung für die weitere Charakterisierung der DNA (z. B. durch die Sequenzierung nach Sanger).

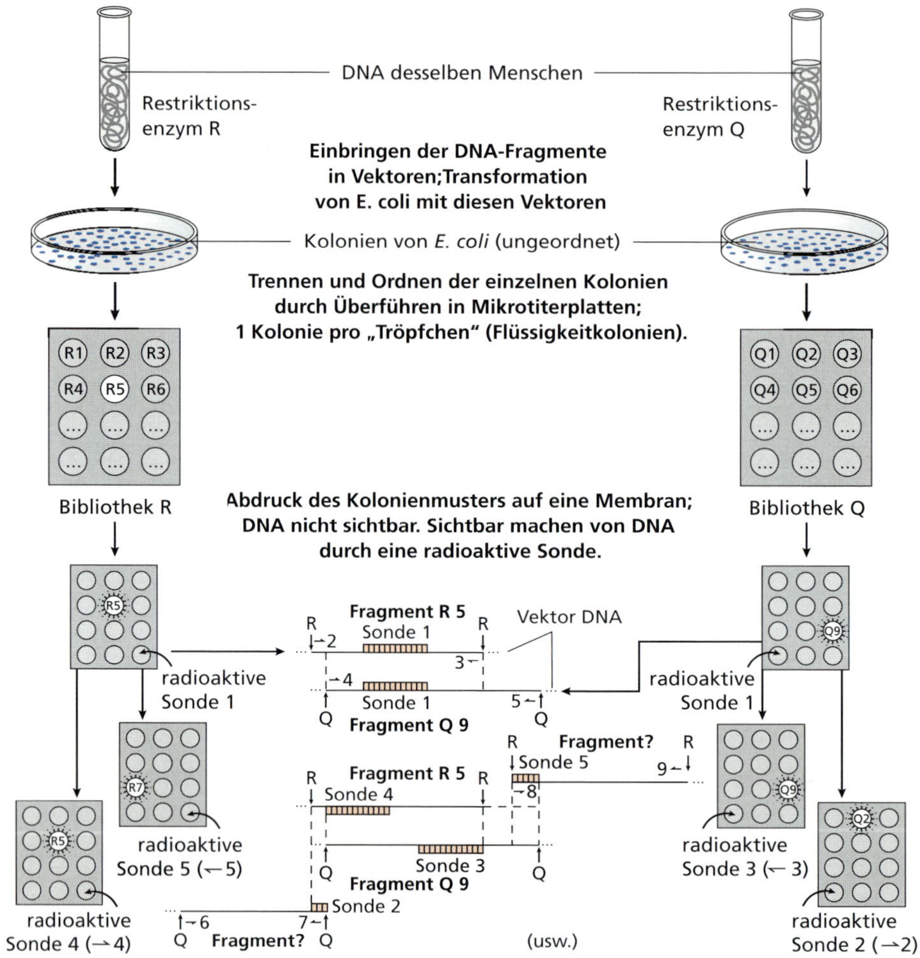

Aufgaben:

1. **Bestimmen Sie die Reihenfolge der gezeichneten Fragmente (R 5, Q 2 usw.).**
   (Q 2 – R 5 – Q 9 – R 7)
2. **Wenn eine Sonde nur noch mit dem Fragment hybridisiert, aus dem sie hergestellt wurde, was können Sie daraus folgern?**
   (Das Ende eines Chromosoms ist erreicht.)

Die DNA-Sequenzierung nach Sanger

Bei der Sequenzierungsmethode nach Sanger werden radioaktiv markierte DNA-Abschnitte synthetisiert, die dem einzelsträngigen, zu sequenzierenden DNA-Stück komplementär sind.

Hierzu werden benötigt:
- das zu sequenzierende DNA-Stück;
- ein Startermolekül (Primer);
- DNA-Polymerase;
- vier Nukleotide;

vier Didesoxynukleotide (dd*TP).

Wenn ein Didesoxynukleotid (z. B. ddATP) in das DNA-Molekül eingebaut wird, endet die Synthese dieses DNA-Abschnittes. Dieser Einbau erfolgt zufällig. So entstehen DNA-Abschnitte verschiedener Länge, die durch den verwendeten Primer radioaktiv markiert sind.

4 parallele Reaktionen werden verwendet. Jede enthält eines der 4 Didesoxynukleotide.
In einer Gelelektrophorese werden die DNA-Abschnitte nach ihrer Größe aufgetrennt.

Durch die Lage der einzelnen DNA-Abschnitte im Gel kann deren Größe ermittelt und die Basensequenz der komplementären DNA festgestellt werden. Aus dieser ist die Sequenz des Ausgangsstrangs ableitbar.

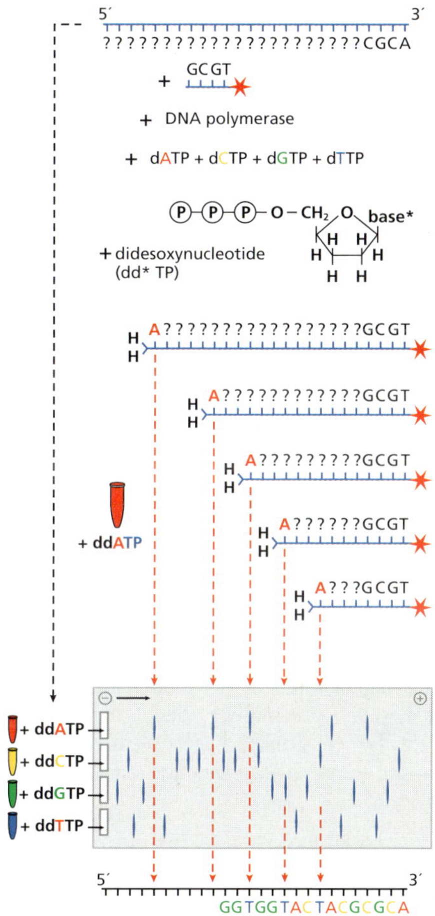

Aufgaben:

1. **Warum bricht nach dem Einbau eines Didesoxynukleotids die Synthese des komplementären DNA-Abschnitts ab?** (auf Grund des fehlenden Sauerstoffatoms am C-3-Atom kann kein weiteres Nukleotid ansynthetisiert werden)
2. **Wie lauten die ersten 10 Basen des synthetisierten DNA-Strangs vom 5' Ende aus?** (C G A C T A G G G T)
3. **Beschreiben Sie kurz mit eigenen Worten die DNA-Sequenzierung nach Sanger.**

Was ist ein Patent?

Ein Patent ist ein amtliches, öffentlich zugängliches Dokument, das seinem Besitzer das Recht auf ein geistiges Eigentum sichert, wie dies zum Beispiel beim Copy Right auch der Fall ist. Patente werden für Erfindungen erteilt, die absolut neu sind. Sie müssen auf einer erfinderischen Tätigkeit beruhen, das heißt, dass eine Patentanmeldung vom Grundgedanken her nicht offensichtlich sein darf, sondern etwas Neues darstellen muss. Darüber hinaus muss eine Patentanmeldung den Weg für eine gewerbliche Nutzung der Erfindung aufweisen. In diesem Punkt wird auch der Unterschied zwischen einer Entdeckung und einer Erfindung gemacht. So wäre zum Beispiel die Entdeckung des Penicillins, das ja in der Natur vorkommt, für sich nicht patentierbar. Die Erkenntnis aber, dass Penicillin als Antibiotikum einsetzbar ist, macht aus der Entdeckung eine gewerblich nutzbare Erfindung.

Das Prinzip der Patentierung hat sich in der Wirtschaft als ein wichtiges Recht etabliert. Es gestattet Firmen, eine bestimmte Zeit die von ihnen gemachte Erfindung zu vermarkten, ohne dass ein Konkurrent diese neue Entwicklung einfach kopieren kann. Dadurch bekommen die Firmen die Möglichkeit, ihre zum Teil außerordentlich hohen Kosten für Forschung und Entwicklung wieder zurückzuerlangen.

Grundsätzlich geht es bei Patenten nicht um die Frage, wem etwas gehört, sondern darum, wer für einen bestimmten Zeitraum einen erfundenen Gegenstand oder ein herausgefundenes (technisches) Verfahren exklusiv nutzen darf. Insofern bringen Patente dem Patentinhaber einen Vorteil. Er darf seine Erfindung eine gewisse Zeit ohne Konkurrenzdruck verwerten. Dieses Recht ist jedoch gekoppelt an eine Gegenleistung. Der Erfinder muss seine Erfindung der Öffentlichkeit gegenüber so veröffentlichen, dass diese Erfindung von anderen Fachleuten nachgearbeitet werden kann. Hiermit soll sichergestellt werden, dass eine neue Errungenschaft nicht womöglich mit dem Tod des Erfinders wieder verloren geht. Der Grundgedanke des Patentrechts zielt dementsprechend darauf ab, die Interessen der Allgemeinheit zu wahren. Eine Patentanmeldung bietet dem Patentanmelder jedoch die Möglichkeit, zunächst - in Europa heißt dies zwanzig Jahre lang - alleiniger Nutzer seiner Erfindung zu sein, gleichgültig, ob in diesem Zeitraum ein Dritter die gleiche Erfindung macht. Erfinder müssen die Möglichkeit der Patentanmeldung jedoch nicht nutzen. Die Rezeptur von Coca Cola® zum Beispiel wurde nie patentiert. Sie ist ein Firmengeheimnis und damit der Öffentlichkeit nicht zugänglich.

Der Fall John Moore

Der Amerikaner John Moore unterzog sich 1976 wegen einer Leukämieerkrankung einer Operation. Ein Teil seiner Milz wurde entfernt und für die Forschung freigegeben. Dabei stießen die Forscher auf eine Auffälligkeit: Moores Zellen exprimierten ein Protein, das auf eine vielversprechende Anwendung in der Krebsbehandlung hoffen ließ. Ohne Mooeres Wissen beantragte der behandelnde Arzt das Patent auf diese Milz-Zelllinie. John Moore legte vor Gericht Einspruch gegen dieses Patent ein. Nach seiner Auffassung dürfte es keine Besitzrechte an menschlichen Zellen und Genen geben. Das Gericht wies diesen Einwand zurück und bestätigte das Patent. Der Arzt wurde gerügt, weil er John Moore nicht ausdrücklich auf die mögliche ökonomische Verwendung der Forschungsergebnisse hingewiesen hatte.

(nach: „Die Mo-Zellinie", in: Genomanalyse und Genom-Tests. Basler-Appel gegen Gentechnologie. GeN 9/1995)

Aufgabe: Formulieren Sie das Problem, das dem Text zu Grunde liegt.

Weibliche Leiche am Bahndamm entdeckt – wer war der Mörder?

Gestern Nachmittag wurde am Bahndamm bei Hannfeld eine weibliche Leiche von einem Spaziergänger entdeckt. Bei der Toten handelt es sich um die 27-jährige Marion F. aus T. . Wie die Obduktion der Leiche ergab, wurde die junge Frau vergewaltigt und durch mehrere Messerstiche im Brust- und Bauchbereich getötet. Der Tod trat in der Nacht von Mittwoch auf den Donnerstag zwischen 23.00 Uhr und 4.00 Uhr morgens ein. Dem Mord ging offenbar ein schwerer Kampf voraus. Unter den Fingernägeln des Opfers wurden Hautreste gefunden, die Kleidung der Toten war mit Blut getränkt.

Nach dem Bekanntwerden des Verbrechens meldeten sich mehrere Zeugen, die unabhängig voneinander aussagten, dass das Opfer am späten Abend vor der Mordnacht mit drei Männern am Marktplatz von T. in einen dunkelblauen PKW eingestiegen sei. Wie weitere Nachforschungen ergaben, handelte es sich bei diesen Personen um Gerd S. und Hermann N. aus W. sowie um Fred A. aus dem Nachbarort G. . Obwohl alle drei die Tat bestreiten, wurden sie unter dringendem Tatverdacht festgenommen. Mit Hilfe des „genetischen Fingerabdrucks" soll nun herausgefunden werden, ob einer von den drei Tatverdächtigen der Mörder ist und, wenn ja, wer von ihnen es ist.

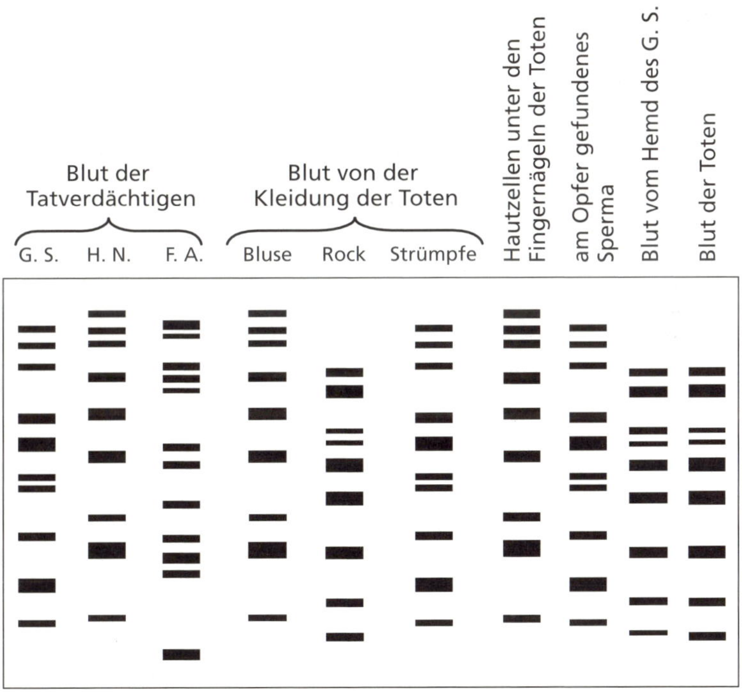

Aufgabe:

1. **Das hier abgebildete Autoradiogramm zeigt verschiedene genetische Fingerabdrücke. Ermitteln Sie auf Grund der Bandenmuster den oder die Täter.**

Der genetische Fingerabdruck

Schematische Darstellung der Methode des „DNA-Fingerprinting“. Die gesuchten DNA-Abschnitte werden mit Hilfe einer radio-aktiv markierten Oligonukleotidsonde auf einem Röntgenfilm sichtbar gemacht.

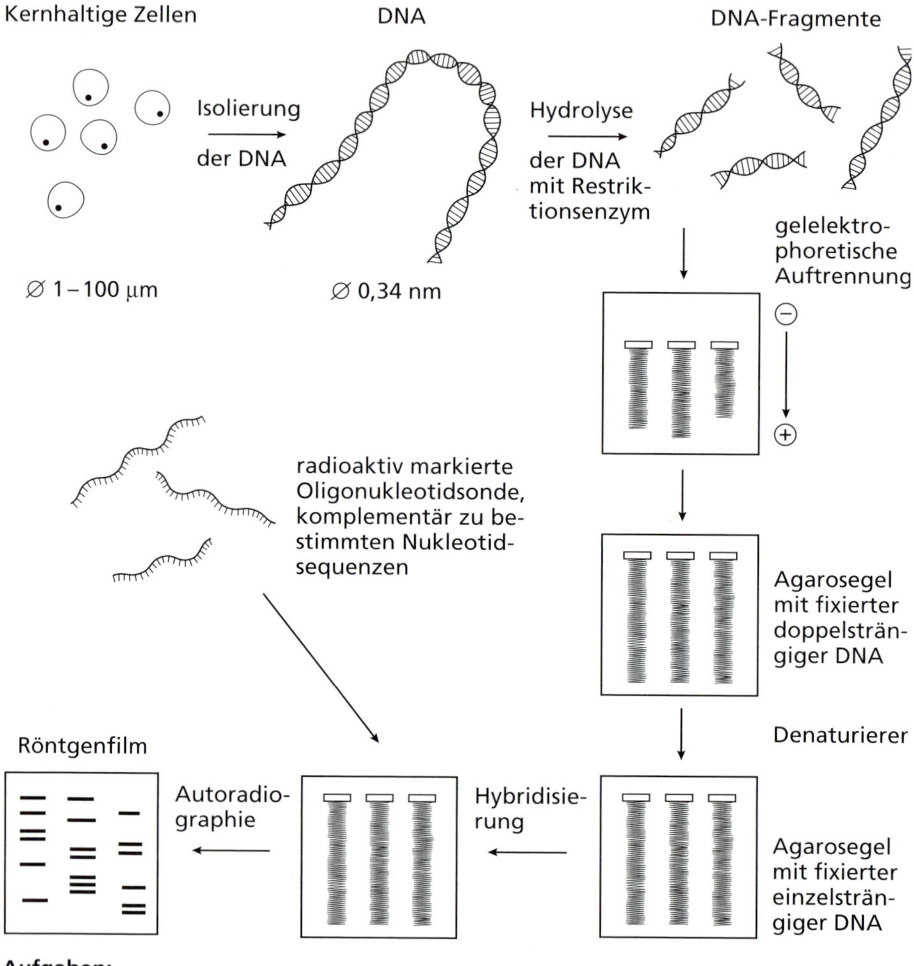

Aufgaben:

1. **Die Abbildung veranschaulicht die Methoden des genetischen Fingerabdrucks. Erläutern Sie diese mit eigenen Worten.**
2. **Erklären Sie genau, weshalb zwei verschiedene Individuen voneinander unterscheidbare genetische Fingerabdrücke aufweisen.**
3. **Eineiige Zwillinge lassen sich anhand des genetischen Fingerabdrucks kaum voneinander unterscheiden. Warum?**

Materialien für die Realschule

3 Materialien für die Realschule

3.1 Gentechnik und die Gesundheit des Menschen

Ute Harms

Mit diesem Modul soll den Schülern zunächst (1) ein Überblick über die Bedeutung der Gentechnik im Bereich der Humanmedizin gegeben werden. An drei konkreten Beispielen, nämlich (2) der gentechnischen Insulinproduktion, (3) der Herstellung von α-1-Proteinsase-Inhibitor (α1PI) in der Milch von Schafen und (4) der somatischen Gentherapie der Erbkrankheit ADA-Immunschwäche werden anschließend bestimmte Anwendungen der Gentechnik für die Gesundheit des Menschen exemplarisch behandelt (zu grundlegenden Methoden der Gentechnik s. Bd. 2).

1. Sachinformationen

Die Bedeutung der Gentechnik für die Humanmedizin

Die Gentechnik hat seit ihrer Entwicklung für verschiedene Bereiche der Humanmedizin (i. w. S.) an immer größerer Bedeutung gewonnen (s. F 1) : (1.) für die Diagnose menschlicher Erbkrankheiten, (2.) für die Entwicklung neuer Therapieformen sowie (3.) für die Entwicklung von Impfstoffen und anderer pharmazeutischer Produkte. Ausführliche Sachinformationen zu diesen einzelnen Gebieten finden sich im Abschnitt „Gentechnik und Humanmedizin" (S. 111 ff.).

Bedeutung und gentechnische Herstellung von Insulin

Das Peptidhormon Insulin spielt eine zentrale Rolle für die Regulation des Blutzuckerspiegels im menschlichen Körper. In 100 ml Blut sind bei einem gesunden Menschen ca. 100 mg Glukose enthalten. Diese wird als Hauptenergiequelle des Stoffwechsels verwendet, darüber hinaus dient sie als Ausgangsstoff für die Synthese zahlreicher Moleküle wie Nukleinsäuren und Proteine. (Zur Regelung des Blutzuckerspiegels s. z. B. Biologie, bsv 1995, S. 102 ff.)

Das zentrale Organ für den Glukosestoffwechsel ist die Leber. Sie entnimmt dem Pfortaderblut die vom Darm kommende Glukose und wandelt sie in Glykogen um. Bei Bedarf wird Glykogen wieder zu Zucker abgebaut und dieser wird ins Blut abgegeben. Wird, z. B. nach einer kohlenhydratreichen Mahlzeit, der Blutzuckerspiegel zu hoch, scheiden die Langerhanns'schen Inseln der Bauchspeicheldrüse (Pankreas) Insulin aus. Dieses bewirkt die Aufnahme von überschüssigem Zucker in die Zellen. Sinkt der Blutzuckerspiegel unter den Normalwert ab, so wird das Glykogen wieder zu Glukose gespalten.

Bei einer mangelnden Produktion von Insulin durch die Langerhans'schen Inseln kommt es zu einem überhöhten Blutzuckerspiegel, der Auslöser der Zuckerkrankheit (Diabetes mellitus) ist. In der Bundesrepublik Deutschland leiden ca. 2,5 Millionen Menschen an dieser Krankheit, die häufig durch eine genetische Disposition bedingt ist. Es gibt zwei Hauptformen von Diabetes, die auf verschiedene Ursachen zurückzuführen sind. Diabetes mellitus Typ I ist eine Autoimmunkrankheit, bei der das Immunsystem die Inselzellen des Pankreas angreift. Dies tritt gewöhnlich recht plötzlich im jüngeren Alter ein und zerstört die Fähigkeit zur Herstellung von Insulin. Die Behandlung besteht in der Injektion von Insulin, die gewöhnlich mehrmals täglich erfolgen muss. Bis vor kurzem wurde das dazu benötigte Insulin aus den Bauchspeicheldrüsen von Tieren gewonnen. Heute wird Insulin auch gentechnisch hergestellt. Diabetes mellitus Typ II ist entweder von einem Mangel an Insulin gekennzeichnet oder häufiger von der verringerten Fähigkeit der Zielzellen, auf Insulin zu reagieren, was durch Veränderungen der Insulinrezeptoren zustandekommt. Typ II tritt gewöhnlich nach dem vierzigsten Lebensjahr auf; die Wahrscheinlichkeit zu erkranken, nimmt mit dem Alter zu. Mehr als 90 % der Diabetiker sind vom Typ II; viele von ihnen können ihre Blutglucosewerte allein durch körperliche Ausarbeitung und Diät unter Kontrolle halten. Die Veranlagung für Diabetes mellitus Typ II ist in hohem Maße erblich.

Das menschliche Insulin besteht aus 51 Aminosäuren. Ca. 2 mg des Hormons produziert ein gesunder Mensch pro Tag. Das Insulin verschiedener Säugetiere unterscheidet sich nur in wenigen Aminosäuren von dem des Menschen, hinsichtlich der Funktion jedoch sind sie gleich. Deshalb kann das Insulin von Schweinen zum Beispiel zur Diabetestherapie eingesetzt werden. Pro Tag verbrauchen Diabetiker ca. 2 mg tierisches Insulin, diese Menge entspricht der aus einem Schwein gewonnenen. Auf Grund der Verfügbarkeit spezieller Diäten, die individuell auf den Diabetespatienten abgestimmt werden, und hochreiner, exakt dosierbarer Insulinpräparate ist die Lebenserwartung von Diabetikern deutlich gestiegen. Auf Grund des resultierenden weltweiten hohen Verbrauchs an Insulin wurde nach neuen Wegen zur Insulinherstellung gesucht. Eine Möglichkeit ist die gentechnische Herstellungsweise.

Menschliches Insulin war das erste von gentechnisch veränderten Bakterien produzierte Medikament. Es kam zu Beginn der 80er Jahre auf den Markt. Die Voraussetzung für die gentechnische Herstellung von Insulin war die Kenntnis der DNA-Sequenz des Insulingens. Dieses Gen wurde mit Hilfe von Restriktionsenzymen aus menschlicher DNA gewonnen und anschließend in einen Vektor, in diesem Fall in ein bakterielles Plasmid, eingebracht. Bakterienzellen wurden mit diesem Plasmid transformiert. Die Bakterien, die das konstruierte Plasmid aufgenommen hatten, wurden herausselektiert. Das von diesen exprimierte Insulin wurde schließlich aus den Zellen isoliert (s. Bd. 2, S. 39).

Die physiologische Wirkung und gentechnische Herstellung von Therapeutika am Beispiel des α-1-Proteinsase-Inhibitor

Ein Bereich der medizinischen Anwendung der Gentechnik, in den große Hoffnungen gesetzt werden, ist das „Gene-Farming". Damit ist die Erzeugung pharmazeutischer Produkte mit Hilfe von transgenen Tieren gemeint. Nutztiere (Rind, Schaf oder Ziege) sollen derart gentechnisch verändert werden, dass sie in ihren Milchdrüsen größere Mengen pharmakologisch wirksamer Substanzen erzeugen, die dann leicht über die Milch gewonnen werden könnten. Das „Gene-Pharming" befindet sich heute jedoch noch in einem experimentellen Stadium; bisher konnte noch kein pharmazeutisches Protein, das in der Milchdrüse eines Tieres produziert wurde, zur Verwendung als Arzneimittel zugelassen werden. Experimentell ist es jedoch bereits gelungen, aus der Milch transgener Schafe menschliche Blutgerinnungsfaktoren und verschiedene Enzyme, darunter auch den α-1-Proteinase-Inhibitor (α1PI), zu gewinnen.

Der α1PI hemmt die Aktivität von Proteinasen, wie z. B. den Abbau von Elastin im Lungengewebe durch Elastasen. Fehlt auf Grund eines genetischen Defekts der α1PI im Blut, so kommt es vor allem in der Lunge zur Zerstörung von Bindegewebe und ein Lungenemphysem entsteht. Dies hat zur Folge, dass die Oberfläche in der Lunge, an der Gasaustausch stattfinden kann, verkleinert wird, die Atmungsleistung demzufolge abnimmt (Näheres hierzu s. S. 130 ff.).

Das für das menschliche α1PI codierende Gen befindet sich auf Chromosom 14. Mit Hilfe der Mikroinjektion (s. S. 111 ff. und F 2) wurde es in den männlichen Vorkern einer befruchteten Eizelle eines Schafes eingebracht. Die so genetisch veränderte Zygote wurde dann in ein weibliches Schaf reimplantiert. Die bisherigen Transformationsexperimente an Schafen wurden an bis zu 150 Tieren durchgeführt. Nach dem Beginn der Laktation der weiblichen Tiere wurde deren Milch auf die Expression von α1PI untersucht. Probleme dieser Methode bei Schafen sind zum einen eine Integration des Fremdgens bei nur 1 % der Tiere sowie zum anderen, dass weniger als 50 % der transgenen Tiere das Protein schließlich exprimieren.

Somatische Gentherapie am Beispiel der ADA-Immunschwäche

Bei der somatischen Gentherapie handelt es sich – in Abgrenzung zur Gentherapie an Keimbahnzellen – um eine genetische Veränderung von Körperzellen. Dies bedeutet, dass diese genetische Veränderung nur auf das behandelte Individuum Auswirkungen hat, nicht aber auf seine Nachkommen.

Für den Gentransfer zum Zweck der Therapie einer genetisch bedingten Krankheit stehen verschiedene Methoden zur Verfügung (s. S. 155 ff.). Der bisher erfolgreichste Versuch auf dem Gebiet der somatischen Gentherapie wurde an einer jungen Patientin mit einer Immunschwächekrankheit durchgeführt, die durch einen Mangel an dem Enzym Adenosin-Desaminase (ADA) hervorgerufen wird (s. AB 3). Dieser Mangel führt zu einer Schädigung insbesondere der Vorläuferzellen der Lymphozyten, einer Sorte weißer Blutkörperchen, die für die spezifische Abwehr von Krankheitserregern zuständig ist. Für die Therapie wurden der Patientin zunächst T-Lymphozyten entnommen, diese in vitro kultiviert und mit harmlosen retroviralen Vektoren zusammengegeben, in die das normale ADA-Allel integriert worden war. Die rekombinanten Retroviren infizierten die Zellen und bauten das normale ADA-Allel zusammen mit ihrem viralen Genom in die kultivierten menschlichen Zellen ein. Die gentechnisch veränderten Zellen wurden dann wieder in den Körper der Patientin eingeführt. Trotz dieser Gentherapie muss sich die Patientin periodisch dieser Behandlung unterziehen, da sich reife T-Lymphozyten nicht vermehren. Ein dauerhafter Therapieansatz bestünde darin, das normale ADA-Allel in Knochenmarkzellen der Patienten einzuführen und diese dann in das Knochenmark zu reimplantieren. Dieser Ansatz könnte zu einer verbesserten und vor allem dauerhaften Behandlung führen, da die Knochenmarkzellen sich vermehren und alle Zellen des Immunsystems produzieren.

Ethische Aspekte der Anwendung der Gentechnik für die Gesundheit des Menschen

Eine differenzierte, ausführliche Auseinandersetzung mit ethischen Aspekten der Anwendung der Gentechnik für die Gesundheit des Menschen findet sich in den jeweiligen Kapiteln des Abschnitts „Gentechnik und Humanmedizin“ (s. Einführung und S. 111 ff.).

2. Fachdidaktische Informationen

Eine ethische Betrachtung der Anwendung der Gentechnik für die Gesundheit des Menschen findet in diesem Modul am Beispiel des „Gene-Farming“ statt. Ziel dieser ethischen Betrachtung ist es, die Schüler zu einer eigenen begründeten Meinung zu führen, die Bezug nimmt auf ethische Prinzipien. Diese ethischen Prinzipien (wie z. B. wirtschaftlicher Nutzen oder Gesundheit des Menschen) müssen den Schülern als Begründung für ihre Entscheidung bewusst gemacht werden. Gleichzeitig muss aufgezeigt werden, dass mit der Entscheidung für ein bestimmtes ethisches Prinzip eine hierarchische Bewertung der einzelnen, weiteren betroffenen Prinzipien (z. B. wirtschaftlicher Nutzen wird niedriger bewertet als die Würde des Tieres) verbunden ist (Näheres hierzu s. Einführung).

Lernvoraussetzungen

Die Schüler sollen Kenntisse über folgende Phänome mitbringen:
- den Aufbau von DNA (s. hierzu Harms/Kroß 1998),
- die Eiweißsynthese,
- das Prinzip der Wirkungsweise von Hormonen,
- den groben Aufbau von tierischer Zelle und Bakterienzelle.

Lernziele

Die Schüler sollen:
- die verschiedenen Bereiche der Gentechnik für die Gesundheit des Menschen nennen können.
- das Prinzip des Gentransfers in ein Bakterium erklären können.
- den Begriff „Gene-Farming“ definieren und an einem Beispiel erläutern können.
- das Prinzip der somatischen Gentherapie erklären können.
- begründet eine Meinung zum „Gene-Farming“ vertreten können.

3. Unterrichtsverlauf und Materialien

1. Unterrichtsabschnitt: Die Bedeutung der Gentechnik für die Gesundheit des Menschen und gentechnische Insulinproduktion (ca. 90 Min.) Überblick über „Gentechnik und Gesundheit des Menschen", gentechnische Produktion von Humaninsulin	Medien
Einstieg: Überblick über den Einsatz der Gentechnik in der Humanmedizin **Problemstellung:** Was ist Diabetes? Welche Therapiemöglichkeiten gibt es? **Problembearbeitung/-lösung:** Bearbeitung des Arbeitsblattes; Zusammentragen der Ergebnisse	F 1 Tafel AB 1
2. Unterrichtsabschnitt. "Gene-Farming" (ca. 45 Min.) Herstellung von α1PI in der Milch von Schafen	Medien
Einstieg: Rekapitulation der Ergebnisse der letzten Stunde **Problemstellung:** Nicht alle aus Protein bestehenden Medikamente können in Mikroorganismen hergestellt werden (z. B. auf Grund der Größe des Proteins). Welche Alternativen gibt es? **Problembearbeitung:** Erarbeitung des Prinzips des „Gene-Farming" am Beispiel α1PI **HA: Schriftliche Zusammenfassung:** Das Prinzip des „Gene-Farming".	Tafel Tafel F 2
3. Unterrichtsabschnitt: „Gene-Farming" ja oder nein? (45 Min.) Ethische Bewertung des „Gene-Farming"	Medien
Einstieg: Verlesen einzelner Beispiele der Hausaufgabenergebnisse **Problemstellung:** Wie soll man diesen Einsatz der Gentechnik bewerten? **Problembearbeitung:** Bearbeitung des Arbeitsblattes **Problemlösung:** Zusammentragen der individuellen Entscheidungen und Begründungen. Diskussion der verschiedenen individuellen Wertehierarchien	 Tafel AB 2 Tafel
4. Unterrichtabschnitt: Somatische Gentherapie (45 Min.) Somatische Gentherapie am Beispiel der ADA-Immunschwäche	Medien
Einstieg: Lesen des Textes „Der Fall Ashanti DeSilva" **Problemstellung:** Wie konnte mit Hilfe der Gentechnik Ashanti geholfen werden? **Problembearbeitung:** Bearbeitung des Arbeitsblattes **Problemlösung:** Zusammentragen der Ergebnisse	AB 3 Tafel AB 3 Tafel

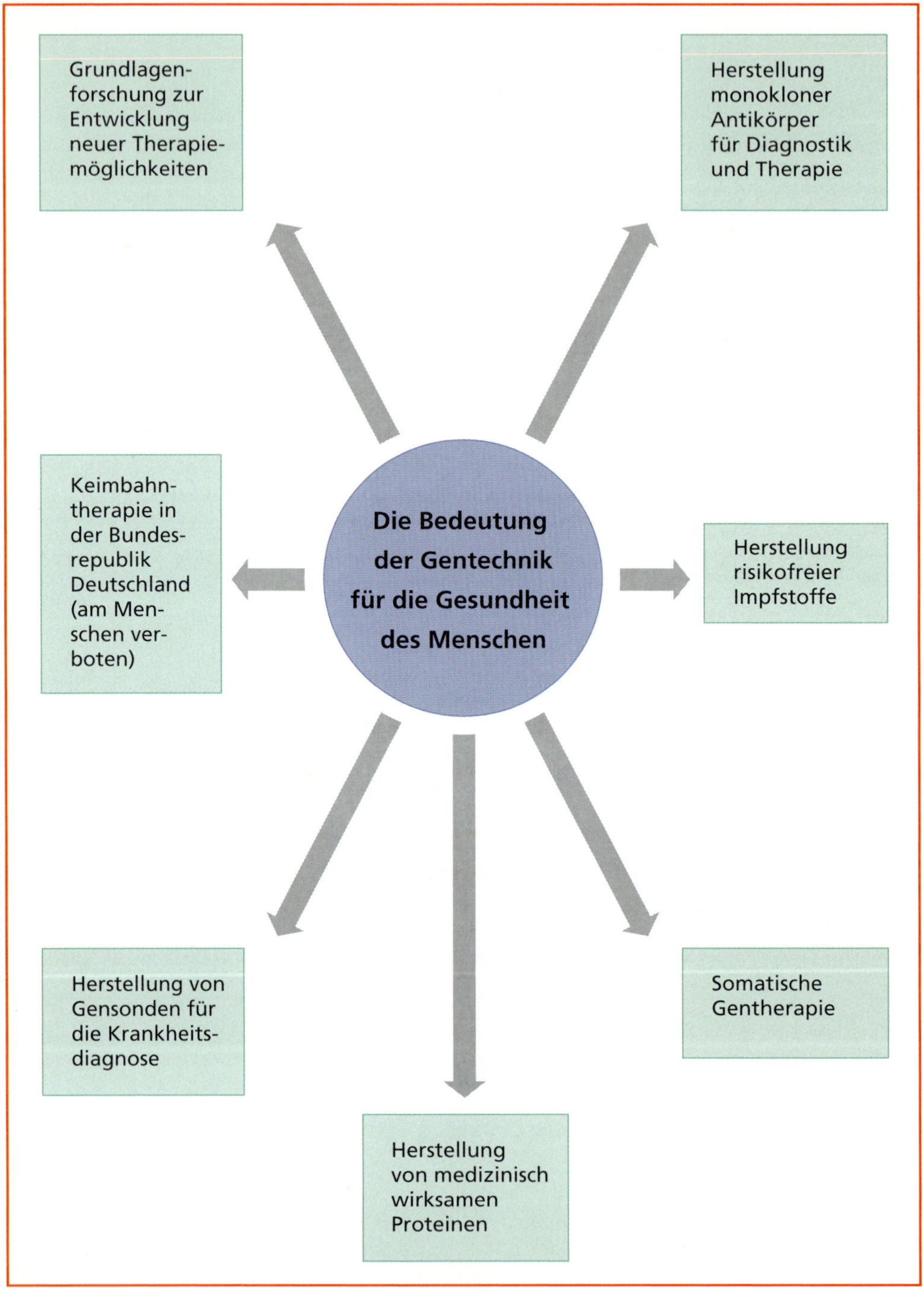
Grundlagen-forschung zur Entwicklung neuer Therapie-möglichkeiten
Herstellung monokloner Antikörper für Diagnostik und Therapie
Keimbahn-therapie in der Bundes-republik Deutschland (am Men-schen ver-boten)
Die Bedeutung der Gentechnik für die Gesundheit des Menschen
Herstellung risikofreier Impfstoffe
Herstellung von Gensonden für die Krankheits-diagnose
Somatische Gentherapie
Herstellung von medizinisch wirksamen Proteinen

Die gentechnische Herstellung von Insulin

1973 wagten zwei amerikanische Biochemiker das erste gentechnische Experiment: Sie schleusten fremdes Erbgut in Bakterienzellen ein. Indem sie die Bakterien dann vermehrten, vervielfältigten sie das fremde Erbgut. Diesen Vorgang nennt man „Klonieren" (s. Abb.). Mit Hilfe von „molekularen Scheren" können Forscher DNA an bestimmten Stellen aufschneiden. Bakterien enthalten eine ringförmige DNA. Ein derartiger DNA-Ring wurde von den Forschern aufgeschnitten. Ein Gen aus einem anderen Lebewesen wurde in die Schnittstelle eingefügt, so daß der Ring wieder geschlossen wurde. Ein solcher DNA-Ring kann dann in eine Bakterienzelle eingebracht werden. Diese bildet dann das Eiweiß, für das das fremde Gen die Bauanleitung enthält. Dieses kann zum Beispiel ein Eiweiß sein, das als Medikament verwendet werden kann, wie z. B. Insulin.

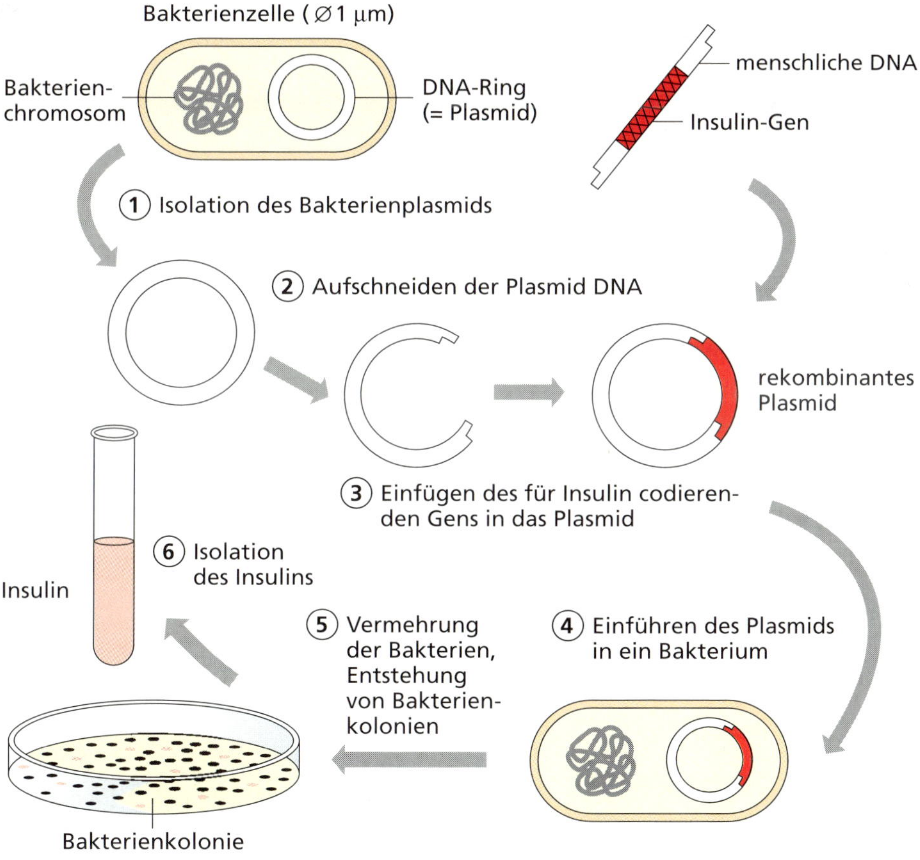

Aufgabe:

Die Abbildung zeigt das Prinzip der gentechnischen Herstellung von Insulin. Beschreibe die einzelnen Versuchsschritte, die durch die Zahlen gekennzeichnet sind.

AB 2

„Gene-Farming" in der Diskussion . . . und was meinst Du dazu?"

Text A: Ein ganz wichtiger Bereich, in dem durch Gentransfer große Fortschritte erwartet werden, ist das „Gene-Farming". Damit ist die Erzeugung pharmazeutischer Produkte mit Hilfe von transgenen Tieren gemeint. Transgene Nutztiere wie Rind, Schaf, Ziege oder Schwein könnten in ihren Milchdrüsen in größeren Mengen pharmakologisch wirksame Stoffe erzeugen, die leicht durch Melken zu gewinnen wären. So ist es beispielsweise experimentell schon möglich, aus der Milch transgener Schafe menschliche Enzyme zu gewinnen, die für die Blutgerinnung notwendig sind. Die Tiere verursachen geringe Haltungskosten und können leicht vermehrt werden. Bislang ist jedoch noch kein pharmazeutisches Protein, das in der Milchdrüse eines transgenen Tieres produziert worden ist, zur Verwendung als Arzneimittel zugelassen.

Text B: Tiere sind für Menschen Nahrungsmittel, Lastenträger, Milchproduzenten und nun sollen sie auch noch Medikamente liefern. Für diesen Zweck wird seit neuestem das Erbgut von Tieren verändert. Darf der Mensch dies tun? Ein Tier hat einen in seinem Wesen liegenden Wert. Es ist in diesem Sinne wertvoll und muß auch so behandelt werden – und nicht als Ware zum Zweck anderer. Ein Tier ist ein Lebewesen mit Gefühlen und Bewußtsein, das als schützenswert und unantastbar behandelt werden muß.

Text C: Gentechnische Experimente an Tieren sind sicherlich dann vertretbar, wenn sie zum Verstehen von Mechanismen von schwer oder nicht heilbaren Krankheiten beitragen, falls diese Fragestellungen anderweitig nicht beantwortet werden können. Ebenfalls akzeptabel sind Vorhaben, die der Herstellung hochgereinigter Proteine (z. B. α1PI), die man anderweitig so nicht erhalten kann, dienen. Schwieriger wird jedoch eine Bewertung, wenn rein kommerzielle Interesssen, wie z. B. eine billigere Produktion, den einzigen Grund für derartige Versuche darstellt.

Aufgaben:

1. **Gib zu jedem Text an, ob in ihm für oder gegen das „gene-farming" argumentiert wird und formuliere das jeweilige Argument mit eigenen Worten.**
   (Text A: pro, Wert: wirtschaftlicher Nutzen; Text B: contra, Wert: Integrität des Tieres; Text C: pro mit Einschränkungen, Wert: Gesundheit des Menschen)
2. **Welcher dieser drei Begründungen würdest Du Dich anschließen? Schreibe sie auf und nenne Folgen Deiner Entscheidung.**

„Gene-Pharming" statt „Farming"

Die gentechnische Herstellung eines Medikamentes, des α-1-Proteinase-Inhibitors (α1PI), in der Milch von Schafen

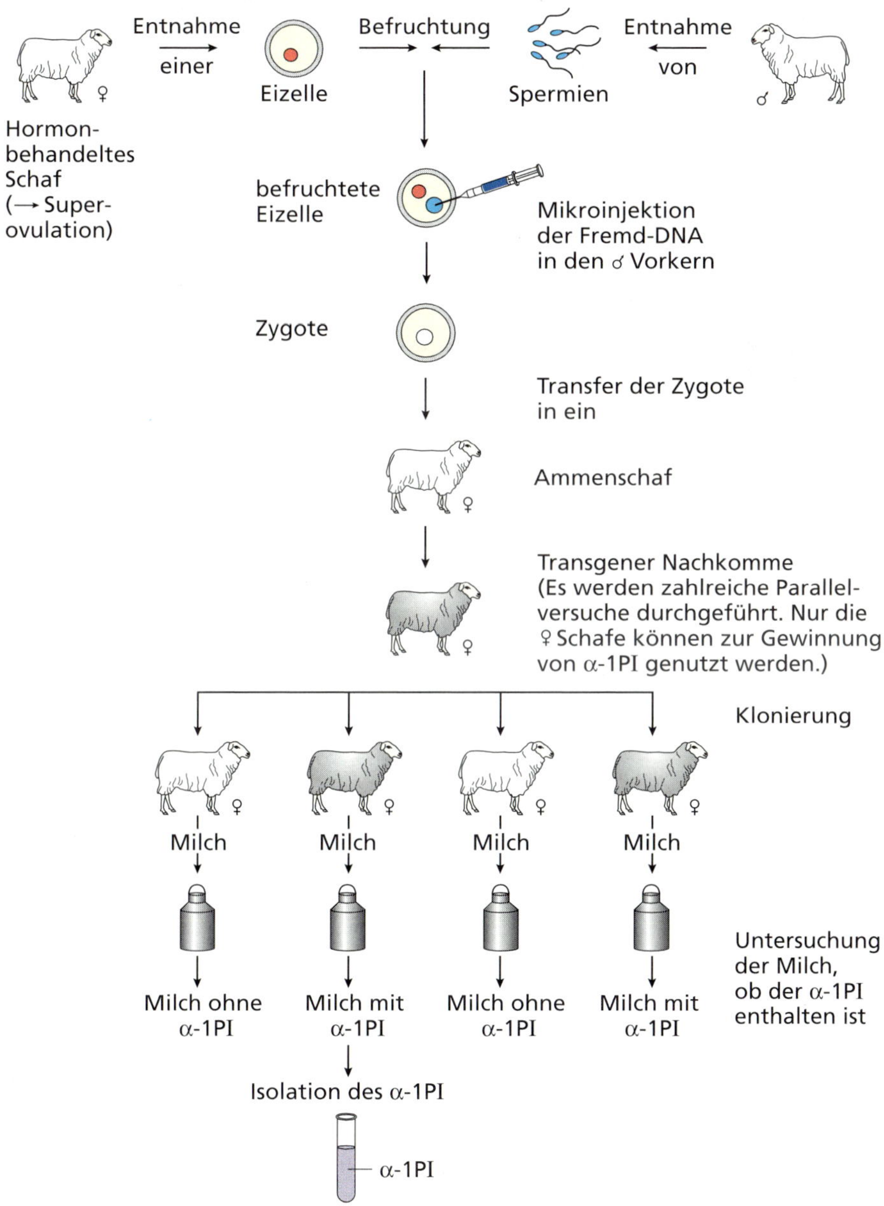

Somatische Gentherapie – ein Beispiel für die Anwendung der Gentechnik in der Humanmedizin

Der Fall Ashanti DeSilva

Das Mädchen Ashanti DeSilva litt von Geburt an an einer schweren Erbkrankheit. Diese bestand in einer massiven Funktionsstörung des Immunsystems, genannt ADA-Immunschwäche, die durch das Fehlen eines bestimmten Proteins in ihrem Körper hervorgerufen wurde. Patienten, die von dieser Krankheit betroffen sind, haben normalerweise keine Überlebenschancen, sie sterben sehr früh an Infektionskrankheiten.

Ashanti DeSilva wurde im Alter von vier Jahren einer somatischen Gentherapie unterzogen. Nach vier Monaten, in denen sie Blutinfusionen mit gentechnisch veränderten Zellen bekommen hatte, verbesserte sich ihr Zustand. Inzwischen (1997) ist sie elf Jahre alt. Heute wird das fehlende Protein teils von den gentechnisch veränderten Zellen in ihrem Körper gebildet, teils wird es weiterhin als Medikament verabreicht. Die Menge des verabreichten Proteins konnte im Laufe der Jahre erheblich gesenkt werden.

Dieses Beispiel zeigt, dass die somatische Gentherapie heute noch am Anfang ihrer Entwicklung steht. Jedoch knüpfen sich große Hoffnungen daran, durch die direkte Veränderung von Erbmaterial des Patienten Erbkrankheiten in Zukunft heilen zu können.

Ein Beispiel für die Anwendung der Gentechnik in der Medizin

Unter der somatischen Gentherapie (griech.: soma = der Körper) ist die Behandlung von Genen in Körperzellen zu verstehen. Die veränderten oder neuen Gene wirken also nur auf einen Organismus und können nicht weitervererbt werden.

Die Methode der somatischen Gentherapie

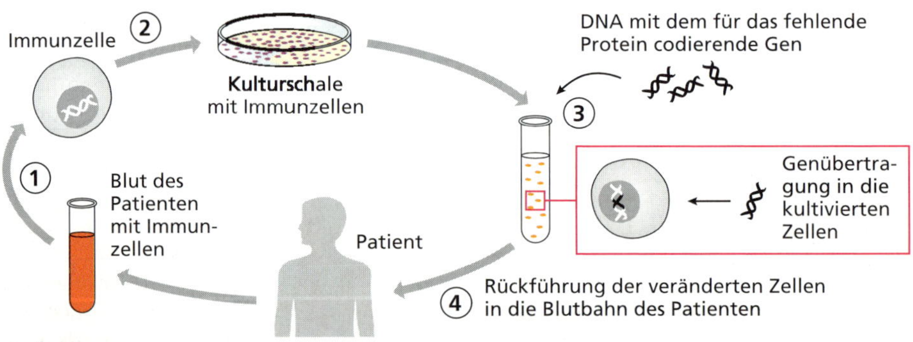

Aufgaben:

1. **Beschreibe die einzelnen abgebildeten Schritte dieser Methode mit eigenen Worten.**
2. **Welche Art von Krankheiten kann mit dieser Methode ausschließlich behandelt werden?** (genetisch bedingte Krankheiten)
3. **Die somatische Gentherapie wird streng unterschieden von der Gentherapie an Keimbahnzellen. Worin liegt der Unterschied?**
   (Somatische Gentherapie: Das fremde Gen wirkt nur auf den Organismus, in den es eingeführt wurde. Gentherapie an Keimbahnzellen: Die gentechnischeVeränderung wird auf alle Nachkommen vererbt.)

3.2 Gentechnische Veränderung von Mais

Angela Kroß und Michael Bruhn

Mais ist neben Reis und Weizen eine der drei Hauptnahrungspflanzen des Menschen. Weltweit wird das Getreide auf einer Fläche von ca. 134,2 Mill. Hektar angebaut, was einer Jahresernte von ca. 560 Mill. Tonnen entspricht. Etwa 7 % (rund 40 Mill. Tonnen) gehen davon jährlich durch den Maiszünsler *(Ostrinia nubilatis)* verloren, einem der gefürchtetsten Maisschädlinge (s. Regenass-Klotz 1998). Da chemische und biologische Schädlingsbekämpfungsmaßnahmen teuer bzw. mit begrenzter Wirkung sind, züchtete man mit Hilfe der Gentechnik Maispflanzen, die gegen den Maiszünsler resistent sind.

Im Mittelpunkt dieser Unterrichtseinheit steht die Erarbeitung grundlegender Schritte der gentechnischen Entwicklung von Maispflanzen, die gegen den Maiszünsler resistent sind. Darüber hinaus werden ökologische Fragen der Freisetzung dieser transgenen Maissorte in einer Risikodiskussion thematisiert. In Verknüpfung mit Kap. 3.3 können Aspekte der öffentlichen Diskussion um gentechnisch veränderte Lebensmittel mit in den Unterrichtsgang einbezogen werden.

1. Sachinformationen

Die Maispflanze

Obwohl die Wildform des Mais (*Zea mays*) bislang nicht gefunden wurde, vermutet man ihre Heimat in Mexiko bzw. Mittelamerika. Als Pflanze der Tropen und Subtropen ist Mais wärmeliebend (Temperaturoptimum bei ca. 30 °C) und nicht frostbeständig; einige Sorten gedeihen dennoch in gemäßigten Breiten. In Mitteleuropa gehört Mais zu den intensiv angebauten Feldfrüchten. Hauptproduzent weltweit ist jedoch die USA, 80 % der europäischen Maisimporte stammen daher.

Zur Gattung der Süßgräser gehörend differenziert man bei dieser einjährigen Pflanze sechs kultivierte Hauptvarietäten. Sie unterscheiden sich in Bezug auf ihre Kornbeschaffenheit und Verwendung sowie hinsichtlich ihrer Hauptanbaugebiete. In Europa wird vielfach der Hart- oder Hornmais (*Zea mays vulgaris*) als Nahrungs- und Futtermittel angebaut. Andere, in den USA kultivierte Varietäten, wie der Zuckermais (*Zea mays saccarate*) und der Puff-, Knall- oder Flockenmais *(Zea mays microsperma)* sind als Gemüsepflanzen bekannt bzw. werden zur Herstellung von Popcorn genutzt. Der amerikanische Wachsmais (*Zea mays ceratina*) dient aufgrund seines hohen Amylopektingehaltes im Korn zur Herstellung von Klebstoff und Puddingpulver. Aus dem südamerikanischen Weichmais *(Zea mays amylacea)* wird hauptsächlich Stärke gewonnen.

Mais ist im Gegensatz zu allen anderen Getreidearten einhäusig getrenntgeschlechtlich. Da die männlichen Ährchen früher blühen als die weiblichen Blütenstände, die Kolben, ist eine Selbstbefruchtung ausgeschlossen. Mais wird durch Wind bestäubt, wobei die Pollenkörner aufgrund der ungewöhnlichen Größe nicht sehr weit transportiert werden.

Der Maiszünsler und Möglichkeiten seiner Bekämpfung

Der Maiszünsler *(Ostrinia nubilatis)* gehört zur großen Schmetterlingsfamilie der Zünsler *(Pyralidea)* mit etwa 10000 Arten. Er ist in allen Maisanbaugebieten mit Ausnahme Australiens häufig. Nach Amerika wurde der Falter erst kurz nach 1900 aus Südeuropa eingeschleppt, wo er sich dann sehr stark vermehrte. Die Ernteverluste von bis zu 20 % in manchen Anbaugebieten entstehen durch Fraßschäden und sekundären Pilzbefall.

Die Zünslerfalter fliegen ab dem Frühsommer in ein bis sechs Generationen jährlich und legen nachts an der Blattunterseite dachziegelartig 15 – 35 Eier ab, insgesamt bis zu 1000. Die graubraune Larve frisst zuerst äußerlich und bohrt sich dann in die Hüllblätter der Maiskolben. Im Inneren frisst sie sich stengelabwärts, um sich dann in der Stengelbasis zu verpuppen und zu überwintern. Nach dem Schlüpfen des Falters im nächsten Frühjahr beginnt der Kreislauf von neuem (s. Folie 1).

Vom Zünsler befallene Pflanzen knicken

vor der Körnerreife um, werden von Pilzen infiziert und sterben daraufhin schnell ab. Da die Larven oftmals ihre Wirtspflanze wechseln, werden von einem Schädling mehrere Maispflanzen pro Vegetationsperiode vernichtet. Dieses Fressverhalten und die hohe Vermehrungsrate des Schmetterlings führen weltweit zu hohen Verlusten.

Als natürlicher Feind des Maiszünslers ist das Bodenbakterium *Bacillus thuringiensis* (Bt) bekannt. Es produziert ein Endotoxin, das Bt-Eiweiß, welches bei bestimmten Insektenlarven tödlich wirkt. Für Menschen und andere Warmblüter ist es dagegen ungefährlich (s. Bd. 2, S. 78). Nehmen Maiszünslerlarven Bt-Bakterien über die Nahrung auf, so entfaltet das Endotoxin unter Einwirkung von Proteasen des Insektendarmes seine toxische Wirkung. Die Darmepithelzellen der Larve werden zerstört, so dass Löcher in der Darmwand entstehen. Diese Darmparalyse bewirkt bei der Larve eine Fraßlähmung und somit den Tod durch Verhungern.

Die Kenntnis über diese Vorgänge wird seit etwa 30 Jahren in der biologischen Schädlingsbekämpfung gegen ca. 75 verschiedene Insekten genutzt (s. Linder, Bayrhuber/Kull 1998, S. 98). Für andere Organismengruppen (z. B. Bienen und Wespen) ist der Giftstoff unwirksam, da diese Tiere das Eiweiß verdauen bzw. nicht über das entsprechende Enzym verfügen, welches das Bt-Eiweiß in das wirksame Toxin umwandelt. Der Nachteil der biologischen Schädlingsbekämpfung wird bei der Betrachtung des Lebenslaufes des Maiszünslers deutlich (s. Folie 1). Nach dem Schlüpfen fressen die Larven nur kurzzeitig äußerlich und bohren sich dann relativ schnell in das Innere der Pflanze, so dass sie vor dem Bakterium geschützt sind. Es besteht somit nur eine kurze Zeitspanne, in der der Schädling effektiv bekämpft werden kann. Zudem nimmt die Wirksamkeit biologischer Pflanzenschutzmittel nach ihrem Ausbringen auf dem Feld verhältnismäßig schnell ab. Deshalb wurde nach einer effektiveren Methode zur Bekämpfung des Maiszünslers mit Hilfe gentechnischer Verfahren, sozusagen von „innen" her, gesucht. Hierzu integrierte man das Gen des *Bacillus thuringiensis*, welches für die Produktion des Bt-Eiweiß codiert, in das Erbgut der Maispflanzen (s. AB 2 und Kap. 2.1.1). Diese verfügen durch die gentechnische Veränderung nun selbst über den genetischen Bauplan und die Möglichkeit, bei Befall das insektenschädigende Toxin zu produzieren. Neben dem Bt-Gen erhalten die Maispflanzen noch ein Antibiotika- und ein Herbizidresistenzgen. Dies ist verfahrenstechnisch notwendig, um die erfolgreich transformierten Zellen selektieren zu können (Kap. 2.1.5 zur Verbreitung von Antibiotikaresistenzen).

Freisetzung transgener, gegen den Maiszünsler resistenter Maispflanzen

Ein Hauptaspekt der Beurteilung ökologischer Folgen der Freisetzung transgener Pflanzen ist ihre Blütenbiologie. Entscheidend für die Verbreitung von Genen sind vor allem:

- die Selbst- bzw. Fremdbestäubungsrate der transgenen Pflanze sowie potentieller Empfängerpflanzen,
- die Übertragungsmöglichkeiten des transgenen Pollens,
- die Populationsdichte sowie die räumliche Distanz zwischen transgener und Empfängerpopulation,
- die Möglichkeit der Bastardbildung.

Darüber hinaus besteht im Falle der gegen den Maiszünsler resistenten Pflanzen die Frage, inwiefern der Anbau der transgenen Sorte die Entstehung von Resistenzeigenschaften beim Schadinsekt fördert.

In Mitteleuropa ist das Ausbreitungspotential von (transgenen) Maispflanzen schon aufgrund der Klimabedingungen sehr gering. Einerseits stehen dem die fehlende Frosthärte und die hohen Ansprüche an die Keimtemperatur entgegen, andererseits existieren keine artfremden Kreuzungspartner in europäischen Anbaugebieten. In Amerika, dem Heimatland des Mais, sind dagegen eher Auskreuzungen in verwandte Wildpopulationen zu erwarten. Der Genaustausch ist beispielsweise zwischen dem Kulturmais und der Teosinthe (*Zea mays subspecies parviglumis*) bekannt (s. Wöhrmann/Tomiuk/Sentker 1999).

Die Genübertragung zwischen transgenen

und nicht-transgenen Maispflanzen wird in europäischen Anbaugebieten zwar als eine Verbreitungsmöglichkeit betrachtet (s. Brand 1997), ihre Wahrscheinlichkeit ist jedoch deutlich geringer als beim Raps (s. Kap. 2.1.4). Die schlechte Flugfähigkeit des Pollens (Windbestäubung), die Fremdbestäubung sowie die Differenzen im Blühzeitpunkt erschweren die Genübertragung auf andere Maispflanzen, so dass dies ökologisch als bedeutungslos betrachtet wird (s. Fischbeck 1998). Für die Freisetzung transgenen Mais ist trotzdessen durch das Bundesumweltamt ein Sicherheitsabstand von 200 m zu anderen Maispflanzen und ein 3 m breiter Mantel von Pollenfangpflanzen vorgeschrieben.

Ökologische Auswirkungen werden durch die Verlängerung der Wirkzeit des Toxins im Ökosystem vermutet. Die transgenen Pflanzen synthetisieren die Vorform des Toxins (Protoxin) über die gesamte Vegetationsperiode hinweg. Eine Schädigung empfindlicher Arten mit entsprechenden Folgen für Vögel und Säuger, die sich von diesen Arten ernähren, wird als wahrscheinlich betrachtet (s. Brand 1997). Das längere Vorhandensein des Toxins im Ökosystem begünstigt auch die Ausbildung von Resistenzeigenschaften gegenüber Bt beim Maiszünsler. Verschiedene Untersuchungen wiesen auf eine solche Resistenzzunahme hin (s. Brand 1997). Problematisch ist diese Entwicklung, da in einem solchen Fall auch biologische Schädlingsbekämpfungsmittel auf Bt-Basis wirkungslos wären. Da der Maiszünsler auch andere Kulturpflanzen befällt (z. B. Baumwolle), könnte auch hier die toxische Wirksamkeit abnehmen.

Ökonomische Vorteile des großflächigen Anbaus insektenresistenter Maispflanzen bestehen in der Verminderung der Ernteverluste sowie der Einsparung von Insektiziden, Fungiziden und von fossilen Brennstoffen zum Ausbringen der Bekämpfungsmittel.

2. Didaktische Informationen

Lernziele

Die Schüler sollen:
- die wirtschaftliche Bedeutung von Mais erläutern können,
- die Bekämpfung des Maiszünslers mit Hilfe biologischer Schädlingsbekämpfung und mittels Gentechnik erklären können,
- Chancen und Risiken des Anbaus transgener, insektenresistenter Maispflanzen einander gegenüberstellen und bewerten können.

Lernvoraussetzungen

Grundwissen über:
- Bau und Funktion der DNA
- Blütenbau von Maispflanzen
- Kreuzung von Pflanzen

3. Unterrichtsverlauf und Materialien

1. Bedeutung des Mais für den Menschen **(ca. 45 Min.)**	
Einstieg: Anhand verschiedener Maisprodukte (z. B. Müsli, Mais, Popcorn, Maisstärke) wird in die Thematik eingeführt. **Erarbeitung:** Bedeutung des Mais als Kulturpflanze und Ziele der Maiszüchtung **HA:** SV über „Die Herkunft, Entwicklung und Wachstumsbedingungen von Mais"	AB 1
2. Der Maiszünsler und seine Bekämpfung **(ca. 45 Min.)**	
Einstieg: SV „Die Herkunft, Entwicklung und Wachstumsbedingungen von Mais" **Erarbeitung:** Der Maiszünsler als ein bedeutender Schädling im Maisanbau, Beschreibung seiner Lebensweise und der Möglichkeit der biologischen Schädlingsbekämpfung	F 1
3. Gentransfer bei Mais **(ca. 45 – 90 min.)**	
Einstieg: Mit Rückgriff auf die begrenzten Möglichkeiten biologischer Schädlingsbekämpfung wird die transgene, gegen den Zünsler resistente Maissorte eingeführt. **Erarbeitung:** Wie kann man Erbinformationen von einem Lebewesen auf ein anderes übertragen? (Partnerarbeit) **Zusammenfassung:** Vergleich der Wirkung biologischer Schädlingsbekämpfung mit dem Anbau einer transgenen, gegen den Zünsler resistenten Maissorte	F 1 AB 2
4. Nutzen und Risiken der Freisetzung transgener, gegen den Zünsler resistenter Maispflanzen **(ca. 45 – 90 min.)**	
Einstieg: Würden Sie eine Protestaktion gegen den Anbau einer transgenen, insektenresistenten Maissorte in der Umgebung unterschreiben? Warum? **Erarbeitung:** Nutzen und Risiken des Anbaus dieser transgenen Maissorte **Zusammenfassung:** Gegenüberstellen von Argumenten für oder gegen den Anbau transgenen Mais, Diskussion der Entscheidung und Begründung in Gruppen	AB 3

Alles Mais !?

Mais (*Zea mays*) ist nach Reis und Weizen die am dritthäufigsten angebaute Pflanze weltweit. 80 % des nach Europa importierten Mais stammen aus den USA, dem Hauptproduzenten. Auch in Mitteleuropa gehört Mais zu den intensiv angebauten Feldfrüchten. Produkte aus Mais werden in vielen Bereichen der Industrie und Landwirtschaft genutzt.

Hauptverwendung von Mais:

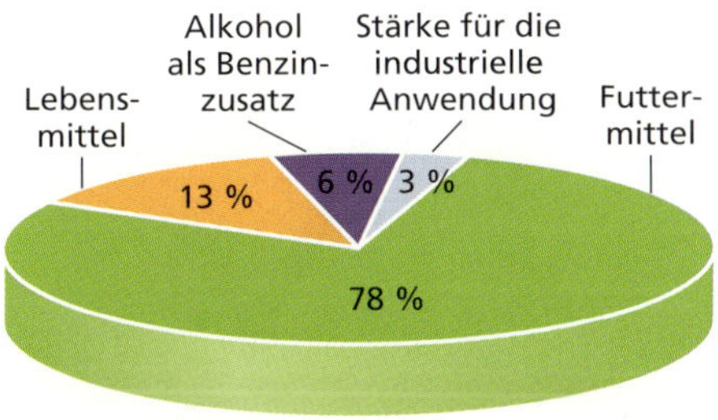

Produktbeispiele:

- Maismehl bzw. Körnermais aus gemahlenen bzw. getrockneten Maiskörnern;
- Speiseöl und Margarine aus Maisöl;
- Kaugummi, Schokodrinks und Kuchenteig aus Maisstärke;
- Backwaren, Fruchtgetränke und Eiscreme mit Maissirup.

(nach AgrEvo GmbH/BLL/Monsanto (Deutschland) GmbH/Novartis Deutschland GmbH 1998)

Beim Anbau von Mais gehen jährlich ca. 36 % der Welternte verloren. Die Ursachen dafür sind hauptsächlich das Auftreten von Unkräutern, Krankheitserregern und Schadinsekten. Der Maiszünsler ist einer der Hauptschädlinge im Maisanbau. Ca. 7 % der Welternte gehen jährlich durch die Larven dieses Schmetterlings verloren. Das entspricht ca. 40 Millionen Tonnen Mais. Um die Ernteverluste zu verringern, wurden hauptsächlich gegen Insekten bzw. Unkrautbekämpfungsmittel (Herbizide) resistente Maissorten mit Hilfe der Gentechnik gezüchtet.

Beispiele für Maissorten, die mit Hilfe der Gentechnik gezüchtet wurden:

Maissorte	Neue Eigenschaft
• Maximizer	Insektenresistenz (gegenüber dem Maiszünsler)
• Liberty Link Mais	Herbizidresistenz (gegenüber dem Herbizid BASTA®)
• YieldGard	Insektenresistenz (gegenüber dem Maiszünsler)
• Seed Link	Herbizidresistenz (gegenüber dem Herbizid BASTA®)

Aufgaben:

1. **Erläutere die wirtschaftliche Bedeutung von Mais!**
2. **Welche Probleme im Maisanbau versucht man mit Hilfe der Gentechnik zu lösen?**

Lebenszyklus des Maiszünslers

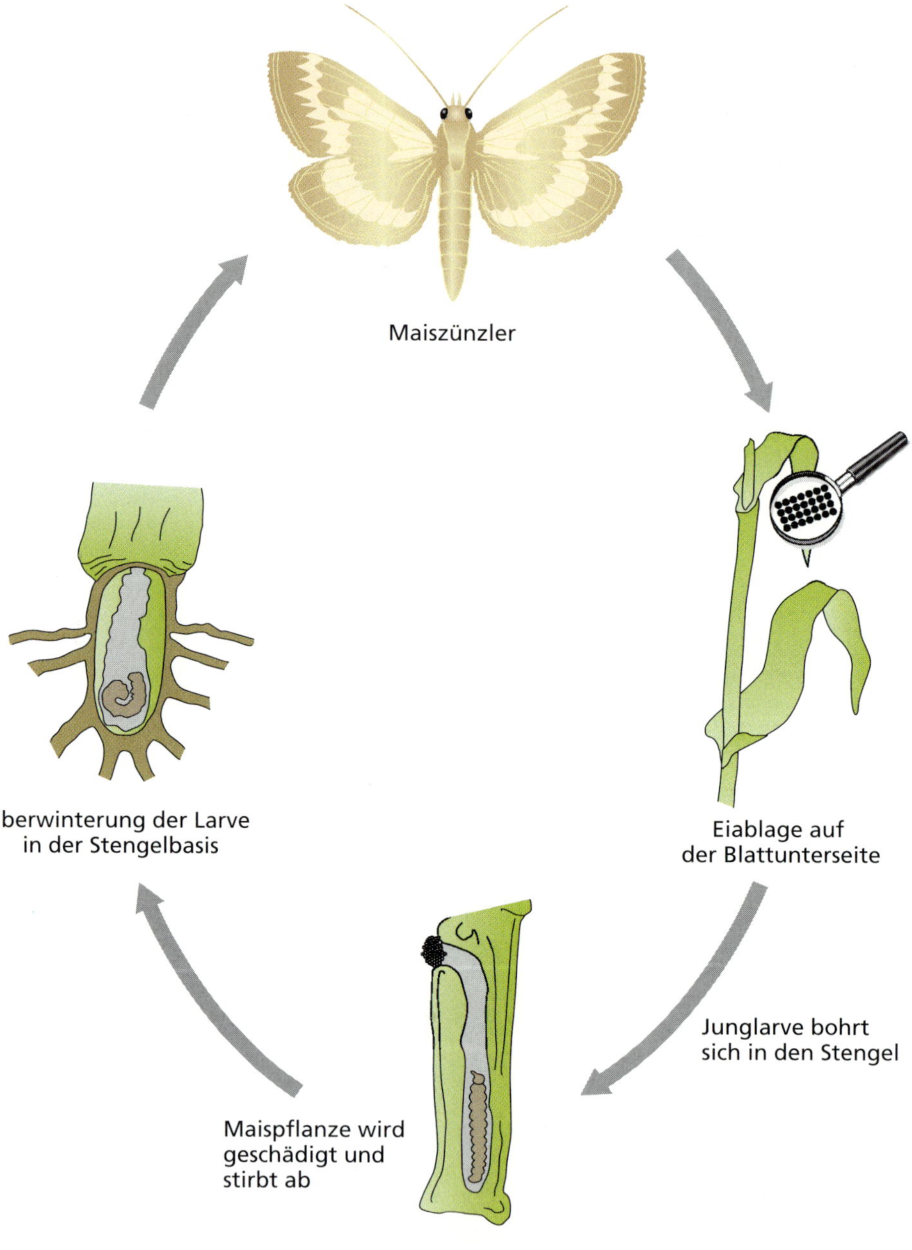

Genübertragung auf Maispflanzen

Das Bodenbakterium *Bacillus thuringiensis* (Bt) enthält neben der Bakterien-DNA oft noch eine ringförmige DNA, Plasmid genannt. Auf diesem liegt die Erbinformation für die Bildung eines insektentötenden Eiweißes, dem Bt-Eiweiß. (1)

Wie beim Antibiotikaresistenzgen, so wird auf gleichem Weg ein Herbizidresistenzgen als Marker in die Maiszellen eingeschleust. Auf einem Nährmedium mit Herbizid können dann die Maiszellen gedeihen, die Herbizidresistenzgene und damit auch Bt-Gene besitzen. (6)

Die so veränderten Plasmide werden zu ihrer Vermehrung in Bakterienzellen geschleust. Auf einem Nährmedium mit Antibiotika wachsen dann nur die Bakterien, die Plasmide mit Antibiotikaresistenzgen und damit auch Bt-Gen besitzen. (4)

Aus den erfolgreich transformierten Zellen werden ganze Maispflanzen herangezogen, die das Bt-Eiweiß zum Schutz vor der Zünzlerlarve produzieren. (7)

Die isolierten Bt-Gene werden dann in spezielle Plasmide eingebaut, die Antibiotikaresistenzgene als Erkennungsabschnitt (Marker) tragen. (3)

Nun werden die Plasmide mit dem Bt-Gen und dem Antibiotikaresistenzgen wieder aus den Bakterien entfernt und z. B. mit Hilfe einer sog. „Gen-Kanone" (ein Gerät mit dem man Goldkügelchen mit angehefteter DNA in Pflanzenzellen schießt) in die Maiszellen transferiert (Gentransfer). (5)

Zur Herstellung gegen den Maiszünsler resistenter Pflanzen isoliert man zuerst das Plasmid aus den Bodenbakterien und dann den Abschnitt des Bt-Gens aus den Plasmiden. (2)

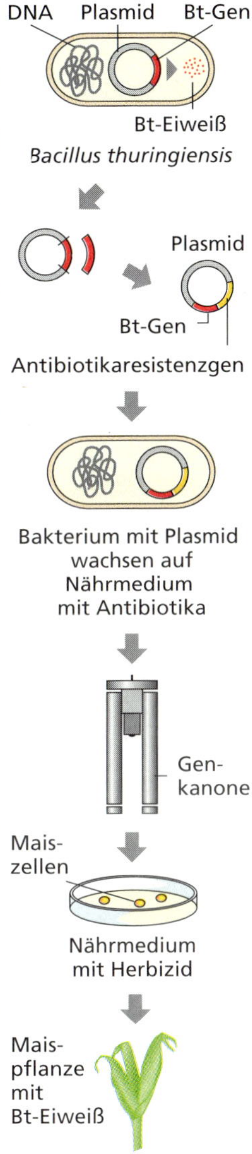

Aufgaben:

1. **Schneide die Textbausteine aus und ordne sie der Abbildung zu! Ergänze dabei folgende Wörter: Zünslerlarve, Gentransfer, Plasmid, Maispflanzen, Bt-Eiweiß, Antibiotikaresistenzgene, Bt-Gen, Herbizidresistenzgene, Antibiotika! Lies Dir den gesamten Text genau durch und erkläre mit eigenen Worten, wie der Mais gentechnisch verändert wird!**
2. **Erkläre, wozu Marker (Antibiotika- und Herbizidresistenzgene) benötigt werden?**

Nutzen und Risiken des Anbaus gentechnisch veränderter, gegen den Maiszünsler resistenter Maispflanzen

Verbreitung der Zünzlerlarve in Europa

Mais wird vorwiegend in Amerika, Europa und Asien angebaut. Einer der häufigsten Schädlinge ist der Maiszünsler. Durch die Larve dieses Schmetterlings gehen weltweit jährlich ca. 40 Mill. Tonnen Mais verloren.

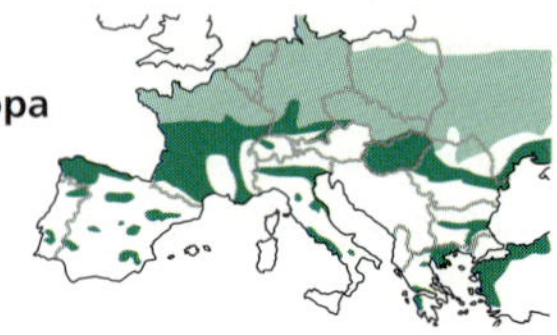

Nach Einschätzung der Hersteller gentechnisch veränderter, gegen den Zünsler resistenter Maissorten erbringt deren Anbau jährlich in den USA bei gleichem Ertrag Einsparungen von:

- 2,5 Mill. Hektar Land,
- 102 Mill. Liter fossiler Brennstoffe
- 100 000 Tonnen Mineraldünger,
- 20 bis 30 Mill. US-$ für Pestizide.

(nach Arbeitskreis Gymnasium und Wirtschaft e.V. 1998)

Im Zusammenhang mit dem Anbau transgener Pflanzen werden vielfach mögliche Folgen für das Ökosystem diskutiert. Im Mittelpunkt stehen dabei meist folgende Fragen: Können sich die transgenen Pflanzen ungewollt ausbreiten? Ist es möglich, dass die Fremdgene auf andere Mais- oder Wildpflanzen übertragen werden? Um diese Fragen beantworten zu können, sind Kenntnisse über die Wachstumsbedingungen und das Blühverhalten des Mais sowie möglicher Empfängerpflanzen notwendig.

Fragen zur Abschätzung der Ausbreitung von Mais:	Eigenschaften von Mais:
1) Ist der Mais ein Selbst- oder ein Fremdbestäuber?	Fremdbestäuber
2) Wie werden die Samen des Mais verbreitet?	durch Wind
3) Ist Mais einjährig oder mehrjährig?	einjährig
4) Ist es möglich, dass sich gentechnisch veränderter Mais mit herkömmlichen Maissorten kreuzt?	ja
5) Können Maissamen in Europa überwintern und anschließend auskeimen	nein
6) Gibt es in Europa verwandte Arten, mit denen Mais fruchtbare Nachkommen erzeugen kann?	nein

Aufgaben:

1. **Beantworte die Fragen 1 – 6 und halte die Ergebnisse schriftlich fest! Nimm dein Biologiebuch und gegebenenfalls weitere Nachschlagewerke zur Hilfe!**
2. **Diskutiere mit dem Nachbarn, inwiefern die einzelnen Eigenschaften des Mais die ungewollte Ausbreitung der transgenen Eigenschaft beeinflussen könnten!**
3. **Welche Folgen sind zu befürchten, wenn der Maiszünsler durch das lange Vorhandensein des Giftes in den Pflanzen über die gesamte Vegetationsperiode hinweg resistent gegenüber dem Bt-Gift werden würde!**

3.3 „Butterfinger" – hergestellt aus gentechnisch verändertem Mais

Angela Kross und Jan Birth

Die Firma Nestlé brachte 1998 das Produkt „Butterfinger" als das erste nach der Novel-Food-Verordnung der EU gekennzeichnete Lebensmittel in Deutschland auf den Markt. „Butterfinger" ist ein Schokoriegel, der aus Erdnüssen und Cornflakes (Maisflocken) besteht. Da die amerikanischen Hersteller nicht dafür garantieren können, dass kein gentechnisch veränderter Mais bei der Produktion des Riegels eingesetzt wurde, war die Kennzeichnung des Riegels als „aus gentechnisch verändertem Mais hergestellt" notwendig. Nach ca. einem Jahr wurde der Schokoriegel aufgrund fehlender Akzeptanz wieder vom Markt genommen (s. AB 1).

Der Produktlebenslauf des "Butterfinger" ist typisch für Lebensmittel auf dem deutschen Markt, die unter die Regelungen der Novel-Food-Verordnung der EU fallen (s. Kap. 2.1.5). Mit Hilfe dieser Unterrichtseinheit können am Beispiel des „Butterfinger" die wesentlichen Schritte zur Herstellung transgener Maispflanzen sowie ausgewählte Fragen zu gesundheitlichen Risiken gentechnisch veränderter Lebensmittel (Allergierisiko, Verbreitung von Antibiotikaresistenzen) behandelt werden. Die grundlegenden Schritte gentechnischen Arbeitens werden hierbei dem biotechnischen Vorgehen der Verzuckerung von Maisstärke gegenübergestellt, um auf diese Weise die Begriffe „Bio- und Gentechnik" zu differenzieren.

1. Sachinformationen

Bio-/Gentechnik im Anbau und in der Verarbeitung von Mais

Biotechnische Verfahren wie z. B. die alkoholische Gärung oder der enzymatische Stärkeabbau werden seit langem bei der Verarbeitung und beim Haltbarmachen von Maisprodukten genutzt. Ein Beispiel für einen grundlegenden biotechnischen Prozess in der Maisverarbeitung ist die Verzuckerung von Maisstärke. Die Maiskörner werden dabei als Stärkequelle genutzt, um in einem zweischrittigen Verfahren verschiedene Arten von Zucker herzustellen. Dazu wird aus den Maiskörnern durch mechanisches Reinigen, Mahlen und Trocknen der Ausgangsstoff gewonnen, die Maisstärke. Es folgt der erste Verfahrensschritt, die Stärkeverflüssigung. In Wasser und unter Hitzeeinwirkung oberhalb von 60 °C quellen die Stärkekörner und platzen. Bei ca. 80 °C verlieren sie ihre kristalline Struktur. Es entsteht eine hoch viskose Flüssigkeit, die Stärke verkleistert und wird für Enzyme und Säuren angreifbar. Im zweiten Verfahrensschritt, der Stärkeverzuckerung, wird zu der Stärke hitzebeständige bakterielle α-Amylase gegeben. Diese spaltet die Stärke in unterschiedlich große Bruchstücke (Dextrine). Für den vollständigen Abbau zu Glucose ist das Einwirken eines weiteren Enzyms, der Glucoamylase notwendig (s. Benz/Scharf/Weber 1997, AB 2 und Bd. 2, S. 9 ff.).

In biotechnischen Verfahren werden natur- und ingenieurwissenschaftliche Prinzipien zur Verarbeitung von Materialien mit Hilfe biotechnischer Agenzien (z. B. mit Enzymen) angewandt, um Waren herzustellen und Dienstleistungen durchzuführen (OECD, s. Bull et al. 1982, s. Bd. 2, S. 2). Die Verzuckerung von Maisstärke ist ein typisches Beispiel für ein biotechnisches Verfahren.

Zur Biotechnik gehört auch der Einsatz gentechnischer Methoden. Spezifisch für die Gentechnik ist die Übertragung einzelner, im Labor isolierter Gene in das Genom von Organismen, wobei auch die Überschreitung der Artgrenze möglich ist. Hauptziel der Anwendung gentechnischer Methoden bei Mais ist die Entwicklung von insekten- und herbizidresistenten Varietäten sowie von Maissorten mit veränderter Stärkezusammensetzung. Bereits auf dem Weltmarkt erhältlich sind z. B. die mit Hilfe gentechnischer Verfahren hergestellten Maissorten „YieldGard", „Maximiser" (resistent gegen den Maiszünsler), „B 16" (resistent gegen das Herbizid Roundup) und Liberty-Link-Mais (resistent gegen das Herbizid BASTA®). Die Herstellung gentechnisch veränderter (Mais-) Pflanzen sowie ökologische Aspekte ihrer Freisetzung sind in Kap. 3.2 beschrieben.

Fragen zu gesundheitlichen Risiken gentechnisch veränderter Lebensmittel

Im Mittelpunkt der öffentlichen Diskussion über gesundheitliche Risiken gentechnisch hergestellter Lebensmittel stehen vor allem zwei Fragen (s. auch AB 3):

1. Können durch den Verzehr gentechnisch hergestellter Lebensmittel häufiger Allergien bei Menschen ausgelöst werden?
2. Können durch den Verzehr gentechnisch hergestellter Lebensmittel Antibiotikaresistenzen bei Krankheitserregern des Menschen verbreitet werden?

Zu 1) Ein Gentransfer verändert generell nicht das allergene Potential eines Genprodukts, d. h. seine Allergie auslösende Wirksamkeit. Lebensmittel werden in Bezug auf Inhaltsstoffe mit allergenem Potential geprüft. Dies kann jedoch nur für bereits bekannte Substanzen erfolgen. Zur Untersuchung von unbeabsichtigt entstehenden Genprodukten oder Inhaltsstoffen aus bisher nicht für die menschliche Ernährung genutzten Organismen sind die konventionellen Verfahren nur bedingt aussagekräftig.

Zu 2) Antibiotikaresistenzgene werden zusammen mit dem für die gewünschte Eigenschaft codierenden Gen übertragen, um den Erfolg des Gentransfers zu überprüfen. Nur die Zellen, bei denen die Genübertragung geglückt ist, können auf einem Nährmedium mit Antibiotika überleben. Die zur Selektion genutzten Gene bezeichnet man als Marker. Antibiotikaresistenzmarker werden meist für die Selektion erfolgreich transformierter Bakterienzellen eingesetzt, Herbizidresistenzmarker nutzt man oftmals für die Selektion von Pflanzenzellen.

Antibiotikaresistenzen treten bei Bakterien natürlicher Weise auf. Die Anlagen sind z. T. im Erbgut einiger Bakterienarten von je her vorhanden (natürliche Resistenz). Sie können aber auch durch Mutationen beim Kontakt mit einem Antibiotikum entstehen (erworbene Resistenz). Letzteres ist der Grund dafür, dass durch die Anwendung von Antibiotika (z. B. in der Human- und Tiermedizin) beständig resistente Bakterien selektiert und vermehrt werden. Verfügen Krankheitserreger des Menschen erst einmal über solche Resistenzen, führt dies letztlich zur Unwirksamkeit von Antibiotika im Falle einer Erkrankung. Es sind bereits Bakterienstämme bekannt, die mit keinem der handelsüblichen Antibiotika derzeit bekämpft werden können bzw. solche, die resistent gegen mehrere Substanzen sind (multiresistente Bakterien, s. Kap. 2.1.5 AB 3).

Es wird befürchtet, dass die Verbreitung von Resistenzeigenschaften gegenüber Antibiotika durch die Nutzung von Antibiotikaresistenzmarkern in der Gentechnik verstärkt wird. Der Austausch von Resistenzgenen zwischen Bakterien kann durch Transduktion oder Konjugation (s. Linder Bayrhuber/Kull 1998, S. 321 bzw. 323), die Übertragung auf andere Organismengruppen durch horizontalen Gentranfer (s. Kap. 2.1.4) erfolgen. Die Wahrscheinlichkeit eines Gentransfers auf Darmbakterien wird jedoch als sehr gering betrachtet (s. Kap. 2.1.5). Werden gentechnisch veränderte Organismen zu Ernährungszwecken genutzt, könnten Antibiotikaresistenzgene in den menschlichen Körper gelangen und dort beispielsweise auf Darmbakterien übertragen werden. Bei gleichzeitiger Einnahme eines Antibiotikums bestände dann für die resistenten Bakterien ein Selektionsvorteil bzw. sie würden bei einer Erkrankung nicht bekämpft werden können. Werden Lebensmittel vor dem Verzehr stark erhitzt (z. B. durch Kochen), verringert sich das Übertragungsrisiko, da DNA bei hohen Temperaturen denaturiert, d. h. in ihrer Struktur unwiderruflich verändert wird.

Mit Hilfe neuer Verfahrenstechniken können Antibiotikaresistenzgene aus den transformierten Zellen wieder entfernt werden. Da dies einen zusätzlichen Kosten- und Zeitaufwand verursachen, wird derzeit jedoch nur wenig davon Gebrauch gemacht (s. Wöhrmann/Tomiuk/Sentker 1999).

2. Fachdidaktische Informationen

Ziel dieser Unterrichtseinheit ist die Erarbeitung von Grundlagen für einen argumentativ begründeten individuellen Standpunkt zur Gentechnik in der Lebensmittelherstellung.

Beispielhaft wird dazu der Schoko-Riegel „Butterfinger" eingeführt. Grundlegende Arbeitsschritte der gentechnischen Veränderung von Mais (s. Kap. 3.2) werden im Vergleich zur Verzuckerung von Maisstärke behandelt. Dieses Vorgehen dient der begrifflichen Klärung von Bio- und Gentechnik. Zwei wesentliche Fragen der Sicherheit gentechnisch hergestellter Lebensmittel - das Allergierisiko und die Verbreitung von Antibiotikaresistenzen - werden im letzten Unterrichtsabschnitt thematisiert. In diesem Zusammenhang ist auch die Behandlung ökologischer Aspekte (s. Kap. 3.2) bzw. grundlegender ethischer Fragen des Gentransfers an Pflanzen (s. Kap. 2.1.1) in den Unterrichtsgang integrierbar. Informationen über die Kennzeichnung gentechnisch hergestellter Lebensmittel entsprechend der Novel-Food-Verordnung der EU (s. Kap. 2.1.5) können darüber hinaus vermittelt werden.

Lernziele

Die Schüler sollen:
- die Begriffe Bio- und Gentechnik kennzeichnen und an einem Beispiel verdeutlichen können,
- sich unter Einbeziehung von Aspekten der Sicherheit gentechnisch veränderter Lebensmittel eine begründete Meinung in Bezug auf ihren Verzehr bilden und diese vertreten können.

Lernvoraussetzungen

Grundwissen über:
- Bau und Funktion der DNA,
- Zucker in der menschlichen Ernährung,
- Wirkung von Antibiotika,
- Ursachen für Allergien.

3. Unterrichtsverlauf und Materialien

1. Der „Butterfinger" - Gentechnik in der Lebensmittelherstellung (ca. 45 min.)	
Einstieg: Das Produkt „Butterfinger" und Argumente für oder gegen gentechnisch hergestellte Lebensmittel, weitere Beispiele: FlavrSavr®-Tomate, Kartoffeln mit verändertem Stärkegehalt, Raps mit veränderter Fettsäurezusammensetzung **Erarbeitung:** Gentechnische Veränderung von Mais; Definition Gentechnik **HA:** Beschreibe die wesentlichen Schritte zur gentechnischen Veränderung einer Pflanze!	AB 1 AB 2 aus Kap. 3.2
2. Vergleich Bio- und Gentechnik (ca. 45 min.)	
Einstieg: Wesentliche Schritte der gentechnischen Veränderung einer Pflanze (HA), Genübertragung als Merkmal der Gentechnik; **Erarbeitung:** Gentechnik als Teil der Biotechnik; Das Charakteristische eines biotechnischen Verfahrens wird mit Hilfe des AB 2 in Partnerarbeit behandelt. **Zusammenfassung:** Gegenüberstellung Bio- und Gentechnik	AB 2 aus Kap. 3.2 AB 2
3. Gesundheitliche Risiken der Gentechnik in der Lebensmittelproduktion (ca. 45 min.)	
Einstieg: In Anknüpfung an Abs. 1 und ausgehend von dem Vergleich der Bio-/Gentechnik wird die Frage aufgeworfen, worin die Problematik gentechnisch veränderter Lebensmittel im Gegensatz zu biotechnisch hergestellten liegt (Fokus auf gesundheitliche Risiken). **Erarbeitung:** Fragen zu gesundheitlichen Risiken der Gentechnik in der Lebensmittelproduktion: Allergierisiko und die Verbreitung von Antibiotikaresistenzeigenschaften (Partner- oder Einzelarbeit). (Anm.: Ökologische Aspekte der Sicherheit gentechnisch veränderter Pflanzen sind in Kap. 3.2, AB 3 erörtert. Sie können auch hier sinnvoll in den Unterricht einbezogen werden.) **Zusammenfassung:** Aspekte, die für eine begründete Entscheidung für oder gegen den Kauf eines gentechnisch hergestellten Lebensmittels wie den „Butterfinger" zu berücksichtigen sind, Üben begründeter Entscheidungen in Gruppendiskussion.	AB 3

„Butterfinger - hergestellt aus gentechnisch verändertem Mais"

Lebenslauf eines Schoko-Riegels

6. August 1998 - „Butterfinger" von Nestlé wird gekennzeichnet

Die Firma Nestlé kündigt an, im September einen neuen Schoko-Riegel unter dem Namen „Butterfinger" auf den deutschen Markt zu bringen. Er enthält Corneflakes (Maisflocken), die in der Zutatenliste mit dem Hinweis „hergestellt aus gentechnisch verändertem Mais" aufgeführt sind. Da nach Aussage des Chefs der Nestlé AG Deutschland niemand mehr garantieren kann, dass zur Herstellung der Cornflakes ohne Gentechnik erzeugter Mais verwendet wird (konventionelle und transgene Maissorten werden meist nicht mehr getrennt), hat sich Nestlé zur Kennzeichnung entschlossen. Man geht davon aus, dass kurzfristig zahlreiche gekennzeichnete Produkte von der deutschen Nahrungsmittelindustrie auf dem Markt angeboten werden.

1. September 1998 - „Butterfinger" im Handel

Der Schoko-Riegel „Butterfinger" kommt im Laufe dieser Woche in den Handel. Er wird vor allem in Tankstellen-Shops verkauft. Die Hauptzielgruppe unter den Verbrauchern sind Jugendliche und junge Erwachsene. „Butterfinger" ist derzeit das einzige Produkt in Deutschland, dass nach Inkrafttreten der europäischen Verordnung zur Kennzeichnung gentechnisch veränderter Lebensmittel (Novel-Food-Verordnung) mit entsprechender Aufschrift vertrieben wird.

24. September 1998 - Proteste gegen „Butterfinger"

Die Umweltschutzorganisation Greenpeace protestiert vor einem Verbrauchermarkt gegen den Verkauf des Schoko-Riegels und fordert den sofortigen Verkaufsstop.

10. Dezember 1998 - „Butterfinger" ist nicht mehr allein

Es gibt inzwischen eine Reihe von Lebensmitteln aus gentechnisch verändertem Mais und auch Soja, die den gesetzlichen Bestimmungen gemäß gekennzeichnet sind. Die Vorhersage der Nestlé-Firmenleitung, dass gentechnisch veränderte Lebensmittel weitere Marktanteile gewinnen würden, scheint sich zu bestätigen.

14. Juni 1999 - Weitere Proteste gegen „Butterfinger"

Durch verschiedene Aktionen, zuletzt während der Deutschen Windsurf Meisterschaft auf Sylt, versucht Greenpeace Nestlé zu zwingen, den „Butterfinger" vom Markt zu nehmen. Nestlé erklärt, dass das Produkt solange im Handel bleibt, wie er Käufer fände.

14. Juli 1999 - Aus für „Butterfinger"

Nestlé streicht den Butterfinger aus dem Angebot. Damit verschwindet das letzte nach der Novel-Food-Verordnung gekennzeichnete Lebensmittel vom deutschen Markt.

Aufgaben:

1. **Wie der Lebenslauf des „Butterfingers" zeigt, finden mit Hilfe der Gentechnik produzierte Lebensmittel nur schwer Käufer. Welche Gründe könnte es deiner Meinung nach dafür geben?**
2. **Welche anderen Lebensmittel kennst du, die gentechnisch hergestellt wurden?**

Die biotechnische Verzuckerung von Maisstärke

Der biotechnische Prozess der Stärkeverzuckerung verläuft in zwei Hauptschritten: 1. Stärkeverflüssigung und 2. Stärkeverzuckerung. Beide Schritte finden unter Nutzung spezieller Enzyme statt, den Amylasen und Glucoamylasen. Enzyme sind Eiweiße, die Stoffwechselreaktionen katalysieren. Werden in technischen Verfahren biologische Substanzen bzw. Lebewesen (z. B. Bakterien und Pilze) eingesetzt, so bezeichnet man dies als Biotechnik.

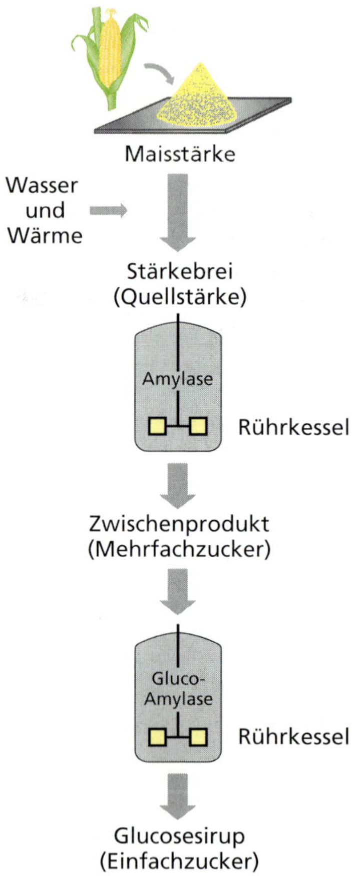

1. Stärkeverflüssigung (2)

2. Stärkeverzuckerung (5)

Bevor die eigentliche Stärkeverzuckerung stattfinden kann, werden die geernteten Maiskörner mechanisch gereinigt, zermahlen und getrocknet. Es entsteht der Ausgangsstoff für die Verzuckerung, die Maisstärke. (1)

Die mechanisch aufgeschlossene Stärke wird durch das Einwirken von Amylasen (Enzyme) in ein Zwischenprodukt aus verschiedenen Mehrfachzuckern aufgespalten. (4)

Die zuvor entstandenen Mehrfachzucker werden dann durch das Einwirken des Enzyms Glucoamylase weiter in Einfachzucker zerlegt. (6)

Die Maisstärke quillt in Wasser bei etwa 60 - 90°C bis die Stärkekörner platzen. Es entsteht ein Stärkebrei, die Quellstärke. (3)

Der entstehende Glucosesirup, ein Gemisch aus Glucose und Fructose, ist z. T. in Süß- und Backwaren anstatt des traditionellen Zuckers, der Saccharose, enthalten. (7)

Aufgaben:

1. **Schneide die Textbausteine aus und ordne sie den einzelnen Schritten der Stärkeverzuckerung in der Abbildung zu! Ergänze dabei die folgenden Wörter bzw. Wortgruppen: Maisstärke, Stärkeverflüssigung, Wasser, Quellstärke, Enzyme, Stärkeverzuckerung, Mehrfachzucker, Einfachzucker, Glucose und Fructose!**
2. **Lies dir den gesamten Text genau durch und erkläre deinem Nachbarn dann mit eigenen Worten die Verzuckerung von Maisstärke!**

Zwei Fragen zu gesundheitlichen Risiken gentechnisch hergestellter Lebensmittel

Frage 1: Können durch den Verzehr gentechnisch hergestellter Lebensmittel häufiger Allergien bei Menschen ausgelöst werden?

Lebensmittelallergien sind eine Überempfindlichkeitsreaktion des menschlichen Immunsystems auf bestimmte Bestandteile in der Nahrung, sog. Allergene. Einige der allergischen Reaktionen sind z. T. auf die Eiweiße in der Nahrung, z. B. in Milch oder Fisch, zurückzuführen.

Bei einem Gentransfer werden Gene, die für ein bestimmtes Eiweiß codieren, auf einen anderen Organismus übertragen. Das im Spender- bzw. Empfängerorganismus gebildete Eiweiß ist identisch. Das allergene Potential des Eiweißes, das heißt, die Möglichkeit eine Allergie auszulösen, verändert sich nicht. Gentechnisch veränderte Lebensmittel können somit nicht häufiger Allergien auslösen als herkömmliche Produkte.

Die Beurteilung des allergenen Potentials eines Lebensmittels setzt allerdings voraus, dass die darin enthaltenen Substanzen und deren Wirkungen auf das menschliche Immunsystem bekannt sind. Entstammen die zu übertragenen Gene aus bislang nicht für die menschliche Ernährung genutzten Spenderorganismen (z. B. aus bisher nicht zu Ernährungszwecken genutzten Bakterienarten), ist die Beurteilung des allergenen Potentials des Lebensmittels schwierig, da herkömmliche Analyseverfahren nur bedingt aussagekräftig sind.

Frage 2: Können durch den Verzehr gentechnisch hergestellter Lebensmittel Antibiotikaresistenzen bei Krankheitserregern des Menschen verbreitet werden?

Antibiotika gelangen heute nicht nur durch die Einnahme von Medikamenten in den menschlichen Körper sondern z. B. auch durch den Verzehr des Fleisches von Rindern und Schweinen, denen Antibiotika gegen Tierkrankheiten mit dem Futter verabreicht wurden.

In der Gentechnik werden Antibiotikaresistenzgene heute häufig dazu verwendet, um aus einer großen Menge von Zellen diejenigen herauszufinden, bei denen die Genübertragung erfolgreich war. Diese enthalten dann neben dem neu eingeführten Gen auch ein Antibiotikaresistenzgen, z. B. das häufig eingesetzte Kanamycinresistenzgen. Es besteht die Möglichkeit, dass über den Verzehr von gentechnisch hergestellten Lebensmitteln Antibiotikaresistenzgene auf Krankheitserreger im menschlichen Darm übertragen werden. Das entsprechende Antibiotikum wäre dann unwirksam und könnte zur Krankheitsbekämpfung nicht angewandt werden. Die Wahrscheinlichkeit der Übertragung von Antibiotikaresistenzgenen auf Darmbakterien wird jedoch als sehr gering betrachtet. In der Regel wird mit solchen Antibiotika gearbeitet, die in der Humanmedizin kaum verwendet werden. Kanamycin gehört dazu, es wird jedoch intensiv in der Tiermedizin genutzt. Der Einsatz neuerer Verfahren gestattet es mittlerweile, Antibiotikaresistenzgene wieder aus gentechnisch veränderten Zellen zu entfernen. Da dies jedoch einen höheren Kosten- und Zeitaufwand erfordert, werden diese Verfahren bislang nicht durchgängig angewandt.

Aufgaben:

1. **Lies den Text zur Frage 1 und beantworte diese mit eigenen Worten! Kläre in diesem Zusammenhang mit Hilfe deines Lehrbuches, wie eine Allergie entsteht!**
3. **Lies den Text zur Frage 2 und beantworte diese mit eigenen Worten! Kläre in diesem Zusammenhang mit Hilfe deines Lehrbuches, wie Antibiotika wirken!**

4 Literatur

ACH, J./GAIDT, A.: Kartoffelethik. In: prima philosophia 4, 421–439 (1995).

ACH, J. S.: Ersatzteillager Tier. In: Ach J.S./ Quante M. (Hrsg.): Hirntod und Organverpflanzung. Frommann Verlag: Stuttgart 1997.

ADREMONT, A./COPET, D./COURVALIN, P.: Antibiotikaresistenz. In: Spektrum der Wissenschaft 7, 50–57 (1997).

Agrevo GmbH/BLL/Monsanto (Deutschland) GmbH/Novartis Deutschland GmbH (Hrsg.): Kompendium Gentechnologie und Lebensmittel. Düsseldorf, Bonn, Wehr 1998.

ALBERTS, B./BRAY, D./LEWIS, J./RAFF, M./ROBERTS, K./Watson, J. D.: Molekularbiologie der Zelle. VCH: Weinheim 1995.

ALTNER, G.: Ethische Aspekte der gentechnischen Veränderung von Pflanzen (Kurzfassung des Gutachtens). In: van den Daele, W./Pühler, A./Sukopp, H. (Hrsg.): Grüne Gentechnik im Widerstreit. VCH: Weinheim, New York, Basel, Cambridge, Tokyo 1996.

ALTNER, G.: Für eine Ethik des behutsamen Umgangs mit dem Leben. In: Gras, J. et al.: Biotechnik-Gentechnologie-Reproduktionsmedizin. Kohlhammer-Verlag: Stuttgart 1988.

ANDERSON, W.F.: Gentherapie. In: Schlüsseltechnologien im 21. Jahrhundert. Spektrum der Wissenschaft Spezial 4, 72–77 (1995).

Arbeitskreis Gymnasium und Wirtschaft e.V. (Hrsg.): Gentechnische Nahrungsmittel. Eine fächerübergreifende Handreichung für den Unterricht. Unterhachingen 1998.

Arzneimittelgesetz: Gesetz über den Verkehr mit Arzneimitteln; i. d. F. der Bekanntmachung vom 19.10.1994 (BGBl. I, S. 3018). Bundesanzeiger: Köln 1998.

BACKE, W./BUSCH, C.: Einsatz von Rapsölen in mobilhydraulischen Systemen. In: Raps 9 (4) 1991.

BARON, D.: Anwendung monoklonaler Antikörper. In: UB 219, 51–53 (1996).

Bayer AG (Hrsg.): Gentechnik in der Pharmaforschung - Fortschritt und Verantwortung. Ziele, Chancen, Grenzen. 6 (1995).

Bayerisches Staatsministerium für Ernährung, Landwirtschaft und Forsten (Hrsg.): Biotechnologie und Gentechnik in der Tierzucht.

BioTech Mobil - Perspektiven moderner Bio- und Gentechnologie. München 1997.

BAYERTZ, K./SCHMIDTKE, J./SCHREIBER, H. L. (Hrsg.): Somatische Gentherapie – Medizinische, ethische und juristische Aspekte. G. Fischer: Stuttgart, Jena, New York 1995.

BAYERTZ, K.: Genomanalyse und Gentherapie. Ethische Herausforderung in der Humanmedizin. In: Sass, H.-M.: Genomanalyse und Gentherapie. Springer Verlag: Berlin, Heidelberg, New York 1991.

BAYERTZ, K.: Wieviel Genetik braucht der Mensch? Die normative Kraft des Ethischen. In: Fischer, E.P./Geißler, E. (Hrsg.): Gentechnologie. UVK: Konstanz 1994.

BAYRHUBER, H./KULL, F. (Hrsg.): Linder Biologie. Schroedel Verlag: Hannover 1998.

BAYRHUBER, H./LUCIUS, E.R. (Hrsg.): Handbuch der praktischen Mikrobiologie und Biotechnik Bd. 2. Schroedel Verlag: Hannover 1997.

BAYRHUBER, H./LUCIUS, E. R. (Hrsg.): Handbuch der praktischen Mikrobiologie und Biotechnik Bd. 3. Metzler Schulbuchverlag: Hannover 1992.

BAYRHUBER, H.: Ethische Analyse der Gentherapie von Keimbahnzellen im Unterricht. In: Friedrich Jahresheft. 128–131 (1992).

BAYRHUBER, H.: Ethische Aspekte des Embryonenschutzgesetzes. In: Praxis der Naturwissenschaften Biologie. 4 (1991).

BEARDSLEY, T./HOEFER, I.: Entschlüsseltes Leben. In: Spektrum der Wissenschaft. 7, 48–55 (1996).

Behringwerke (Hrsg.): Broschüre „Arzneimittel aus Blut“. 1994.

BENZ, M./SCHARF, K. -H./WEBER, T. (Hrsg.): Nachwachsende Rohstoffe. Aulis Verlag Deubner und Co KG: Köln 1997.

BIOLOGIE. bsv: München 1995.

BIRNBACHER, D.: Mensch und Natur. Grundzüge der ökologischen Ethik. In: Bayertz. K. (Hrsg.): Praktische Philosophie. Grundorientierungen angewandter Ethik. Rowohlt Verlag: Reinbek 1994.

BRAND, P. (Hrsg.): Zukunft der Gentechnik. Birkhäuser Verlag: Basel, Bosten, Berlin 1997.

BRAND, P.: Transgene Pflanzen: Herstellung, Anwendung, Risiken und Richtlinien. Birkhäuser Verlag: Basel, Bosten, Berlin 1995.

BSCS and the American Medical Association (Hrsg.): Mapping and sequencing the human genome: science, ethics, and public policy. Colorado Springs 1992.

BULL, A. T./HOLT, G./LILLY, M. D.: Biotechnology. International Trends and Perspectives. Paris 1982.

Bund für Lebensmittelrecht und Lebensmittelkunde e.V. (BLL) (Hrsg.): Materialien zum Symposium „Was ist Sache in Sachen Gentechnik?". Bonn 1996.

Bund für Lebensmittelrecht und Lebensmittelkunde e.V. (BLL)/ Biotechnology Research and Information Network GmbH (BRAIN) (Hrsg.): Gentechnik und Lebensmittel. Bonn, Darmstadt 1995.

Bundesärztekammer (Hrsg.): Richtlinien zur Forschung an frühen menschlichen Embryonen. Deutsches Ärzteblatt 82, 3757–3764 (1985).

Bundesärztekammer: Richtlinien zum Gentransfer in menschliche Körperzellen: Richtlinien des ständigen Arbeitskreises „Biomedizinische Ethik und Technikfolgenabschätzung" beim Wissenschaftlichen Beirat. In: Sonderdruck Deutsches Ärzteblatt–Ärztliche Mitteilungen. 3 (1995).

Bundesgesetzblatt: Gesetz zur Regelung der Gentechnik: (Gentechnikgesetz – GenTG). Bonn 21.12.1993.

Bundesminister für Forschung und Technologie/ Bundesminister der Justiz (Hrsg.): In-vitro-Fertilisation, Genomanalyse und Gentherapie. Bericht der gemeinsamen Arbeitsgruppe des Bundesministers für Forschung und Technologie und des Bundesministers für Justiz (Gentechnologie 6). München 1985.

Bundesministerium für Ernährung, Landwirtschaft und Forsten (Hrsg.): Bericht des Bundes und der Länder über nachwachsende Rohstoffe. Bonn 1995.

Bund-Länder-Arbeitsgruppe (Hrsg.): „Somatische Gentherapie". Abschlussbericht 5 (1997).

BURKE, T. J./CALLIS, J./VIERSTRA, R. D.: Characterization of a polyubiquitin gene from Arabidopsis thaliana. In: Mol. Gen. Genet. 213, 434–435 (1988).

CAMPBELL, N. A.: Biologie. In: Markl, J. (Hrsg.): Spektrum Verlag: Heidelberg, Berlin, Oxfort 1997.

CAPECCHI, M. R.: Gezielter Austausch von Genen. In: Digest: Gene und Genome. Spektrum der Wissenschaft Verlagsgesellschaft mbH: Heidelberg (1997).

CATENHUSEN, W./NEUMEISTER H. (Hrsg.): Chancen und Risiken der Gentechnologie. Dokumentation des Berichts der Enquete Kommission an den Deutschen Bundestag. J. Schweitzer-Verlag: München 1987.

CATENHUSEN, W. M./Neumeister, H. (Hrsg.): Chancen und Risiken der Gentechnologie. Dokumentation des Berichts an den Deutschen Bundestag. Frankfurt/Main 1987.

CLARKE, C.A.: Humangenetik und Medizin. Teubner: Stuttgart 1980.

CRAWLEY, M. J./HAILS, R. S./REES, M./ KOHN, D./BUXTON, J.: Ecology of transgenic oilseed rape in natural habitats. In: Nature 36, 620–623 (1993).

DALE, P. J./DE GREEF, W./RENARD, M./ STIEKEMA, W. J.: In: Economides I (ed.): Biotechnology R & D in the EC. Biotechnology Action Programm (BAP) Part II. Detailed Final Report of BAP Contractors in Risk Assessment 109–114 (1994).

DARMENCY, H./RENARD, M.: Efficiency of safety procedures in experiments with transgenic oil seed rape. The biosafety results of field tests of genetically modified plants and microorganisms (Proceedings of the 2nd International Symposium). 54–60 (1992).

Deutsche Landwirtschaftsgesellschaft (DLG) (Hrsg.): DLG-Mitteilungen plus: Gentechnik: Neue Wege zu neuen Sorten. Bergen 1997.

Deutsche Landwirtschaftsgesellschaft (DLG) (Hrsg.): Wenn Angst den Einkaufszettel diktiert. Ein Zwischenruf. In: DLG-Mitteilungen 5 (1995).

Die Welt: Streit um Patent auf Blut eines Mannes aus dem Regenwald. 1996.

DOWNEY, R. K.: Biosafety of transgenic oilseed Brassica species. The biosafety results of field tests of genetically modified plants an microorganisms. Proceedings of the 2nd International Symposium. 17–21 (1992).

DULITZ, B./KATTMANN, U.: Bioethik.

Fallstudien für den Unterricht. Metzler: Stuttgart 1990.
EBERHARD-METZGER, C./FARENHOLZ, J.: In: Natur 7, 30–33 (1995).
EDINGSHAUS, A./ZELL, R.: Embryo im Labor: Der Mensch als Material. In: Bild der Wissenschaft 6, 48–58 (1988).
EGGERSDORFER, M.: Perspektiven nachwachsender Rohstoffe in Energiewirtschaft und Chemie. In: Spektrum der Wissenschaft 6 (1994).
ERBERSDOBLER, H.F./TRAUTWEIN, E.A.: Rapsöl in der Ernährung. In: Raps 11 (3) 1993.
ERNST, D./ROSENBROCK, H./SANDERMANN, H.: Vorversuche zum horizontalen Gentranfer. In: VDBiol (Hrsg.): Gentechnik, Ökologie und Ernährung. VDBiol-Forum: München 1998.
Europäische Gemeinschaft (Hrsg.): Verordnung (EG) Nr. 258/97 des Europäischen Parlaments und des Rates vom 27.1.1997 über neuartige Lebensmittel und neuartige Lebensmittelzutaten. In: Amtsblatt der Europäischen Gemeinschaft Nr. L 43/1 vom 14.2.1997.
European Federation of Biotechnology: Patenting in Biotechnology. Briefing Paper 1 (9) 1996.
European Federation of Biotechnology: The application of human genetic research. Briefing Paper 3 (1) 1995.
FAGAN, J.: Publikum Forum Spezial 1995.
FISCHBECK, G.: Einführung und Ergebnisse zur Pollen- und Samenverbreitung transgener Erbeigenschaften. In: VDBiol (Hrsg.): „Gentechnik, Ökologie, Ernährung". VDBiol-Forum: München 1998.
FOCHEM, H.: Einsatz von Rapsölen in der Oleochemie. In: Raps 14 (3) 1996.
Fonds der chemischen Industrie (Hrsg.): Folienserie Biotechnologie/Gentechnik. Frankfurt/M. 1996.
Food and Agriculture Organisation of the United Nations (FAO) (Hrsg.): Yearbook Production. 49/1995.
FREUDENBERG, A./RÖHRING, K./STENNES, N.: Gentechnik. Grundwissen für den politisch-ethischen Dialog. Campus-Verlag: Frankfurt, New York 1990.
FRIEDMANN, T.: In: Nature Med. 2, 144, 1996.
FRIEDMANN, T: Gentherapie: Viren als Vehikel. In: Spektrum 10, 50–56 (1997).
FUCHS, U.: Gentechnik – Der Griff nach dem Erbgut. Eine kritische Bestandsaufnahme. G. Lübbe Verlag: Bergisch-Gladbach 1996.
GARVIN, W.: Transgenic sheep. Belfast 1994.
GASSEN, H.G./MINOL, K. (Hrsg.): Gentechnik. UTB: Stuttgart 1996.
GEBHARD, U./JOHANNSEN, F.: Gentechnik als ethische Herausforderung. Anregungen und Materialien für die Sekundarstufe II. GTB: Gütersloh 1990.
Gen-ethischer Informationsdienst (GID) (Hrsg.): Teure Tracy. 78, 25–26 (1992).
VERMA, I.M.: Gentherapie. In: Spektrum der Wissenschaft 1, 48–57 (1991).
Gentechnikgesetz: s. Bundesgesetzblatt
GEORGE-HYSLOP, H.St.: New Findings about an Old Disease. In: Fischer, P.F./Möller, G. (Eds.): The Medical Challenge. Complex Traits. Piper Verlag: München 1997.
GERHADT-DIERCKSEN, A./Schilde-RENTSCHLER, L.: Die Kartoffel – weltweit genutzt. In: PdN Biologie. 8 (1997).
GLICK, B.R./PASTERNAK, J.J.: Molekulare Biotechnologie. Spektrum Verlag: Heidelberg, Berlin, Oxford 1995.
Greenpeace (Hrsg.): Patentierung von Lebewesen durch das Europäische Patentamt. Eine Situationsanalyse. Greenpeace International 1995.
GREINER, R./JANY, K.-D.: Mögliche Gefahren von Gen-Food. In: Spektrum der Wissenschaft 11 (1998).
GROPENGIEßER, I. (Hrsg.): Krebs. UB 198 (1994).
GRUBER, W./KLAUTKE, S.: Milch und Milchprodukte. In: UB 170, 4-13 (1991).
HAAS, L.: Das Mucoviszidose-Gen. In: UB 209, 45 ff. (1995).
HACK, R./EBERT, E./EHLING, G./LEIST, K.-H.: Fd ChemToxic 32, 461–470 (1993).
HARMS, U./KROß, A.: Aktuell und wichtig: das Thema Gentechnik. In: Praxis Schule 5–10. 1, 38–39 (1998).
HARMS, U.: Zur Patentierung gentechnisch veränderter Lebewesen. In: Bayrhuber, H./ Lucius E. R. (Hrsg.): Handbuch der praktischen Mikrobiologie und Biotechnik Bd. 2.

Schroedel Verlag: Hannover 1997.
HASCHEMI, A.-M.: Laboratoriumsuntersuchungen in der Schwangerschaftsdiagnostik. Dissertation. Kiel 1968.
HAZEZAWA, S. BABA, A./SYONO, K.: Protoplast culure and transformation studies on rice. In: Baja, Y.P.S. (Ed.): Biotechnology in agriculture an forestry 9. Springer Verlag: Berlin, Heidelberg 1989.
HEKTOR-REINSHAGEN, D.: Die Relevanz ethischer Konzeptionen im Strafrecht am Beispiel des Embryonenschutzgesetzes. Frankfurt 1994.
HELLMANN, S./VOKES E.E.: Fortschritte in der herkömmlichen Krebstherapie. In: Krebsmedizin. Spektrum der Wissenschaft Spezial 5, 59–65 (1996).
HELMKAMP, M./PAUL, H.: Psychosomatische Krebsforschung – eine kritische Darstellung ihrer Ergebnisse und Methoden. Bern, Stuttgart, Toronto (1984).
HERDER Lexikon der Biochemie und Molekularbiologie. Spektrum Akademischer Verlag: Heidelberg, Berlin, Oxford 1995.
HEß, D.: Biotechnologie der Pflanzen: Eine Einführung. Eugen Ulmer Verlag: Stuttgart 1992.
HIPPOKRATES (neu übertragen von Wilhelm Capelle): Artemis Verlag AG: Zürich 1955.
HOBOM, B.: Biomax – ein Arbeitspapier der Max-Planck-Gesellschaft. Gentherapie Ausgabe 1. München 1995.
HOBOM, B.: BioMax - Ein Arbeitspapier der Max-Planck-Gesellschaft. München 1997.
Hoechst Schering Agrevo GmbH (Hrsg.): Wir wollen eine gesunde Umwelt - und Nahrung für alle Menschen. Frankfurt/M. 1997.
HOFFMANN, W./MUDRA, A./PLARRE, W.: Lehrbuch der Züchtung landwirtschaftlicher Nutzpflanzen. Verlag Paul Parey: Berlin, Hamburg 1985.
HONOMICHL, K./BELLMANN, H.: Biologie und Ökologie der Insekten. CD-ROM Lexikon. Gustav Fischer Verlag: Stuttgart, Jena 1996.
HÖßLE, C.: Untersuchung zur moralischen Urteilsfähigkeit von Schülern zum Thema Gentechnik: eine Interventionsstudie. Diss. Universität Kiel 1999.
IBELGAUFTS, H.: Gentechnologie von A bis Z. VCH: Weinheim 1993.
IDEL, A.: Genmanipulierte Tiere. In: Aktionsforum Gentechnik (Hrsg.): Gen anknipsen-ausknipsen Problem gelöst? Kiel 1996.
JAMES, R.: Production of therapeutic proteins using transgenic livestock. 9 (1995).
JÄSCHKE, C./UHLMANN, A.: Leben aus prähistorischer DNA?. In: UB 251, 40–33 (2000)
JILG, W.: Gründe für eine generelle Impfung gegen Hepatitis B. In: Deutsches Ärzteblatt 11 (1996).
JONAS, H.: Technik, Ethik und biogenetische Kunst. In: Gesellschaft, Gesundheit und Forschung (Hrsg.): Ethik und Gentechnologie. 1988.
JONAS, H.: Technik, Medizin und Ethik. Suhrkamp-Verlag: Frankfurt am Main 1987.
JORGENSEN, R. B./ ANDERSEN, B.: Am. J. Bot. 81, 1620–1626 (1994).
JÜDES, U./FREY, K.: Biologie in Projekten. Aulis Verlag: Köln 1993.
KARG, H.: Wachstumshormon. Von den physiologischen Grundlagen zu einem aktuellen Thema in der Tierproduktion. Sonderdruck Vet. Nr. 1 (1988).
KATTMANN, U.: Die Bürde des Wissens - Huntington'sche Chorea. In: UB 125, 6 (1987).
Kattmann, U.: Gene und Genetik. In: UB 209, 4–13 (1995).
KATZ, CH./SCHMITT J. J./HENNEN, L./ SAUTER, A.: TA-Projekt „Auswirkungen moderner Biotechnologien auf Entwicklungsländer und Folgen für die zukünftige Zusammenarbeit zwischen Industrie- und Entwicklungsländern“ – Endbericht. Arbeitsbericht des Büros für Technikfolgenabschätzung des Deutschen Bundestages Nr. 34. Bonn 1995.
KELLER, R./GÜMNTHER H.-L./KAISER, P.: Embryonenschutzgesetz. Verlag Kohlhammer: Stuttgart, Berlin, Köln 1992.
KIMBRELL, A.: Ersatzteillager Mensch. Die Vermarktung des Körpers. Mit einem Vorwort von Jeremy Rifkin und einem Nachwort von Ellis Huber. Aus dem Englischen von Thomas Steiner. Campus Verlag: Frankfurt, New York 1994.
KLEIN, R.L.: Genetische Manipulation erfaßt

alle Lebensbereiche - ein Unterrichtsentwurf. In: Praxis der Naturwissenschaften Biologie 2, 23–41 (1987).

KOCH-BRANDT, C.: Gentransfer. Prinzipien - Experimente – Anwendung bei Säugern. Thieme Verlag: Stuttgart, New York 1993.

KOLLEK, R.: Kommentar zu den Gutachten „Biologische Sicherheit bei der Nutzung der Gentechnik“. Im Auftrag des Büros für Technikfolgen-Abschätzung beim Deutschen Bundestag (Hrsg). Hamburg 1992.

KONIETZKO, N./BECKER, M./SCHMIDT, E.W./ RASCHE, B./ULMER, W. T./FERLINZ, R./LORENZ, J.: Substitutionstherapie mit Alpha-1-Pi bei Patienten mit Alpha-1-Pi-Mangel und progredientem Lungenemphysem. In: Deutsche Medizinische Wochenschrift. 10, 369–373 (1988).

KONIETZKO, N./WENDEL, H./WIESNER, B. (Hrsg.): Erkrankungen der Lunge. De Gruyter: Berlin, New York 1995.

KOOLMANN, J./RÖHM, K.-H.: Taschenatlas der Biochemie. Georg Thieme Verlag: Stuttgart, New York 1994.

KOORNNEEF, M./ROLFF, E./SPRUIT, C. J. P.: Genetic control of light-inhibited hypocotyl elongation in Arabidopsis thaliana (L.) HEYNH. In: Z. Pflanzenphysiol. 100, 147–160 (1980).

KORFF, W./BECK, L./MIKAT, P. (Hrsg.): Lexikon der Bioethik. Gütersloher Verlagshaus: Gütersloh 1998.

KROß, A./KLIMANT, A.: Von der „Cartuffel-Frucht“ bis zu „waxy“ – Kartoffelzüchtung gestern und heute. In: PdN Biologie 6, 12–23 (1998).

KROß, A.: Gentechnik und Lebensmittel. In: Bayrhuber, H./Lucius, E. R. (Hrsg.): Handbuch der praktischen Mikrobiologie und Biotechnik Bd. 2. Schroedel Verlag: Hannover 1997.

KRÜGER, H.: Kommentar zum Sisyphos. Südwestfunk.

KULL, B.: Herstellung transgener amylosefreier (amf-) Kartoffelpflanzen: Inhibierung der Stärkesynthase durch die Antisense-Strategie. Dissertation. Köln 1995.

LAMPARTER, D. H.: Butterfinger prescht vor. Nestlé bringt einen Riegel mit Genmais auf den Markt. Interview mit H. Güldenberg, Chef der Nestlé Deutschland AG. In: Die Zeit vom 13.8.1998.

LAWN, R. M./VEHAR, G. A.: Molekulargenetik der Bluterkrankheit. In. Spektrum der Wissenschaft, 5, 56–63 (1986).

Lebensmittel- und Bedarfsgegenständegesetz (LMBG) vom 9.9.1997: In: BGBl. 2296 ff. (1997).

Lebensmittelkennzeichnungsverordnung (LMKV) vom 15.12.1999: In: BGBl. 2296 ff. (1999).

LENK, H. (Hrsg.): Wissenschaft und Ethik. Reclam: Stuttgart 1991.

LEVIN, J.: Bst: Ergebnisse im Alltag. Deutsche Milchwirtschaft 38, 1268–1270 (1989).

LINDER. Biologie. Bayrhuber, H./Kull, F. (Hrsg.). Schroedel Verlag. Hannover 1998.

LÖW, R.: Biologie heute. 370, 13 ff. (1989).

LUBJUHN, T.: Der genetische Fingerabdruck. In GIT Verlag GmbH (Hrsg.): Bioforum – Forschung und Entwicklung. Darmstadt. 11, 507–511 (1996).

LÜHS, W./FRIEDT, W.: Wann ist mit ersten transgenen Rapssorten in Deutschland zu rechnen? In: Raps 15 (1) 1997.

MANDL, H.: Ein Sturmlauf aufs Paradies. In: Natur 7 (1995).

MARKL, H.: Wissenschaft zur Rede gestellt. Piper: München, Zürich 1989.

MARTENS, E.: Zwischen Gut und Böse. Reclam: Ditzingen 1997.

MCPARTLAN, H. C./DALE, P. J.: Transgenic Res. 3, 216–225 (1994).

MIETH, D./HAKER, H.: Gentechnik am Menschen – eine ethische Bewertung. In: Frey, H. D. (Hrsg.) i. A. des VDBiol: HUGO - 5 Jahre Humangenomprojekt. VDBiol: Tübingen 1995.

MÜLLER, A.: Ethische Aspekte der Erzeugung und Haltung trangener Nutztiere. Stuttgart 1995.

MÜLLNER, H./DONN, G./RASCHE, E.: Herbizidverträgliche Kulturpflanzen, ihre Bedeutung für Landwirtschaft und Umwelt. In: Brandt, P. (Hrsg.): Zukunft der Gentechnik. Birkhäuser Verlag: Basel, Bosten, Berlin 1997.

NAKOTT, J.: Der optimierte Mensch. In: Bild der Wissenschaft 4, 56-61 (1994).

NELLEN, U./HABSCH, F./LÜDEMANN, H./RADETZKY, S./PRELLE, H.: Biotechnik im Sekundarbereich I – Herbizidresistente Pflanzen: Ein Züchtungsziel durch Gentechnik in der Landwirtschaft. NLI/IPN: Hildesheim, Kiel 1997.

NEVERS, P./BACHKHAUS H.: Fernstudium Naturwissenschaften Molekularbiologie. Band 2. Anwendungsgebiete der Gentechnik. DIFF/ IPN: Tübingen, Kiel 1991.

NEVERS, P.: Methoden der Gentechnik. Molekularbiologie, Aufbaublock VI: Gentechnik 1. DIFF/IPN: Tübingen, Kiel 1991.

NICHIOLL D. S. T.: Gentechnische Methoden. Spektrum Verlag: Heidelberg 1995.

ODENBACH, W. (Hrsg.): Biologische Grundlagen der Pflanzenzüchtung. Verlag Paul Parey: Berlin 1997.

OEHMICHEN, J.: Pflanzenproduktion. Verlag Paul Parey: Berlin 1986.

OTTMAR, Ch.: Immunologie 2. Medizinische Bedeutung von Antikörpern. Deutsches Institut für Fernstudien an der Universität Tübingen (Diff) (Hrsg.): Tübingen 1993.

OTTO, E./JONES-TROWER, A./VANIN, E. F./STAMBAUGH, K./MUELLER, S. N./ ANDERSON, W. F./MCGATRITY, G. J.: Characterisation of a Replication-Competent Retrovirus Resulting from Recombination of Packaging and Vector Sequences. In: Hum. Gene Ther. 5, 567–575 (1994).

PARKS, B. M./QUAIL, P. H.: Phytochrome-Deficient hy1 and hy2 Long Hypocotyl Mutants of Arabidopsis Are Defective in Phytochrome Chromophore Biosynthesis. In: The Plant Cell 3, 1177–1186 (1991).

PIETZSCH, J.: Demenz: Geißel des Alters. In: Hoechst High Chem Magazin 16, 44–49 (1994).

PITSCH-MACHACEK, C.: Patentierung menschlicher DNA. Zur Praxis des Deutschen Patentamtes. In: VDBiol (Hrsg.): Biologen heute. Mitteilung des Verbandes Deutscher Biologen e. V. und biowissenschaftlicher Fachgesellschaften. 1, 1–3 (1997).

PORSTMANN, B./PORSTMANN, T.: Gegenwärtiger Stand und Trends bei der Diagnostik von HIV-Infektionen. In: Zeitschrift für klinische Medizin. 43/26, 2309–2314 (1988)

RADTKE, P.: Humangenetik - was bringt sie für Behinderte? In: Zerres, K./Rüdel R. (Hrsg.): Selbsthilfegruppen und Humangenetiker im Dialog. Enke: Stuttgart 1993.

RATHUS, C./BIRCH, R. G.: Electroporation for direct gene transfer into intact plant cells. In: Murray, D. R. (Ed.): Advanced methods in plant breeding and biotechnology. CAB International: Wallingford 1993.

RAUBER, A. u. a. (Hrsg.): Anatomie des Menschen. Thieme-Verlag: Stuttgart 1987.

REDEI, G. P./HIRONO, Y.: Linkage studies. Arab. Inf. Serv. 1, 9–10 (1964).

REGENASS, M./RYSER, S.: Arbeitsordner Gentechnik – Prinzip und Anwendung. Ciba-Geigy und Sandoz (Hrsg.): Basel 1993.

REGENASS-KLOTZ, M.: Grundzüge der Gentechnik: Theorie und Praxis. Birkhäuser Verlag: Basel, Bosten, Berlin 1998.

RITZERT, B.: Gene, Zellen, Moleküle. Gentechnik – wie sie funktioniert und was sie leisten kann. J. Schweitzer Verlag: Frankfurt/M., München 1987.

Robert Koch Institut (RKI) (Hrsg.): Pressemitteilung vom 18.2.1998 bzw. 20.2.1998. In: http://www.rki.de.

ROCCA u. a.: Prevalence of Alzheimer's Disease in Europe. In: Hoechst High Chem Magazin 16, 44–49 (1994).

ROCHE (Hrsg.): Entwicklungszeiten biotechnischer Pharmazeutika (1993).

ROPERS, H.: Gentherapie - technische Probleme und medizinische Möglichkeiten. In: Sass, H. (Hrsg.): Genomanalyse und Gentherapie. Springer Verlag: Berlin, Heidelberg, New York 1991.

Rotes Kreuz (Hrsg): AIDS. 2 (1994).

RUNTENBERG, Ch.: Argumentationstypen in der moralischen Diskussion über die Gentechnologie. Münster (unveröffentlicht).

RYSER, S./WEBER, M.: Gentechnik. Was läuft bei Roche? Roche Mitarbeiter berichten. Editiones Roche: Basel 1991.

SAFEWAY (Hrsg.): Public Information by SAFEWAY. London 1996.

SANDERMANN, H.: ökologische Fragen zur Freisetzung transgener Pflanzen. In: VDBiol (Hrsg.): Gentechnik, Ökologie und Ernährung. VDBiol-Forum München 1998.

SASS, H. - M.: Genomanalyse und Gentherapie. Ethische Herausforderung in der Human-

medizin. Springer Verlag: Berlin, Heidelberg, New York 1991.
SCHAUZU, M.: Sicherheitsbewertung von Lebensmittel, die mit Hilfe gentechnisch veränderter Organismen hergestellt werden. In: Bundesgesundheitsblatt Sonderheft Gentechnik 39, 21–26 (1996).
SCHEFFER, J.A./PARKINSON, R./DALE, P. J.: Transgenic Res. 3, 356–364 (1993).
SCHELLEKENS, H. (Hrsg.): Ingenieure des Lebens. DNA-Moleküle und Gentechniker. Spektrum Akademischer Verlag: Heidelberg, Berlin, Oxford 1994.
SCHENHKEL J.: Transgene Tiere. Spektrum Akademischer Verlag: Heidelberg, Berlin, Oxford 1995.
SCHISCHKOFF, G. 1982: s. Schmidt, H./ Schischkoff, G. 1991.
SCHLITT, M.: Gentechnologie in der Landwirtschaft – ein Diskussionsbeitrag aus der Sicht christlicher Ethik. In: Sill, B.: Bio- und Gentechnik in der Tierzucht. Ethische Grund- und Grenzfragen im intersdisziplinären Dialog. Ulmer: Stuttgart 1996.
SCHLÜTER, K.: Gentechnisch veränderte schädlingsresistente Pflanzen auf unseren Äckern? Eine Fallstudie als Kopiervorlage. Aulis Verlag Deubner & Co KG: Köln 1998.
SCHMIDT, H./SCHISCHKOFF, G.: Philosophisches Wörterbuch. Kröner: Stuttgart (1982) 1991.
SCHMIDT, K. W.: Systematische Übersicht zu den in der Debatte um den somatischen Gentransfer verwendeten Argumenten und Problemanzeigen. In: Bayertz, K./Schmidtke, J./Schreiber, H.L. (Hrsg.): Somatische Gentherapie – Medizinische, ethische und juristische Aspekte. Gustav Fischer: Stuttgart, Jena, New York 1995.
SCHOLL, U. /SCHMIDTKE, J.: Naturwissenschaftlich medizinische Aspekte der Gen-therapie. In: Medizin-Ethik (Bd. 5): Somatische Gentherapie - medizinische, ethische und juristische Aspekte des Gentransfers in menschliche Körperzellen. Gustav Fischer Verlag: Stuttgart, Jena, New York 1995.
SCHREIBER, H. L. und Mitarbeiter: Rechtliche Bewertung der im Zusammenhang mit der Gentherapie auftretenden Probleme. In. Bayertz, K./Schmidtke, J./Schreiber, H. L. (Hrsg.): Somatische Gentherapie – Medizinische, ethische und juristische Aspekte. Gustav Fischer: Stuttgart, Jena, New York 1995.
SCHWEITZER, A.: Kultur und Ethik. München 1960 (Erstveröffentlichung 1924).
SENTKER, A./TOMIUK, J./WÖHRMANN, K.: Manipulierte Gene – sicher unter menschlicher Kontrolle. In: BiuZ 2 (1994).
SEYFFERT, W. (Hrsg.): Lehrbuch der Genetik. Gustav Fischer Verlag: Stuttgart, Jena, New York 1998.
SIDRANSKY, D.: Früherkennung und Diagnostik von Tumormarkern. In. Krebsmedizin. Spektrum der Wissenschaft Spezial 5, 47–52 (1996).
SIEP, L./ACH, J. S.: Ethik. In: Gniffke, F./ Herold, N. (Hrsg.): Philosophie. Problemfelder und Disziplinen. Münsteraner Einführungen – Philosophie. Bd. 1, LIT: Münster 1996.
SILL, B.: Bio- und Gentechnik in der Tierzucht. Ethische Grund- und Grenzfragen im intersdisziplinären Dialog. Ulmer: Stuttgart 1996.
SINEMUS, K.: Biologische Risikoanalyse gentechnisch hergestellter herbizidresistenter Nutzpflanzen: Erarbeitung eines Modells zur Risikominimierung bei der Freisetzung transgener Nutzpflanzen. Dissertation. Darmstadt 1995.
SOMMER, T. (Hrsg.): Was darf der Mensch? Zeitpunkte Heft 2. Ein Sonderdruck der Wochenzeitung DIE ZEIT: Gütersloh 1995.
STEINBIß, H.-H.: Transgene Pflanzen. Spektrum Akademischer Verlag: Heidelberg, Berlin, Oxford 1995.
STRACHAN, T.: Das menschliche Genom. Spektrum Verlag: Heidelberg, Berlin, Oxford 1994.
STRENGERS, P. F. W./VAN AKEN, W. G.: Blut – Von der Magie zur Wissenschaft. Spektrum Akademischer Verlag: Heidelberg 1996.
STÜCK, B.: Interview: Hepatitis B – eine verkannte Gefahr. In: Hautnah, Pädiatrie 1 (1994).
Süddeutsche Zeitung: Schaf mit menschlichen Genen geboren 7 (1997).
TAPPESER, B./PANHOLZER, B.: Netzwerk gegen Einzelfaktor. In: GID 100, 13–17 (1994).

TAYLOR, J. L./WALFORD, R.: Simulationsspiele im Unterricht. Eine Einführung in die didaktischen Möglichkeiten von Simulations-, Plan- und Rollenspielen mit sechs praktischen Beispielen. Ravensburg 1972.
THIELE, G. (Hrsg.): Handlexikon der Medizin. Urban und Schwarzenberg: München, Wien, Baltimore 1982.
THURAU, M.: Gute Argumente Gentechnologie? München 1990.
TIOLLAIS, P./BUENDIA, M. A.: Das Hepatitis-B-Virus. In: Spektrum der Wissenschaft 6, 126–134 (1991).
TSICHLIS, P. N./LAZO, P. A.: Virus-host interactions and the pathogenesis of murine and human oncogene retroviruses. In: Curr. Top. Microbiol. Immunol. 171, 95–171 (1991).
TÜRKE, Ch.: Hormone zur Steigerung der Milchproduktion. In: UB 170 (1991).
VAN DEN DAELE, W./PÜHLER, A./ SUKOPP, H.: Grüne Gentechnik im Widerstreit. Modell einer partizipativen Technikfolgenabschätzung zum Einsatz transgener herbizidresistenter Pflanzen. VCH: Weinheim 1996.
Verband forschender Arzneimittelhersteller e.V. (Hrsg.): Heilen mit Genen. Gentherapie – Fakten und Perspektiven. November 1996.
VERMA, I. M.: Gentherapie. In: Spektrum der Wissenschaft, 48–57 (1991)
VICHOLL, D.S.T.: Gentechnische Methoden. Spektrum Akademischer Verlag: Heidelberg, Berlin, Oxford 1995.
VOELKEL, A.: Genetically Engineered Canola: From the labratory to the market in five years. In: Fachargentur Nachwachsende Rohstoffe e.V. (Hrsg.): Biotechnologie und Gentechnik in der Industriepflanzenzüchtung. Gülzow 1995.
VOGEL, F.: Patentierung von Lebewesen und lebendem Material. Naturwissenschaftliche Rundschau 47 (1994).
VOGEL, S.: Gene verändern die Welt. Nutzen und Gefahren einer neuen Technologie. G. Lübbe Verlag: Bergisch-Gladbach 1988.
WATSON, J. D./GILMAN, M./WIRKOWSKI, J./ZOLLER, M.: Rekombinante DNA. Spektrum Akademischer Verlag GmbH: Heidelberg, Berlin, Oxford 1993.
WEINBERG, R. A.: Wie Krebs entsteht. In: Krebsmedizin. Spektrum der Wissenschaft Spezial 5, 7–17 (1996).
WENZEL, G.: Gentechnik im Pflanzenbau. In: Spektrum der Wissenschaft. 7, 30–34 (1997).
WILMOTT R. W./WHITSETT, J. A./TRAPNELL, B./WERT, S./BAUGHMAN, R./CUPPOLETTI, J./TOLSTOHEV, P.: Gene therapy for cystic fibrosis utilizing a replication deficient recombinant adenovirus vector to deliver the human cystic fibrosis transmembrane conductance regulator cDNA to the airways. In: Hum. Gene Ther. 5, 1019–1057 (1994).
WÖHRMANN, K./TOMIUK, J./SENTKER, A.: Früchte der Zukunft. Wiley-Verlag: Weinheim 1999.
WRIGHT, G./CARVER, A./COTTOM, D./ REEVES, D./SCOTT, A./SIMONS, P./ WILMUT, I./GARNER, I./COLMAN, A.: High level expression of active human *1-antitrypsin in the milk of transgenic sheep. Biotechnology 9, 830–834 (1991).
YALKINOGLU/BAYER: Eine Art Röntgenbild sichtbar machen. (1995).
ZELL, R. A.: Die Milchmäden-Rechnung. In: Bild der Wissenschaft. 2 (1988).
ZERRES, K. (Hrsg.): Selbsthilfegruppen und Humangenetiker im Dialog. Enke: Stuttgart 1993.
Zusatzstoff-Zulassungsverordnung (ZZulV) vom 22. 12.1981. In: BGBl. I 1625–1633 (1981).